KB089012

새로운 두 과학

사이언스 클래식 27

GALILEO GALILEI

새로운 두 과학

고체의 강도와 낙하 법칙에 관하여

Due Nuove Scienze

갈릴레오 갈릴레이

이무현 옮김

갈릴레오,
근대 역학의 창시자

⁂

갈릴레오 갈릴레이는 근대 과학으로의 전환을 이끈 선구자였다. 그는 권위에 순종하고 과거 이론을 답습하는 대신, 자연 현상을 실험과 관찰로 증명하고 수학으로 표현함으로써 새로운 과학적 방법론을 정립하는 데 기여했다. 갈릴레오는 니콜라우스 코페르니쿠스(Nicolaus Copernicus, 1473~1543년), 요하네스 케플러(Johannes Kepler, 1571~1630년), 아이작 뉴턴(Isaac Newton, 1642~1727년)으로 이어지는 근대 과학 혁명에서 중심적인 역할을 했다.

폴란드의 천문학자인 코페르니쿠스는 1543년에 『천구의 회전(*De Revolutionibus Orbium Coelestium*)』을 출판해서, 프톨레마이오스의 천동설을 대치할 새로운 천문학 이론을 제시했다. 독일의 천문학자인 케플러는 1609년에 『새로운 천문학(*Astronomia Nova*)』을 출판해서, 행성 운행에 관한 케플러의 제1법칙과 제2법칙을 발표했다. 갈릴레오는 1609년부터 망원경을 사용해 천체들을 관측, 천문학을 획기적으로 발전시켰다. 갈릴레오가 1632년에 출판한 『대화: 천동설과 지동설, 두 체계에 관하여(*Dialogo sopra i Due Massimi Sistemi del Mondo, Tolemaico e Copernicano*)』는 프톨레마이오스의 천동설에 대한 마지막 결정타였으며, 1638년에 출판한 『새로운 두 과학: 고체의 강도와 낙하 법칙에 관하여』는 물리학에 대한 갈릴레오의 가장 중요한 업적들을 담고 있다. 뉴턴이 1687년에 출판한 『자연과학의 수학적 원리(*Philosophiae Naturalis Principia Mathematica*)』, 즉 『프린키피아(*Principia*)』는 이들의 업적들을 집대성해서 과학 혁명을 완결하는 화룡점정이었다.

갈릴레오는 1564년에 이탈리아 토스카나 대공국의 피사에서 태어났다. 집안의 형편이 어려웠기 때문에, 그는 아버지의 권유에 따라서 피사 대학의 의학부에 입학했다. 그러나 그는 의학 및 철학 과목들에 흥미가 없었으며, 수학 및 물리학 분야에 재능이 있음을 깨달았다. 그는 아버지를 설득해 수학자의 길을 걷기로 했으며, (의학 과목들을 제대로 공부하지 않았기 때문에) 학위를 받지 못한 채 피사 대학을 떠났다.

그 당시 갈릴레오가 공부한 수학 분야는 에우클레이데스의 『기하학 원론』 및 아르키메데스의 연구 결과들이었다. 아르키메데스는 고대의 위대한 수학자이자 물리학자였다. 아르키메데스는 정적분을 개발해서 원의 넓이, 구의 부피와 겉넓이 등을 구한 바 있다. 갈릴레오는 아르키메데스의 연구 결과들을 좀 더 발전시켜서, 회전체의 부피와 그 무게중심 등에 대해 여러 가지 결과들을 얻어 낼 수 있었다.

갈릴레오는 자신의 연구 결과들을 여러 수학자들에게 편지로 보내 그들의 관심을 얻으려 했다. 그중 한 명이 우르비노의 귀족 귀도발도 델 몬테였다. 그도 이 분야를 연구한 적이 있기 때문에, 젊은 갈릴레오의 놀라운 재능을 알아차리고, 갈릴레오에게 안정된 직장을 구해 주려고 백방으로 노력했다. 한편, 갈릴레오는 로마를 방문해서, 로마 대학의 주임 수학자인 크리스토퍼 클라비우스를 만날 수 있었다. 그는 그레고리 달력을 만드는 데 기여한 것으로 명성을 얻은 바 있었다. 그도 갈릴레오의 능력을 알아차리고, 갈릴레오의 취업을 위해 힘을 써 주었다.

여러 후원자들의 도움을 받아서, 갈릴레오는 1589년 가을에 모교인 피사 대학에 수학 교수로 부임할 수 있었다. 그렇지만 피사 대학에서의 교수 생활은 그리 순탄치가 않았다. 그 당시 피사 대학의 실권자는 프란체스코 부오나미치(Francesco Buonamici, 1535~1603년) 교수였는데, 그가 1591년에 출판한 1,050쪽 분량의 『운동(*De Motu*)』에 대해서, 갈릴레오는 "말장난"이라고 폄하했다. 한편 피사의 사탑에서 행한 갈릴레오의 낙하 실험은 부오나미치를 비롯한 철학 교수들을 노발대발하게 만든 사건이었다. 결국, 피사 대학과의 계약 기간이 끝나자, 갈릴레오는 피사를 떠나야 했다.

1592년 12월에 갈릴레오는 베네치아 공국의 파도바 대학에 자리를 잡았다. 그때 갈릴레오의 나이는 28세였으며, 그 후 파도바에서의 18년은 갈릴레오가 연구 활동을 가장 활발하게 한 인생의 황금기였다. 특히 물리학 분야에 대한 갈릴레오의 가장 중요한 업적들은 이 기간 동안의 연구로써 얻은 것들이다. 『새로운 두 과학』의 거의 모든 내용들은 바로 이 기간에 얻은 연구 결과물들이다.

파도바 대학에서 갈릴레오는 주로 수학과 천문학을 강의했다. 그는 한편으로 역학을 연구해서, 아르키메데스의 지렛대의 원리를 응용, 기중기 등 여러 실용적인 기계에 관한 이론을 발표하고, 짤막한 책을 출판하기도 했다. 여러 가지 계산에 활용할 수 있는 특수한 컴퍼스를 개발,

제작해 판매하기도 했다. 그리고 결혼을 하고 가정을 꾸려서, 생활도 안정을 얻게 되었다.

1602년 여름 무렵부터, 갈릴레오는 물체의 낙하 법칙을 본격적으로 연구하기 시작했다. 그는 피사 대학에서 물체의 낙하를 연구한 적이 있지만, 그 후 10여 년 동안 이 분야의 연구를 미뤄 두고 있었다. 고대의 철학자인 아리스토텔레스의 낙하 이론이 틀린 것은 명백했지만, 그것을 대치할 올바른 낙하 법칙을 정립하는 것은 쉬운 일이 아니었다.

낙하 법칙을 연구하기에는, 기술적 제약이 많이 따랐다. 무엇보다도, 짧은 시간을 정확하게 측정할 수 있는 시계가 없었다. (시계 자체가 없던 시대였다.) 그리고 거리를 측정하는 단위도 명확하게 통일되어 있지 않았으며, 물체의 낙하 운동 자체가 매우 짧은 시간에 일어나는 현상이니, 정확하게 측정하기가 매우 어려웠다.

갈릴레오는 여러 가지 아이디어를 개발해서, 이러한 기술적 제약들을 차츰 극복해 나갔다. 갈릴레오는 어떤 특정한 시간 단위와 길이 단위를 사용해서, 물체의 낙하 가속도를 구하고 싶었던 것은 아니다. 그는 일반적인 (즉 어떠한 시간 단위, 어떠한 거리 단위를 사용하든 상관없는) 법칙을 구하기를 원했던 것이다. 바꿔 말하면, 낙하 운동을 하는 물체의 시간과 거리, 속력 사이에 어떤 비례 관계를 구하고 싶었던 것이다.

갈릴레오가 생각해 낸 아이디어는, 일정한 양의 물이 떨어지는 물시계를 이용, 그 떨어진 물의 양으로써 시간을 측정하는 것이었다. 한편으로 물체의 낙하 속력을 늦추기 위해서, 경사면을 따라 공이 굴러 떨어지는 것을 사용해서 측정을 했다. 그리고 진자의 진동 운동과 물체의 수직 낙하 운동을 비교한 것을 참조했다. 갈릴레오는 여러 가지 이론을 세운 다음, 그 이론이 실제 관측과 맞아떨어지는지 비교해 검증하는 작업을 했다. 천문학 이외의 과학 분야에서, 이런 시도를 한 것은 갈릴레오가 처음이었다. 그래서 갈릴레오를 실험 과학의 아버지라 부르는 것이다.

그리고 갈릴레오는 '사고 실험'을 적절하게 활용했다. 사고 실험이란, 실제로 어떤 실험을 행하는 게 아니라, 머릿속의 생각만으로 (어떤 이상적인 상태를 가정해서) 어떤 실험 결과를 예상하는 것이다. 후대 과학자인 뉴턴도 사고 실험을 즐겨 사용했으며, 현대에 이르러 알베르트 아인슈타인(Albert Einstein, 1879~1955년)도 여러 가지 사고 실험들을 (상대성 이론 및 불확정성의 원리와 관련해) 제시한 바 있다.

1608년에 이르러서, 마침내 갈릴레오는 물체의 낙하 법칙을 정립할 수 있었다. 정지 상태에서 시작해 자유 낙하하는 물체는 그 낙하 거리가 그 시간의 제곱에 비례하며, 그 속력은 그 시간에 비례한다. 수직 낙하하는 물체의 운동 법칙을 명확하게 정립한 이후, 갈릴레오는 수평 운동과 결합한 것을 연구했다. 이 연구의 경우, 사고 실험을 활용한 이론상의 계산이 큰 역할을 했다. 일정한 수평 속력과 (중력으로 인해) 일정하게 가속되는 수직 운동을 결합하면, 물체는 원뿔곡선의 일종인 포물선을 따라서 움직이게 된다.

투사체의 운동은 수평 성분과 수직 성분으로 분해할 수 있으며, 따라서 모든 투사체는 포물선 궤적을 그리며 움직이게 된다. 이제 갈릴레오는 대포로 발사하는 포탄의 궤적 및 사거리에 대해 완벽한 물리학적 이론을 제공할 수 있게 되었다. 일정한 속력으로 발사된 투사체는 그 각도가 45도인 경우 (수평으로) 가장 멀리 날아간다. 즉 대포의 사거리가 가장 멀게 하려면, 45도 각도로 발사해야 한다. 이 사실은 갈릴레오 이전 세대에 이미 (실제 전장에서의 경험을 통해) 알려져 있었지만, 물리학적으로 그 이유를 완벽하게 설명한 것은 갈릴레오가 처음이었다.

그 후 1609년에 갈릴레오에게 뜻밖의 행운이 찾아왔다. 그것은 바로 망원경의 제작이었다. 외국의 상인들이 조악한 품질의 망원경을 가지고 베네치아를 방문해서, 망원경의 비밀을 넘기겠다며 큰돈을 요구했다. 그 당시 베네치아는 지중해의 무역을 장악하고 있던 해양 강국이었다. 망원경이라는 신제품이 세상에 등장한 이상, 그것은 (매우 큰돈을 지불하더라도) 반드시 확보해야 하는 신무기였다. 베네치아에 있던 갈릴레오의 친구 한 명이 망원경을 구해서 갈릴레오에게 전해 주면서, 망원경의 비밀을 밝히고 더욱 뛰어난 성능의 망원경을 제작해 보라고 권유했다.

갈릴레오는 즉시 망원경을 연구, 제작하기 시작했다. 베네치아는 유리 공예품으로 명성을 떨치고 있었으니, 렌즈를 제작할 유리를 구입하는 것은 쉬운 일이었다. 갈릴레오는 자신이 개발한 특수한 컴퍼스를 제작하기 위해 기술자 한 명을 고용하고 있었다. 그리고 갈릴레오는 낙하 실험을 위해 여러 가지 크기의 다양한 쇠공들을 가지고 있었다.

갈릴레오는 자신의 기술자와 같이 유리를 쇠공에 대고 갈아서 렌즈를 만들기 시작했다. 갈릴레오는 곧 10배 확대 성능의 망원경을 제작하는 데 성공했다. 갈릴레오는 그 사실을 베네치아 정부에 알려 주었으며, 이제 베네치아는 외국 상인에게 큰돈을 지불할 필요가 없게 되었다.

갈릴레오는 서둘러서 망원경을 여러 개 제작했다. 베네치아 정부에도 전달했으며, 자신의 고향인 토스카나 대공국에도 선물로서 전해 주었다. 한편으로 망원경을 사용해 천체 관측을 시작했다. 그 후 30배 확대 성능의 망원경을 제작하는 데 성공했으며, 천체 관측의 결과로 그 누구도 예상치 못한 놀라운 발견들이 쏟아져 나왔다. 갈릴레오는 이것들을 정리해서, 1610년에 『별들의 소식(*Sidereus Nuncius*)』이라는 책을 베네치아에서 출판했다.

갈릴레오는 이 책에서 목성의 위성들을 관측한 것을 상세하게 소개해 놓았으며, 그 위성들을 "메디치 가문의 별들"이라고 명명한 후, 토스카나를 통치하던 대공의 가문에 헌정했다. 이제 갈릴레오는 유럽 전역에 명성을 떨친 유명한 과학자가 되었다. 그 덕분에 갈릴레오는 토스카나 대공의 수학자로 임명되어 고향인 토스카나 대공국으로 금의환향할 수 있었다. 경제적인 안정을 얻었으며, 대공 코시모 2세(Cosimo II de'Medici, 1590~1621년)와 모후 크리스티나(Christina de'Medici, 1565~1637년) 여사의 보호 아래에, 연구에 전념할 수 있었다.

그 후 1616년에 로마 교황청의 종교 재판소에서는 갈릴레오에게 코페르니쿠스의 지동설을 지지하지 말라는 선고를 내렸다. 그렇지만 1620년대가 되면서, 갈릴레오는 로마의 분위기가 호의적으로 바뀌었다고 판단했다. 갈릴레오는 1623년에 『시금저울』이라는 책을 출판해서, 그 당시 교황으로 취임한 우르바누스 8세(Urbanus Ⅷ, 1568~1644년)에게 헌정했다. 갈릴레오는 1624년에 로마를 방문해 우르바누스 8세를 알현했으며, 교황은 갈릴레오에게 프톨레마이오스의 천동설과 코페르니쿠스의 지동설을 비교하는 형식으로 책을 저술해 출판해도 좋다고 친히 허락했다.

그러나 1632년에 『대화』가 피렌체에서 인쇄되어 나오자, 교황 우르바누스 8세는 노발대발하며 갈릴레오에게 등을 돌렸다. 제수이트(Jesuit, 예수회) 교단의 여러 성직자들은 이미 오래전부터 갈릴레오를 불구대천의 원수로 여기고 있었으니, 그들은 갈릴레오를 종교 재판에 회부하는 일에 앞장을 섰다. 갈릴레오는 결국 1633년에 로마로 압송되었으며, 종교 재판에 회부되어 『대화』의 내용을 부정하고 참회를 해야 했다.

1634년에 아체트리의 자택으로 귀환한 이후, 갈릴레오는 또 다른 책을 집필할 계획을 세웠다. 로마 교황청에서는 어떠한 책의 출판도 금지하는 명령을 내렸지만, 갈릴레오는 굴하지 않았다. 물리학 분야에 대한 자신의 가장 중요한 업적들을 세상에 널리 알리고 싶었던 것이다. 그 당시 갈릴레오는 70세의 고령으로서, 건강 상태는 매우 나빴다. 한쪽 눈은 완전히 실명한 상태였고, 다른 한쪽 눈의 시력도 매우 나빴다. 그렇지만 갈릴레오는 아들 빈센초(Vincenzo, 1606~1649년)의 도움을 받아서, 『대화』에 등장했던 살비아티, 사그레도, 심플리치오를 다시 불러내어 나흘에 걸친 토론을 저술하기 시작했다. 『새로운 두 과학』은 이렇게 세상에 등장하게 된 것이다.

『대화』에서와 마찬가지로, 살비아티는 갈릴레오의 원숙한 이론들을 소개하며, 갈릴레오 본인도 "절친한 동료 학자"라는 명칭으로 자주 등장한다. 운동 이론을 소개할 때에는 갈릴레오의 노트들이 등장하기도 한다. 심플리치오는 여전히 아리스토텔레스 학파의 이론을 소개하고 있다. 사그레도는 교양 있는 일반적인 지식인을 상징한다. 그렇지만 셋째 날, 넷째 날의 토론에서 운동 이론들을 다룰 때, 사그레도는 훨씬 더 중요한 임무를 맡게 되는데, 운동에 대한 갈릴레오의 초기 및 중기 이론들을 소개하는 역할을 하고 있다.

물체의 자유 낙하 운동을 연구하면서, 갈릴레오는 많은 시행착오를 겪어야 했다. 온갖 가설들을 세워 보았으며, 실험 관찰 및 사고 실험, 기타 이론상의 계산을 통해서, 가설들을 검증하고 틀린 것들을 걸러 내는 과정을 거쳤다. 사그레도는 그러한 시행착오를 겪어 나가는 갈릴레오의 초기 및 중기 모습들을 재현해 보여 주고 있다.

첫째 날의 토론은 주로 고체의 강도를 다루고 있다. 두 고체가 서로 똑같은 모습이면서 그 크기가 다르면, 그들 사이의 넓이 비율과 부피 비율은 다르게 된다. 넓이의 비율은 그 크기 비율(즉 길이 비율)의 제곱이 되고, 부피의 비율은 그 크기 비율의 세제곱이 되기 때문이다. 그렇기 때문에, 어떤 고체를 똑같은 모습으로, 그 크기를 두 배로 만들더라도, 그 강도는 (부피 비율처럼) 여덟 배가 되는 것이 아니다. 갈릴레오는 여러 가지 크기의 동물들 및 건축물들, 선박들을 예로 들면서, 이것을 차근차근 설명하고 있다. 그리고 물체의 낙하에 관한 이론들과 매질의 저항을 소개하면서, 진공 속에서는 모든 물체가 (가벼운 양털 뭉치든 무거운 쇠공이든 상관없이) 같은 속력으로 낙하할 것이라는 놀라운 예언을 했다.

둘째 날의 토론은 원기둥, 각기둥의 강도 및 크기 비율에 따른 강도의 비율을 다루고 있다. 갈릴레오는 동물을 예로 들면서, 보통 인간의 몇 배 크기의 거인들은 존재할 수 없음을 (신화나 전설에는 흔히 등장하지만) 강조하고 있다.

셋째 날의 토론은 중력으로 인해 자유 낙하하는 물체의 운동을 다룬 것으로서, 『새로운 두 과학』에서 가장 핵심이 되는 내용이라 할 수 있다. 갈릴레오는 먼저 일정한 속력의 운동을 정의하고 나서, 일정하게 가속이 되는 운동을 정의했다. 중력에 의한 낙하 운동을 염두에 두고 정의했음은 물론이다. 사그레도는 이 점을 지적하면서, 여러 가지 의문들을 제기하고 있다. 살비아티는 갈릴레오의 여러 가지 실험 관찰들을 소개하면서, 사그레도를 차근차근 설득해 나간다.

사실, 사그레도의 이러저러한 이론들이 틀렸음을 살비아티가 지적해 나가는 모습은, 바로 갈릴레오 본인이 이 연구 과정에서 자신의 초기 및 중기의 여러 가지 가설들을 검증하고 타파하면서, 마침내 올바른 낙하 운동 이론을 얻게 되는 과정을 나타낸다. 딱딱한 과학책이 아니라, 토론 형식의 대화체로 쓴 과학책의 장점을 최대한 활용한 것이다.

넷째 날의 토론은 일정한 수평 운동과 일정하게 가속되는 수직 운동을 결합한 것을 다루고 있다. 갈릴레오는 이들의 결합이 포물선 궤적을 따르는 운동을 낳게 됨을 증명하고 있다. 갈릴레오는 이러한 운동과 관계되는 3개의 표를 제시해 놓았는데, 이것들은 삼각함수와 밀접한 관련이 있다.

한편으로 갈릴레오는 책의 곳곳에서 여러 가지 수학 개념들을 다루어 놓았다. 무한수에 대한 갈릴레오의 이론들은 혼동으로 가득한데, 이것은 불가피한 일이라고 하겠다. 게오르크 칸토어(Georg Cantor, 1845~1918년)가 집합의 개념을 도입할 때까지, 모든 수학자들은 무한에 대해서 제대로 이해하지 못하고 있었다.

그렇지만 꼼꼼히 살펴보면, 매우 중요한 수학 개념들이 보석처럼 곳곳에 숨어 있다. 예를 들어 첫째 날에 갈릴레오는 갑자기 두 입체(원뿔과 반구)에 대해서 그 단면적과 부피를 다루어 비교해 놓고 있다. 이것은 바로, 아르키메데스가 구의 부피를 구할 때 사용한 개념이다.

고대의 수학자 아르키메데스는 원뿔, 구, 원기둥 사이의 부피 비율이 1 대 2 대 3이 됨을 밝힌 바 있다. 그는 이것이 자신의 일생에서 가장 중요한 업적이라고 자랑했으며, 자신의 묘비에 원기둥 속에 내접하는 구의 모습을 새겨 놓아서, 이 놀라운 발견을 기념해 달라고 말한 바 있다. (로마 군대가 침입해서, 전쟁의 혼란 속에 아르키메데스가 희생된 이후, 로마의 장군은 아르키메데스의 시신을 수습하고, 묘비에 실제로 그 도형들을 새겨 주었다.)

아르키메데스는 먼저 정적분을 사용해서, 원뿔의 부피가 원기둥 부피의 3분의 1임을 엄밀하게 증명했다. 그다음에 반구를 뒤집어서 원뿔과 대응시켜 놓으면, 그들의 단면들의 합이 원기둥의 단면적과 같음을(즉 일정함을) 보임으로써, 원뿔의 부피와 반구의 부피의 합이 원기둥의 부피와 같음을 보인 것이다. 갈릴레오가 여기에서 다루어 놓은 것이 바로, 반구를 뒤집어 놓아서 원뿔과 대응시킨 것이다.

그리고 첫째 날의 토론에 나오는, 원에 외접하는 정다각형과 내접하는 정다각형의 넓이에 관한 정리도 매우 중요하다. 원의 넓이는 이 둘 사이에 놓인다. 그리고 다각형의 변의 개수가 무한대로 가면, 그 극한값으로써 원의 넓이를 구할 수 있다. 그리고 이때 등장하는 부등식과 그 부등식이 낳게 되는 극한값은, 삼각함수의 미분을 할 때 사용되는 가장 기본이 되고 중요한 부등식과 극한값을 제공해 준다.

갈릴레오는 넷째 날의 토론이 끝난 뒤에 부록을 추가해 놓았다. 그 부록은 갈릴레오가 아주 젊었던 시절에 연구한 수학 노트로서, 아르키메데스의 정적분 이론을 발전시켜 회전체의 부피 및 무게중심 등을 구한 결과물이다. 아르키메데스가 지렛대의 원리를 이용해 정적분을 하던 방법, 그리고 내접입체와 외접입체를 사용, 곡선 회전체의 부피를 엄밀하게 계산하는 방법 등이 들어 있다. 정적분 발달의 초기 모습을 살펴볼 수 있는 매우 희귀한 수학 노트이다.

갈릴레오는 『새로운 두 과학』의 원고가 준비되자, 출판을 위해 여러 나라에 수소문을 해 보았다. 이탈리아에서 책을 출판하는 것은 절대 불가능했다. 영국, 스페인, 폴란드 등지에 문의를 해 보았지만, 결국 네덜란드에서 1638년에 『새로운 두 과학』을 출판하게 되었다. 로마 교황청의 영향을 받지 않는 먼 나라를 선택한 것이다. 갈릴레오는 이 책을 노아유 백작(Duke de Noailles, 1584~1645년)에게 헌정했는데, 그는 프랑스 인으로, 1634년 이후 프랑스 대사로서 로마에 와 있었으며, 갈릴레오가 종교 재판 이후 그에 따른 박해를 받고 있을 때 여러 면으로 갈릴레오를 도와주었다.

사실, 갈릴레오는 자신의 책을 토스카나 대공에게 헌정하고 싶었을 것이다. 그렇지만 그렇게 할 수 없는 이유는 너무나 명백했다. 로마 교황청은 갈릴레오에게 어떠한 책의 출판도 금지한 상태였다. 그런데 책을 토스카나 대공에게 헌정한다면, 그것은 대공이 책의 출판을 허락했다는 의미가 되니, 로마 교황청이 토스카나 대공을 곱게 봐줄 리가 없었다. 갈릴레오 본인은 이미 고령으로 죽음을 눈앞에 둔 상태였으니, 더 이상 두려울 것도 없었다. 그렇지만 오랜 세월 자신을 보살펴 준 토스카나 대공 가문에 누를 끼치고 싶지는 않았을 것이다.

『대화』가 천동설의 종지부를 찍는 마지막 결정타였듯이, 『새로운 두 과학』은 아리스토텔레스의 물리학에 종지부를 찍고, 실험 과학이라는 새로운 세계를 활짝 열어젖혔다. 위대한 과학자의 혼이 이 책에 깃들어 있다. 독자 여러분이 이 책을 읽고, 갈릴레오 갈릴레이의 얼과 그의 고뇌, 그의 기쁨과 슬픔을 함께하기를 바란다.

2016년 봄

이무현

존경하는
귀족 노아유 백작께

❊

공경해 마지않는 귀하께

당신의 담대하심에 감동받아서, 저는 저의 이 작품을 당신의 재량에 맡긴 바 있습니다. 잘 아시겠지만, 제가 출판한 다른 책 때문에 겪게 된 불행은 저에게 크나큰 고난과 혼돈이었으며, 그 후 저는 어떠한 책도 세상에 내놓지 않을 작정이었습니다. 그렇지만 그것들이 완전히 묻히지는 않기를 바랐기 때문에, 저는 세상 어딘가에 저의 원고를 남겨 놓기로 결심했습니다. 제가 다룬 이 분야를 이해하는 학자들에게나마, 이것들이 알려지기를 바라는 마음입니다.

이 원고를 남겨 두기에 가장 적합하고 가장 소중한 장소로서, 당신의 탁월하신 품을 선택했습니다. 저에 대한 당신의 각별하신 애정을 생각할 때, 당신께서는 저의 노고와 연구를 보전하기에 진심을 다하시리라 믿습니다. 당신께서 로마에 대사로서 부임하신 이후 귀국하시는 길에, 저의 미천한 거처를 방문해 주셨으며, 당신을 직접 뵌 것은 (그전에 여러 번 편지를 통해 인사를 나눈 바 있습니다만) 저로서는 무한한 영광이었습니다.

저는 그 기회에 제가 연구하던 새로운 두 과학의 원고를 당신께 드렸습니다. 당신께서는 그 원고를 보고 매우 기뻐하셨으며, 당신께서는 굳게 약속하셨습니다. 그 원고를 안전하게 보관하겠으며, 이 분야에 관심이 있는 프랑스의 학자들과 같이 그것을 공유하겠다고. 그러니 제가 비록 이렇게 조용히 지내고 있지만, 저의 인생이 아무것도 하지 않는 채 무의미하게 흘러가는 것이 아니라고 하겠습니다.

그 후 저는 다른 사본들을 독일, 폴란드, 영국, 스페인, 그리고 어쩌면 이탈리아의 일부 지역으로 보내려고 준비하고 있었습니다. 그런데 갑자기 네덜란드의 엘제비르 인쇄소로부터 연락이 오기를, 그들이 이 책의 출판을 준비했으니, 이 책을 누구에게 헌정할지 결정해서, 헌정사를 빨리 부쳐 달라고 요청해 왔습니다. 이 뜻밖의 놀라운 소식에, 저는 다음과 같이 결론을 내렸습니다.

당신께서는 저의 명성을 널리 알리고 싶어 하셔서, 저의 여러 가지 원고들을 널리 공유하셨고, 그것들이 이 인쇄소로 흘러 들어가게 된 것 같습니다. 이 인쇄소는 이전에 저의 다른 책들을 출판한 바 있으며, 그래서 이 원고도 그들의 탁월한 인쇄 능력을 통해 세상에 빛을 보게 된 것 같습니다. 저의 이 원고가 부활해서, 이렇게 탁월한 판결을 받게 되다니, 저에게 매우 큰 행운이라고 하겠습니다.

당신께서 세상 만인들의 공경을 받으시는 것은 당신의 탁월하신 성품들 덕분입니다. 그리고 당신께서는 세상의 공익을 위해 헌신하시니,

저의 이 책은 당신의 공이라고 하겠습니다. 당신께서 그 영역을 퍼뜨리고 넓혀 주셨기 때문입니다.

기왕지사 일이 이 단계에까지 성사되었으니, 당신의 자애로우심에 대해 저의 감사를 분명하게 표시하는 것이 합당한 일이라고 하겠습니다. 저는 날개가 꺾인 채 좁은 공간에 갇혀 지내는데, 당신께서는 저의 원고에 날개를 달아서, 저 넓은 하늘을 마음껏 날아 널리 퍼지도록 만드셨기 때문입니다.

공경하는 백작님. 저의 이 산물을 당신의 이름에 헌정해 기리는 것이 온당하다고 하겠습니다. 저의 이 결정은 저의 의무심의 결합이며, 또한 저의 이기심의 결정이라고 할 수도 있습니다. 제가 이 책을 당신께 헌정함으로써, 이 책에 대한 그 누구의 어떠한 공격이라도 당신께서 방어해 주실 테니까요. 모든 적들에 대항해서, 당신께서 저의 편이 되어 주신 것입니다.

그러므로 당신의 깃발 아래에서 당신의 보호를 받으면서, 저는 당신께 순종하면서, 당신께서 저의 이 헌정을 받아 주시기 바라며, 당신께 최고의 행복과 존귀함이 가득하기를 기원합니다.

1638년 3월 6일 아체트리에서

당신의 충실한 종 갈릴레오 갈릴레이

차례

인물 소개

*

필리포 살비아티(Filippo Salviati, 1582~1614년)

피렌체의 부유한 귀족. 갈릴레오의 절친한 친구이자 린체이(Lincei) 학회의 동료 회원. 아마추어 과학자로서 수학, 천문학 등에 관심을 가짐. 피렌체 근교에 있는 그의 별장으로 갈릴레오를 초대해 해의 흑점에 대해 연구하도록 함.

조반니 프란체스코 사그레도(Giovanni Francesco Sagredo, 1571~1620년)

베네치아의 귀족이자 외교관. 갈릴레오의 절친한 친구임. 아마추어 과학자로서 자석, 광학, 역학, 온도 측정법 등에 관심을 가짐. 영국의 윌리엄 길버트(William Gilbert, 1544~1603년)와 편지를 주고받으며 친밀하게 교류함. 베네치아의 영사로서 시리아에 부임한 일이 있음.

심플리치오(Simplicio)

가공의 인물. 그리스의 철학자이자 아리스토텔레스 연구가인 심플리치우스(Simplicius, 490~560년)의 이름에서 따왔음.

동료 학자

갈릴레오 갈릴레이 본인.

조반니 디 게바라(Giovanni di Guevara, 1561~1641년)

티노의 주교. 1624년에 피렌체에서 갈릴레오와 대화를 나눈 이후, 아리스토텔레스의 『역학(*Mechanics*)』에 대한 해설서를 출판함.

귀도발도 델 몬테(Guidobaldo del Monte, 1545~1607년)

우르비노의 귀족. 코만디노에게서 수학을 배움. 1577년에 『역학(*Mechanicicorum Liber*)』을 출판했으며, 물체의 무게중심에 대해 아르키메데스가 쓴 책의 해설서를 1588년에 출판함. 갈릴레오의 열렬한 후원자로서, 갈릴레오가 1589년에 피사 대학에, 1592년에 파도바 대학에 교수로 취직하는 데 크게 도움을 줌.

오라치오 그라시(Orazio Grassi, 1590~1654년)

제수이트 신부. 로마 대학 수학 교수. 로마에 있는 성 이그나티우스 교회를 설계함. 그라시는 갈릴레오의 천문학적 발견들을 지지했지만, 후에 혜성을 둘러싼 논란 때문에 갈릴레오와 사이가 나빠짐. 1619년에 『천문학적 양팔저울(*Libra Astronomica ac Philosophica*)』을 출판해 갈릴레오를 비판했으며, 갈릴레오는 그에 대응해 1623년에 『시금저울(*Il Saggiatore*)』을 출판함.

루카 발레리오(Luca Valerio, 1552~1618년)

로마 사피엔차 대학 수학 교수. 아르키메데스의 증명 방법을 간단하게 개량하기 위해 노력을 함. 린체이 학회 회원이었지만, 후에 코페르니쿠스의 지동설에 대한 갈릴레오의 지지를 반대해서, 학회에서 추방당함.

지롤라모 보리(Girolamo Borri, 1512~1592년)

아리스토텔레스 학파 철학자이자 의학자. 로마, 파리, 피사에서 교수 생활을 함. 피사 대학의 실권자인 부오나미치와 심각한 불화가 있었으며, 그 때문에 피사 대학을 떠나 페루자 대학에서 철학 교수로 재직함.

요하네스 데 사크로보스코(Johannes de Sacrobosco, 1195~1256년)

영국의 수학자이자 천문학자. '할리우드의 존(John of Hollywood)'이라는 이름으로 알려지기도 함. 우주가 공 모양이라고 설명했음. 천문학 입문서인 『천구에 관하여(*Treatise on the Sphere*)』를 쓴 것으로 유명하며, 이 책은 갈릴레오의 시대에도 팔릴 정도로 인기가 있었음.

아르키메데스(Archimedes, 기원전 287~212년)

고대 그리스의 위대한 수학자이자 물리학자. 지렛대의 원리와 부력의 법칙 등을 발견했으며, 정적분의 기본 개념을 발견해서, 구의 부피 등 여러 가지 수학적 계산에 그것을 활용함.

아리스토텔레스(Aristoteles, 기원전 384~322년)

고대 그리스의 위대한 철학자. 플라톤의 제자. 윤리학, 정치학, 천문학, 물리학 등등 많은 분야를 연구하고 저서를 남김. 그러나 그의 자연철학은 실험, 관찰에 바탕을 두지 않았기에 틀린 것이 많았으며, 그것을 바로잡는 데 가장 크게 공헌한 사람이 갈릴레오임.

아폴로니오스(Apollonios, 기원전 262~190년)

고대 그리스의 수학자. 『원뿔곡선(*Conics*)』을 저술해서 포물선, 타원, 쌍곡선의 성질을 밝힘.

에피쿠로스(Epicouros, 기원전 341~270년)

고대 그리스의 철학자. 원자론을 최초로 주장함.

에우클레이데스(Eukleides, 기원전 325?~270?년)

고대 그리스의 수학자. 『기하학 원론(*Elements*)』 13권을 저술해 당시의 수학을 집대성함. 그가 채택한 공리, 정의들과 증명, 추론 방법은 후대의 수학에 지대한 영향을 끼침. 『기하학 원론』은 그 후 2,000여 년간 수학의 표준 교과서로 사용됨.

보나벤투라 카발리에리(Bonaventura Cavalieri, 1598~1647년)

제수이트 신부. 갈릴레오의 제자인 오노프리오 카스텔리(Onofrio Castelli, 1570~1631년)에게서 수학을 배움. 탁월한 수학자로서 많은 업적을 남겼으며, 정적분에 나오는 '카발리에리의 원리'를 발견한 것으로 유명함.

페데리코 코만디노(Federico Commandino, 1509~1575년)

우르비노의 의사이자 수학자. 고대 그리스의 에우클레이데스, 아르키메데스가 쓴 위대한 수학책들을 라틴어로 번역하고 해설을 붙임. 1565년에 입체의 무게중심에 대한 책을 저술, 출판함.

크리스토퍼 클라비우스(Christopher Clavius, 1537~1612년)

제수이트 신부이자 로마 대학 수학, 천문학 교수. 1582년에 그레고리 달력을 채

택하는 데 핵심적인 역할을 했으며, 수학, 천문학 분야에 여러 권의 책을 저술했음.

플라톤(Platon, 기원전 427~347년)

고대 그리스의 철학자. 아테네에서 아카데미를 설립했으며, 그 정문에 "기하학을 모르는 자는 이 문으로 들어오지 말라."라고 써 놓았음.

첫째 날 토론

※

나오는 사람들 | **살비아티, 사그레도, 심플리치오**

살비아티 내 절친한 베네치아 인 친구들이여, 베네치아의 유명한 병기고에서의 계속되는 작업을 통해서, 철학을 하려는 사색의 마음에 역학이라 부르는 거대한 분야가 문을 활짝 열어젖히는 것 같네. 온갖 종류의 도구와 기계들이 거기에서 끊임없이 작동하는 것처럼. 거기에 있는 많은 기술자들 중에는, 선배들의 경험을 이어받거나 또는 스스로 끊임없이 관찰을 해서 아주 뛰어난 전문가가 되었고, 최고의 추론 능력도 갖춘 사람들이 있더군.

사그레도 자네 말이 맞아. 사실 나도 호기심이 많아서 그 장소를 자주 찾아가지. 다른 기능공들에 비해 기술이 훨씬 뛰어난 장인들이 일하는 것을 보기 위해서이지. 이런 사람들과의 대화를 통해서 여러 가지 현상을 연구할 때 큰 도움을 받았네. 어떤 현상들은 놀라울 뿐만 아니라 매우 심오하고 상상하기조차 힘들어. 때로는 어떤 현상이 내 눈앞에서 실제로 일어나는데, 그것이 내가 알고 있는 개념과 너무 달라서 도저히 이해할 수가 없어서 혼란에 빠지곤 하지.

그렇기는 하지만 조금 전에 그 늙은 목수가 한 말은, 흔히 그렇게 말하고 그게 사실이라고 믿고 있지만, 나는 그 말이 완전히 무의미하다고 생각하네. 무식한 사람들이 말하는 것 중에는 그런 것이 많아. 자신도 이해하지 못하면서 아는 체하느라고 중뿔나게 나서거든.

살비아티 조금 전에 거대한 갤리선을 막 진수할 참이었는데, 기둥, 들보 등 갤리선의 무게를 떠받치는 구조물들을 작은 배에 비해서 훨씬 더 크게 만드는 이유를 이해할 수 없어서 물었을 때, 거대한 배는 자신의 무게를 못 이겨서 부서질 수 있기 때문에 그렇게 만들어야 하지만, 작은 배는 그런 걱정이 없다고 그 늙은 목수가 말했는데, 그걸 갖고 그러는 건가?

사그레도 그래, 바로 그 이야기일세. 특히 그가 맨 마지막에 덧붙인 말. 사람들은 다들 그렇게 말하지만, 난 그게 잘못된 상식이라고 늘 생각해 왔어. 그의 말인즉슨, 이러한 경우 그리고 이와 비슷한 경우에, 작은 것으로부터 큰 것을 추론해 낼 수 없다. 왜냐하면 작은 규모에서 작동하는 많은 기계들이 큰 규모에서는 존재할 수 없기 때문이다.

그러나 역학에서의 모든 추론은 기하학에 바탕을 두고 있지. 기하학에서 크기는 중요하지 않아. 원이나 삼각형, 원기둥, 원뿔 또는 어떠한 도형이든 크기가 커지더라도 작은 경우와 비교해 성질이 바뀌지는 않아. 그러니 커다란 기계를 만들 때, 각각의 부분 간의 비율을 작은 기계인 경우와 똑같이 만들면, 그리고 작은 기계가 원래의 목적에 맞도록 충분히 튼튼하다면, 큰 기계가 그런 일을 할 때 그에 따른 충격이나 파괴력을 못 견딜 이유가 없지.

살비아티 일반 사람들의 상식이 잘못되었음은 사실일세. 심지어 그와 정반대로 주장하더라도 동등하게 참이 되지. 많은 종류의 기계들은 작게 만드는 경우보다 크게 만드는 경우에 더욱 완벽하게 작동한다고 주장해도 된다. 예를 들어 시간을 보여 주고 정시마다 종을 치는 시계를 고려해 보자. 어느 특정한 크기의 시계는 그보다 더 작은 시계들에 비해서 더욱 정확하게 움직이게 된다. 그 일반 상식이란, 거대한 기계에서 일어나는 일들이 순수하고 추상적인 기하학적 증명과 일치하지 않을 때, 학식이 있는 사람들이 그것을 설명하려는 의도에서 채택한 것이지. 그들은 이것의 원인을 재료의 불완전성 탓으로 돌리지. 재료는 많은 변동과 결함에 노출되거든.

순수한 수학적 증명이 재료의 불완전함으로 인해 훼손된다 하더라도, 그것만 가지고는 이론상으로 존재하는 이상적인 기계에 비해 실제 기계에서 생겨나는 결함 현상들을 설명할 수 없다고 말하면, 무식하다고 혹평을 받을지도 모르지. 그렇지만 나는 바로 이것을 주장하겠네. 기계를 만드는 재료들이 완벽하다고 가정해 보세. 모든 재료들이 완전히 균일해 티끌만 한 이물질도 없고, 완벽하고 불변이라고 하세. 큰 기계를 작은 기계와 똑같은 재료로, 똑같은 비율로, 모든 면에서 작은 기계와 똑같도록 만들었다고 가정해 보세. 그러나 큰 기계는 그만큼 튼튼하지 않아. 충격에 대한 저항이 떨어져. 크면 클수록 상대적으로 더 약해져.

물체들이 완벽하고 늘 불변이라고 가정하면, 이 조건에서 순수 수학을 사용해 이 성질을 엄밀하게 증명할 수 있지. 다른 영구불변의 성질들과 마찬가지이지.

그러니 사그레도, 자네가 품고 있는 생각을 바꿔야 할 걸세. 역학에 관심을 갖고 있는 많은 사람들도 마찬가지야. 기계나 건축물 들을 똑같은 재료로, 각 부분들의 비율이 똑같도록 만든다면, 그것들은 동등한 정도로, 아니 그 크기에 비례해서 외부의 충격과 압력에 버티는 힘이 있다고 생각해 왔지? 그러나 큰 기계는 작은 기계와 비교해서 상대적으로 더 약함을 내가 기하학적으로 증명하겠네. 그리고 인공적으로 만든 기계나 구조물뿐만 아니라 자연적으로 생겨난 구조물도 한계가 있네. 재료가 똑같고 비율이 똑같다면, 인공적이든 자연적이든, 뛰어넘지 못하는 어떤 한계가 있어.

사그레도 머리가 어지럽네. 마치 번쩍이는 번갯불에 먹구름이 갈라지듯, 내 머리가 혼란스러워. 멀리서 낯설고 이상한 빛이 갑자기 나를 비추니, 내 마음은 순식간에 혼동 속으로 빠져들고, 채 다듬어지지 않은 이상한 공상들이 뒤섞이는군.

자네 말에 따르면, 같은 재료로 크기는 다르되 생김새는 똑같은 두 구조물을 만들면, 그게 크기 비율에 따라 강해지는 것이 아니겠군. 만약 자네 말이 맞다면, 같은 나무로 된 두 기둥이 크기가 다르다면, 그들의 강도나 힘이 비례하는 것은 불가능하겠군.

살비아티 사그레도, 바로 그거야. 우리가 같은 개념을 가지고 있음을 확인하기 위해서 나무 장대를 예로 들겠네. 어떤 길이와 굵기의 나무 장대를 벽에 직각으로, 그러니까 수평으로 끼웠다고 생각해 보세. 이 나무 장대의 길이는 자기 자신의 무게만 간신히 지탱하는 최대 길이라고 하세. 즉 그 길이가 머리카락 굵기만이라도 늘어나면, 이 장대는 자신의 무게를 이기지 못해 부러지고 만다고 하세. 그러면 장대의 이 길이는 오직 생김새에 따라서 결정되네. 예를 들어 이 장대의 길이가 굵기의 백 배라고 하세. 이것 이외의 다른 장대는 길이가 굵기의 꼭 백 배이면서 자신의 무게만 간신히 지탱하는 것이 없네. 더 큰 장대들은 자신의 무게도 못 견뎌서 부러지고, 더 작은 장대들은 자신의 무게뿐만 아니라 다른 것을 조금 올려놓아도 버틸 만큼 튼튼하지. 여기서는 자신의 무게에 대해 이야기했지만, 다른 실험을 해도 마찬가지야. 각목이 자신과 똑같은 각목 10개를 버틸 수 있다고 하세. 그러면 같은 비율로 된 들보는 들보 10개의 무게를 버틸 수 없네.

사그레도와 심플리치오, 생각해 보게. 올바른 결론들이 처음 언뜻 보기에는 불가능해 보였지만, 한 걸음 올바른 방향으로 나아가자, 그것들을 감싸고 있던 외투를 벗어 버리고, 적나라하고 간단하게 그 비밀을 드러내는 일들을. 말은 한 길 언덕에서 떨어지면 뼈가 부러지지. 하지만 개는 같은 높이에서 떨어져도 끄떡없지. 고양이는 두 배, 세 배 높이에서 떨어져도 멀쩡하지. 메뚜기는 높은 탑에서 떨어져도 끄떡없고, 개미는 달에서 지구로 떨어진대도 다치지 않을 거야. 어린애들은 높은 곳에서 떨어져도 다치지 않는데, 어른들은 같은 높이에서 떨어지면 다리가 부러지거나 머리가 깨지곤 하지?

조그마한 동물들이 비율로 따졌을 때 큰 동물들보다 훨씬 힘이 센 것처럼, 나무나 풀도 작은 것들이 큰 것에 비해 더 잘 버티고 서지. 자네 둘 다 알고 있겠지만, 200큐빗 높이의 참나무는 그 가지가 보통 크기의 참나무들처럼 그런 비율로 퍼지면, 그 무게를 버틸 수가 없네. 그리고 자연은 보통 말의 스무 배 크기인 말을 만들 수 없네. 또는 보통 사람보다 키가 열 배인 거인은 있을 수가 없어. 기적이 일어나서, 몸의 각 구성 부분의 비율이 확 달라진다면 혹시 모를까. 그런 거인은 보통 사람에 비해 뼈의 비율이 훨씬 더 커져야지.

이와 비슷하게, 사람들은 흔히 기계가 크든 작든 마찬가지로 작동하고 튼튼한 정도가 같을 거라고 믿는데, 이건 명백히 잘못이야. 예를 들어 조그마한 탑이나 기둥 따위의 구조물은 약간 더 늘이거나 높여도 깨질 염려가 없어. 하지만 매우 큰 것들은 충격을 약간만 가해도 부서지지. 자신의 무게를 못 이겨서 부서지기도 해.

내가 한 가지 재미있는 일화를 말해 주지. 뜻하지 않은 일들은 이야깃거리가 되지만, 조심하느라 예방책을 쓴 것이 오히려 화근이 된 경우는 특히 그래. 커다란 대리석 들보의 양 끝을 기둥으로 받치고 눕혀 놓았지. 그런데 한 석공이 생각해 보니, 잘못하면 들보 가운데가 무게를 못 이겨서 부서질 것 같았어. 그러니 가운데에도 기둥을 하나 받치는 것이 안전할 것 같았어. 다른 사람들도 그 생각에 동의했지. 하지만 결과는 정반대로 나타났어. 몇 달이 지난 뒤에 보니, 대리석 들보는 가운데 기둥 바로 윗부분에 금이 가고 부서졌거든.

심플리치오 정말 뜻밖이고 놀라운 일인데. 그게 가운데 기둥 때문에 그렇게 되었단 말인가?

살비아티 그것 때문에 그런 결과가 나왔음이 확실하네. 그러나 원인을 알고 나면 놀라울 것도 없어. 부서진 들보를 땅에 내려놓은 뒤 자세히 살펴봤더니, 끝에 있는 기둥 하나가 썩어서 약간 내려앉았더래. 가운데 기둥은 튼튼히 버티고 있었으니, 들보 한쪽은 아무런 받치는 것이 없이 허공에 뜬 셈이었지. 차라리 가운데 기둥이 없었다면 들보가 그렇게 되지는 않았을 거야. 기둥이 얼마나 내려앉든 들보도 따라 내려앉았을 테니. 이런 일은 들보가 조그마하면 생기지가 않아. 똑같은 대리석으로 길이와 두께의 비율이 큰 들보와 같도록 만든다면 말일세.

사그레도 그 현상이 진실임은 나도 확신이 가. 하지만 물체를 몇 배로 크게 할 때 강도나 힘이 왜 그에 비례해 커지지 않는지 이해할 수 없군. 크기 비율보다 오히려 더 커지는 경우를 본 적이 있어서, 이것이 더욱 알 수 없는 수수께끼이군. 예를 들어 작은 못과 그보다 두 배 큰 못을 벽에 박아 봐. 그러면 큰 못은 작은 못에 비해 두 배의 무게를 견딜 수 있을 뿐만 아니라 서너 배의 무게도 견디어 낼 수 있던데.

살비아티 자네 말이 맞아. 어쩌면 여덟 배 정도 버틸 거야. 이건 언뜻 보면 내 설명과 달라 보이지만, 사실은 내 설명과 어긋나지 않네.

사그레도 살비아티, 자세히 설명을 해 주게. 자네가 가능하다면, 어렵고 불명확한 것들을 해명해 주게. 이 힘에 대해 연구하면, 유용하고 멋진 개념들을 발견할 수 있겠군. 이것을 오늘 이야기의 주제로 삼아 설명해 주면, 나와 심플리치오에게 정말 고마운 일이 되겠어.

살비아티 기꺼이 자네의 부탁을 들어주겠네. 내 절친한 동료 학자에게서 배운 기억을 되살려서 자네들에게 설명해 주겠네. 그 사람은 이 분야를 깊이 연구했고, 늘 그러했듯이, 모든 것을 기하학을 써서 증명을 했어. 그러니 이것을 하나의 새로운 과학이라 불러도 될 거야. 결론들 중 어떤 것들은 아리스토텔레스를 비롯한 기존의 학자들이 이미 알던 것이지만, 그들의 결론은 그다지 세련되지 않았네. 더 중요한 사실은, 기존의 학자들은 기본적이고 의심할 여지가 없는 근거들로부터 증명을 통해 이러한 결론을 이끌어 낸 것이 아니야.

나는 그럴듯한 말솜씨로 자네들을 설득하려는 것이 아니고, 증명을 통해 분명하게 보일 생각이네. 그러자면 기존의 학자들이 현재까지 다루어 온 기본 역학적 결론이 우리의 목적을 위해서 필요하며, 자네들이 그것을 알고 있어야 하네.

먼저 나무 또는 기타 단단한 물체가 부서지는 것은 어떤 효과의 작용인지 알아야 하네. 이것은 기본이 되는 개념이며, 우리가 알고 있어야 할 첫 번째 기본 원리를 내포하고 있어.

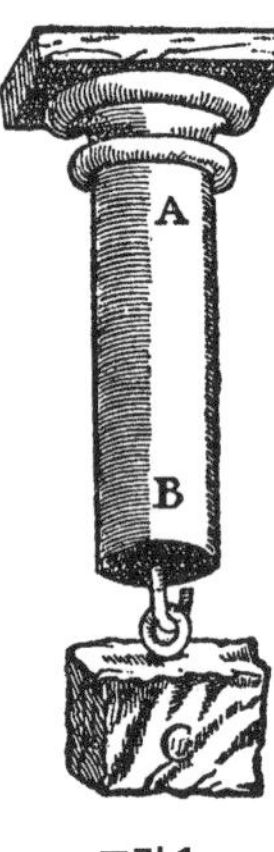

그림 1

이것을 좀 더 분명히 알기 위해서 나무 또는 다른 단단한 고체로 된 기둥 AB가 있다고 생각해 보세. 윗부분 A를 단단히 묶어서, 기둥이 수직으로 매달리게 하자. 아랫부분 B에다 무거운 물체 C를 달자. 이 고체가 아무리 단단하고 내부 응집력이 세다 하더라도, 무한히 강할 수는 없으니, C의 잡아당기는 힘으로 그걸 깰 수 있지. C를 점점 더 무겁게 하면, 언젠가는 이 기둥이 밧줄이 끊어지듯 부서질 거야.

밧줄의 경우는 그 힘이 삼실 섬유의 뭉치에서 나오지. 나무의 경우는 섬유질이 길이 방향으로 있으면서, 같은 굵기의 삼밧줄에 비해 훨씬 강한 힘을 갖지. 돌 기둥이나 금속 기둥의 경우는 응집력이 더욱 강하며, 이들을 뭉치게 하는 물질은 섬유질과는 다른 어떤 성분이야. 그러나 이들도 아주 강한 힘으로 당기면 부서지지.

심플리치오 자네 말이 맞다고 하고, 만약 나무의 섬유질이 나무만큼 길다면, 그게 당기는 힘에 강하게 버티도록 응집력을 준다는 것에는 수긍하겠네. 그러나 삼실의 길이는 겨우 2~3큐빗인데, 그것으로 어떻게 수백 큐빗 길이의 밧줄을 그렇게 튼튼하도록 만들 수 있는가? 더구나 돌이나 금속은 섬유질 구조도 없는데, 어떻게 뭉치는 힘이 더욱 강할 수 있는가? 설명해 주게.

살비아티 자네가 궁금해하는 것을 설명하려면, 지금 우리가 이야기하려던 분야에서 많이 벗어나게 되는데.

사그레도 그러나 벗어남으로써 새로운 진리를 배울 수 있다면, 망설일 이유가 뭔가? 우리는 엄격한 격식에 얽매여 공부하고 있는 것이 아니라, 우리 스스로 사색의 즐거움을 찾아 만나고 있잖은가? 우리가 지금 벗어난다면, 그것은 지식을 잃지 않기 위해서이지. 지금 이 기회를 놓치면, 우리가 이것을 놓고서 다시 만난다는 기약이 없네. 사실, 우리가 이러다가 원래 찾았던 것보다 더 재미있고 멋진 결과를 발견할지도 모를 일이고. 그러니 심플리치오의 의견을 따르도록 하세. 고체를 결합시켜 떨어지지 않도록 하는 물질이 뭔지, 나도 정말 궁금하고 흥미가 있네. 이것은 나무와 같은 고체를 구성하는 섬유질 그 자신은 어떻게 해서 응집력이 있는지 알기 위해서도 필요하지.

살비아티 자네들이 원하니 기꺼이 그렇게 하겠네. 먼저 첫 번째 의문은, 길이가 2~3큐빗밖에 안 되는 실들이 어떻게 수백 큐빗 길이의 밧줄을 만들어서, 그것을 끊으려면 그렇게 강한 힘이 필요하도록 단단히 뭉칠 수 있느냐 였지?

심플리치오, 실 한 올을 두 손가락으로 단단히 잡게. 내가 그 실을 잡아당기면, 실이 끊어졌으면 끊어졌지 빠져나가지는 못하도록, 그렇게 단단히 잡을 수 있겠나? 그럼, 할 수 있고말고. 만약 실의 끝을 잡지 말고, 실 전체 길이를 따라 어떤 물체가 꽉 잡고 누르면, 그 실을 빼내기가 그 실을 끊어뜨리는 것보다 훨씬 더 어렵겠지? 밧줄이 바로 그런 경우일세. 밧줄은 실을 꼬아서 만드니, 실들이 서로 뒤엉켜 있어서, 밧줄을 강하게 당겼을 때 실들이 끊어졌으면 끊어졌지 풀려서 빠져나오지는 않네.

끊어진 밧줄을 보면 이 사실을 알 수 있어. 밧줄이 끊어진 부분을 보면, 실들이 매우 짤막짤막하거든. 만약에 실들이 서로 미끄러져 밧줄이 끊어졌다면, 풀린 실의 길이가 한두 뼘은 되겠지. 그러나 사실은 실들은 끊어지더라도 서로 미끄러지지는 않으니, 끊어진 곳에서 풀린 실의 길이는 매우 짧지.

사그레도 자네 말이 맞아. 어떤 경우에는 밧줄을 길이 방향으로 잡아당겨서는 끊어지지 않는데, 지나치게 꼬아 돌리면 끊어지더군. 내가 보기에는 이게 확실한 증거일세. 실들이 하도 단단히 뭉쳐져서, 눌린 실들이 조금도 늘어날 수 없거든. 그런데 밧줄을 더욱 꼬면, 길이가 짧아지고 굵어지니, 실들이 그 변화를 따르자면 길이가 약간씩 달라져야 하거든.

살비아티 그래, 정확하게 보았네. 이제 하나를 알았으니, 둘을 알 수 있게 되네. 실을 두 손가락으로 꼭 잡고 있으면, 남이 그것을 빼앗으려고 상당히 세게 당겨도 버틸 수 있지. 왜냐하면 위, 아래 양쪽에서 같은 세기로 누르고 있기 때문이지. 만약에 두 힘 중 하나만 남기고 다른 하나를 없앨 수 있다면, 원래와 비교해 실이 버티는 힘은 절반이 되겠지. 그러나 이건 불가능해. 위쪽 손가락을 들어 누르는 힘 하나를 없애면, 아래쪽 힘도 사라지게 마련이지. 그러니 한쪽 누르는 힘만 남게 하려면, 뭔가 새로운 방법을 써서, 실이 손가락이나 또는 실이 놓여 있는 어떤 고체에 스스로 눌리도록 만들어야 해. 그래서 실을 빼내려고 실을 점점 더 세게 잡아당기면, 그 힘이 오히려 실을 고체에다 밀착시켜서 못 빠져나가게 만들도록. 고체의 둘레에다 실을 나선형으로 휘감으면 이렇게 되지.

이해하기 쉽도록 그림을 그리겠네. 두 나무 기둥을 AB와 CD라 하고 그 사이에 실 EF를 끼우자. 그림을 보기 쉽도록, 밧줄 EF로 그리겠네. 두 나무 기둥을 서로 세게 누르면, 줄 EF는 그들 사이에 단단히 끼겠지. 줄의 한쪽 끝 F를 잡아당기면, 이 줄은 당기는 힘에 대해 상당히 강하게 버티며, 두 기둥 사이를 빠져나가지 않으려 할 거야. 그러나 기둥 하나를 치우면, 밧줄이 다른 기둥과 맞닿아 있다 하더라도, 그게 미끄러지는 것을 막지 못해.

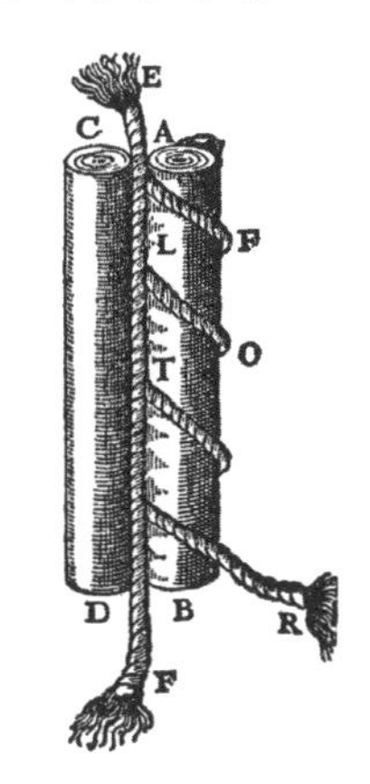

그림 2

이것과는 달리 줄을 기둥 위쪽에서 느슨하게 한 다음, 기둥을 따라 AFLOTR 순서로 휘감아 내려오게 하자. 그런 다음 맨 끝 R에서 잡아당기면, 줄은 기둥을 꽉 묶겠지. 어떤 힘으로 당길 때, 줄을 휘감은 횟수가 많으면 많을수록, 줄은 더욱 단단히 기둥에 밀착이 돼. 줄을 감은 횟수가 많아지면, 줄이 기둥에 맞닿는 길이가 길어지고, 그만큼 저항력이 커지거든. 그러니 당기는 힘에 대해 미끄러지기가 점점 힘들어져.

굵은 밧줄은 수백, 수천의 가는 실을 꼬아서 만든 것이니, 밧줄의 버티는 힘이 바로 이 원리에서 나옴이 명백하지? 꼬았을 때 서로 묶는 힘이 그렇게 강하니, 골풀 줄기 몇 개를 꼬아 엮으면 아주 강한 밧줄이 돼. 이것을 질빵(짐 따위를 질 수 있도록 어떤 물건 따위에 연결한 줄 — 옮긴이)으로 쓰지.

사그레도 내가 참 신기하게 여기면서 이해를 못 해 안타까웠던 것이 두 가지 있었는데, 자네 설명을 들으니 이해가 가는군. 기중기는 그 축에 밧줄을 두 번 또는 기껏해야 세 번 감는 것이 고작이지. 그런데 무거운 물체들이 그 무게로 밧줄을 잡아당기는데, 그걸 어떻게 미끄러지지 않고 버티는지 정말 신기하게 여겼어. 게다가 기중기 축을 돌리면, 그 축을 휘감은 밧줄의 마찰력만으로 커다란 돌덩어리를 들어 올리거든. 그리고 어린애의 연약한 팔도 그 밧줄을 다룰 수 있거든.

다른 한 가지는, 내 밑에서 일하는 직공이 간단하면서 신기한 도구를 하나 발명했어. 이 직공이 한번은 창밖으로 밧줄을 타고 내려오다 손바닥이 다 벗겨졌지. 그래서 큰 고생을 했는데, 그 후에 밧줄 타는 도구를 만들었어. 그림을 그려서 보여 주지.

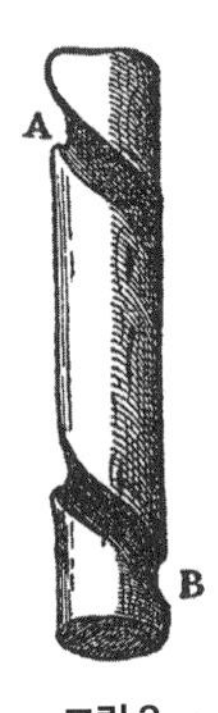

그림 3

굵기는 지팡이 정도 되는 나무 막대를 한 뼘 길이로 잘라. 이 막대를 AB라 부르자. 그다음, 이 막대를 한 바퀴 반 정도 휘돌아가며 홈을 팠어. 홈의 크기는 밧줄을 집어넣으면 딱 알맞을 정도야. 밧줄을 한쪽 끝 A로 넣어서 다른 한쪽 끝 B로 나오게 해. 그다음, 이 막대와 밧줄을 나무 또는 주석으로 만든 원통으로 감싸. 원통은 돌쩌귀를 달아서 여닫을 수 있도록 만들었지. 밧줄을 튼튼한 물체에 묶은 다음, 이 원통을 양손으로 꽉 눌러 잡아 매달릴 수 있어. 원통과 막대 사이에 낀 밧줄이 받는 압력은 통을 꽉 잡느냐, 약간 늦추어 잡느냐에 따라 달라지지. 그 힘을 조절해서 허공에 매달려 있을 수도 있고, 또는 아주 천천히 내려올 수도 있어.

살비아티 정말 멋진 발명이군! 그 기구에 대해서 완벽하게 설명하려면 고려해야 될 것들이 또 있지. 하지만 주제에서 벗어난 채 이것에 매달리고 싶지는 않네. 밧줄이나 나무와는 달리 섬유질 구조가 없는 고체들이 뭉쳐 있는 힘이 뭔지, 자네들이 내 설명을 듣고 싶어 하니까. 내 생각에는 이들의 응집력은 밧줄과는 달라.

그 힘을 만들어 내는 원인들은 크게 두 종류로 나눌 수 있어. 하나는 사람들이 흔히 말하는, 자연은 진공을 끔찍이 싫어한다는 학설이야. 그러나 자연이 아무리 진공을 질색으로 여기더라도, 이게 응집력을 완전히 설명하지는 못해. 그러니 또 다른 하나가 필요한데, 풀이라든가 끈적끈적한 물질이라든가, 뭔가 그런 원인이 있어야 응집력을 완전히 설명할 수 있어.

먼저 진공에 대해서 설명하겠네. 구체적인 실험을 통해서 그 힘의 본성과 세기를 따져 보세. 대리석이나 금속 또는 유리로 얇은 판을 2개 만든 다음, 그 표면을 아주 매끄럽게 만들어. 그다음에 둘을 서로 맞붙이면, 이 둘은 표면을 따라 아주 잘 미끄러져. 그러니까 이들 사이에는 끈적끈적한 물질이 절대 없어. 그러나 이 둘을 평행한 상태를 유지하면서 떼어 놓으려고 하면, 이 판들은 쉽게 떨어지지가 않네. 위쪽 판을 들어 올리면, 아래쪽 판이 위쪽 판에 달라붙어서, 시간이 흘러도 떨어지지를 않아. 아래쪽 판이 상당히 크고 무겁더라도 말일세. 이 실험을 보면, 자연이 매우 짧은 시간이라도 빈 공간을 허용하기를 싫어함을 알 수 있어. 두 판을 떼어 내면, 그 사이 공간은 주위 공기들이 몰려와 채울 때까지, 짧은 시간이나마 진공 상태가 되지.

만약에 두 판의 표면이 매끄럽지가 않으면, 이들 둘이 맞붙는 것이 불완전하지. 그 경우 위쪽 판을 천천히 들면, 위쪽 판의 무게만이 힘을 쓸 뿐, 아래쪽 판은 그대로 남아 있지. 그러나 위쪽 판을 갑자기 확 들면, 아래쪽 판도 들썩 일어났다가 곧 떨어지지. 두 판 사이 틈새에 약간의 공기가 있었는데, 이 공기가 팽창하고, 주위에 있던 공기들이 몰려들어 두 판 사이 공간을 채우는 것은 아주 짧은 시간이면 되니까. 이렇게 두 판 사이에서 분명하게 감지되는 힘이 고체를 이루는 각각의 입자 사이에도 작용할 거야. 고체의 응집 현상에 이 힘이 어느 정도 기여할 것이며, 부수적인 원인일 거야.

사그레도 잠깐만, 자네 말을 끊어서 미안한데, 문득 어떤 개념이 생각나서 그러네. 위쪽 판을 빠르게 들어 올렸을 때 아래쪽 판이 따라 움직이는 것을 보니, 내 생각에는 진공 속에서의 움직임은 순간적이지 않은 것 같아. 아리스토텔레스를 포함한 많은 철학자들은 그렇다고 주장했지만 말일세.

만약에 진공 속에서 움직임이 순간적으로 일어난다면, 아래쪽 판은 아무런 저항도 없이 위쪽 판과 떨어질 거야. 그들이 갈라지는 그 순간, 주변 공기들이 순간적으로 밀려 들어와서, 그들 사이의 공간을 채울 수 있을 테니까. 그러므로 아래쪽 판이 위쪽 판을 따라 움직이는 것을 보면, 진공 속에서의 움직임은 순간적이지 않고, 또 두 판 사이에 비록 짧은 순간이지만 진공이 실제로 존재한다는 것을 알 수 있어. 주위에 있는 공기가 그 진공을 채울 때까지 말일세.

만약에 진공이 없다면, 주위 공기가 움직일 필요도 없겠지. 그렇다면 진공이란 급격한 운동을 할 때 생긴다는 사실을 인정해야 하네. 아니면 진공이란 자연 법칙에 어긋나는 것이겠지. 하지만 내 생각에 자연 법칙에 어긋나는 일은 불가능한 일이고, 불가능한 일은 절대 일어나지 않아.

그러나 여기 또 다른 문제가 생겼네. 실험을 통해 보니, 이 결론이 옳다는 것이 확실해. 그러나 나는 이런 결과가 나오는 원인이 무엇인지, 만족스러운 답을 못 찾겠어. 무슨 말인가 하면, 판을 서로 떼어 내는 것이 먼저이고, 그 사이의 공간에 진공이 생기는 것은 떼어 낸 다음의 일이거든. 내 생각에 자연에는 순서가 있어. 비록 물리적으로 실존하지 않는다 하더라도, 최소한 시간상으로 원인이 결과보다 먼저 있어야 해. 그리고 실제로 구체적인 어떤 결과가 있으려면, 먼저 실제로 구체적인 원인이 있어야 해. 두 판이 서로 붙어서 떨어지지 않으려는 것은 구체적인 사실인데, 이걸 어떻게 아직 생기지도 않은, 떨어진 이후에 비로소 생겨날, 진공이 그 원인이라고 말할 수 있나? 그 위대한 철학자가 말한, 절대 틀림이 없는 격언에 따르면, "존재하지 않는 것은 결과를 낳을 수 없다."

심플리치오 아리스토텔레스가 말한 격언을 받아들였으니, 그가 말한 다음의 격언도 마찬가지로 멋있고 참이라고 받아들여야지. "자연은 불가능한 일을 시도하지 않는다." 내가 보기에, 이 격언에 따르면 자네의 문제가 해결이 되네. 자연은 진공을 거부하니까, 그 결과로서 진공이 생성될 일을 미리 막는 것이지. 그래서 두 판이 못 떨어지도록 막은 거야.

사그레도 심플리치오가 말한 것이 내 문제에 대한 적절한 해답이라면, 진공에 대한 거부가, 돌이든 금속이든 또는 이보다 더욱 단단한 고체든, 뭉쳐서 떨어지지 않으려는 힘의 원인으로 충분하겠군. 만약 한 가지 결과에 대해 한 가지 원인만 있다면, 또는 여러 원인이 있더라도 그걸 한 가지로부터 유추할 수 있다면, 진공이란 실제로 존재하니까, 이런 온갖 종류의 떨어지지 않으려는 힘의 원인으로 충분하겠지?

살비아티 진공만이 고체의 각 입자들을 엉키게 하는 원인으로 충분한가 하는 논쟁에 지금 뛰어들고 싶지는 않은데. 그러나 두 판의 경우는 진공이 충분한 원인이었지만, 금속이나 대리석 기둥 같은 경우는 진공만으로는 응집력을 설명할 수 없어. 이것들도 매우 강하게 확 잡아당기면 끊어져 두 동강이 나거든. 진공과 더불어 응집력을 낳는 어떤 미지의 원인이 있는지 알 수 없지만, 그런 미지의 원인들과 구별하면서, 진공이라는 알려진 원인으로부터 생겨나는 힘을 측정하는 방법을 찾아보겠네. 만약 이 힘만으로는 이런 결과를 설명하기에 많이 부족함을 보인다면, 뭔가 다른 원인이 있다고 인정해야 하겠지? 심플리치오, 자네가 대답해 보게. 사그레도는 할 말을 잊은 모양이야.

심플리치오 그거야 너무 명백하고 당연한 결론이니 의심할 여지가 없네. 사그레도가 망설이는 것은 뭔가 다른 이유 때문일 거야.

사그레도 심플리치오, 자네가 옳게 추측했네. 난 지금 해마다 스페인 금화 100만 개로도 군대 봉급을 충분히 줄 수 없다면, 금화 이외의 뭔가 다른 걸로 군인들 봉급을 주어야 하는 것 아닌가 하고 생각하고 있었어.

어쨌든 계속 이야기하게, 살비아티. 나는 자네 말을 받아들일 테니까. 진공의 힘을 어떻게 다른 원인과 구별할 수 있는지, 그걸 어떻게 재어서 진공의 힘이 그 원인으로 충분하지 않다는 것을 보일 수 있는지.

살비아티 수호신이 자네를 돕기를. 먼저 진공의 힘을 다른 힘과 어떻게 분리하는지, 그다음에 그 힘의 크기를 어떻게 잴 수 있는지 설명하지. 진공의 힘을 분리하려면, 진공의 힘에 따른 응집력만 있고 그 외에 다른 어떠한 응집력도 없는, 고른 물질을 택해야 하네. 물이 바로 그러한 물질일세. 내 절친한 동료 학자가 그것을 상세히 증명해 책을 썼지. 관 속에 들어 있는 물기둥을 잡아당겼을 때, 물이 서로 떨어지지 않으려고 버티는 그 힘은 전부 진공의 힘에서 나오는 것일세. 다른 어떠한 원인도 없네.

힘을 재는 실험을 하기 위해서 실험 기구를 하나 발명했지. 알기 쉽도록 그림을 그려서 설명하겠네. 둥그런 원통을 하나 만들어라. 금속이나 아니면 유리로 만들면 더욱 좋다. 그 안쪽을 매우 매끄럽고 정밀하게 다들어라. 그 단면을 CABD로 나타내자. 여기에 정확하게 들어맞는 피스톤을 나무로 만들어라. 그 단면을 EGHF로 나타내자. 이 피스톤은 원통 속을 위, 아래로 자유롭게 움직일 수 있다. 피스톤 가운데에 구멍을 뚫어서, 거기에 쇠막대를 하나 끼워라. 쇠막대의 굵기는 구멍의 크기에 비해서 약간 가늘어야 한다. 쇠막대의 아래 끝은 구부려서 갈고리처럼 만들고, 위쪽 끝에는 원뿔 모양의 머리를 달아라. 나무 피스톤의 위쪽 가운데를 약간 오목하게 파서, 쇠막대를 아래로 당길 때 쇠막대의 머리 I가 그 오목한 곳에 꼭 맞도록 만들어라.

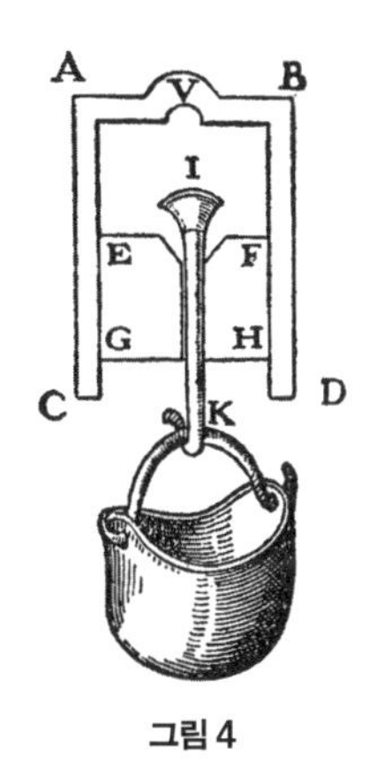

그림 4

이제 나무 피스톤 EH를 원통 AD 속에 넣어라. 피스톤 윗부분과 원통 윗부분 사이를 손가락 2, 3개 폭 정도(약 10 센티미터)의 거리로 유지하고. 여기에다 물을 채우기 위해 이 기구 전부를 뒤집어서 물속에 넣어라. 원통의 주둥이 CD를 위로 해서 물에 잠기게 한 다음, 쇠막대의 머리 I가 피스톤의 오목한 곳을 막지 못하도록 약간 아래로 내려라. 쇠막대와 피스톤의 구멍 사이에는 틈이 있으니, 거기로 공기가 빠져나가고 물이 차겠지. 물이 다 차면 쇠막대를 잡아당겨서, 머리 I가 피스톤의 오목한 곳에 꼭 맞도록 해서, 물이 못 새도록 한다.

그다음, 이 기구 전부를 물에서 꺼내 뒤집어서, 주둥이 CD가 아래로 오도록 해라. 갈고리 K에다 광주리를 건 다음, 그 광주리에 모래주머니 또는 벽돌 같은 무거운 것을 계속 넣어라. 그게 충분히 무거워지면 피스톤이 떨어진다. 피스톤 위쪽 면 EF와 물기둥 아래쪽 면은 진공의 힘 때문에 붙어 있었거든. 이제 피스톤과 쇠막대, 광주리, 그 속에 넣은 물체의 무게를 달아 더하면, 진공의 힘이 얼마인지 알 수 있다.

이 물기둥과 단면적이 같도록 대리석이나 유리로 기둥을 만들어라. 거기에다 무거운 물체를 달아서, 그 물체의 무게와 기둥의 무게를 합쳤을 때, 그게 앞에서 말한 무게와 같도록 만들어라. 만약 이때 기둥이 부서지기 시작한다면, 진공의 힘이 대리석이나 유리의 응집력의 전부라고 말할 수 있다. 그러나 만약 이 무게에서 기둥이 부서지지가 않고, 예를 들어 네 배 무게를 또 더했을 때 부서지기 시작한다면, 진공의 힘은 응집력의 5분의 1을 차지할 뿐이다.

심플리치오 정말 기발한 발명품이군. 그러나 이 기구가 의도한 대로 실제로 작동하기에는 많은 어려움이 따르겠는데. 우선 원통과 피스톤 틈새로 공기가 새 들어가지 않는다고 보장할 수 있는가? 피스톤을 펠로 감싼다 하더라도 말일세. 그리고 왁스를 칠하든가 테레빈 기름을 바르든가 하더라도, 쇠막대의 머리 I가 피스톤의 오목한 자리에 꼭 맞는다는 보장이 없네. 그리고 물도 팽창해 늘어날 수 있지 않을까? 공기나 증기 또는 다른 미세한 물질들이 나무 구멍을 통해 들어올 가능성도 있고, 어쩌면 유리를 통해 들어올지도 모를 일이고.

살비아티 온갖 어려운 점들을 제시하는군. 심플리치오도 상당히 현명해졌어. 심지어 공기가 나무를 뚫고 들어오거나 피스톤과 실린더 사이로 새는 것을 막으려면 어떻게 해야 하는지, 예방책까지 제공하는군. 하지만 우리가 계속 나아가면, 이런 문제점들이 과연 실제로 유효한지 여부를 알게 될 것이고, 또 새로운 지식도 배우게 될 것일세.

만약에 물도 공기처럼 팽창하는 성질이 있다면, 물론 아주 큰 힘을 가했을 때, 피스톤이 약간 아래로 내려오는 것을 볼 수 있겠지. 그리고 그림에서 V라고 나타낸 것처럼, 원통 윗면에 오목한 공간을 만들어. 그러면 공기나 다른 미세한 기체 따위가 나무나 유리의 구멍을 통해 들어오더라도, 공기 방울들이 물 위로 올라가 오목한 곳 V에 모이겠지. 만약 이것들이 생기지 않는다면, 우리가 실험을 조심스럽게 잘 했다고 확신해도 되네. 그리고 물은 팽창하지 않고, 유리는 아무리 미세한 물질이라도 통과하지 못한다는 것을 알게 될 거야.

사그레도 내가 오랫동안 이상하게 여겼고 도저히 이해를 못 했던 일이 있는데, 지금 자네 설명을 들으니 그 원인을 알겠군. 우물이 하나 있었는데, 거기에는 펌프가 붙어 있었어. 펌프를 쓰면 두레박을 쓰는 것보다 힘을 적게 들이고 많은 물을 퍼 올릴 수 있을 것 같았어. 물 펌프들 중에 흡입관과 밸브가 아래에 있는 것들은 물을 밀어 올리지만, 문제의 이 펌프는 흡입관과 밸브가 위에 붙어 있어서 물을 빨아 당겨 올리는 것이었지. 이 펌프는 물의 높이가 얼마 이상일 때는 잘 작동을 했어. 그러나 물의 높이가 얼마 이하로 낮아지자, 이 펌프는 작동을 안 해. 난 처음에는 펌프가 고장 난 줄 알았네. 그래서 고치는 사람을 불렀는데, 그 사람 하는 말이, 펌프는 아무 이상이 없는데, 물이 너무 낮아져서 펌프가 그 높이로 퍼 올릴 수가 없다는 거야. 그가 덧붙이기를, 펌프든 다른 어떠한 기계든, 빨아 당기는 기계는 18큐빗 이상의 높이는 절대로 퍼 올릴 수 없다는 거야. 펌프가 크든 작든, 이게 빨아올리는 한계라는 거야.

난 지금까지 생각이 부족했어. 밧줄이나 나무 막대 또는 쇠줄은 위쪽을 묶고 아래로 길게 늘어뜨렸을 때, 이게 아주 길면 자신의 무게를 못 이겨서 끊어지는 것은 알고 있었어. 물기둥의 경우는 이런 일이 더 쉽게 일어나는데, 그걸 여태 모르고 있었군. 펌프가 물을 빨아올릴 때, 물은 위에서 아래까지 죽 당기면서 기둥을 이루다가, 어떤 한계점에 이르러서는 자신의 무게를 못 이겨서 밧줄처럼 끊어진단 말이지?

살비아티 그래, 바로 그 원리일세. 18큐빗이라는 한계 높이는 이미 정해져 있지만, 펌프의 관이 크냐, 작으냐, 아니면 밀짚처럼 가느냐에 따라서, 그게 지탱하는 물의 양은 제각각일 수 있지. 그러니 관이 굵든, 가늘든, 18큐빗 길이의 둥그런 관에 물을 채운 다음 그 무게를 재면, 그 관의 빈 부분과 같은 크기인 고체 물질 원기둥의 진공의 힘을 알 수 있어.

말이 나온 김에, 금속이나 돌, 나무, 유리 따위로 기둥을 만들었을 때, 그것들이 자신의 무게를 감당하지 못하고 끊어지는 한계 길이가 얼마인지 계산하는 방법을 생각해 보자. 이건 어렵지 않아.

예를 들어 어떤 임의의 굵기, 임의의 길이의 구리줄이 하나 있다고 하자. 이 구리줄의 한쪽 끝을 위에 매달고, 아래에다 점점 더 무거운 추를 달아라. 그러면 결국은 구리줄이 끊어지겠지. 이 구리줄이 버티는 한계 무게가 예를 들어 50파운드라고 하자. 이 구리줄의 무게가 예를 들어 1/8온스라고 하자. 우리가 50파운드의 구리를 잡아 늘여서 이것과 똑같은 굵기의 줄을 만들면, 이 줄의 길이에다 원래 구리줄의 길이를 더한 것이, 이런 종류의 구리줄이 자신의 무게를 지탱할 수 있는 한계 길이겠지. 원래 구리줄의 길이가 1큐빗이고 무게가 1/8온스라고 하면, 그게 50파운드를 더 지탱할 수 있으니, 4,800큐빗만큼 더 지탱할 수 있는 셈이지. 그러므로 구리줄은 굵기가 얼마든 4,801큐빗 길이까지 버틸 수 있고, 더는 안 돼.

그렇다면 구리 기둥도 자신의 무게를 4,801큐빗까지 버틸 수 있지. 이 응집력 중에서 일부는 진공의 힘에서 생기는데, 그것을 다른 원인의 힘과 비교하기 위해서 계산해 보자. 진공의 힘은, 구리 기둥과 같은 굵기로 물기둥을 만들었을 때, 18큐빗 길이의 물기둥의 무게와 같다. 예를 들어 구리가 물보다 아홉 배 무겁다고 하면, 구리 기둥의 응집력 중에서 진공의 힘 때문에 생기는 것은 구리 기둥 2큐빗 높이의 무게와 맞먹는다. 이런 식으로 실험하고 계산을 하면, 어떤 물질로 된 줄이든 기둥이든, 자신의 무게를 버틸 수 있는 한계 길이와 응집력 중에서 진공의 힘이 차지하는 비율을 알 수 있지.

사그레도 당기는 힘에 저항하는 응집력이 진공의 힘에서 연유한 것 이외에 또 어디서 나오는지, 자네는 아직 답을 말하지 않았군. 고체의 입자들을 서로 묶어 주는, 끈적끈적하고 접착력이 있는 물질은 뭔가? 풀이라면 용광로에 넣고 2~3개월만 불을 때도 다 타서 날아갈 텐데. 10개월, 100개월 가열하면 그런 물질이 남을 수가 있겠나? 그런데 금이나 은, 유리를 용광로에 넣고 그렇게 오랜 시간 녹인 다음 꺼내면, 이들은 식자마자 곧 원래처럼 강하게 뭉쳐서 단단해지거든. 그것도 문제지만, 유리 입자를 뭉치게 하는 힘에 관한 문제는 접착제나 풀에 관해서도 마찬가지 문제가 되지. 바꿔 말하면, 접착제의 경우 그 입자들을 뭉치게 하는 힘이 뭔가?

살비아티 조금 전에 자네에게 수호신의 가호가 있기를 빌었지. 이제는 내가 그런 곤란한 처지에 놓였군. 실험을 통해 보면, 2개의 얇은 판이 잘 떨어지지 않으려고 하고, 그것을 강하게 확 잡아당겨야만 떨어지는 것은 진공의 힘 때문인 것이 확실해. 그리고 대리석이나 구리로 만든 기둥을 둘로 쪼개려면 훨씬 더 큰 힘이 필요하고. 그렇다면 작은 부분들 사이에도, 한 물체를 구성하는 궁극적인 가장 작은 입자들 사이에도, 진공을 거부함으로써 생기는 이 힘이 존재하지 않을 이유가 없지. 어떤 결과든 반드시 진짜이고, 유일하며, 가장 강력한 원인이 있어야 해. 그리고 응집력을 제공하는 다른 어떤 원인을 못 찾겠으니, 진공의 힘이 응집력을 제공하는 원인으로서 충분하지 않은가 판단해 봐야 하겠지?

심플리치오 그렇지만 두 물체를 떼어 놓을 때 진공이 당기는 힘은, 그 물체의 구성 성분들을 엉키게 하는 응집력에 비해 매우 작다는 것을 이미 증명하지 않았는가? 그렇다면 응집력은 진공이 아니라 뭔가 전혀 다른 원인으로부터 생겨나겠지?

살비아티 그 문제는 사그레도가 이미 답을 제시했네. 세금을 한 푼, 두 푼 거둬서 군인 한 명 봉급을 줄 수는 있지만, 군대 전체에 봉급을 주려면 금화가 100만 개라도 부족하거든. 매우 조그마한 진공들이, 고체를 구성하는 미세한 입자들 사이에서, 이웃하는 입자끼리 서로 붙도록 힘을 제공하고 있는지 누가 알겠나?

이것에 관해서 가끔 떠오르는 생각을 말해 주겠네. 이 생각이 정답이라고 주장하지는 않겠네. 아직 불완전한 상상이라고 할까? 그러니 자네들이 좀 더 깊이 생각해 보기 바라네. 이걸 어떻게 받아들이든 그다음은 자네들이 알아서 판단하게.

불이 금속의 미세한 입자 사이를 녹이며 뚫고 지나가는 것을 생각해 보았어. 금속의 입자들은 매우 단단히 붙어 있지만, 불은 그것들을 갈라 쪼개놓지. 그러나 불이 사라지면, 금속 입자들은 처음과 마찬가지로 단단하게 다시 합쳐지지. 아주 오랜 시간 갈라져 있어도, 금의 경우는 양이 조금도 줄지 않고, 다른 금속들의 경우도 양이 줄어드는 정도는 매우 적어. 내 생각에 이 현상은 불을 구성하는 매우 작은 입자들 때문이야.

금속 입자들 사이의 매우 미세한 구멍들은 너무 작아서, 아무리 작은 공기나 액체의 입자라도 들어갈 수 없는데, 불의 입자들은 그 구멍으로 들어가서, 입자 사이사이의 진공을 채우는 거야. 그러니 이제 금속 입자들은 그들을 잡아당겨서 떨어지지 않게 만들던 진공의 힘으로부터 해방이 돼. 그래서 입자들이 자유롭게 움직일 수 있으며, 고체가 녹아서 액체가 되는데, 이들 사이사이에 불의 입자가 남아 있는 한 액체 상태를 유지하지. 그러나 불의 입자가 사라지면, 원래 있었던 진공이 다시 생겨나서, 응집력이 되살아나 입자들이 다시 단단하게 엉키는 거야.

심플리치오가 제기한 반론에 대해 답을 하겠는데, 1개의 진공은 매우 작아서 그 힘을 쉽게 이길 수 있지만, 그러나 이들이 워낙 많이 있어서, 그 응집력을 다 더하면 엄청나게 큰 힘이 되는 것일세. 조그마한 힘들을 매우 많이 더하면 그 힘이 엄청나게 커지는 원리는, 다음 예를 보면 알 수 있어. 수백만 파운드 무게의 돌멩이를 튼튼한 밧줄에 매달아 당겨서, 공중에 뜨도록 해 봐. 그 상태에서 밧줄을 고정시켜. 그런데 마침 남풍이 비를 싣고 온다면, 또는 짙은 안개가 밀려온다면, 각각의 미세한 물방울들은 밧줄을 이루는 입자 사이사이로 뚫고 들어가지. 돌의 엄청난 무게 때문에 밧줄이 매우 팽팽하게 당겨져 있지만 말일세. 물기가 밧줄에 스며들면, 밧줄은 길이가 짧아지고, 그러면 그 무거운 돌을 들어 올리게 돼. 비록 약간의 높이이긴 하지만.

사그레도 힘이 아무리 세더라도, 그게 한없이 세지만 않다면, 작은 힘들을 계속 더해서 큰 힘을 이길 수 있음은 명백하네. 개미들의 수가 엄청나게 많으면, 곡물을 가득 실은 배를 해변으로 끌어올릴 수 있어. 우리 주위에서 보면, 개미 한 마리가 낟알 1개는 쉽게 들어서 옮기거든. 배에 곡물을 가득 싣더라도, 그 개수가 한없이 많을 수는 없지. 어떤 유한한 수 아래이지. 개미들의 수가 그보다 서너 배 많도록 하면, 곡물뿐만 아니라 배까지 해변으로 끌어올릴 수 있어. 내 생각에는 금속의 구성 입자들을 묶는 진공들이 바로 이런 경우일세. 물론 그 수는 더욱 엄청나게 많겠지.

살비아티 하지만 만약에 한없이 많이 필요하다면, 이것이 불가능하다고 주장할 건가?

사그레도 금속의 부피가 무한이라면 모를까. 그렇지 않다면 …….

살비아티 그렇지 않다면, 뭐? 기왕 무한이라는 말이 나온 김에, 유한한 크기의 연속적인 공간에서 무한히 많은 수의 진공을 발견할 수 있음을 증명해 보겠네. 그와 동시에, 아리스토텔레스가 멋진 문제라고 말한 것들 중 가장 멋진 문제에 대한 해답을 찾을 수 있을 거야. 아리스토텔레스가 쓴 『역학』에 나오는 문제 말일세. 이 해답은 아리스토텔레스 본인이 제시한 답에 못지않게 명확하고 확실하네. 그러나 저명한 조반니 디 게바라 주교가 상세히 설명해 놓은 풀이와는 약간 다르네.

그러나 먼저 한 가지 법칙을 알아야 하네. 이건 다른 사람들은 다루지 않았지만, 이 문제의 해답은 이 법칙에서 나오고, 다른 새롭고 놀라운 사실들이 이것으로부터 나와. 그림을 그려서 설명하도록 하지.

점 G를 중점으로 하는 정다각형을 그리자. 이를테면 정육각형 ABCDEF라 하자. 그다음, 역시 G를 중점으로 하고, 닮은꼴이면서 크기가 절반인 정육각형을 그리자. 그것을 HIKLMN이라 나타내자. 변 AB를 S 방향으로 한없이 길게 늘여 선을 그어라. 작은 정육각형에서 그에 대응하는 변 HI를 같은 방향으로 길게 늘여서, 선 HT를 AS에 평행하도록 그어라. 그리고 중점 G에서부터 이 두 직선과 평행하도록 선 GV를 그어라.

그다음, 큰 육각형을 직선 AS를 따라 굴린다고 생각을 하자. 작은 육각형도 따라 돌게 된다. 처음에 변 AB의 한 끝점인 B는 고정되어 있고, 점 A는 일어나 위로 움직일 것이며, 점 C는 곡선 CQ를 그리며 내려가고, 변 BC는 선분 BQ와 일치하게 된다. 이렇게 도는 동안, 작은 육각형

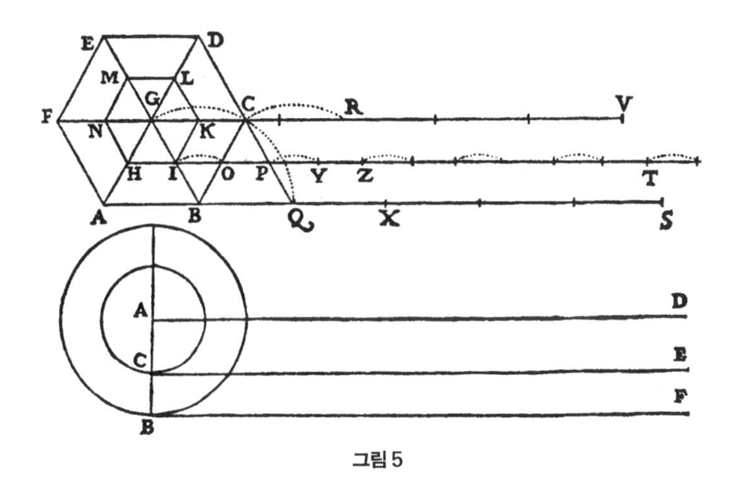

그림 5

에 있는 점 I는 직선 IT보다 약간 위로 올라간다. 왜냐하면 선분 IB가 직선 AS에 대해 비스듬하기 때문이다. 점 C가 Q에 닿았을 때, 점 I도 비로소 직선 IT로 돌아온다. 점 I가 직선 HT 위쪽에 있는 곡선 IO를 그리며 움직여서 점 O에 닿는 것은 변 IK가 선분 OP와 맞닿는 것과 같은 순간이다. 그러는 동안, 중점 G는 직선 GV보다 위쪽에 있는 곡선 GC를 그리며 움직여서 점 C에 도착하게 된다.

이 한 단계의 움직임이 끝나면, 큰 육각형은 변 BC가 선분 BQ와 일치한 상태로 놓이고, 작은 육각형의 변 IK는 선분 OP와 일치하게 된다. 움직이는 동안, 변 IK는 선분 IO 위로 넘어가므로 선분 IO와 닿지 않는다. 그동안 중점 G는 직선 GV의 위쪽으로 넘어가 점 C로 간다.

이제 전체 그림이 원래 놓여 있던 것과 사실상 같은 모양이다. 이걸 다시 돌리면, 큰 육각형의 변 CD가 선분 QX와 일치하게 될 것이고, 작은 육각형의 변 KL은 선분 PY를 건너뛰고 넘어가 선분 YZ와 일치하게 되며, 중점 G는 선분 CR를 펄쩍 건너뛰어 점 R로 가게 된다.

이것을 완전히 한 바퀴 돌리면, 큰 육각형은 조금의 틈새도 없이, 직선 AS를 따라 자신의 둘레 길이와 같은 선분 6개를 접하게 된다. 작은 육각형은 직선 HT와 접한 부분이 6개의 선분이 되고, 각각의 선분의 길이는 한 변의 길이와 같다. 하지만 이들 선분은 떨어져 있어서, 그 사이사이에서는 직선 HT와 닿지를 않고, 그 위로 곡선을 그리며 넘어간다. 중점 G는 6개의 점에서 직선 GV와 만날 뿐, 다른 곳에서는 만나지 않는다. 이것을 보면, 작은 육각형이 움직인 거리는 큰 육각형이 움직인 거리와 거의 같음을 알 수 있다. 선분 HT의 길이는 선분 AS의 길이와 비교해서, 작은 육각형 한 변의 길이만큼 차이가 난다. 물론 이때 선분 HT는 작은 육각형들이 건너뛴 부분도 다 포함해서 생각해야 한다.

나는 지금 정육각형을 예로 들어서 설명했지만, 이건 다른 정다각형에도 마찬가지로 적용할 수 있어. 그게 몇 각형이든 큰 정다각형과 작은 정다각형의 생김새가 똑같고, 중점이 같으며, 서로 꽉 묶여 있어서 큰 것과 작은 것이 반드시 같이 돈다면 말일세. 작은 정다각형이 움직일 때 건너뛴 부분의 길이도 넣어서 생각한다면, 작은 정다각형과 큰 정다각형이 움직인 거리는 거의 같아.

예를 들어 1,000개의 변을 가진 정다각형이 한 바퀴 돈다고 해 보자. 그러면 큰 정다각형은 자신의 둘레 길이와 같은 선분을 만들며 움직였고, 동시에 작은 정다각형은 그와 거의 같은 길이의 선분을 만든다. 이 선분은 작은 다각형의 한 변의 길이와 같은 짧은 선분이 1,000개가 있고, 그 사이사이에 999개의 빈 공간으로 구성되어 있다. 여기까지는 별다른 어려움 없이 이해할 수 있지?

그러나 이제 어떤 점 A를 중심으로 두 원을 그리자. 이들이 서로 꽉 고정되어 있다고 생각을 하자. 그림처럼 원 위의 점 C, B를 잡은 다음, 여기에서 접선 CE, BF를 그어라. 그리고 이 직선들과 평행하도록, 중점 A에서부터 선 AD를 그어라. 그다음, 큰 원을 선 BF를 따라 한 바퀴 돌리면, 큰 원은 자신의 둘레 길이와 같은 선분 BF를 그리게 된다. 이때 작은 원이 그리는 선분 CE와 중점이 그리는 선분 AD도 이것과 길이가 같다.

자, 이때 작은 원과 중점은 어떻게 움직이는가? 중점은 선분 AD 전체를 따라 접하며 움직이는 것이 확실하다. 작은 원의 둘레는 선분 CE 전체와 접하며 움직여 지나간다. 마치 앞에서 말한 다각형의 경우처럼. 차이점이 있다면, 다각형의 경우는 선분 HT의 모든 점들이 작은 다각형의 둘레와 접한 것이 아니었다. 닿은 구간들이 짤막짤막하게 있고, 그와 같은 개수만큼 그 사이사이 공간은 다각형의 둘레와 접하지 않고 남아 있었다. 그러나 원의 경우는, 작은 원의 둘레가 선분 CE에서 떨어지는 적이 없다. 그러니 선분 CE의 모든 점들이 원둘레와 맞붙게 된다. 또 원둘레가 이 선분과 접하지 않는 순간이 없다. 그렇다면 작은 원은 어떻게 자기 둘레 길이보다 긴 거리를 팔짝 건너뛰지도 않으면서 갈 수 있나?

사그레도 내가 생각하기에, 중점은 단 하나의 점이면서도 선분 AD를 따라가며 그 선분과 계속 붙어 있듯이, 작은 원둘레의 점들도 큰 원으로 인해 끌려 돌아가면서, 선분 CE의 어떤 짧은 부분을 미끄러져 가는 것 같아.

살비아티 두 가지 이유 때문에 그렇지가 않네. 첫째, 모든 점들은 동등하니, 선분의 어떤 점에서는 작은 원이 미끄러져 선분 CE의 일부를 건너뛰고, 다른 점에서는 미끄러지지 않는다는 논리는 성립하지 않는다. 그러니 실제로 어떤 점에서 미끄러지면, 무수히 많은 점에서 미끄러져야 한다. 왜냐하면 접하는 점이 무수히 많으니까. 유한한 거리를 미끄러지는 일이 한없이 많은 점에서 생기면, 그것을 더하면 한없이 긴 거리가 되지. 하지만 선분 CE는 길이가 유한하거든.

다른 한 가지 이유는, 큰 원이 돌면서 접하는 점이 계속 바뀌니, 작은 원도 마찬가지이다. 중점 A에서 반지름선을 그으면, 그 반지름선이 큰 원, 작은 원과 만나는 점들은 하나씩 하나씩 서로 대응한다. 따라서 큰 원이 접점이 바뀌는 순간, 작은 원도 접점이 바뀌게 된다. 뿐만 아니라 작은 원의 각각의 점은 선분 CE의 단 한 점과 만날 뿐이다.

게다가 다각형을 돌리는 경우에도, 작은 다각형 둘레의 점이 그 다각형이 그리는 선분과 2개 이상의 점에서 만나는 적은 없었다. 조금 전에 설명한 것을 다시 생각해 보자. 변 IK는 변 BC와 평행하니까, 변 BC가 BQ에 붙을 때까지, 변 IK는 IP의 위쪽에 있다. 변 BC가 BQ에 놓여 있는 그 순간에는 변 IK가 OP와 일치해 놓여 있지만, 곧바로 그것 위쪽으로 움직이게 된다.

사그레도 아주 미묘한 문제이군. 도대체 답이 뭔가? 제발 설명해 주게.

살비아티 정다각형의 움직임은 이해가 가지? 그걸 다시 생각해 보세. 예를 들어 십만각형이 있다고 치자. 이게 회전할 때 큰 것의 둘레가 지나간 길이, 그러니까 100,000개의 변을 차례차례 늘어놓아 다 더한 길이는, 작은 변 100,000개가 지나간 길이와 같아. 물론, 작은 것이 지나간 길이에는 100,000개의 변들 사이사이에 100,000개의 빈 공간이 있지.

원이란 무한히 많은 변을 가진 다각형이라고 말할 수 있지. 큰 원이 지나간 선분은, 큰 원의 한없이 많은 변들을 끊임없이 이어 놓은 것과 같고, 그것은 작은 원의 한없이 많은 변들이 지나간 선분과 길이가 같아. 그러나 작은 원의 경우는 무한히 많은 변들이 지나가면서, 그 사이사이에 같은 개수만큼 빈 공간을 남겨. 변의 개수가 유한하지가 않고 한없이 많으니, 그 사이사이 빈 공간의 개수도 한없이 많아. 큰 원이 지나간 길은 한없이 많은 점들로 되어 있고, 그게 선분을 완전히 채우지. 반면에 작은 원이 지나간 길은 한없이 많은 점들로 되어 있고, 그 사이사이가 비어 있어서, 선분을 완전히 채우지는 못해.

잘 관찰해 보면, 선분을 토막 내어 몇 개의 유한한 구간으로 가른 다음, 그것들을 어떤 순서로 다시 배치하든, 그것들이 죽 이어지도록 만들면, 그 길이는 원래의 길이와 같아. 그 사이에 빈 공간을 추가하지 않으면, 절대 길이가 늘어나지 않아. 그러나 선분을 한없이 잘게 토막 내면, 즉 한없이 많은, 더 이상 쪼갤 수 없는 최소의 조각으로 잘라 놓으면, 크기를 가지는 빈 공간을 추가하지 않으면서도 그 길이를 얼마든지 늘일 수 있어. 물론, 더 이상 쪼갤 수 없는 최소의 빈 공간을 한없이 많이 집어넣어야지.

여기서는 단순히 선분에 대해서 이야기했지만, 이것은 면이나 3차원 입체의 경우에도 마찬가지이지. 이들이 한없이 많은 개수의, 한없이 작은 크기의 원자들로 구성되었다고 간주하면 말일세. 고체를 몇 개의 유한한 크기의 조각으로 갈랐다가 그것들을 다시 합칠 때, 그 사이에 빈 공간을 추가하지 않는다면, 부피가 커지지를 않아. 빈 공간이란, 그 고체를 구성하는 물질이 없는 부분을 뜻하지. 그러나 만약에 고체를 최고의 궁극적인 구성 입자들로 쪼갤 수 있다면, 그래서 그 입자들의 개수가 한없이 많고 그 크기가 한없이 작다면, 그 사이에 유한한 크기의 빈 공간을 추가하는 것이 아니라, 한없이 작은 빈 공간을 한없이 많이 넣어서 고체의 부피를 얼마든지 커지게 할 수 있지. 그러니 유한한 크기의 빈 공간을 집어넣지 않으면서, 조그마한 금덩어리를 팽창시켜서 그 부피를 얼마든지 크게 만드는 것을 쉽게 상상할 수 있어. 만약에 금이 한없이 많은 개수의, 한없이 작은 크기의 원자들로 구성되어 있다면 말일세.

심플리치오 옛날 어떤 철학자(에피쿠로스를 가리킨다. — 옮긴이)가 진공을 주장했는데, 그의 말을 따르는 것 같군.

살비아티 그 말에다 "신의 섭리를 부정한 사람"이라는 말을 덧붙여야지. 학자들 중에 그 철학자를 싫어하는 사람(오라치오 그라시 신부를 가리킨다. — 옮긴이)이 있어서 이런 표현을 사용했는데, 매우 부적절한 평가였어.

심플리치오 이 반대자의 비열함과 그가 품고 있는 적의를 보니, 내가 화가 치미는군. 할 말이 많지만 예의상 참겠네. 자네같이 신앙심이 깊고, 경건하고, 하느님을 경외하고, 신실한 사람이 이런 것을 보았을 때, 정말 불쾌했겠네.

그러나 우리 문제로 돌아가서, 방금 설명한 것은 하도 어려운 문제를 낳아서, 나로서는 도저히 해결할 수 없군. 우선 두 원둘레가 두 선분 CE, BF와 같다고 했지. BF는 죽 이어져 있고, CE는 무수히 많은 빈 점들이 사이사이를 채우고 있고. 그런데 중점이 그린 선분 AD는 무수히 많은 점들로 이루어져 있는데, 어떻게 한 점 A와 같다고 볼 수 있는가? 그리고 더 이상 쪼갤 수 없는, 무한히 작은 점들이 모여서, 쪼갤 수 있는, 유한한 크기의 선분을 어떻게 만들 수 있는가? 이 난제는 피할 수 없어 보이네. 그리고 진공을 집어넣는 것이 필요한데, 진공은 아리스토텔레스가 완벽하게 부인하지 않았던가? 이것도 어려운 문제이네.

살비아티 그러한 어려운 문제들이 있지. 이것들뿐만 아니라 다른 어려운 점도 많아. 그러나 지금 우리가 다루는 것은 무한과, 더 이상 쪼갤 수 없는 작은 것임을 상기하게. 이것들은 유한한 세계에 살고 있는 우리들의 생각을 뛰어넘어. 앞의 것은 너무 커서, 뒤의 것은 너무 작아서. 그렇지만 인간의 이성으로서 이것들에 대해 논의를 못 할 이유는 없어.

이 논의를 잠시 멈추고 쉬는 동안에, 내가 기발하고 놀라운 개념 한 가지를 소개하겠네. 이 개념이 어떤 결론을 낳는 것은 아니지만, 이것은 워낙 새롭고 기발하기 때문에, 자네들이 감탄하게 될 걸세. 그러자면 우리가 토론하던 것에서 너무 많이 벗어나는군. 그러니 자네들이 보기에 부적절할지도 모르겠네.

사그레도 친구들과 이야기를 나누다 보면, 이런 좋은 기회와 특권이 생기는군. 우리는 필요에 따라서 억지로 공부하는 것이 아니라, 우리가 좋아서 자유롭게 주제를 정해 토론하고 있잖아? 이것은 고리타분한 책을 공부하는 것과 달라. 책은 온갖 의문점만 들쑤셔 놓고 아무런 해답도 제시하지 않거든. 그러니 우리가 토론하는 과정에서, 자네에게 떠오르는 생각이 있거든 우리에게 말해 주게. 우리가 무슨 급한 일이 있는 것도 아니고, 우리가 말한 주제를 연구할 시간도 얼마든지 있어. 그리고 심플리치오가 제시한 반론은 무시하고 넘어갈 수가 없어.

살비아티 좋아, 자네들이 원하니까. 첫째 질문은, 어떻게 한 점이 선분과 같다고 볼 수 있냐 였지? 지금 당장은 답을 할 수 없네. 그 대신에 이와 비슷하거나 아니면 이보다 더 놀라운 사실을 보여서, 이게 불가능하지 않다는 것을 느끼게 해 주지. 기적이 일어나면, 다른 놀라운 일들이 놀랍지 않게 되거든.

내가 두 입체를 소개하겠네. 두 입체는 부피가 같고, 넓이가 같은 2개의 면을 밑면으로 가지고 있어. 이 두 입체와 그 단면들은 계속 차츰차츰 고르게 줄어들어서, 이들의 남은 부분은 항상 서로 같아. 이들은 늘 같으면서 점점 줄어들어서, 한 입체와 단면은 아주 긴 곡선이 되고, 다른 한 입체와 단면은 한 점이 돼. 그러니까 전자는 무한히 많은 점이 되고 후자는 한 점이 돼.

사그레도 정말 그렇다면 놀라운 일이군. 자세히 보여 주게.

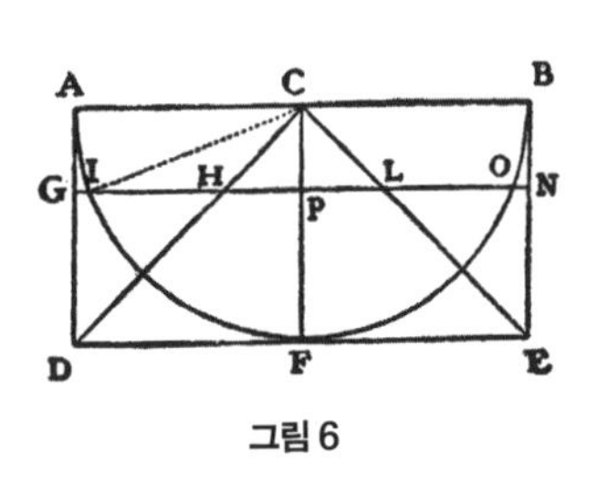

그림 6

살비아티 이 증명은 순수한 기하학이니 그림을 그려야 하네. 점 C를 중점으로 반원 AFB를 그리자. 이 반원에 외접하도록 직사각형 ADEB를 그리고, 중점에서 점 D와 점 E로 선분을 그어서, 그것을 CD, CE라 부르자. 반지름 CF는 직선 AB와 직선 DE에 수직이라 하자. 그다음, 전체 그림을 CF를 축으로 회전시키자. 그러면 직사각형 ADEB는 원기둥을 그리게 되고, 반원 AFB는 반구를 그리게 되며, 삼각형 CDE는 원뿔을 그리게 된다. 원기둥에서 반구를 파내고 나면, 남은 부분은 그릇 모양이 된다.

이 그릇과 원뿔 CDE가 서로 부피가 같음을 증명할 수 있다. 그릇의 밑면은 원이고, 그 원의 지름이 DE, 중점이 F이다. 그릇의 밑면과 평행한 평면을 그려서, GN으로 나타내자. 이 평면이 그릇을 자르는 점들을 G, I, O, N이라 나타내고, 이 평면이 원뿔을 자르는 점을 H, L로 나타내자. 그러면 이 평면에 의해 잘린 원뿔의 윗부분 CHL은, 이 평면에 의해 잘린 그릇의 윗부분과 부피가 같다. 그릇의 윗부분은 둥근 테 모양이고, 이 그림에서는 그 단면이 삼각형 AGI, BNO로 나타난다. 그리고 이 평면에 의해 잘린 원뿔의 단면의 넓이, 그러니까 HL을 지름으로 하는 원의 넓이는, 이 평면에 의해 잘린 그릇의 단면의 넓이, 그러니까 폭이 GI이고 둥그런 리본처럼 생긴 단면과 넓이가 같음을 보이겠다.

수학 용어들이란, 길고 장황한 설명을 피하기 위해서 어떤 이름을 붙이거나 또는 어떤 말들을 줄여서 쓴 것일세. 지금 우리가 이야기하는 이 단면의 도형을 '둥근 띠'라 부른다든가, 그릇의 뾰족한 윗부분을 '둥근 날' 또는 '테두리'라 부른다든가 하는 식으로 공인된 용어가 없으니, 장황하게 설명을 할 수밖에.

이걸 뭐라 부르든 상관이 없어. 평면을 어떤 높이에서 그리든, 그게 밑바닥과 평행하기만 하다면, 그러니까 DE를 지름으로 한 원과 평행하다면, 이 평면이 두 입체를 자를 때, 원뿔의 윗부분 CHL과 그릇의 윗부분은 부피가 같음을 이해하면 되네. 마찬가지로 두 입체의 잘린 면, 그러니까 둥근 띠와 원 HL은 넓이가 같다.

이것으로부터, 내가 앞에서 말한 기적이 일어나게 되네. 자르는 평면이 직선 AB에 가까이 갈 때, 입체들의 잘린 부분의 부피는 늘 같다. 잘린 입체의 밑면의 넓이도 마찬가지이다. 자르는 평면이 점점 올라가 꼭대기에 이르면, 늘 부피가 같은 두 입체와 늘 넓이가 같은 두 면은 마침내 사라진다. 한 입체와 면은 원둘레가 되고, 다른 한 입체와 면은 한 점이 된다. 그러니까 전자들은 그릇의 맨 위 둘레가 되고, 후자들은 원뿔의 꼭짓점이 된다. 이 입체들이 줄어들 때에도, 그들의 부피는 마지막까지 서로 같았다. 그러니 이것들이 점점 줄어 맨 끝에 갔을 때에도, 이들은 여전히 서로 같으며, 어느 하나가 다른 하나보다 한없이 클 수가 없다. 그러니 큰 원의 둘레가 한 점과 같다고 해도 될 것이다!

입체뿐만 아니라 그들의 밑면도 마찬가지이다. 밑면도 점점 줄어들어 맨 끝에 가서 사라질 때까지 서로 넓이가 같았는데, 하나는 원둘레가 되었고, 다른 하나는 한 점이 되었다. 그렇다면 같은 두 양의 마지막 흔적이자 유산인 이들을 서로 같다고 해야 하지 않겠는가? 이제 상상을 크게 해 보자. 이것들이 아주 커서 우주 전체가 들어갈 정도라 하더라도, 둥근 테 윗부분과 원뿔의 꼭짓점 근처는 여전히 서로 부피가 같으면서 점점 줄어든다. 마침내 하나는 우주 전체의 둘레가 되는 대원이 되고, 다른 하나는 한 점이 된다. 이러한 상상을 통해서 보면, 원들은 크기가 아무리 다르더라도 서로 같다고 볼 수 있고, 또한 모든 원들은 한 점과 같다고 볼 수 있다!

사그레도 이 보기는 하도 멋지고 기발해서, 내가 이게 그렇지 않다는 것을 보일 수 있다 하더라도, 그러고 싶지 않은데. 이렇게 멋진 구조를 무딘 현학적 공격으로 부순다면, 그건 죄가 되겠지. 그렇지만 우리가 완전히 만족하려면, 이 두 입체와 그들의 밑면의 넓이가 늘 같다는 것을 기하학으로 증명을 해야지. 증명도 아마 매우 기발한 방법을 쓰겠지. 이 결과가 이렇게 미묘한 철학적 논쟁을 낳으니까.

살비아티 증명은 짧고 쉬워. 앞의 그림을 보면, 각 IPC는 직각이니, IC의 제곱은 IP의 제곱과 PC의 제곱을 더한 것과 같다. 그런데 IC는 원의 반지름이고, 이것은 AC와 같다. 또한 GP와도 같다. 한편 CP는 PH와 같다. 그러니 GP의 제곱은 IP의 제곱과 PH의 제곱을 더한 것과 같다. 여기서 변들의 길이를 두 배로 하면, 지름 GN의 제곱은 IO의 제곱과 HL의 제곱을 더한 것과 같다.

원의 넓이는 지름의 제곱에 비례한다. 그러므로 GN을 지름으로 하는 원의 넓이는, IO를 지름으로 하는 원의 넓이에다 HL을 지름으로 하는 원의 넓이를 더한 것과 같다. 그러니 원 GN에서 원 IO를 빼면, 남는 부분의 넓이는 원 HL의 넓이와 같다. 넓이에 관한 것은 이것으로 증명이 되었다.

부피에 관해서는 증명을 하지 않고 넘어가겠네. 그걸 알고 싶으면, 우리 시대의 아르키메데스라 불리는 루카 발레리오가 쓴 책 『입체들의 무게중심(*De Centro Gravitatis Solidorum*)』 2권 법칙 12를 보도록 하게. 그는 다른 법칙들을 증명하는 데 이것을 사용했지. 그리고 우리 목적을 위해서는, 앞에서 말한 표면들이 넓이가 늘 같으면서 줄어들어, 하나는 점이 되고, 다른 하나는 얼마든지 큰 원이 되는 것으로 충분하네. 그 결과만으로도 우리가 원하는 기적이 일어나니까.

사그레도 이 예는 정말 기발하고, 증명 방법도 그에 못지않게 교묘하군. 이제 심플리치오가 말한 두 번째 문제점에 대해서도 이야기해 보게. 하기야 이렇게 철두철미하게 설명을 했으니, 달리 새로운 설명이 나올 여지가 없을 것 같군.

살비아티 그 문제에 대한 나의 생각을 말해 주지. 우선 조금 전에 한 이야기를 다시 강조하겠는데, 무한히 많음과 더 이상 쪼갤 수 없이 작음은 그 특성상 이해하기가 매우 어렵네. 그러니 그것 둘을 합치면 더욱 어려워지지.

그렇지만 쪼갤 수 없는 작은 점들로 선을 만들려면, 점들이 한없이 많이 있어야 해. 그러니 무한히 많음과 쪼갤 수 없도록 작음을 동시에 이해해야 하네. 나는 이 문제에 대해서 전부터 많은 생각을 해 왔어. 그중 어떤 것들, 어쩌면 가장 중요한 것들을 지금 당장 기억해 낼 수 없을지도 몰라. 하지만 우리가 토론을 진행해 나가다가, 자네나 심플리치오가 반대를 하며 문제를 제기하다가 보면, 그게 내 머릿속에 잠들어 있는 기억들을 자극해 깨울지도 모르지.

그리고 우리가 상상하는 것을 마음껏 소개하도록 허락해 주게. 상상이라 말한 까닭은, 초자연의 진리와 대조하기 위해서이지. 우리가 토론하는 것을 결론을 내리려면, 우리의 생각이 캄캄하고 모호한 길을 갈 때, 믿고 의지할 수 있는 것은 초자연의 진리이지.

쪼갤 수 없는 작은 것(점)으로 이어진 것(선분)을 만들 수 있다는 이론에 반대하는 논리의 핵심은, 쪼갤 수 없는 것을 서로 더해도 쪼갤 수 있는 것을 만들 수 없다는 것이다. 만약에 두 점을 붙여서 쪼갤 수 있는 것, 즉 선분을 만들 수 있다면, 점의 개수가 더 많으면 더욱 잘 만들 수 있을 테니까, 점을 3개, 5개, 7개 또는 어떠한 홀수 개수의 점들이든 서로 붙여서, 선분을 만들 수 있을 것이다. 그러나 이 선분들을 똑같은 길이로 2등분하면, 그 한가운데 있는 점이 2등분된다. 즉 쪼갤 수 없는 점을 쪼갠 것이다.

이런 종류의 반론에 대한 나의 해답은, 2개 또는 10개 또는 100개 심지어 몇 만 개의 쪼갤 수 없는 것들로도, 어떤 크기의 쪼갤 수 있는 것을 만들 수 없다. 반드시 이것들이 한없이 많이 있어야, 쪼갤 수 있는 것을 만들 수 있다.

심플리치오 여기서 생겨나는 어려운 문제를 나로서는 도저히 해결할 수 없군. 선분들은 긴 것, 짧은 것이 있고, 이들은 다 무한히 많은 점들을 포함하고 있지. 그런데 더 긴 선분에 있는 점들의 개수는, 짧은 선분에 있는 점들의 개수보다 더 많은 것이 확실하네. 그러니 이 경우, 무한보다 더 많은 것이 존재한다. 무한한 것보다 더 많은 무한이 존재한다니, 나로서는 도저히 이해할 수 없군.

살비아티 우리가 유한에서 사용하던 개념들을 바탕으로 무한에 대해 따지려 하면 이런 어려움이 생겨나지. 유한하고 제한된 것들에게 부여하던 성격을 무한한 것에 적용했기 때문이지. 이건 잘못일세. 많다, 적다,

같다 따위는 유한한 양들에만 적용되는 개념이며, 무한한 양들 사이에서는 어떤 것이 더 많다, 어떤 것이 더 적다, 또는 서로 같다는 표현을 사용할 수 없네. 이것을 증명하는 과정에서 한 가지 논리가 생각났어. 심플리치오가 이 의문을 제기했으니, 심플리치오에게 묻는 방식으로 이것을 설명하겠네.

자네는 어떤 수들이 제곱수이고 어떤 수들이 제곱수가 아닌지 알고 있지?

심플리치오 물론 알고 있지. 제곱수란 어떤 수를 자기 자신에게 곱했을 때 생겨나는 수이지. 그러니까 4, 9, 16, … 과 같은 수들이 제곱수인데, 이들은 2, 3, 4, … 를 자기 자신과 곱해서 만든 것이지.

살비아티 맞아, 잘 아는군. 이렇게 곱한 결과를 제곱수라 부르고, 반대로 제곱의 인수가 되는 것을 제곱근이라 부르지. 어떤 수가 2개의 똑같은 인수로 구성되어 있지 않다면, 그것은 제곱수가 아니지. 자연수 전체는 제곱수와 제곱수가 아닌 수들로 구성되어 있으니, 자연수 전체는 제곱수들보다 더 많아. 이건 틀림없는 사실이지?

심플리치오 그럼, 확실하네.

살비아티 그런데 제곱수들이 전부 몇 개냐고 묻는다면, 그에 대응하는 제곱근들과 개수가 같다고 말할 수 있지. 왜냐하면 어떠한 제곱수든 하나의 제곱근을 가지고, 제곱근은 하나의 제곱수를 가지며, 하나보다 더 많은 제곱근을 가지는 제곱수는 없고, 하나보다 더 많은 제곱수를 낳는 제곱근도 없기 때문이지.

심플리치오 틀림없이 그러하네.

살비아티 그렇다면 제곱수들이 전부 몇 개냐고 물으면, 그것들이 자연수 전체의 개수와 같음을 부인할 수 없네. 왜냐하면 모든 자연수는 제곱수의 제곱근이거든. 그러니까 제곱수의 개수는 제곱근의 개수와 같고, 모든 자연수는 제곱근이니, 제곱수와 자연수 전체는 개수가 같아. 하지만 앞에서, 자연수는 제곱수보다 더 많다고 하지 않았나? 왜냐하면 자연수 중에서 상당수는 제곱수가 아니니까. 뿐만 아니라 제곱수의 비율은 수들이 커질수록 점점 줄어들어. 100까지 따지면 제곱수는 10개가 있으니 10분의 1을 차지하는데, 10,000까지 조사하면 제곱수는 겨우 100분의 1을 차지할 뿐이야. 1,000,000까지는 1,000분의 1을 차지하고. 그런데도 한없이 많은 수들을 생각하면, 제곱수와 수 전체가 개수가 같거든.

사그레도 그렇다면 도대체 어떤 결론을 내려야 하나?

살비아티 여기서 우리가 내릴 수 있는 결론은, 이들이 무한히 많다고 말하는 것뿐이라네. 자연수 전체는 무한히 많고, 제곱수들도 무한히 많으며, 제곱근들도 무한히 많다. 그러나 제곱수들의 개수가 자연수 전체보다 적다고 말할 수 없고, 자연수 전체가 제곱수보다 많다고 말할 수 없다. 어떤 것들의 개수가 같다, 많다, 적다는 비교의 개념은 개수가 유한한 경우에만 적용할 수 있고, 무한인 경우에는 이런 개념이 아예 존재하지 않는다.

조금 전에 심플리치오가 물었지. 선분들의 길이가 제각각일 때, 긴 것이 짧은 것보다 더 많은 점들을 포함해야 하지 않느냐고. 그 해답은, 한 선분이 다른 선분보다 점의 개수가 더 많다, 적다, 같다는 말을 할 수가 없다. 그들은 모두 한없이 많은 점들을 갖고 있을 뿐이다. 이를테면 한 선분은 점들의 개수가 제곱수들과 같고, 다른 더 긴 선분은 점들의 개수가 자연수 전체와 같고, 다른 짧은 선분은 점들의 개수가 세제곱수들과 같다고 말하면, 이 선분들이 길이에 따라서 점들의 개수가 많고 적으면서도, 다들 무한히 많으니, 심플리치오가 만족해 하겠지? 이 문제는 이것으로 해결되었네.

사그레도 잠깐만, 내게 말할 기회를 주게. 그것과 관련이 있는 어떤 생각이 방금 나에게 떠올랐어. 자네가 말한 것이 사실이라면, 무한한 것은 무한한 것과 비교할 수 없을 뿐만 아니라 그것들을 유한한 것과 비교하여 더 많다는 말도 할 수 없어.

예를 들어 자연수 전체가 100만 개보다 많다고 해 봐. 그러면 우리가 1,000,000까지, 1,000,000,000까지, 1,000,000,000,000까지 하는 식으로 수들을 점점 많게 하면, 이게 무한을 향해서 점점 가까이 나아가는 것 같지만, 사실은 그렇지가 않아. 수들이 많아지면 많아질수록, 그 속에서 제곱수의 비율은 점점 줄어들거든. 그런데 자연수 전체는 그 속에 들어 있는 제곱수와 개수가 같으니, 수들이 점점 많아지면 무한으로 가는 것이 아니라, 오히려 무한에서 멀어지네.

살비아티 자네의 탁월한 논증 덕분에 많다, 적다, 같다는 말은 무한한 것들 사이는 물론, 무한한 것과 유한한 것 사이의 비교에도 쓸 수 없다는 결론이 나왔네.

이제 다른 문제점을 고려해 보세. 선분과 같이 이어져 있는 것들은 쪼개서 두 부분으로 만들 수 있고, 그것들은 다시 되풀이해 쪼갤 수 있어. 그러니 이런 것들은 한없이 많은, 더 이상 쪼갤 수 없는 작은 것들로 구성되어 있어야 해. 그럴 수밖에 없는 것이, 이것을 한없이 계속 쪼갠다는 것은, 무한히 많은 부분으로 구성되어 있음을 뜻하지. 유한하다면 언젠가는 더 이상 쪼갤 수가 없을 테니까. 그리고 부분들이 한없이 많이 있다면, 그것들은 크기가 없어야 해. 왜냐하면 어떤 유한한 크기가 한없이 많이 있다면, 그것들을 다 더하면 무한히 커질 테니까. 그러므로 이어져 있는 것들은 쪼갤 수 없는 것들이 한없이 많이 모여서 만드는 것이다.

심플리치오 하지만 이것을 유한한 크기로 계속 쪼갤 수 있다면, 크기가 없는 부분이란 개념을 꺼낼 필요가 있을까?

살비아티 이것을 얼마든지 계속해서 유한한 크기로 쪼갤 수 있다는 사실은, 이것이 한없이 많은, 크기가 없는 부분들로 구성되어 있음을 필요로 하네. 이 논쟁을 해결하기 위해서 묻겠는데, 자네 생각에는 이어져 있는 것에는 유한한 크기의 부분들이 한없이 많이 있는가? 아니면 유한한 개수가 있는가?

심플리치오 내가 생각하기에, 부분들의 개수는 무한하면서 유한하네. 무한하게 될 가능성을 갖고 있지만, 실제로는 유한하다. 달리 말하자면, 쪼개기 전에 가능성을 생각하면 무한히 많지만, 실제로 쪼갰을 때 그 개수는 유한하네. 아직 쪼개지도 않았고, 아무런 표시도 하지 않았을 때는, 그 부분들이 실제로 있다고 말을 할 수 없지. 그래서 가능성이 있다는 표현을 썼네.

살비아티 예를 들어 길이가 스무 뼘인 선분이 있다면, 그걸 실제로 같은 크기로 20등분을 하기 전에는, 그게 한 뼘 길이의 선분 20개를 포함하고 있다는 말을 못 하겠군. 단지 가능성으로 있을 뿐이니까. 자네 말이 옳다 치고, 실제로 쪼개고 나면, 그 길이는 원래와 비교해 늘어나는가? 줄어드는가? 아니면 변화가 없는가?

심플리치오 늘어나지도, 줄어들지도 않네.

살비아티 내 생각에도 그래. 따라서 이때 부분들은, 실제로 있든 또는 가능성으로만 있든, 그 양이 커지거나 작아지게 하지는 못해. 하지만 이때 유한한 크기의 부분들이 실제로 한없이 많이 있다면, 전체의 크기가 한없이 커지게 됨은 명백하지. 그러니 전체의 크기가 유한한 경우, 어떤 크기를 가지는 부분의 개수는, 가능성으로든 실제로든, 무한할 수가 없어.

사그레도 그렇다면 어떻게 이어져 있는 것을 계속 쪼갤 수 있고, 그 쪼갠 부분들도 끝없이 계속 쪼갤 수 있나?

살비아티 심플리치오가 말한 실제와 가능성의 구별은, 한 방법으로는 불가능한 것을 다른 한 방법으로는 할 수 있도록 만들어 주는군. 하지만 나는 이 문제를 이것과는 별개의 수단을 써서 해결해 보겠네. 그리고 유한한 크기의 이어진 것에 들어 있는 유한한 부분들의 개수가 유한하냐, 아니면 한없이 많으냐에 대한 나의 답은, 심플리치오의 답과는 정반대로, 유한하지도 않고 한없이 많지도 않네.

심플리치오 그런 답은 나는 꿈에도 생각하지 못했는데. 유한과 무한의 중간 상태에 어떤 게 있단 말인가? 그렇다면 우리가 사물에 대해 유한하다 또는 한없이 많다고 이분법적으로 구별하는 것은 잘못이란 말인가?

살비아티 내가 보기에는 그래. 내 생각에 이런 이산적인 양을 고려할 때, 유한과 무한 사이에 제3의 개념이 존재하네. 임의의 어떠한 수든 될 수 있다는 답이 그것이네. 지금 이 경우, 이어져 있는 연속체가 몇 개의 유한한 부분으로 구성되어 있느냐고 묻는다면, 가장 적절한 답은 "유한도 아니고, 무한도 아니다. 임의의 어떠한 수든 될 수 있다."라는 것일세.

이 해답이 성립하려면, 유한한 부분들의 개수가 어떤 고정된 수 이하이어서는 안 돼. 만약에 그렇다면, 그보다 큰 수를 잡으면, 부분들의 개수가 그만큼 될 수 없으니까. 그렇지만 이것들이 무한히 많을 필요는 없어. 왜냐하면 어떠한 구체적인 수든 무한대는 아니니까. 그러니 질문자가 어떠한 수를 요구하든, 우리는 그가 원하는 개수로 쪼갤 수 있어야 하네. 100개든 1,000개든 1,000,000개든 또는 그 어떠한 수를 요구하든, 그게 무한대만 아니라면 말일세.

그러니 저명한 철학자들에게 내가 양보를 하겠네. 그들이 어떠한 수를 원하든, 연속체에는 유한한 부분이 그 수만큼 들어 있다고. 그리고 그 신사들이 실제로 들어 있기를 원하든 가능성으로 들어 있기를 원하든, 그들 마음대로 하라고 하겠네. 그러고 나서 내가 그들에게 말하겠는데, 10패덤('패덤'은 길이를 재는 단위로 1패덤은 약 1.8미터이다. — 옮긴이) 길이의 선분은 1패덤 길이의 선분 10개 또는 1큐빗 길이의 선분 40개 또는 0.5큐빗 길이의 선분 80개를 포함하듯이, 이 선분은 무한히 많은 점들을 포함한다. 이걸 실제라고 부르든 가능성이라 부르든, 그건 심플리치오 자네가 알아서 맘대로 판단하게.

심플리치오 자네의 논리 전개에는 감탄하지 않을 수 없네. 그러나 어떤 선분에 포함되어 있는 점들과 작은 양들을 동등하게 취급한 것은 납득할 수 없네. 어떤 선분이 있을 때, 철학자들이 그것을 10등분, 100등분해서 작은 선분으로 쪼개는 거야 쉬운 일이지만, 자네가 그 선분을 한없이 쪼개서 무한히 많은 점들로 만드는 일은 쉽지가 않을 걸세. 사실, 자네가 실제로 이렇게 쪼개는 것은 불가능하다고 나는 주장하겠네. 그러니까 이것은 단지 가능성으로 존재할 뿐, 실제로 행할 수는 없네.

살비아티 어떤 일을 하는 데 많은 노력과 정성을 들여야 하고, 또 시간이 매우 많이 걸린다고 하더라도, 그게 그 일이 불가능함을 뜻하지는 않아. 선분을 1,000등분하는 것도 쉬운 일은 아니지. 937이라든가 다른 어떤 큰 홀수를 골라서, 구간을 그 수만큼 등분하려면, 그건 더욱 어려운 일이지. 자네는 구간을 한없이 많은 점들로 쪼개는 것이 불가능하다고 말했는데, 내가 만약에 남들이 구간을 40등분하는 것처럼 쉽게 구간을 무한 등분한다면, 자네는 실제로 무한 등분하는 것이 가능하다고 인정하겠나?

심플리치오 자네는 일을 아주 매끄럽게 처리하는군. 이 질문에 대한 답은, 만약에 선분을 무한 등분하는 것이 1,000등분하는 것보다 어렵지 않다는 것을 보이면, 그것으로 충분하고말고.

살비아티 먼저 한 가지 놀라운 사실을 이야기하겠네. 사람들은 흔히 선분을 무한 등분하려 할 때 선분을 40등분, 60등분 또는 100등분하는 것과 같은 방법을 쓰려고 하지. 그러니까 일단 이 선분을 2등분을 한 다음, 다시 3등분, 4등분하는 식으로 점점 잘게 쪼개려고 해. 그러나 이 과정을 되풀이해 무한히 많은 점들로 쪼갤 수 있다는 생각은 큰 잘못이야. 왜냐하면 이 과정을 아무리 되풀이해 계속해 나가도, 그 선분을 양을 가지는 모든 부분들로 쪼개는 것에 다다를 수 없기 때문이지. 그리고 더 이상 쪼갤 수 없는 점들에 다다르는 것이 목적이라면, 이 길을 따라가서는 목적지에 이르는 것은 고사하고, 오히려 목적지로부터 멀어져 버리네. 이렇게 쪼개는 과정을 되풀이하면, 쪼갤 때마다 부분의 개수가 점점 더 많아지니까, 무한에 점점 가까이 간다고 생각하는 사람도 있겠지만, 내가 보기에 그는 무한으로부터 계속 점점 멀어지고 있네.

그 이유는 다음과 같아. 앞에서 이야기할 때, 수가 무한히 많으면 제곱수나 세제곱수들이 자연수 전체와 개수가 같다고 결론을 내렸지. 왜냐하면 그들은 제곱근 또는 세제곱근의 개수와 같고, 모든 자연수는 제곱근 또는 세제곱근이니까. 그다음에 수들이 많아지면 많아질수록, 제곱수가 점점 드물어지는 것을 보았지. 세제곱수는 더욱 드물어지고. 그러니까 수들이 많아지면 많아질수록, 무한에서 점점 멀어져.

이것을 거꾸로 생각해 봐. 이 과정이 우리가 원하는 무한에서 오히려 멀어지도록 만드니까, 이것을 거꾸로 생각하면, 무한이 될 수 있는 수는 바로 1이야. 1은 무한이 만족해야 할 모든 조건을 만족하네. 무슨 뜻인가 하니, 1은 제곱수와 세제곱수를 자신과 똑같은 개수만큼 포함하고 있어. 마치 자연수가 그런 것처럼.

심플리치오 도대체 무슨 말인지 이해를 못 하겠는데.

살비아티 어려울 것 없네. 1은 자신의 제곱이고, 세제곱이고, 네제곱이고, 또는 몇 번이든 자신의 거듭제곱이니까. 또 1은 제곱이나 세제곱이 가지는 어떤 특별한 성질이든 다 가지고 있어. 예를 들어 2개의 제곱수가 갖는 성질로서, 그들 사이에 기하평균(비례중항)이 존재한다. 어떠한 제곱수든 원하는 것을 한쪽 끝에 놓고 1을 다른 끝에 놓으면, 이들 사이에는 반드시 기하평균이 있네. 이를테면 9와 4를 생각하면, 3이 9와 1 사이의 기하평균이고, 2가 4와 1 사이의 기하평균이야. 그리고 두 제곱수 9와 4 사이에서는, 이들의 기하평균 6을 찾을 수 있어. 세제곱수의 성질은, 두 수 사이에 반드시 2개의 비례중항이 있어. 8과 27을 생각하면, 이들 사이에는 12와 18이 있지. 한편 1과 8 사이에는 2와 4가 있고, 1과 27 사이에는 3과 9가 있지. 그러므로 1은 한없이 많은 유일한 수이지.

우리의 상상을 초월하는 놀라운 현상들은 이것 이외에도 많이 있네. 이런 것을 보면, 우리가 유한에 대해 알고 있는 성질들을 무한에 적용하여서 무한을 논하는 것은 큰 잘못이야. 무한과 유한은 본성이 완전히 다르기 때문이지.

이것과 관련이 있는, 한 가지 놀라운 현상이 막 머릿속에 떠올랐네. 이것을 설명하면, 유한에서 무한으로 넘어갈 때 그 성질이 얼마나 확 바뀌는지 깨닫게 될 걸세.

임의의 길이의 선분 AB를 긋고, 거기에서 어떤 점 C를 잡아서 선분을 둘로 쪼개되, C가 중점이 아니라고 하자. 그러면 선분 AC, 선분 CB는 길이의 비율이 있다. 이제 평면에서 어떤 점들을 잡되, 그 점에서 A, B까지의 거리의 비율이 AC, BC의 길이 비율과 같은, 그런 점들을 잡아라. 이런 점들은 어떤 원을 만들게 된다.

그림처럼 점 L에서 선분 AL, BL을 그었을 때, 이들의 길이 비율이 AC, BC의 길이 비율과 같고, 점 K에서 선분 AK, BK를 그었을 때, 이들의 길이 비율이 AC, BC의 길이 비율과 같고, 마찬가지로 AI와 BI의 비율, AH와 BH의 비율, AG와 BG의 비율, AF와 BF의 비율, AE와 BE의 비율이 다 이와 같도록 잡아라. 그러면 이 점들 L, K, I, H, G, F, E는 모두 어느 한 원둘레에 놓인다. 이것을 달리 생각하면, 점 C를 움직이되, 선분 AC와 BC의 길이 비율이 맨 처음의 AC와 BC의 길이 비율을 유지하도록 해라. 그러면 점 C가 움직인 자취가 바로 이 원이 된다. 이 사실

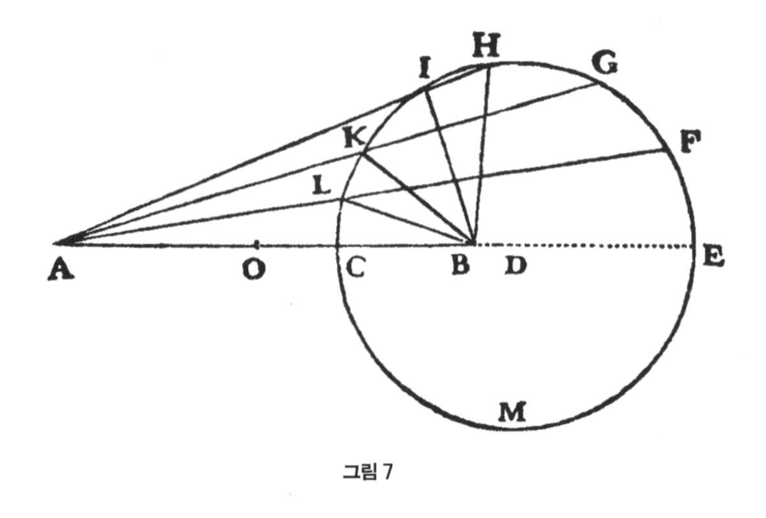

그림 7

은 잠시 후에 증명하겠네.

선분 AB의 중점을 O라고 하자. 우리가 처음에 점 C를 잡을 때 O에 가깝도록 잡으면, 이 원은 훨씬 커진다. 반대로 점 C를 잡을 때 끝점 B에 가깝게 잡으면, 이 원은 매우 작아진다. 그러니까 선분 OB에 있는 점들을, 그 점에서 A, B까지의 길이 비율을 유지하면서 움직이면, 제각각 어떤 크기의 원을 그리게 된다. 어떤 것은 벼룩의 눈동자보다 작고, 어떤 것은 우주의 둘레보다 크다.

양 끝점 O와 B 사이에 놓여 있는 임의의 점을 움직여서 이렇게 원을 그릴 수 있으며, O에 가까운 점을 움직이면 굉장히 큰 원을 그리게 된다. 그런데 이제 점 O 자신을 앞에서 말한 규칙에 따라서, 이 점에서 끝점 A, B에 그은 선분의 길이 비율이 원래의 비율과 같도록 하며 움직이면, 점 O는 어떤 선을 그리게 되는가? 그것은 원을 그리는데, 다른 아무리 큰 원보다도 더욱 큰 원, 즉 한없이 큰 원을 그린다.

사실 이 점은 O에서 출발해 선분 AB에 수직인 직선을 그리며 끝없이 계속 나아갈 뿐, 방향을 틀어 되돌아와 시작점과 끝점이 만나도록 하지를 않는다. 다른 점들은 모두 그렇게 하잖아? 예를 들어 점 C가 움직여서 원을 그릴 때에는 유한한 거리를 움직여서 위쪽 반원 CHE를 그린 다음, 아래쪽 반원 EMC를 그리고, 원래 출발점 C로 되돌아온다. 그러나 점 O는 남들과는 달리 출발점으로 되돌아오지 못한다. 왜냐하면 O가 그리는 원은 세상에서 가장 큰 원이고(선분 AO의 다른 점들이 원을 그릴 때, O에 가까운 점일수록 더욱 큰 원을 그리기 때문이다.), 무한원이다. 한마디로 말해서, 무한히 큰 원의 둘레로서 무한 직선을 그리는 것이다.

유한원과 무한원 사이에 얼마나 큰 차이가 있나 보게. 무한이 되면 그 성질이 완전히 달라져서, 원으로서의 존재 자체가 부인되네. 무한원이라는 것이 존재할 수 없음을 잘 이해하겠지? 마찬가지로 무한구 또는 기타 무한히 큰 물체, 무한히 넓은 표면은 어떠한 꼴이든 존재할 수 없네. 유한에서 무한으로 넘어갈 때 생기는 이 엄청난 변화에 대해서 뭐라고 말을 해야 하겠나? 이것과 비교해서, 우리가 무한수를 찾다가 1이 무한임을 발견한 사실에 반감을 가질 필요가 있나?

고체를 부수어서 조각내어 아주 고운 가루로 만든 다음, 그것을 한없이 작은 낱낱의 원자들로 쪼갰다면, 이 고체가 균질한 연속체로 되돌아갔다고 말해도 되지 않겠나? 마치 물이나 수은 같은 액체 또는 녹은 금속처럼 말일세. 돌멩이가 녹아서 유리가 되는데, 매우 높은 온도에서 유리가 녹아서 물보다 더한 액체 상태가 되는 것을 볼 수 있잖은가?

사그레도 그렇다면 어떤 물체가 액체가 되는 것은, 그들을 구성하는 한없이 많은 개수의, 더 이상 쪼갤 수 없이 작은 근본 성분으로 분해되었다는 뜻인가?

살비아티 다음과 같은 현상에 대한 설명으로는, 그렇게 말할 수밖에 없네. 돌이나 금속같이 단단한 물체를 망치로 쳐서 부수고, 줄로 갈아서 매우 미세하고 고운 가루를 만들어. 이렇게 고운 가루 하나하나는 너무 작아서 볼 수도 만질 수도 없지만, 그래도 이들은 어떤 유한한 크기를 갖고 있고, 어떤 모양이 있으며, 또 그 개수가 있지. 이들을 한 무더기로 쌓아 두면, 이들은 무더기 형태로 남아 있고, 여기서 한 숟가락 퍼낸다면, 퍼낸 흔적이 남고, 그 부분에 다른 입자들이 몰려들어 채우지는 않아. 그릇에 담은 다음 흔들다가 놔두면, 흔드는 움직임이 사라지자마자 곧 이들도 움직임을 멈추지. 이 현상은 입자들이 크든 작든, 어떤 형태라도 늘 나타나. 입자들이 수수나 밀알, 또는 납 총알처럼 둥그런 형태인 경우에도 마찬가지야.

그러나 물에서는 이런 현상이 전혀 나타나지 않아. 물은 쌓아 두어도, 그걸 무슨 그릇에 담아 두지 않으면, 곧 퍼져서 평평해지지. 일부분을 퍼내면, 그 부분은 곧 다른 물들로 채워져 흔적도 없어지지. 흔들었다 놓으면, 한참동안 출렁이면서 물결을 멀리까지 보내지.

이것을 보면, 물은 가장 작은 입자들로 분해되어 있는 상태라고 주장하는 것이 설득력이 있네. 물은 아무리 고운 가루보다도 덜 단단해. 사실, 물은 단단함이란 성질이 조금도 없어. 이것을 보면, 더 이상 쪼갤 수 없는 가장 작은 입자로 쪼갠 것과, 유한한 크기의 입자로 쪼갠 것은 큰 차이가 있어. 내가 찾아낸 유일한 다른 점은, 전자는 더 이상 쪼갤 수가 없다는 것일세. 물이 완벽하게 투명하다는 사실도 이 논리를 뒷받침하고 있어. 아무리 투명한 결정체라도, 그것을 부수어 갈아 가루로 만들면 투명하지가 않게 되거든. 더 곱게 갈수록, 더욱 불투명해지지. 하지만 물은 가장 잘게 간 경우인데, 이건 매우 투명하거든.

금이나 은의 경우는 산에 넣으면 줄로 갈 때보다 훨씬 잘게 되지만, 그래도 입자 상태로 남아 있거든. 이것들은 불이나 햇빛으로 녹여서 액체를 만들어야, 그들의 궁극적이고 한없이 작은, 더 이상 쪼갤 수 없는 구성 성분으로 쪼개지지.

사그레도 방금 자네가 말한, 햇빛으로 녹이는 일은 나도 몇 번 본 적이 있는데, 정말 놀랍더군. 지름이 한 자 정도인 오목한 거울로 납을 순식간에 녹이는 것을 봤어. 내 생각에 거울이 훨씬 더 크고, 표면이 더 반질반질하며, 포물면으로 되어 있다면, 다른 어떤 금속이라도 순식간에 녹일 수 있을 거야. 내가 본 거울은 조그마했고, 표면이 잘 닦여 있지도 않았으며, 그 생김새가 구면이었거든. 그런데도 그게 납을 녹이고 나무에다 불을 붙이는 것은 순식간이었거든. 이런 것을 보면, 옛날에 아르키메데스가 거울을 갖고 했다는 놀라운 일들이 실제로 가능했던 것 같아.

살비아티 아르키메데스와 그의 거울에 관련한 놀라운 일들은 여러 사람들이 쓴 책에 나오는데, 아르키메데스 본인이 쓴 책을 읽어 보니까, 그 일들이 실제로 가능했겠구나 하고 수긍이 가더라고. 나는 그가 쓴 책을 공부하면서 무척 감탄했지. 그래도 의심쩍은 것이 있다면, 최근에 보나벤투라 카발리에리 신부가 쓴 『불 붙이기 거울(*Specchio Ustoria*)』을 보게. 그 책에서 거울로 불을 붙이는 것을 다룬 내용은 탄복할 만한데, 그걸 읽으면 모든 의문을 해결할 수 있어.

사그레도 나도 그 책을 읽었는데, 한편 놀라웠고 한편 재미있었어. 나는 전부터 그를 알고 있었고, 그가 우리 시대의 가장 뛰어난 수학자라고 생각했는데, 그 책을 보니 그런 생각이 더욱 굳어지더군. 그건 그렇고, 햇빛이 금속을 녹이는 이 놀라운 일은 아무런 움직임도 없이 일어나는가? 아니면 아주 재빠른 움직임에 따라서 일어나는가?

살비아티 불에 타서 분해되는 다른 경우들을 보면, 어떤 움직임을 동반하지. 물론 매우 빠른 움직임이지. 번개가 번쩍이거나, 광산이나 포탄에 쓰는 화약이 터지는 것을 보게. 숯불로 금속을 녹일 때, 풀무질을 해서 불꽃에다 다른 무거운 불순물의 증기를 섞으면, 금속을 더 잘 녹일 수 있어. 이런 것들을 보면, 빛의 작용은 매우 순수하며 최고로 빠르다 하더라도, 어떤 종류의 움직임에 따라서 생기는 것임이 확실하지.

사그레도 그렇다면 빛은 얼마나 빨리 움직이나? 순식간에 움직이는 것인가? 아니면 다른 운동처럼 시간이 걸리는 것인가? 이걸 실험으로 알아낼 수 있나?

심플리치오 살아가면서 경험을 통해 보면, 빛은 순식간에 움직인다는 것을 알 수 있지. 예를 들어 대포를 쏘는 것을 먼 거리에서 보면, 불빛은 순식간에 우리 눈에 들어와 시간이 조금도 걸리지 않거든. 하지만 소리는 어느 정도 시간이 지난 다음에 귀에 닿거든.

사그레도 하하하. 심플리치오, 이 일은 우리 모두에게 익숙하지만, 여기서 내릴 수 있는 결론은 소리가 빛보다 느리게 우리 귀에 들어온다는 것뿐이지. 이 현상을 두고, 빛이 순식간에 우리 눈으로 들어오는지, 또는 매우 빠르기는 하지만 그래도 어느 정도 시간이 걸리는지 알 수는 없네. 자네가 관찰해서 내린 결론은 "해가 지평선에 뜨자마자 그 찬란한 빛이 보인다."라고 주장하는 것이나 마찬가지이지. 빛이 우리 눈에 들어온 것이, 해가 지평선에 뜬 것과 동시라는 보장이 어디 있나?

살비아티 이런 종류의 관찰로는 확실한 결론을 내릴 수 없네. 그래서 나는 빛의 속력, 그러니까 빛의 움직임이 정말로 순식간인지 아닌지 판단할 수 있는 방법을 생각해 보았어. 소리의 속력도 상당히 빠르니까, 빛의 속력은 훨씬 더 엄청나게 빠를 걸세. 내가 생각해 낸 실험 방법은 다음과 같아.

등불을 어떤 통이나 그릇에 넣은 다음, 그 주둥이를 손바닥으로 가리면 빛이 밖으로 못 새도록 하고, 손을 치우면 불빛이 밖으로 나가도록 해. 두 사람이 이런 기구를 갖고 몇 걸음 떨어진 다음, 손을 치우는 연습을 계속해. 그러니까 상대방이 손을 치워 불빛이 보이면, 그 순간에 자신의 손을 치워 불빛을 내보내는 거야. 연습을 계속해서 익숙해지면, 상대의 불빛을 보자마자 자기도 빛을 내보낼 테니까, 한 사람이 자신의 빛을 보내자마자 상대방의 빛을 볼 수 있게 돼.

짧은 거리에서 연습을 되풀이해서 익숙해지면, 이제 두 사람이 몇 마일 정도 떨어진 다음, 캄캄한 밤에 이 실험을 해. 두 사람이 빛을 내보내는 것이 가까운 거리에서처럼 동시에 일어나는지, 조심해서 관찰을 해. 만약 동시라면, 빛의 움직임은 순식간이라고 결론을 내릴 수 있어. 그러나 만약에 빛의 속력이 유한하다면, 3마일 떨어져 있을 때 빛이 가고 오는 거리는 6마일이 될 테니까, 걸리는 시간을 잴 수 있을 거야. 이 실험을 8마일 또는 10마일 떨어진 거리에서 하려면 망원경이 필요해. 미리 망원경의 초점을 그 위치로 맞춰 놓는 거야. 그렇게 먼 거리에서는 맨눈으로 불빛이 보이지 않겠지만, 망원경의 초점을 잘 맞춰서 고정시켜 놓으면 빛을 볼 수 있을 테니까, 손으로 불빛을 가리고 여는 실험을 할 수 있어.

사그레도 이 실험은 아주 기발하고 그럴듯한데. 실제로 실험을 했을 때 어떤 결론이 나왔는가?

살비아티 사실 나는 1마일 이내의 가까운 거리에서만 이 실험을 해 보았네. 이것으로는 상대방의 불빛이 동시에 나타나는지 여부를 확실하게 판단할 수가 없었어. 그러나 동시가 아니라 하더라도, 아주 빠른 것은 확실하네. 잠깐이라는 말이 적당하겠군.

이것을 8~10마일 정도 떨어진 거리에 있는 구름 속에서 번개가 번쩍이는 것과 비교해 보게. 처음에는 불빛이 어느 한 부분에서 번쩍이지. 그러니까 빛을 내뿜는 근원이 구름의 어느 한 부분에 있지. 그다음에 빛이 주위 다른 곳으로 순식간에 퍼져 나가. 이 경우를 보면, 빛이 퍼지는 데 약간의 시간이 걸리는 것 같아. 왜냐하면 빛이 움직이는 것에 시간이 전혀 걸리지 않는다면, 빛이 처음 번쩍인 근원과 다른 부분들을 구별할 수 없을 테니까.

우리 이야기가 너무 엉뚱한 방향으로 흘러갔군. 진공, 무한, 쪼갤 수 없는 것, 순간적으로 움직이는 것. 이런 식으로 헤매다가는, 아무리 해도 원래 목적지에 이르지 못하겠는데.

사그레도 이것들은 정말이지 우리의 목적지에서 동떨어진 것 같군. 수들 중에서 무한을 찾았을 때, 1에 이르러 끝나 버렸지. 한없이 쪼갤 수 있는 것들은 쪼갤 수 없는 것들로 구성되어 있지. 진공은 물질이 꽉 찬 공간과 불가분의 관계가 있지. 이런 식으로 물체들의 본성을 조사해 보니, 우리의 상식과는 반대로 되어 있는 것이 많아. 원둘레가 직선이 되어 버리기도 하잖아? 살비아티, 자네가 그 문제를 기하학으로 증명하려고 하지 않았나? 이제 더 벗어나지 말고, 그 문제로 돌아가세.

살비아티 그러는 것이 좋겠군. 그러나 조금 전에 내가 한 말을 명확하게 하기 위해서 그 문제를 다음과 같이 제시해 놓고 풀어 보겠네.

어떤 선분 AB에서 중점이 아닌 점 C를 잡아서, 점 C에서 양 끝점까지 길이의 비율을 구한 다음, 평면에서 점들을 잡되, 그 점에서 A, B까지 거리의 비율이 점 C에서 구한 비율과 같게 되도록 점들을 잡는다. 그러면 이것들은 원이 되는데, 이 원을 그리시오.

주어진 선분 AB에서, 중점이 아닌 점 C를 잡아라. 이제 어떤 원을 그리되, 양 끝점 A, B에서부터 원둘레의 임의의 한 점으로 선분들을 그으면, 그들의 길이 비율이 선분 AC, BC의 길이 비율과 같아야 한다. 즉 끝점들에서부터 그은 선분들의 길이 비율이 항상 같아야 한다.

CB의 길이가 CA의 길이보다 짧다고 가정하자. 그다음, C를 중심으로 CB를 반지름으로 하는 원을 그려라. 점 A에서 이 원에 접하는 직선을 그어서, 접하는 점을 D라 하자. 이제 반지름 CD를 그으면, CD는 이 직선과 수직이 된다. 이 직선을 길게 늘여라. 그다음, B에서 선분 AB에 수직인 직선을 그어서, 이 두 직선이 만나는 점을 E라고 하자. 점 E에서 직선 AE에 수직인 직선을 그어서, 이것이 선분 AB를 연장한 직선과 만나는 점을 F라고 하자.

이제 선분 FE와 선분 FC가 길이가 같음을 보이겠다. 두 점 E, C를 연결하는 선분을 그은 다음, 두 삼각형 DEC와 BEC에 대해서 생각해 보자. 이 삼각형들은 변 EC를 공통으로 갖고 있다. 변 CD와 CB는 같은 원의 반지름이니, 길이가 같다. 변 DE와 BE는 점 E에서 한 원에 그은 접선들이니, 길이가 같다. 따라서 이 두 삼각형은 서로 합동이다.

그러므로 각 CEB와 각 CED는 크기가 같다. 각 BCE는 직각에서 각 CEB를 뺀 것이다. 각 CEF는 직각에서 각 CED를 뺀 것이다. 따라서 각 BCE와 각 CEF는 크기가 같다. 그러므로 삼각형 CEF는 이등변삼각형이며, 변 FE와 변 FC의 길이가 같다.

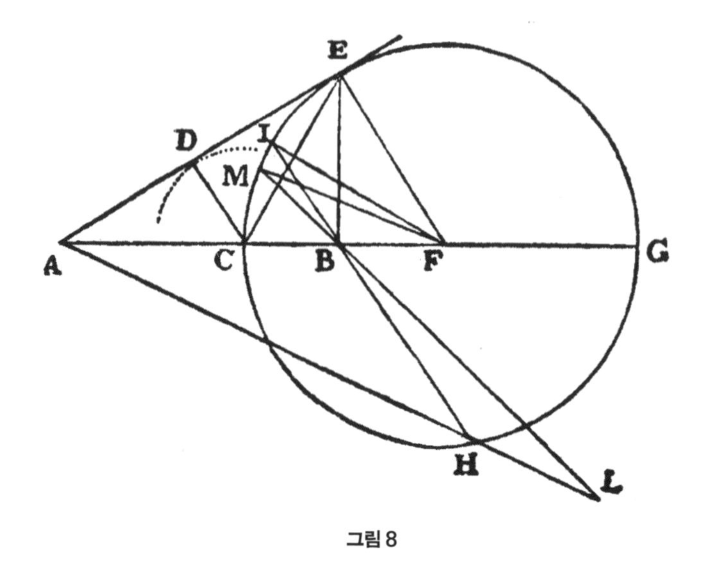

그림 8

점 F를 중심으로 선분 FE를 반지름으로 하는 원을 그리면, 이 원은 점 C를 지나간다. 이 원을 CGE라 하자. 이게 바로 우리가 찾던 원이다. 즉 이 원에서 어떤 점을 잡든, 그 점에서 A, B로 선분을 그으면 그 선분들의 길이 비율이 AC, BC의 길이 비율과 같다.

이 사실은 점이 E인 경우 명백하다. 왜냐하면 선분 CE가 각 E를 2등분하고 있으니,

$$AC : CB = AE : BE$$

가 성립한다. 끝점 G에 대해서도 이것을 보일 수 있다. 삼각형 AFE와 삼각형 EFB는 닮은꼴이니까,

$$AF : FE = EF : FB$$

가 성립한다. 이 비례식은

$$AF : FC = CF : FB$$

라 바꾸어 쓸 수 있다. 그러므로 절반으로 나누면

$$AC : CF = CB : BF$$

가 성립하고, 이것은 다시

$$AC : FG = CB : BF$$

라 쓸 수 있다. 이제 비례식의 덧셈을 하면,

$$AB : BG = CB : BF$$

가 성립한다. 그리고

$$AG : GB = CF : FB = EF : FB = AE : EB = AC : BC$$

가 성립한다.

이제 원 위에서 임의의 점 H를 잡아라. 선분 AH와 BH를 그으면,

$$AC : CB = AH : HB$$

가 성립함을 보여야 한다. 선분 HB를 길게 늘여서 원둘레와 만나는 점을 I라 하고, 선분 IF를 그어라. 우리는 이미

$$AB : BG = CB : BF$$

가 성립함을 알고 있으니, $AB \cdot BF$는 $CB \cdot BG$와 같고, 이것은 또 $IB \cdot BH$와 같다. 따라서

$$AB : BH = IB : BF$$

가 성립한다. 그런데 각 ABH와 각 FBI는 같으니까,

$$AH : HB = IF : FB = EF : FB = AE : EB$$

가 성립한다.

한 가지 덧붙이면, 이런 비율을 만족하면, 그 점이 원의 안쪽이나 바깥쪽에 있을 수가 없다. 만약에 이게 가능하다면, 점 L이 원의 바깥에 있는데, 선분 AL, BL의 길이 비율이 앞에서 말한 비율과 같다고 해 보자. 선분 LB를 길게 늘여서, 그게 원과 만나는 점을 M이라 하고, 선분 MF를 그어라. 만약에

$$AL : BL = AC : BC = MF : FB$$

가 성립한다면, 두 삼각형 ALB와 MFB는 각 L, 각 F를 낀 두 변들의 길이 비율이 같고, 각 B의 크기가 같다. 그리고 각 FMB와 각 LAB는 90도보다 작다. 왜냐하면 점 M에서 직각을 그리면, 지름 CG가 그에 대응하는 변이 된다. 그런데 지금 각 M에 대응하는 변은 겨우 BF이다. 그리고 각 A가 예각인 이유는, AL : BL = AC : BC이니까, 선분 AL이 선분 BL보다 길기 때문이다.

따라서 두 삼각형 ABL과 MBF는 닮은꼴이고,

$$AB : BL = MB : BF$$

이다. 그러므로 AB · BF = MB · BL이다. 그런데 우리는 이미 AB · BF = CB · BG임을 알고 있다. 따라서 MB · BL이 CB · BG와 같아진다. 이것은 불가능하다. 이런 모순이 생긴 이유는, 점 L이 원의 바깥에 있다고 가정했기 때문이다.

마찬가지 방법으로, 이런 점이 원의 안쪽에 있을 수도 없다는 것을 증명할 수 있다. 그러니까 이런 점들은 원을 구성하게 된다.

이제 이건 그만두고, 원래로 돌아가세. 심플리치오가 요구한 대로, 원을 무한히 많은 점들로 쪼개는 것이 가능할 뿐만 아니라 이것이 유한한 부분으로 쪼개는 일만큼 쉬운 것임을 보이도록 하겠네.

먼저 다음 조건이 필요하네. 심플리치오, 자네는 내가 실제로 이 종이 위에 점들을 하나하나 구별해 가른 다음, 그것들을 하나하나 보여 달라고 요구하지는 않겠지? 자네가 어떤 선분을 4등분 또는 6등분한다고 할 때, 그것을 실제로 4개, 6개의 선분으로 자르는 것은 아니지. 단지 선분 위에다 표시를 하거나, 또는 그것을 접어서 사각형, 육각형을 만들 수 있도록 각을 주면, 그걸 등분했다고 말하기에 충분하지?

심플리치오 물론 그렇네.

살비아티 어떤 선분을 적당한 각으로 굽혀서 사각형, 팔각형, 사십각형, 백각형, 천각형을 만드는 것이 그 선분을 실제로 4등분, 8등분, 40등분, 100등분, 1,000등분하는 것과 같다. 그러니 자네 말에 따르면, 원래 이들은 선분에 가능성으로 존재하고 있었는데, 정다각형을 만들면 실제로 등분한 것이 되네.

그렇다면 같은 방식으로 생각하면, 선분에다 적당한 각을 주어서 한없이 많은 변을 가진 다각형을 만들면, 바꿔 말하면 선분을 굽혀서 원을 만들면, 그게 바로 선분 속에 가능성으로 존재하던 무수히 많은 점들을 실제로 만든 것이 아닌가? 선분으로 사각형이나 천각형을 만들면, 그게 선분을 4개 또는 1,000개로 쪼갠 것처럼, 선분으로 원을 만들면, 그게 바로 무한히 많은 점들로 쪼갠 것이 아닌가?

이렇게 쪼갠 것은, 천각형 또는 백만각형이 만족하는 조건을 모두 다 만족하네. 이런 다각형은 직선에 놓일 때, 한 변만 직선과 만나거든. 그러니까 100만분의 1이 만나는 것이지. 마찬가지로 원을 직선에 놓으면, 한 변만 직선과 닿거든. 무한히 많은 변들 가운데 딱 한 변. 그런데 원은 한 변이 한 점이니, 이것을 주위의 여러 점들과 따로 구별할 수 있어. 마치 다각형에서 직선과 접하는 변 하나를 다른 변들과 구별할 수 있듯이.

그리고 다각형을 굴리면, 자신의 둘레 길이만큼 선분을 따라가며, 각 변들이 차례차례 연달아 선분에 접하듯이, 원을 굴리면, 자신의 둘레 길이만큼 선분을 따라가며, 무한히 많은 점들이 차례차례 연달아 선분에 접하게 돼.

소요학파 학자들은, 이어져 있는 양은 부분으로 쪼개더라도 그것들을 얼마든지 다시 쪼갤 수 있으니, 쪼개는 과정을 아무리 되풀이해도 절대 끝이 없다고 주장하는데, 나는 처음부터 이 사람들 의견이 옳다는 것을 인정할 작정이었어. 그러나 이런 식으로 쪼개는 방법을 써서, 궁극적인 성분으로 쪼갤 수는 없네. 이 방법으로는 아무리 쪼개더라도 여전히 더 쪼갤 수 있는 것이 남으니까.

그러나 나는 쪼갤 수 있네. 가장 최후, 최고의 궁극적인 방법을 써서, 연속체를 더 이상 쪼갤 수 없는 작은 부분으로 쪼갤 수 있네. 그 사람들은 아마 내 생각을 인정하려 하지 않을지도 모르지.

이것이 점점 더 많은 부분으로 쪼개는 방법으로는 절대 다다를 수 없음을 나도 인정하네. 하지만 내가 제시한 방법을 쓰면, 무한히 많은 부분 전체를 단숨에 쪼개어 가를 수가 있어. 이 기법은 나의 공임을 부인할 수 없네. 그 사람들도 이 기법을 만족스러워 하리라고 나는 믿네. 그리고 이어져 있는 연속체는 절대 쪼갤 수 없는 원자들이 모여 구성되어 있다는 것을, 그 사람들이 시인해야 하네.

다른 어떤 방법들보다 훨씬 나은 이 방법은 여러 골치 아픈 미묘한 난제들을 피할 수 있게 한다네. 앞에서 이야기한 고체들의 응집력 문제도 그렇고, 팽창과 수축 문제도 그래. 팽창을 이해하려면 진공의 도입이 필요하고, 수축은 고체 속으로 다른 입자들이 뚫고 들어와야 하거든. 내가 보기에 물질이 더 이상 쪼갤 수 없는 구성 성분으로 되어 있다는 관점을 받아들이면, 이런 모순 없이 문제들을 해결할 수 있네.

심플리치오 방금 자네가 제시한 관점은 워낙 새로운 것들이라서, 소요학파 사람들이 뭐라 말할지, 짐작하기 어렵네. 물론, 그들은 신선한 충격이라 여기고, 이것들을 연구하겠지. 나는 지금 시간이 없고 지식도 부족해서 해결할 수 없지만, 그들은 이런 문제에 대해 해답을 찾을 수도 있을 거야.

그쪽 학파는 잠시 제쳐 두고, 이렇게 쪼갤 수 없는 구성 성분이라는 개념을 사용하면, 어떻게 진공이나 또는 투과성 같은 골치 아픈 문제들을 피하고 팽창과 수축을 다룰 수 있는지 알고 싶네.

사그레도 나도 이것들이 어떻게 돌아가는지 잘 모르겠어. 상세히 설명해 주게. 그리고 아리스토텔레스가 진공의 존재를 부정했다고 심플리치오가 말했는데, 그의 논리와, 자네가 그것을 반박하면서 도출해 낸 이론도 설명해 주게.

살비아티 둘 다 해 주겠네. 팽창하는 것을 설명하기 위해서, 큰 원과 작은 원을 그려서 큰 원을 굴릴 때 작은 원의 움직임을 자세히 관찰했지. 작은 원은 자신의 둘레 길이보다 긴 거리를 움직이게 됨을. 반대로 수축되는 것을 설명하려면, 작은 원을 어떤 직선을 따라 굴리면, 그때 큰 원이 움직인 거리가 자신의 둘레 길이보다 짧다는 사실을 주목해야 하네.

이것을 자세히 이해하기 위해서 다각형의 경우에 어떻게 되는지 살펴보자. 전에 그린 것과 비슷하게, 크고 작은 두 육각형 ABC와 HIK를 그려라. 점 L이 이들의 공통 중점이라고 하고. 그다음에 평행선 HOM과 ABc를 긋고, 작은 육각형을 선 HOM을 따라 굴려라.

우선 꼭짓점 I를 고정시키고, 작은 육각형을 돌려서 변 IK가 직선에 놓이도록 해라. 이렇게 돌리는 동안, 점 K는 곡선 KM을 그리며 움직이고, 변 IK는 나중에 IM과 일치하게 된다. 그동안 큰 육각형은 어떻게 움직이는지 살펴보자.

지금은 점 I를 고정시키고 돌고 있으니, 선분 IB의 끝점 B는 곡선 Bb를 따라 뒤로 움직여서 점 b로 가게 된다. 움직이는 동안 점 B는 직선 Ac의 아래에 위치하게 되고. 변 KI가 MI와 일치하게 되면, 변 BC는 선분 bc와 일치하게 된다. 큰 육각형의 변은 Bc 길이만큼 오른쪽으로 나아갔다. 그 이유는, 변 BC가 선분 bB 길이만큼 뒤로 미끄러져서, 원래 선분

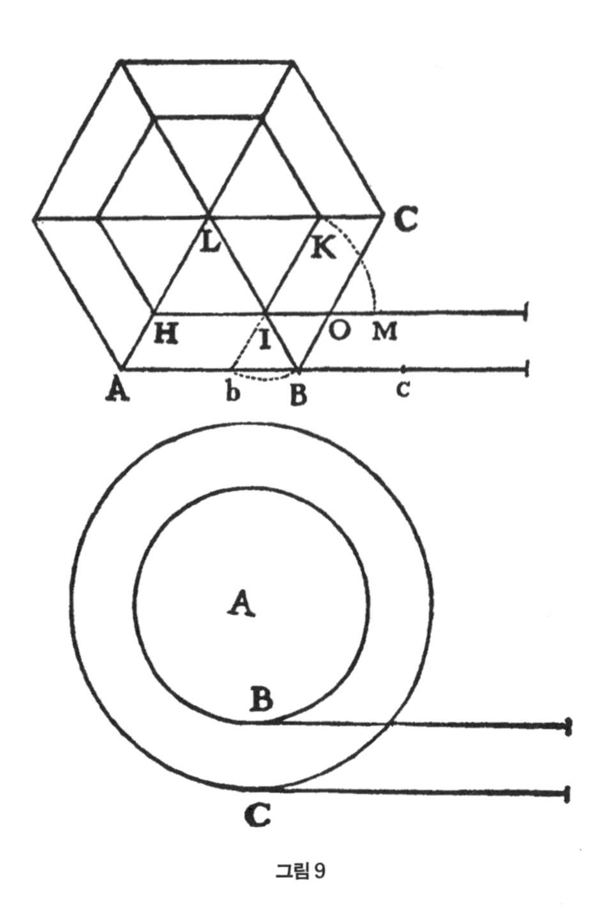

그림 9

AB와 bB 부분만큼 겹치기 때문이다.

작은 육각형을 계속 돌리면, 수평인 직선을 따라 그 둘레 길이만큼의 부분을 덮고 지나가게 된다. 한편 큰 육각형이 직선 Ac를 따라 덮고 지나가는 선분의 길이는, 자신의 둘레 길이에서 bB의 길이에 5를 곱한 것을 뺀 것이다. 이것은 작은 육각형이 지나간 거리와 거의 같다. 즉 bB의 길이만큼 더 길 뿐이다. 자세히 살펴보면, 큰 육각형이 작은 육각형을 따라서 돌 때, 그 변들이 그리는 선분의 길이가 왜 작은 육각형이 그리는 선분의 길이와 별 차이가 없는지 알 수 있다. 한 변이 그리는 선분이 이

웃한 변이 그리는 선분과 약간씩 겹치기 때문이다.

이제 크고 작은 두 원을 그려라. 점 A를 이들의 공통 중점이라고 하자. 작은 원의 점 B와 큰 원의 점 C에서 원에 접하고 평행한 두 직선을 그어라. 작은 원을 이 직선을 따라 굴리기 시작하면, 점 B는 이 직선에 머무르지를 않고 곧 위로 움직인다. 만약에 점 B가 제자리에 잠시 고정되어 있다면 점 C를 뒤로 움직이게 할 텐데, 원은 다각형과 달라서 점 B가 고정되어 있지 않다.

육각형의 경우는 변 IK가 선분 IM과 일치하게 될 때까지 점 I가 고정되어 있어서, 선분 IB가 끝점 B를 뒤로 움직여 b로 가게 했다. 그래서 변 BC가 선분 bc에 놓이게 되었다. 원래 큰 육각형의 변 AB가 직선에 놓여 있던 위치와 비교하면 Bb만큼 겹쳐졌다. 그러니 앞으로 IM 거리만큼 움직인 셈이고, 이것은 작은 육각형의 변의 길이와 같다. 이런 식으로, 큰 다각형의 변의 길이가 작은 다각형의 변의 길이에 비해 더 긴 만큼 겹쳐지는 게 되풀이되니까, 앞으로 나아가는 거리는 작은 다각형의 변 길이와 같고, 한 바퀴 완전히 돌면 작은 다각형의 둘레 길이만큼 앞으로 간다.

그러나 원의 경우를 생각해 보면, 다각형은 변의 개수가 얼마 이하지만, 원은 변의 개수가 무한히 많다. 다각형은 변이 유한개이고 그 변을 쪼갤 수 있지만, 원은 변이 무한개이고 그 변을 쪼갤 수 없다. 다각형의 경우는 꼭짓점이 얼마 시간 동안 고정되어 있어서 움직이지 않는다. 그 시간은 한 바퀴 도는 데 걸리는 시간을 변의 수로 나눈 것과 같다. 원의 경우 각 꼭짓점이 머무르는 시간은 0이다. 그 이유는 한 바퀴 도는 데 걸리는 시간을 변의 수, 그러니까 무한대로 나누면 0이 되기 때문이다. 달리 생각하면, 머무르는 시간은 다각형의 경우 한 변의 길이를 둘레 길이로 나눈 것에 비례하는데, 원의 경우는 한 점을 무한대 개수의 점들로 나누어야 하니까.

큰 다각형의 한 변이 뒤로 움직이는 거리는, 한 변의 길이와 같은 것이 아니고, 큰 다각형의 변의 길이에서 작은 다각형의 변의 길이를 뺀 것과 같다. 왜냐하면 이들은 작은 다각형의 변의 길이만큼 앞으로 나아가기 때문이다. 원의 경우는 점 C를 한 변이라 생각할 수 있는데, 점 B가 직선에 머무르는 그 순간, 점 C는 변 C의 길이에서 변 B의 길이를 뺀 만큼 뒤로 움직이고, 이것에다 전체 움직임을 더해 생각하면, 실은 변 B가 앞으로 움직인 만큼 변 C가 앞으로 움직인다.

요약하자면, 큰 원의 무한히 많고 더 쪼갤 수 없는 변들은, 작은 원의 무한히 많은 꼭짓점들이 직선에 머무르는 한없이 짧은 시간 동안 한없이 짧은 거리만큼 뒤로 약간씩 움직이는데, 그러나 여기에다 전체 그림이 앞으로 움직이는 것을 더해서 생각하면, 작은 원의 변들이 앞으로 움직이듯이 이들도 앞으로 움직인다. 그래서 작은 원이 자신의 둘레 길이만큼 선분을 따라 앞으로 갈 때, 큰 원도 작은 원의 둘레 길이와 같은 거리만큼 앞으로 간다. 큰 원이 지나간 선분은 한없이 많은 곳에서 한없이 짧은 거리만큼 겹친다. 그러니까 유한한 크기의 부분들이 겹치는 일이 없으면서도, 선분이 수축되어 빽빽해지고 길이가 짧아진다.

선분을 유한한 개수로 쪼갰을 때는 이런 결과가 나올 수 없다. 다각형의 둘레의 경우, 그것을 직선을 따라 펼쳐 놓았을 때, 변들이 겹쳐서 서로 중복되지 않는 한 길이가 짧아지지 않는다. 이렇게 무한히 많고 한없이 작은 부분들은 유한한 크기로 겹치거나 중복될 필요가 없이 줄어들 수 있고, 또 앞에서 말했듯이, 이들은 그 사이사이에 쪼갤 수 없는 작은 진공들을 넣어서, 크기가 커지도록 할 수도 있다.

물체들이 서로 뚫고 들어가는 일과 유한한 크기의 진공을 도입하는 일을 거부하면, 물체가 수축해서 빽빽해지거나 또는 물체가 팽창해서 열어지는 현상에 대해서 이것이 우리가 말할 수 있는 전부일세. 내가 지금까지 말한 것이 마음에 든다면, 그것을 받아들여 사용하도록 하게. 만약 그렇지 않다면, 내가 한 말들은 한 귀로 듣고 한 귀로 흘려버리게. 그리고 마음에 드는 다른 설명을 찾아보게. 지금 우리가 다루는 것은 무한과 쪼갤 수 없는 것들이니까.

사그레도 솔직히 말해 자네 개념들은 너무 미묘해서, 내게는 새롭고 놀랍게 느껴지는군. 자연이 실제 자네 설명대로 움직이는지 여부를 내가 판단할 길은 없지만, 자네 설명보다 더 그럴듯한 이론을 듣기 전에는, 나는 자네 설명을 믿고 있겠네.

심플리치오가 뭐라 할 말이 있을 것 같은데. 철학자들이 이 어려운 문제에 대해 설명해 온 것을 설명해 보게. 그 사람들이 수축에 대해 설명한 것은 너무 빽빽해서 내 머리로는 파고 들어갈 수가 없고, 팽창에 대해 설명한 것은 너무 엷어서 나는 감을 잡을 수가 없어.

심플리치오 나는 깊은 숲 속에 홀로 던져져서, 어느 길로 가야 할지 알 수 없는 상황일세. 특히 이 새로운 길은 받아들이기가 어렵네. 이 이론에 따르면, 금 한 덩어리를 팽창시켜 엷게 만들어서, 지구보다 더 커지도록 만들 수 있지. 반대로 지구를 압축시켜 크기를 점점 작게 만들어서, 호두보다 더 작도록 만들 수 있지. 그게 실제로 가능할까? 자네들도 설마 그걸 믿지는 않겠지? 이 설명과 보기는 추상적인 수학 이론일 뿐, 실제 일어나는 일과는 거리가 머네. 이 이론들은 실제 물질세계에서 일어나는 일들에는 적용할 수 없을 것 같아.

살비아티 나는 보이지 않는 것을 보이게 만드는 재주는 없네. 내게 그걸 요구하지는 않겠지? 하지만 금 이야기가 나왔으니 말인데, 금은 엄청나게 넓게 만들 수 있음을 모르는가? 자네가 본 적이 있는지 모르겠는데, 숙련공들은 금선을 뽑아내는 기술이 있네. 그런데 사실은 겉만 금이고, 속에는 은이 들어가 있어. 그 방법은 다음과 같아.

우선 은으로 원기둥 모양의 막대를 만든다. 길이는 0.5큐빗 정도, 굵기는 엄지손가락 서너 배 정도. 그다음에 이 막대를 얇은 금박으로 덮는다. 이때 쓰는 금박은 어찌나 얇은지, 입으로 후 불면 공중에 뜰 정도이다. 이것을 여덟 겹이나 열 겹 정도 씌운다. 금박을 덮은 다음, 철판에 구멍을 뚫은 것이 있는데, 그 구멍을 통해 잡아당긴다. 점점 더 작은 구멍을 통해 잡아당기기를 되풀이하면, 이것은 점점 가늘어져서, 머리카락보다 더 가늘어진다. 하지만 표면은 여전히 금으로 덮여 있다. 생각해 보게. 금이 얼마나 얇고 넓게 퍼지는지를.

심플리치오 놀라운 작업이긴 하지만, 그런다고 해서 금이라는 물질이 점점 엷어지는가? 우선 금박을 열 겹 정도 씌운다니, 어느 정도 두께가 있을 걸세. 그다음, 은을 뽑아낼 때 길이는 점점 길어지지만, 동시에 그에 비례해서 굵기가 점점 줄어들지. 이게 서로 상쇄하니까, 금의 넓이는 처음 금박으로 있을 때와 비교해서 조금도 늘지 않네.

살비아티 심플리치오, 자네는 큰 착각을 하고 있군. 금의 넓이는 길이의 제곱근에 비례해서 늘어나네. 이건 기하학을 써서 증명할 수 있어.

사그레도 그 증명이 나와 심플리치오가 이해할 수 있을 정도로 간단하다면, 증명을 해서 보여 주게.

살비아티 내가 그것을 지금 기억해 낼 수 있을지 모르겠군. 우선 원래 있었던 굵은 은 막대와 나중에 길게 철사로 뽑은 것은 부피가 같음이 명백하지. 왜냐하면 은의 양이 늘거나 줄지는 않으니까. 그러니까 같은 부피의 원기둥이 있을 때 그 넓이의 비율을 구하면, 문제는 해결이 돼. 내가 다음을 증명하겠네.

> 같은 부피의 원기둥은, 양 끝의 원 넓이는 무시하고 옆넓이만 생각하면, 그 넓이가 길이의 제곱근에 비례한다.

부피가 같은 두 원기둥의 길이를 AB, CD로 나타내자. 그리고 선분 E를 이 두 길이의 기하평균이라 하자. 양 끝의 원 넓이는 무시하고, 이 원기둥 AB와 CD의 넓이 비율은 AB와 E의 길이 비율과 같음을 보이겠다. 바꿔 말하면, 이 비율은 AB의 제곱근과 CD의 제곱근의 비율과 같다.

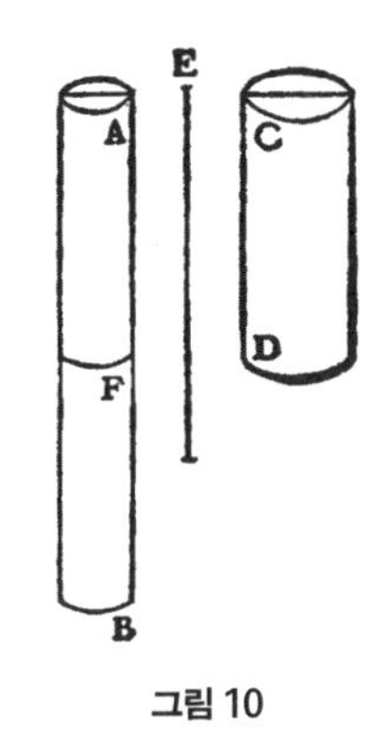

그림 10

원기둥 AF의 길이가 CD의 길이와 같게 되도록, 원기둥 AB를 F에서 잘라라. 부피가 같은 원기둥들은 밑면의 넓이가 높이에 반비례하니까, CD의 밑면의 넓이와 AB의 밑면의 넓이의 비율은 AB와 CD의 길이 비율과 같다. 원의 넓이는 지름의 제곱에 비례하니까, 지름의 제곱의 비율이 AB와 CD의 길이 비율과 같다. 그런데 AB와 CD의 길이 비율은 AB의 제곱과 E의 제곱의 비율과 같다. 이 4개의 제곱수들의 비례식에서, 제곱 기호를 뗀 다음 생각하면, AB와 E의 비율이 원 C의 지름과 원 A의 지름의 비율과 같음을 알 수 있다.

지름은 원둘레와 비례하고, 높이가 같은 원기둥인 경우 원둘레는 옆넓이와 비례한다. 따라서 AB와 E의 길이 비율은 원기둥 CD와 원기둥 AF의 옆넓이 비율과 같다. AF와 AB의 길이 비율은 AF와 AB의 옆넓이 비율과 같고, AB와 E의 길이 비율은 CD와 AF의 옆넓이 비율과 같으니, 이것을 잘 생각하면, AF와 E의 길이 비율은 CD와 AB의 옆넓이 비율과 같음을 알 수 있다. 거꾸로 AB와 CD의 옆넓이 비율은 E와 AF의 길이 비율과 같다. 그런데 AF는 CD와 길이가 같다. 이 비율은 AB와 E의 길이 비율과 같고, E가 AB와 CD의 기하평균이니, 증명이 다 되었다.

이 결과를 우리 문제에 적용하세. 처음에 은 막대의 길이가 0.5큐빗, 굵기가 엄지손가락 서너 배 정도라고 하고, 이것을 잡아 뽑아서 머리카락보다 더 가늘도록 만들면, 그 길이는 20,000큐빗 이상이 되네. 그러면 겉넓이가 200배 이상이 되지. 처음에 금박을 열 겹 붙였더라도, 그 넓이가 200배가 되었으니, 이 긴 철사를 덮고 있는 금의 두께는 금박 두께의 20분의 1 이하가 되네. 금이 얼마나 얇고 곱게 되었는가 생각해 보게. 그 구성 성분들이 엄청나게 팽창하지 않는다면, 이런 일이 가능하겠나? 이것을 보면, 물체들이 한없이 작은 더 이상 쪼갤 수 없는 입자들로 되어 있음을 알 수 있네. 이 관점에 대해서는 이것 말고도 다른 놀랍고도 확실한 보기들이 많이 있어.

사그레도 이 증명은 너무 깔끔하군. 내가 보기에 원래 의도한 것을 매우 설득력 있게 제시하고 있네. 설령 그렇지 않다 하더라도, 이런 멋진 증명을 알게 되다니 너무 기쁘군.

살비아티 자네가 이런 기하학 증명들을 좋아하니 다행이군. 이런 문제들을 공부하면 얻는 것이 많아. 내가 이것과 비슷한 정리를 하나 더 설명하겠네. 이 정리는 매우 흥미로운 문제를 해결해 주네. 앞에서는 부피가 같고 길이가 다른 원기둥들에 대해서 생각했는데, 여기서는 넓이가 같고 길이가 다른 원기둥들을 생각해 보세. 단 여기서 말하는 넓이는 옆넓이, 그러니까 곡면으로 굽은 부분의 넓이만 고려하고, 위, 아래 양 끝의 원 넓이는 무시하세. 내가 다음을 증명하겠네.

옆넓이가 같은 원기둥의 부피는 그 길이의 역수에 비례한다.

두 원기둥 AB와 CD가 옆넓이가 같고, 길이는 CD가 AB보다 더 길다고 하자. 나는 원기둥 AB와 CD의 부피 비율이 CD와 AB의 길이 비율과 같음을 보이겠다. CD와 AB가 옆넓이가 같으니, CD의 부피는 AB의 부피보다 작음을 알 수 있다. 왜냐하면 만약에 이 둘의 부피가 같다면, 앞에서 증명했듯이 CD의 옆넓이가 AB의 옆넓이보다 더 커진다. 그리고 만약에 CD의 부피가 AB의 부피보다 더 크다면, CD의 옆넓이는 AB의 옆넓이보다 더욱 더 커진다.

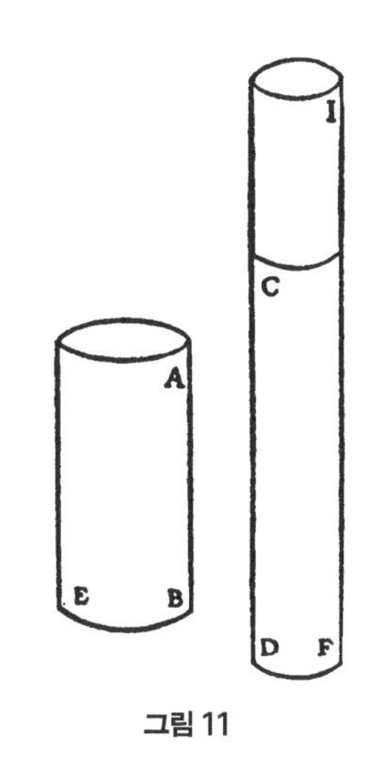

그림 11

원기둥 CD의 길이를 늘여서 원기둥 ID를 만들되, ID의 부피가 AB의 부피와 같도록 하자. 앞에서 증명한 것에 따르면, ID와 AB의 옆넓이 비율은, ID의 길이와 AB, ID의 기하평균과의 비율과 같다. 그런데 지금 AB와 CD는 옆넓이가 같다. 그리고 ID와 CD는 길이의 비율이 바로 옆넓이의 비율이다. 그러므로 CD의 길이가 바로 ID와 AB의 길이의 기하평균이다.

AB와 ID는 부피가 같으니까, AB와 CD의 부피 비율은 ID와 CD의 부피 비율과 같다. 그리고 이 비율은 ID와 CD의 길이 비율과 같다. 따라서 AB와 CD의 부피 비율은 ID와 CD의 길이 비율과 같으며, 이것은 CD와 AB의 길이 비율과 같다. 이제 증명이 끝났다.

사람들이 잘 몰라서 어리둥절해 하는 일이 하나 있는데, 이것을 써서 설명할 수 있네. 어떤 천이 한쪽 방향의 길이가 다른 방향의 길이와 다를 때, 이 천으로 곡물을 담는 통을 만드는 것을 생각해 봐. 나무판을 밑면으로 하고, 이 천을 옆면으로 해서 원통 모양을 만들면, 이 원통은 천의 짧은 쪽을 높이로 하고 긴 쪽을 밑둘레로 해서 만든 경우에 그 부피가 더 커. 예를 들어 어떤 천이 6큐빗×12큐빗 크기라면, 12큐빗 길이를 밑둘레로 해서 나무판을 만들어 붙여서, 높이가 6큐빗인 원통 모양으로 만들면, 반대로 6큐빗 길이를 밑둘레로, 12큐빗을 높이로 만드는 경우보다 부피가 더 커.

우리가 앞에서 증명한 것을 쓰면, 어떤 것의 부피가 더 큰지 알 수 있을 뿐만 아니라 얼마나 더 큰가 하는 것을 계산할 수 있어. 옆넓이가 일정한 경우, 높이가 낮아지면 그의 역수에 비례해서 부피가 커지고, 높이가 높아지면 그의 역수에 비례해서 부피가 줄어. 그러니까 어떤 천이 한쪽 길이가 두 배라면, 긴 쪽을 마주 붙여 꿰매어 원기둥을 만들면, 그건 짧은 쪽을 마주 붙여 꿰매어 만든 원기둥과 비교해서 부피가 절반이 되네. 마찬가지로 대나무로 7큐빗, 25큐빗 크기의 판을 짰을 때, 그것을 구부려 광주리를 만들 경우, 긴 쪽을 마주 이어서 만든 광주리는 짧은 쪽을 마주 이어서 만든 광주리와 비교해서 부피 비율이 7 대 25가 되지.

사그레도 이렇게 새롭고 유익한 지식을 계속 배우다니, 정말 즐겁군. 하지만 자네가 방금 설명한 것들은, 기하학을 잘 모르는 사람들은 착각을 하기가 쉬워. 아마 백 명 가운데 서너 명만 빼고는, 물체가 겉넓이가 같다면 부피나 기타 성질들도 모두 같다고 생각할 걸세.

사람들은 흔히 여러 도시의 크기를 가늠할 때, 그 둘레 길이를 재어서 계산하려 하거든. 둘레 길이가 같더라도, 생김새에 따라서 어느 한 도시가 다른 도시에 비해 훨씬 더 넓을 수가 있는데도 말일세.

이것은 땅이 들쭉날쭉하게 생긴 경우만이 아니야. 다각형처럼 규칙적인 모양이더라도 달라. 정다각형의 경우 둘레 길이가 같다면, 변의 개수가 많으면 많을수록 넓이가 넓어져. 원은 변이 무한히 많으니까, 둘레 길이가 같은 경우, 가장 넓이가 넓어. 내가 요하네스 데 사크로보스코의 『천구에 관하여』를 공부하다가 이 증명과, 그에 덧붙여 있는 저명한 학자(크리스토퍼 클라비우스를 가리킨다. — 옮긴이)의 해설을 보고 매우 감탄했지.

살비아티 맞는 말일세. 나도 그 대목을 보았는데, 그것을 보다가 둘레 길이가 일정한 정다각형들과 원 중에는 원의 넓이가 가장 크고, 다른 정다각형들의 경우 변이 많으면 많을수록 넓이가 커짐을 쉽고 간단하게 증명하는 방법이 떠올랐네.

사그레도 그래? 정말 재미있겠군. 어서 그 증명법을 설명해 주게.

살비아티 내가 다음 정리를 증명하겠네.

어떤 원이 있다고 하자. 2개의 정n각형이 있어서, 하나는 이 원에 외접하고, 다른 하나는 이 원과 둘레 길이가 같다고 하자. 그러면 원의 넓이는 이 두 정다각형 넓이의 기하평균이다. 원의 넓이는 그 원에 외접하는 정다각형의 넓이보다 작고, 원의 넓이는 원과 둘레 길이가 같은 정다각형의 넓이보다 더 크다. 원에 외접하는 정다각형들은 변의 개수가 많으면 많을수록 넓이가 작아지고, 원과 둘레 길이가 같은 정다각형들은 변의 개수가 많으면 많을수록 넓이가 커진다.

그림처럼 2개의 정n각형 A, B가 있어서, A는 이 원에 외접하고, B는 이 원과 둘레 길이가 같다고 하자. 원의 넓이가 이 둘의 넓이의 기하평균임을 보이겠다.

원의 반지름을 AC로 나타내자. 이 원의 넓이는, 반지름 AC를 한 변으로 하고, 원둘레 길이를 다른 한 변으로 하는 직각삼각형의 넓이와 같다. 원에 외접하는 정다각형의 넓이는, 반지름 AC를 한 변으로 하고, 이 정다각형의 둘레 길이를 다른 한 변으로 하는 직각삼각형의 넓이와 같다. 여기서 말하는 변들은 직각을 끼고 있는 변들이다. 그러므로 외접하는 정다각형과 원의 넓이의 비율은 이들의 둘레 길이의 비율과 같다.

그런데 두 다각형 A, B는 닮은꼴이니, 이들의 넓이는 둘레 길이의 제곱에 비례한다. 따라서 이 원의 넓이는 두 다각형 넓이의 기하평균이 된다. 그리고 다각형 A의 넓이는 원의 넓이보다 더 크니까, 다각형 B의 넓이는 원의 넓이보다 더 작다. 그러므로 둘레 길이가 같은 어떠한 정다각형보다도 원이 더 넓다.

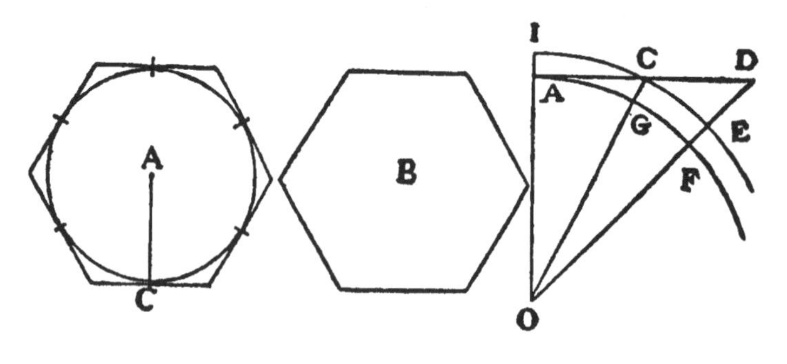

그림 12

이제 남은 부분을 증명하도록 하겠다. 원에 외접하는 정다각형의 경우, 변의 개수가 적은 것이 많은 것보다 더 넓다. 하지만 둘레 길이가 같은 정다각형의 경우, 변의 개수가 많은 것이 적은 것보다 더 넓다.

점 O를 중심으로, 선분 OA를 반지름으로 하는 원을 그리자. A에서 이 원에 접하도록 선 AD를 그어라. 여기서 선분 AD가 이 원에 외접하는 어떤 정다각형의 한 변의 절반이라 하고, 선분 AC가 다른 어떤 정다각형의 한 변의 절반이라고 하자. 그러니까 이 그림은 AC에 해당하는 정다각형이 변의 개수가 더 많은 경우이다.

직선 OGC와 OFD를 긋자. O를 중심으로, OC를 반지름으로 하는 원을 그려라. 이것을 ECI로 나타내자. 여기서 삼각형 DOC는 부채꼴 EOC보다 더 넓다. 그리고 부채꼴 COI는 삼각형 COA보다 더 넓다. 따라서 DOC와 COA의 넓이 비율은 EOC와 COI의 넓이 비율보다 더 크다. 그러므로 FOG와 GOA의 넓이 비율보다 더 크다. 이것을 이용하면, 삼각형 DOA와 부채꼴 FOA의 넓이 비율이 삼각형 COA와 부채꼴 GOA의 넓이 비율보다 더 큼을 알 수 있다.

그러므로 예를 들어 10개의 삼각형 DOA가 10개의 부채꼴 FOA에 대해 가지는 비율은, 14개의 삼각형 COA가 14개의 부채꼴 GOA에 대해 가지는 비율보다 더 크다. 그러므로 외접하는 정오각형이 원에 대해 가지는 비율은, 외접하는 정칠각형이 원에 대해 가지는 비율보다 더 크다. 그러므로 외접하는 정오각형은 외접하는 정칠각형보다 더 넓다.

이제 원과 둘레 길이가 같은 정오각형, 정칠각형을 생각하자. 그러면 정칠각형이 정오각형보다 더 넓음을 보이겠다. 그 원의 넓이는 외접하는 정오각형의 넓이와 둘레 길이가 같은 정오각형의 넓이 사이의 기하평균이고, 마찬가지로 외접하는 정칠각형의 넓이와 둘레 길이가 같은 정칠각형의 넓이 사이의 기하평균이다.

그런데 외접하는 정오각형은 외접하는 정칠각형보다 더 넓음을 보였다. 그러므로 외접하는 정오각형이 원에 대해 가지는 비율은, 외접하는 정칠각형이 원에 대해 가지는 비율보다 더 크다. 그러므로 그 원이 둘레 길이가 같은 정오각형에 대해 가지는 비율은, 원이 둘레 길이가 같은 정칠각형에 대해 가지는 비율보다 더 크다. 그러므로 정오각형은 둘레 길이가 서로 같은 정칠각형보다 넓이가 작다. 증명이 끝났다.

사그레도 정말 간결하면서 명쾌한 증명이군. 이것은 언뜻 보기에는 모순을 내포하고 있는 것 같아. 왜냐하면 변의 개수가 많은 정다각형이 그와 둘레 길이가 같고 변의 개수가 적은 정다각형보다 더 넓은 이유가, 외접하는 경우 변의 개수가 많은 정다각형이 변의 개수가 적은 정다각형보다 더 작음으로부터 나오니까. 그런데 이야기가 왜 자꾸 기하학으로 흘러가는가? 심플리치오가 제기한 반론에 대해 논의해야지. 수축에 관한 문제는 특히 어려워 보이는데?

살비아티 물체가 수축하는 것과 팽창하는 것은 반대되는 일이니까, 매우 크게 팽창해 엷어지는 것이 있으면, 그에 상응해 매우 작게 수축하는 것이 있을 걸세. 우리가 주위에서 흔히 보는 것들 중에 순식간에 엄청 크게 팽창하는 것이 있거든. 조그마한 부피의 화약에다 불을 붙이면, 엄청나게 크게 터져서 불꽃이 확 퍼지거든. 그 빛 또한 거의 한계 없이 넓게 퍼지잖아? 이런 불꽃이나 빛이 다시 한 곳에 모인다면, 그게 얼마나 심하게 수축하는 것인가? 이건 불가능하지가 않네. 조금 전만 해도 이들은 한 곳에 모여 있었잖아?

관찰을 해 보면, 이런 식으로 팽창하는 것을 수축하는 것보다 훨씬 더 흔하게 볼 수 있어. 그건 빽빽한 물체는 손으로 만질 수 있고, 쉽게 느낄 수 있기 때문일세. 우리는 나무를 가져다가 불을 붙여서, 나무가 불길과 빛이 되어 사라지는 것을 볼 수 있지. 하지만 불길과 빛이 다시 합쳐져서 나무가 되는 것을 본 일이 있나? 과일이나 꽃 또는 다른 많은 고체들이 냄새가 되어 날아가지만, 그러나 이런 냄새를 만드는 입자들이 다시 합쳐져서 고체가 되는 것을 볼 수는 없어.

우리가 보거나 들을 수 없는 것은 논리를 써서 해결해야 하네. 논리적으로 생각하면, 매우 엷게 흩어진 이런 물질들이 다시 엉켜 수축하는 것을, 고체가 부풀어 흩어지는 것과 마찬가지로 이해할 수 있어. 이렇게 팽창해 부풀거나 수축해 오그라드는 것이, 진공이라는 개념을 사용하지 않고, 또 물체들이 서로 뚫고 들어가는 투과성을 도입하지 않고, 어떻게 가능한가 알려고 애쓰고 있잖아? 그렇다고 해서 모든 물체가 다 이런 성질을 가진다는 뜻은 아닐세. 그러니까 지구가 호두 크기로 줄어드는 것과 같은 불가능한 기적이 일어나지 않는다고 해서, 내 설명이 틀렸다고 말하지 말게.

심플리치오, 나는 자네를 비롯한 여러 저명한 철학자들을 존중하는 의미에서, 자네들이 진공을 죽어라고 싫어하기 때문에, 물체가 부풀고 오그라드는 현상을 진공이나 물체의 투과성 같은 것을 도입하지 않고 설명했네. 그렇지만 자네들이 진공을 극구 반대하지 않고 인정해 주면, 나도 이렇게 강하게 반대할 이유가 없네. 이 개념들을 받아들이거나, 아니면 내 설명이 옳다고 받아들이게. 이도저도 아니라면, 달리 그럴 법한 설명을 해 보게.

사그레도 물체의 투과성을 부정하는 것은, 나도 소요학파 철학자들에 동의하네. 진공에 대해서는 아리스토텔레스가 완강하게 부인한 논리와, 자네가 그에 대해 논박하는 것을 듣고 싶군. 먼저 아리스토텔레스가 진공이 존재하지 않는다고 증명한 것을 심플리치오가 보여 주게. 그다음, 살비아티 자네가 그것을 논박해 보게.

심플리치오 내가 기억하기로, 아주 옛날 사람들은 물체가 움직이려면 진공이 있어야 하고, 진공이 없다면 물체가 움직일 수 없다고 생각했는데, 아리스토텔레스는 이런 생각을 통렬하게 공격했지. 오히려 그는, 이런 생각과 반대로, 물체의 운동 현상 때문에 진공이라는 개념이 성립할 수 없음을 증명했네. 그의 논리 전개는 다음 둘로 나눌 수 있지. 하나는 무게가 다른 물체들이 같은 매질 속을 지날 때를 생각한 것이고, 다른 하나는 같은 물체가 다른 두 매질 속을 지날 때를 생각한 것이지.

첫째 사항으로, 무게가 다른 두 물체가 같은 매질 속에서 움직일 때, 그들의 속력은 무게에 비례한다고 아리스토텔레스는 가정했네. 예를 들어 어떤 물체가 다른 물체보다 열 배 무겁다면, 이 물체는 다른 물체보다 열 배 빨리 움직인다.

둘째 사항으로, 한 물체가 다른 두 매질을 지날 때, 그 속력은 매질의 밀도에 역으로 비례한다고 가정했네. 예를 들어 물의 밀도가 공기 밀도의 열 배라면, 물체는 공기 속에서 움직이는 것이 물속에서 움직이는 것에 비해 열 배 빠르다.

아리스토텔레스에 따르면, 이 두 번째 법칙 때문에 진공은 존재할 수 없다. 다른 어떠한 매질과 비교하더라도, 진공은 엷은 정도가 무한대이다. 따라서 어떤 물체가 움직이다가 진공인 부분을 지나게 되면, 속력이 무한대가 되어 순식간에 지나가야 한다. 하지만 순식간에 움직여 지나가는 일은 불가능하다. 따라서 물체의 운동 현상 때문에, 진공이란 존재할 수 없다.

살비아티 그의 논리는 특정한 사람들을 표적으로 삼는군. 즉 물체가 움직이기 위해서는 진공의 존재가 꼭 필요한 조건이라고 생각하는 사람들을 논박하기 위한 것일세. 그의 논리가 옳다고 치자. 그리고 진공 속에서는 물체가 아예 움직이지 못한다고 해 보자. 이렇게 운동과 관계없이 그냥 진공이 존재한다고 하면, 아리스토텔레스의 논리와 어긋나지 않지?

하지만 옛날 사람들이 그의 공격에 어떻게 대응했을지, 또 아리스토텔레스의 논리가 과연 옳은 것인지 알려면, 그의 가정들을 정면으로 공격할 필요가 있네. 우선 첫째 가정에 대해서 생각해 보자. 실제로 작은 돌 하나와 그보다 열 배 무거운 돌을 100큐빗 정도 높이에서 떨어뜨리면, 열 배 무거운 돌이 땅에 떨어졌을 때, 가벼운 돌은 10큐빗 정도밖에 안 떨어졌을까? 아리스토텔레스가 과연 실제로 이런 실험을 했을까?

심플리치오 그가 쓴 책을 읽어 보면, 실제로 실험을 한 것 같아. "무거운 …… 을 볼 수 있다."라고 쓰여 있으니, 그가 실제로 실험을 했을 것 같아.

사그레도 심플리치오, 나는 직접 실험을 해 봤기 때문에 잘 알고 있네. 100파운드나 200파운드 정도 나가는 포탄을 0.5파운드밖에 안 되는 조그마한 탄환과 같이 200큐빗 정도 높이에서 떨어뜨렸더니, 이 둘이 땅에 떨어졌을 때 차이는 겨우 한 뼘 정도에 불과했어.

살비아티 실험을 하지 않고도 알 수 있어. 아리스토텔레스의 말처럼 두 물체가 같은 물질로 만들어졌고, 무게가 다르다고 해 보자. 그러면 무거운 것이 가벼운 것보다 빨리 떨어지지 않음을, 간단한 논리로 명백하게 보일 수 있네.

먼저 심플리치오에게 묻겠는데, 떨어지는 물체는 자연 법칙에 따라서 어떤 일정한 속력을 가진다고 생각하는가? 그러니까 힘을 가해 주거나 또는 다른 어떤 저항을 주면 바뀌겠지만, 그렇지 않으면 늘 일정한 어떤 속력이 있다고 생각하는가?

심플리치오 그럼, 그건 의심할 여지가 없네. 한 물체가 어떤 매질 속을 움직일 때, 그 속력은 자연 법칙에 따라서 일정하게 정해진다. 우리가 그 물체에다 힘을 가하거나, 또는 어떤 저항력이 그 물체를 늦추지 않는 한, 그 속력은 불변이네.

살비아티 그렇다면 자연에 따라서 정해진 속력이 다른 두 물체가 있다고 하세. 이 둘을 서로 묶으면, 느린 것은 빠른 것의 속력을 늦출 것이고, 빠른 것은 느린 것의 속력을 증가시키겠군. 내 생각에 동의하는가?

심플리치오 그럼, 그렇게 됨이 의심할 여지가 없네.

살비아티 그러나 만약에 그렇다면, 예를 들어 큰 돌이 움직이는 속력이 8이라 하고, 작은 돌이 움직이는 속력이 4라고 하세. 이 둘을 묶으면 전체의 속력이 8보다 느리게 되겠지. 하지만 두 돌을 합쳤으니, 속력 8로 움직이던 돌보다 더 무거운 돌이 되었잖아? 그러니까 무거운 것이 가벼운 것보다 더 느리게 움직이는군. 자네 의견과 모순이잖아? 자네 말마따나 무거운 것이 가벼운 것보다 더 빨리 움직인다면, 무거운 것이 가벼운 것보다 더 느리게 움직인다는 결론이 나오는군.

심플리치오 정말 이상하네. 작은 돌을 큰 돌에다 묶었으니 무게가 더해지지. 그러면 속력이 증가해야 할 텐데. 설령 증가하지 않는다 하더라도, 속력이 줄어들 리는 절대 없는데.

살비아티 심플리치오, 자네는 또 다른 착각을 하고 있어. 이 둘을 묶어도, 작은 돌의 무게가 큰 돌의 무게에 더해지지가 않네.

심플리치오 나로서는 도저히 이해할 수가 없네.

살비아티 자네는 지금 착각에 빠져서 고심하고 있는 것일세. 내가 그걸 설명해 주면 이해하게 될 거야. 우선, 무거운 물체가 가만히 있는 것과 움직이는 것을 구별할 필요가 있네. 무거운 돌을 저울에 올려놓은 다음, 거기에다 다른 돌을 더하면, 무게가 그만큼 늘지. 돌 아니라 새끼줄을 한 발 더해도 무게가 6~10온스는 늘 거야. 하지만 새끼줄로 돌을 묶은 다음, 이것을 높은 곳에서 떨어뜨리면, 그 새끼줄이 돌에 무게를 더해서 더 빨리 떨어지도록 할 것 같은가? 아니면 위로 향하는 저항력이 생겨서 그 속력이 느려질 것 같은가?

어깨에 무거운 짐을 지고 있으면, 짐이 내리누르는 힘을 느낄 수 있네. 하지만 짐과 똑같은 속력으로 떨어지면, 그 짐이 어깨를 누를 수가 있겠는가? 이건 마치 창으로 어떤 사람을 찌르려고 덤비는데, 그 사람이 창과 같은 속력으로, 또는 더 빠른 속력으로 도망갈 때와 같은 이치가 아닌가? 그러니까 물체가 자유롭게 떨어질 때는 작은 돌이 큰 돌을 내리누르지 않네. 정지해 있을 때와는 달라서, 이때는 무게를 더하지 않는 것일세.

심플리치오 그렇지만 큰 돌을 작은 돌 위에 올리면 어떻게 되는가?

살비아티 만약에 큰 돌이 더 빨리 움직인다면 무게가 늘게 되지. 하지만 작은 돌이 더 느리게 움직인다면, 이것이 큰 돌의 속력을 늦춰서, 이 둘을 묶은 것이 큰 돌보다 더 무겁지만 더 느리게 움직여서 모순이 생긴다는 것을, 우리는 이미 알고 있잖아? 그러니까 큰 물체든 작은 물체든, 그들이 비중(표준 물질에 대한 어떤 물질의 밀도의 비 — 옮긴이)이 같다면, 같은 속력으로 움직인다.

심플리치오 자네의 설명은 정말 매끄럽고 조리정연하군. 하지만 새총 알이 대포알과 같은 속력으로 떨어진다니, 믿기가 어렵네.

살비아티 모래 한 알과 맷돌을 말하지 그래? 내가 이런 이야기를 하면, 어떤 사람들은 이 논리의 핵심을 피해서, 내가 한 말들 중에서 티끌만 한 오차를 물고 늘어지거든. 그들 자신은 들보만큼이나 큰 잘못을 갖고 있으면서, 그것을 티끌 밑에 숨기려고 하지. 아리스토텔레스는 "무게가 100파운드인 쇠공과 무게가 1파운드인 쇠공을 백 길 높이에서 떨어뜨리면, 가벼운 공이 한 길 떨어졌을 때, 무거운 공은 땅에 닿는다."라고 말했지. 나는 이 둘이 같이 땅에 닿는다고 주장하네.

실제로 실험을 해 보니, 큰 공이 작은 공에 비해 손가락 두 마디 정도 빨라. 그러니까 큰 공이 땅에 닿았을 때, 작은 공은 손가락 두 마디 정도 땅에 못 미쳐 있네. 이 차이를 물고 늘어져서, 아흔아홉 길이나 되는 아리스토텔레스의 오차를 숨기려 하지는 않겠지? 내 작은 오차는 언급하면서, 그의 어마어마한 오차는 덮어 둘 셈인가?

아리스토텔레스는 무게가 다른 물체들이 같은 매질 속에서 움직일 때, 이들의 움직임이 무게에만 영향을 받는다면, 그 속력이 무게에 비례한다고 주장했지. 그는 순수하게 무게에만 영향을 받아서 그것을 구별해 낼 수 있고, 다른 어떠한 힘도 무시할 수 있는, 그런 형태의 물체를 예로 들었네.

물체의 생김새에 따라서는, 무게 이외에 매질이 어떤 큰 힘을 줄 수 있는 경우도 있거든. 금은 물질들 중에서 가장 무겁지만, 이것을 두드려 얇은 금박을 만들면, 공기 중에 뜰 정도이지. 돌멩이도 갈아서 고운 가루를 만들면 그렇게 돼. 이런 특수한 경우는 무시하고, 그는 보통의 경우를 생각했네.

그러나 그의 일반적인 법칙들이 옳다고 변호하려면, 무거운 모든 물체들은 속력이 무게에 비례하며, 20파운드 무게의 돌은 2파운드 무게의 돌에 비해서 열 배 빨리 떨어짐을 보여야 하네. 그러나 이것은 사실이 아닐세. 이것들을 50큐빗 또는 100큐빗 높이에서 떨어뜨리면, 동시에 땅에 떨어지네.

심플리치오 만약에 아주 높은 곳에서, 그러니까 수천 큐빗 높이에서 떨어뜨리면, 결과가 달라질지도 모르지.

살비아티 자네는 아리스토텔레스를 거짓말쟁이로 만들 작정인가? 그가 한 말이 그런 뜻이라면, 이건 실수나 착오가 아니라 거짓말이 돼. 지구상에 그렇게 높은 절벽이 어디 있는가? 그러니 아리스토텔레스가 그런 실험을 했을 리가 없잖아? 그런데 자네는 "…… 을 볼 수 있다."라고 쓰여 있으니, 그가 실제로 실험을 했다고 주장했지?

심플리치오 생각해 보니, 아리스토텔레스는 첫 번째 법칙을 사용하지 않았네. 그는 두 번째 법칙을 사용해서 진공의 존재를 부정했는데, 두 번째 법칙에는 이런 문제점이 없을 걸세.

살비아티 두 번째 법칙도 첫 번째 법칙과 마찬가지로 엉터리일세. 그게 틀렸음을 알아차리지 못하다니 이상하군. 만약에 그게 참이라면, 물과 공기처럼 밀도가 다르고 저항이 다른 매질 속을 같은 물체가 지날 때, 속력이 달라지지. 물과 공기의 밀도의 비율에 따라서, 공기 속에서는 그만큼 더 빨리 움직이지. 그렇다면 공기 속에서 떨어지는 물체는 모두 물속에서도 떨어져야 한다는 결론이 나오지. 그러나 어떤 물체는 공기 속에서는 떨어지지만, 물속에서는 가라앉지 않고 오히려 떠오르잖아? 그러니 이건 틀렸네.

심플리치오 어떻게 그런 결론이 나온단 말인가? 그리고 아리스토텔레스는 아마 물에 뜨는 물체는 생각하지 않았을 것 같아. 물이나 공기, 어디에서나 떨어지는 물체만 논했을 거야.

살비아티 자네의 변호는 아리스토텔레스의 첫 번째 실수를 더 악화시키는군. 아리스토텔레스 본인이라면 이런 답은 피했을 것일세. 물의 밀도나 또는 어떤 성질이 물체의 운동을 늦추는데, 그것과 공기의 밀도 또는 그 어떤 성질과의 비율이 어떤 고정된 값인지 여부를 말해 보게. 그리고 만약 그 비율이 고정된 값이라면, 어떤 값이라도 좋으니, 자네 마음대로 불러 보게.

심플리치오 그런 고정된 비율이 실제로 존재하네. 예를 들어 10이라고 하세. 그러면 물에 가라앉는 물체는 물속에서보다 공기 속에서 열 배 빨리 떨어지네.

살비아티 우선 공기 속에서는 떨어지지만, 물에서는 뜨는 물체를 예로 들어 보세. 나무를 깎아서 공을 만들었다고 하세. 나무 공이 공기 속에서 떨어지는 속력이 얼마라고 하면 좋겠는가? 자네 마음대로 정하게.

심플리치오 예를 들어 속력이 20이라고 하세.

살비아티 좋아. 이 속력과 어떤 적당히 느린 속력과의 비율이, 물과 공기의 밀도 비율과 같은, 그런 속력을 찾을 수 있겠지? 그 속력은 바로 2이지. 그러니까 아리스토텔레스가 말한 법칙이 정확하게 맞다면, 물은 공기보다 열 배 더 빽빽하고 저항이 있으니까, 공기 속에서 20의 속력으로 떨어지는 나무 공이 물속에서는 2의 속력으로 떨어지겠지. 그런데 실은 나무 공은 물속에서 위로 떠오르거든. 자네는 설마 떠오르는 것이 2의 속력으로 떨어지는 것과 같다고 우기지는 않겠지?

나무 공은 가라앉지 않으니 잠시 제쳐 두고, 나무가 아닌 다른 적당한 물질로 만든 공 중에 물속에서 2의 속력으로 떨어지는 것이 있겠지?

심플리치오 그런 게 존재함은 의심할 여지가 없네. 그건 아마 나무보다 훨씬 무거운 물질로 되어 있어야겠지.

살비아티 나도 그렇게 생각하네. 그럼 이 두 번째 공이 물속에서 2의 속력으로 떨어진다면, 그게 공기 속에서는 얼마의 속력으로 떨어지는가? 아리스토텔레스의 법칙이 맞다면, 20의 속력으로 떨어져야겠지. 그런데 20은 나무 공이 떨어지는 속력이잖아? 무거운 두 번째 공과 가벼운 나무 공이 같은 속력으로 떨어지는군. 이건 아리스토텔레스가 말한, 같은 매질 속에서 떨어지는 물체들의 경우 속력이 무게에 비례한다는 법칙에 어긋나잖아?

이런 문제를 깊이 파고들지 않더라도, 이렇게 흔한 현상과 기타 명백한 성질들을 어떻게 알아차리지 못할 수가 있는가? 두 물체가 물속에서 가라앉을 때, 한 물체가 다른 물체에 비해 백 배 빨리 가라앉으면서도, 공기 속에서는 거의 속력이 같아서, 100분의 1의 차이도 없는 것을 본 적이 없는가? 대리석으로 달걀을 만들면, 진짜 달걀에 비해 물속에서는 백 배 빨리 가라앉지만, 공기 속에서는 20큐빗 높이에서 떨어뜨리면 땅에 닿을 때 차이는 한 뼘 이하이네.

어떤 물체는 10큐빗 깊이의 물속에 가라앉는 데 3시간이 걸리지만, 공기 속에서는 10큐빗 높이를 맥박이 한두 번 뛰는 동안에 떨어지네. 이 실험을 통해서 보면, 물의 밀도는 공기의 밀도의 수천 배가 되겠네? 반면에, 예를 들어 무거운 납 공은 같은 높이의 물속을 떨어지는 데 걸리는 시간이 공기 속과 비교해서 두 배 정도에 불과하네. 이 실험에서는 물의 밀도가 공기의 밀도의 두 배에 불과하다는 결론이 나오네?

여보게 심플리치오, 이제는 반론을 제시할 여지가 없음을 자네도 깨달았겠지? 이제 결론을 내리겠네. 아리스토텔레스의 논리로는 진공의 존재를 부인할 수 없다. 설사 부인한다 하더라도, 상당히 큰 진공에 대해서만 부인할 수 있다. 자연 상태에 거대한 진공이 있다고 옛날 사람들이 생각하지는 않았을 것 같아. 나도 마찬가지이고. 실험을 통해서 보면, 강제로 큰 힘을 주어 진공을 만들 수는 있지만. 이와 관련한 여러 가지 실험 이야기는 시간이 너무 많이 걸릴 테니 생략하겠네.

사그레도 심플리치오가 말이 없으니, 내가 한마디 하겠네. 자네 증명에 따르면, 무게가 다른 두 물체가 같은 매질 속을 움직일 때, 그 속력이 무게에 비례하는 것이 아님이 명백하군. 두 물체가 같은 물질로 되어 있다면, 또는 두 물체가 비중이 같다면, 떨어지는 속력이 같다. 물론, 비중이 다르다면, 속력이 다를 수 있다. 납으로 된 공과 코르크로 된 공을 생각하면, 이들이 떨어지는 속력은 다를 것이다.

그리고 자네 증명에 따르면, 한 물체가 다른 두 매질 속을 지날 때, 그 속력이 매질의 저항의 역수에 비례하는 것이 아님이 명백하군. 그렇다면 이 경우에 속력의 비율이 어떻게 되는지 말해 줄 수 있겠는가?

살비아티 이건 아주 흥미로운 문제이고, 나도 생각을 많이 했네. 내가 이 문제를 풀기 위해서 접근한 방법과, 끝에 가서 내린 결론이 뭔지 이야기하겠네. 같은 물체가 저항력이 다른 두 매질을 통과할 때, 그 속력이 저항의 역수에 비례한다는 말은 거짓임이 밝혀졌네. 그리고 한 매질 속을 지날 때, 다른 두 물체의 속력이 그 무게에 비례한다는 말도 거짓임이 밝혀졌네. 이것은 비중이 다른 물체들인 경우에도 마찬가지일세.

이것들이 거짓임을 확신한 다음, 무게가 다른 두 물체를 한 매질 속에 넣었을 때와 다른 매질 속에 넣었을 때, 속력이 어떻게 되는지 비교해 보았네. 속력이 크게 차이가 나는 경우는 매질의 저항이 큰 경우, 그러니까 그 속에서 움직이기가 어려운 경우임을 알게 되었네.

이 차이는 상당해서, 어떤 물체들은 공기 속에서는 거의 같은 속력으로 떨어지지만, 물속에서는 한 물체가 다른 물체보다 열 배 빨리 떨어지기도 해. 게다가 어떤 물체들은 공기 속에서는 빠른 속력으로 떨어지지만, 물속에서는 제자리에 가만히 머물기도 하고, 심지어 물 위로 올라오기도 하지. 나무의 옹이나 뿌리를 잘 고르면, 물속에서는 가만히 머물지만, 공기 속에서는 떨어지는 것이 있어.

사그레도 밀초 덩어리에다 모래알을 적당한 개수 더해서, 이것의 비중이 물과 같게 되도록 만들어서, 물속에 가만히 머물도록 하려고 아주 끈질

기게 시도한 적이 있지. 하지만 아무리 조심해서 시도를 해도 실패로 끝났어. 물과 비중이 똑같아서 물속 어디에 넣어도 그 자리에 머무르는, 그런 고체가 자연 상태에 존재하는지 의심스럽네.

살비아티 어떤 일을 할 때 동물들이 사람보다 뛰어난 경우가 많이 있는데, 이 경우도 그래. 자네가 언급한 것의 좋은 예는 물고기이지. 물고기들은 평형을 유지하는 기술이 워낙 뛰어나서, 어떤 종류의 물뿐 아니라, 물이 흙탕물이 되거나 소금물이 되거나 또는 기타 이유로 물의 비중이 달라져도, 그 속에서 평형을 유지하거든. 물고기들은 이 기술이 하도 뛰어나서, 물속의 어디에 있든 꼼짝도 않고 가만히 멈춰 있을 수 있어.

내 생각에, 자연이 이러한 목적으로 사용하라고 물고기들에게 선물한 도구가 있네. 물고기들은 부레라는 것을 몸속에 갖고 있거든. 부레와 입이 가는 관으로 이어져 있어서, 부레 속의 공기를 원하는 양만큼 밖으로 내보낼 수 있어. 또는 물 위로 떠올라 공기를 집어넣을 수도 있고. 그래서 이들은 마음대로 가볍게 되거나 무겁게 되어서 평형을 유지하지.

사그레도 내가 재미있는 방법을 써서 동료들을 속인 일이 있어. 내가 밀초 덩어리를 물과 평형을 유지하도록 만들 수 있다고 자랑했거든. 그릇의 바닥에다 소금물을 채운 다음, 그 위에 맹물을 부었지. 그리고는 밀초 덩어리를 넣어서, 물속에 멈추고 있는 것을 동료들에게 보여 주었어. 그걸 밑으로 누르거나 위로 올렸다가 놔두면, 가만히 머물지 않고 다시 가운데로 돌아갔지.

살비아티 이 실험도 쓸모가 있네. 의사들이 물의 질을 알아내려 할 때, 그 비중을 재어 보거든. 이때 쓰는 공이 있어. 이 공의 비중을 정밀하게 조정해서, 주어진 어떤 물속에서 아래로 가라앉지도 않고, 위로 떠오르지 도 않게 만들 수 있네. 그다음에 다른 물에다 넣으면, 물의 종류가 다르면 비중이 조금이라도 다를 테니, 물이 무거우면 공이 위로 떠오르고, 물이 가벼우면 공이 아래로 가라앉지. 이 실험은 하도 정밀해서, 6파운드 정도의 물에 소금 알갱이 2개 정도를 넣으면, 바닥에 가라앉아 있던 공이 위로 떠오르지.

이렇게 비중이 바뀌는 것은, 소금처럼 무거운 물질을 녹였을 때뿐만이 아닐세. 물은 따뜻해지거나 차가워져도 비중이 달라지거든. 이 실험은 하도 정밀해서, 6파운드 정도의 물속에 공이 정지해 있을 때, 거기에다 따뜻하거나 차가운 물 몇 방울만 떨어뜨려도 공이 움직이네. 따뜻한 물을 더하면 공이 가라앉고, 차가운 물을 더하면 공이 위로 움직이지.

이것을 보면, 물은 섞거나 가를 때 아무런 저항이 없다는 사실도 알 수 있어. 어떤 철학자들은 물이 응집력이 있고 끈끈해서, 물을 가르려고 하거나 그 속을 뚫고 지나가는 데 대해서 저항력이 있다고 말하는데, 그것은 잘못일세.

사그레도 이 문제에 대해서는, 우리의 절친한 동료 학자가 쓴 논문을 보면, 매우 설득력 있게 추론해 놓았거든. 하지만 내가 아직 납득할 수 없는 어려운 점이 있네. 만약에 물의 입자들 사이에 응집력이나 끈끈히 뭉치는 성분이 없다면, 이슬이나 물방울이 풀잎 위에 동그라니 생겨 흩어지지 않는 것은 어떻게 가능한가?

살비아티 전지전능한 사람은 모든 반론을 해결할 수 있겠지만, 내가 그런 능력이 있는 척하지는 않겠네. 내 능력이 부족하다 해도, 그 때문에 진리가 모호해져서는 안 되지. 솔직히 말해서, 물이 어떻게 해서 그렇게 동그랗게 뭉쳐서 흩어지지 않는지, 나도 잘 모르겠어. 그렇지만 물 입자 사이에 작용하는 내부의 힘이 원인인 것 같지는 않아. 그러니까 뭔가 바깥 힘이 이 현상의 원인일 걸세. 앞에서 말한 실험들이 이게 내부 힘이 아님을 말해 주고 있고, 다른 종류의 실험을 통해서도 수긍하도록 만들 수 있네.

공기 속에서 물방울이 한 덩어리로 엉켜 있는 힘이 물의 내부에서 나온다면, 공기보다 더 무거운 다른 매질 속에 있을 때는 물이 더 잘 엉켜서 흩어지지 않겠지. 왜냐하면 더 무거운 매질 속에서는 공기 속에서와 비교해 물이 아래로 떨어지는 힘이 약해지니까.

예를 들어 포도주같이 공기보다 훨씬 무거운 유체를 생각해 보자. 물방울이 하나 있는데, 그 주위로 포도주를 부어 보자. 물방울에 내부 힘이 있다면, 포도주가 물방울을 감싸 덮을 때에도 물방울은 흩어지지 않고 물방울로 남아 있어야지. 그러나 사실은 그렇지가 않아. 포도주가 닿자마자, 물방울은 곧 흩어져 퍼지거든. 붉은 포도주의 경우 물보다 가벼우니까, 물이 아래로 퍼지지.

그러니까 물의 엉키는 힘은 외부에서 나오는 것이며, 아마 공기와 어떤 관계가 있을 걸세. 물과 공기가 서로 반발하는 것은 다음 실험을 통해서도 알 수 있네. 유리로 둥그런 공 모양을 만든 다음, 밀짚 크기의 작은 구멍을 하나 뚫어라. 여기에다 물을 가득 채운 다음, 그것을 거꾸로 들어서 구멍이 아래로 내려가게 하자. 물은 무거워서 늘 아래로 흐르고, 공기는 가벼워서 늘 물을 뚫고 위로 올라가지만, 이 경우는 예외일세. 구멍을 통해 물도 공기도 움직이지 않아. 둘 다 그냥 버티고 있지.

그러나 이 유리공을 붉은 포도주에 넣으면, 붉은 포도주는 물보다 극히 미세하게 가벼운데, 붉은색이 곧 천천히 물을 뚫고 올라가는 것을 볼 수 있네. 동시에 물도 천천히 포도주 속을 뚫고 내려가지. 시간이 충분히 흐르면, 유리공은 포도주로 꽉 차고, 물은 포도주 밑바닥에 모이지.

이런 것을 보면, 물과 공기 사이에는 서로 섞일 수 없는 어떤 것이 있어. 이게 뭔지 잘은 모르겠지만, 아마 …….

심플리치오 하하하. 반감이라는 말에 반감을 갖고 있는 모양이군. 이 경우에 적당한 말 같은데?

살비아티 좋아, 심플리치오의 견해를 존중하겠네. 이 둘은 서로 반감을 갖고 있어서 섞이지가 않는다. 또 주제에서 벗어났군. 원래 문제로 돌아가세.

물체들의 비중이 서로 다를 때, 속력이 크게 차이가 나는 경우는 매질의 저항이 큰 경우임을 알았네. 수은 속에서 금은 납보다 더 빨리 아래로 가라앉을 뿐만 아니라 사실 금은 수은 속에서 가라앉는 유일한 물질이지. 다른 모든 금속이나 돌은 표면으로 떠오르지. 반면에 공기 속에서는 금, 납, 구리, 반암, 기타 무거운 물질들은 속력의 차이가 거의 없어서, 100큐빗 높이에서 금 공이 떨어질 때 구리 공과 비교해서 한 뼘 차이가 날까 말까이지.

이런 관찰을 통해서 내가 내린 결론은 다음과 같네. 만약에 매질의 저항이 전혀 없다면, 모든 물체는 같은 속력으로 떨어진다.

심플리치오 정말 놀라운 것을 주장하는군. 설령 진공 속이라 하더라도, 양털 한 타래와 납덩어리가 같은 속력으로 떨어진다니, 도저히 믿을 수 없네. 진공 속에서 움직이는 것이 가능하다 하더라도 말일세.

살비아티 심플리치오, 서두르지 말게. 자네가 제기한 문제가 그렇게 심오한 것도 아닌데, 내가 그걸 예상하지 못했을 것 같은가? 그 문제에 대해 적당한 답이 나오지 않았다면, 내가 자네에게 이런 것을 믿으라고 그러겠나? 내 설명을 듣게. 그러면 내가 옳다는 것을 깨닫게 될 걸세.

매질의 저항이 전혀 없는 곳에서 두 물체가 움직인다고 하세. 이들의 무게가 많이 다르다고 하고, 저항이 전혀 없으니 이들의 속력은 오직 무게에 따라 결정되겠지. 이 경우에 어떻게 되는가 하는 것이 우리가 연구해야 할 문제이지. 이런 매질은 공기나 기타 방해가 되는 물질이 전혀 없어야 하네. 아주 옅은 공기조차도 없는 그런 매질이 있어야, 실험을 하고 관측을 해서 우리가 원하는 결과를 얻을 수 있어. 그러나 이런 매질은 우리가 찾을 수가 없거든.

그러니 우리는 저항이 매우 작은 매질 속에서 물체가 움직이는 것과, 빽빽하고 저항이 있는 매질 속에서 물체가 움직이는 것을 관찰한 다음, 그 둘을 비교해야 하네. 만약 비중이 제각각 다른 물체들이, 매질의 저항이 점점 줄어들수록 속력의 차이가 점점 줄어든다면, 그리고 만약 매질이 매우 옅어서 완전한 진공은 아니더라도 저항이 거의 없을 때, 다양한 종류의 물체들이 비중이 다름에도 속력의 차이가 거의 없다면, 진공 속에서는 모든 물체가 같은 속력으로 떨어진다고 믿어도 되겠지?

이것을 염두에 두고, 우선 공기 속에서 물체가 움직이는 것을 생각해 보세. 가벼운 물체의 예로서, 방광에 공기를 넣고 묶어서 팽팽하게 만든 것을 택하세. 공기 속에서 무게를 잴 때, 방광 속에 든 공기는 무게가 거의 없네. 왜냐하면 그건 약간 압축되었을 뿐이니까. 그렇다면 겉껍질의 무게뿐이니까, 이 방광과 같은 부피의 납덩어리와 비교해 보면, 무게가 1,000분의 1도 안 될 걸세.

심플리치오, 이 방광과 납덩어리를 4큐빗 또는 6큐빗 높이에서 떨어뜨리면, 납이 방광보다 얼마나 더 빨리 떨어질 것 같은가? 아리스토텔레스의 법칙에 따르면 천 배나 빨리 떨어지겠지만, 실은 그 속력이 겨우 두 세 배 될까 말까 함을 확인할 수 있네.

심플리치오 운동을 막 시작했을 때, 그러니까 처음 4큐빗 또는 6큐빗 떨어질 때는 자네 말처럼 될 수도 있지. 하지만 좀 더 오랜 시간 떨어지다 보면, 방광은 납이 움직인 거리의 6/12 정도가 아니라 8/12 또는 심지어 10/12 정도 뒤처지게 될 거라고 믿네.

살비아티 맞아, 나도 같은 생각일세. 매우 먼 거리인 경우, 납이 100마일을 움직였을 때 방광은 1마일도 못 움직였을 수도 있다고 믿어. 그러나 심플리치오, 자네는 내 이론을 반박하기 위해서 이런 말을 하지만, 사실은 이 현상이 내 이론이 옳다는 것을 증명하고 있네.

내가 다시 강조하겠는데, 물체의 비중이 다를 때 그들의 속력이 다른 것은, 비중이 달라서 그런 것이 아니고, 바깥 환경에 따라서 그런 것일세. 특히 매질의 저항 때문에 속력이 달라지지.

만약에 저항이 없다면, 모든 물체는 같은 속력으로 떨어진다. 이 결론은 방금 자네가 인정한, 분명히 참인 사실로부터 이끌어 낼 수 있네. 즉 무게가 다른 물체들의 경우, 그들의 속력은 시간이 흐르면 흐를수록 더욱 차이가 난다는 사실 말일세.

만약에 속력의 차이가 비중의 차이 때문이라면, 이런 일은 있을 수가 없네. 왜냐하면 비중의 차이는 늘 일정하니까, 두 물체가 움직인 거리의 비율도 늘 일정해야 하거든. 그런데 사실은 그렇지가 않고, 시간이 흐르면 이 비율이 점점 커지거든. 아주 무거운 물체와 아주 가벼운 물체가 1큐빗 높이에서 떨어지면, 이들이 움직인 거리의 차이는 10분의 1이 될까 말까 해. 하지만 12큐빗 정도 높이에서는 움직인 거리의 차이가 3분의 1

정도이고, 100큐빗 높이에서 떨어지면 무거운 것이 열 배의 거리를 움직일 수 있어. 이런 식으로 차이가 커지지.

심플리치오 잘 알겠네. 하지만 자네의 설명에 따르면, 물체들의 비중이 서로 다르더라도 그 비율이 일정하니까, 속력의 비율은 변화할 수 없지. 그런데 매질은 밀도가 일정한데, 어떻게 속력의 비율이 변화할 수 있는가?

살비아티 매우 날카로운 질문이군. 내가 자네의 질문에 답을 하겠네. 무거운 물체는 항상 일정하게 속력이 증가하면서, 모든 무거운 물체들의 공통 중심을 향해 움직이려는 본성이 있네. 즉 지구 중심을 향해서 움직인다. 일정한 시간 동안에 이 물체는 일정한 양의 속력과 운동량이 증가한다. 이것은 바깥의 다른 힘과 방해가 전혀 없으면 그렇다는 말일세.

그렇지만 절대 제거할 수 없는 것이 있네. 물체가 떨어지려면, 그 물체는 매질을 뚫고 매질을 옆으로 밀치며 움직여야 하지. 유체인 매질은 물체에게 밀려나지만, 이때 저항력이 작용한다. 이 저항력은 매질이 물체에게 밀려 얼마나 빨리 움직여야 하느냐에 비례한다. 그런데 물체는 점점 더 속력이 붙으니까, 매질의 저항도 점점 커진다. 그렇기 때문에 속력이 증가하는 정도가 점점 줄어들며, 결국 속력이 어느 정도가 되면, 이 저항력이 가속하려는 힘과 상쇄되어서, 물체는 더 이상 속력이 붙지 않는다. 물체는 그때부터 일정한 속력으로 움직이게 된다.

즉 매질의 저항은 점점 증가한다. 매질의 본성이 바뀌어서 그러는 것이 아니라, 가속이 되어 속력이 달라지는 물체에게 길을 비켜 주기 위해 매질이 옆으로 피해야 하는데, 이 속력이 점점 커지기 때문이다.

공기가 방광과 같이 가벼운 물체에 미치는 저항력이 얼마나 큰지, 납과 같이 무거운 물체에 미치는 저항력이 얼마나 작은지 관찰해 본 이후,

내가 내린 결론은, 매질을 완전히 없애면 방광이 얻는 이득은 아주 크고, 납이 얻는 이득은 아주 작아서, 이들은 속력이 같아진다.

진공처럼 물체의 움직임에 대한 저항이 전혀 없는 매질 속에서는 모든 물체가 같은 속력으로 떨어진다는 것을 사실로 받아들인 다음, 같은 종류의 물체나 다른 종류의 물체들이 여러 종류의 매질 속에서 제각각 다른 저항을 받으며 떨어질 때, 그 속력의 비율이 어떻게 되는지 계산할 수 있네. 이것은 매질이 물체의 무게에서 얼마만한 부분을 빼앗는지 관찰하면 알 수 있어.

무게란 물체가 떨어지면서 매질을 옆으로 밀쳐 길을 여는 수단이지. 진공에서는 이런 일을 할 필요가 없으니, 물체의 무게가 달라도 속력은 차이가 없어. 유체는 그 속에 들어 있는 물체를 같은 부피의 유체의 무게만큼 가볍게 만든다는 것을 알고 있지. 줄어드는 무게와 원래 무게의 비율을 구한 다음, 진공 속의 물체의 속력에서 그 비율만큼 빼면, 낙하 속력을 계산할 수 있네. 저항이 없는 진공 속에서는 물체들이 같은 속력으로 떨어진다고 가정하고 말일세.

예를 들어 납은 공기보다 만 배 무겁고, 흑단은 공기보다 천 배 무겁다고 가정하자. 이 두 물체는 저항이 없는 진공 속에서는 같은 속력으로 떨어진다. 하지만 공기 속에서 떨어질 때, 공기는 납의 속력에서 10,000분의 1을 빼앗고, 흑단의 경우는 속력의 1,000분의 1, 그러니까 10,000분의 10을 빼앗는다. 공기를 없애면 이렇게 늦추는 효과가 없어져서, 납이나 흑단은 같은 높이를 같은 시간에 떨어진다.

그렇지만 공기 속에서는 납은 속력의 10,000분의 1을 잃고, 흑단은 속력의 10,000분의 10을 잃는다. 바꿔 말하면, 이 두 물체가 떨어지는 거리를 10,000등분하면, 납이 땅에 닿았을 때 흑단은 10, 아니 9의 거리를 뒤져 있다. 이 둘을 200큐빗 높이의 탑에서 떨어뜨리면, 납이 흑단에 비해 겨우 4인치 정도 앞서서 떨어짐을 확인할 수 있을 걸세.

흑단은 공기보다 천 배 무겁지만, 방광은 공기보다 네 배 무겁다고 하자. 흑단의 경우는 공기 저항이 그 본래 속력의 1,000분의 1을 줄이지만, 방광의 경우는 공기 저항이 본래 속력의 4분의 1을 줄인다. 그러니까 흑단과 방광을 같이 떨어뜨리면, 흑단이 땅에 닿을 때, 방광은 그 높이의 4분의 3을 움직일 뿐이다.

납은 물보다 열두 배 무겁다. 상아는 물보다 두 배 무겁다. 이 둘은 저항이 없으면 속력이 같지만, 물속에서는 속력이 줄어든다. 납은 12분의 1이 줄어들고, 상아는 절반이 줄어든다. 따라서 납이 11큐빗 깊이로 빠질 때, 상아는 겨우 6큐빗 깊이로 내려간다. 이 법칙을 써서 계산하면, 아리스토텔레스가 제시한 방법을 써서 계산하는 것보다, 실제 관측값에 훨씬 가깝게 돼.

이 방법을 써서, 한 물체가 다른 두 유체 속에서 떨어질 때, 속력의 비율을 계산할 수 있네. 유체들의 저항을 비교하는 것이 아니고, 유체 속에서 물체의 무게가 얼마나 나가는지를 비교하는 것이지. 예를 들어 주석은 공기보다 천 배 무겁고, 물보다 열 배 무겁다. 저항이 없는 진공에서의 주석의 속력을 1,000이라 하면, 공기는 이 속력의 1,000분의 1을 줄이니 속력이 999가 될 것이고, 물은 이 속력의 10분의 1을 줄이니 900이 될 것이다.

이번에는 물보다 약간 무거운 고체를 생각하자. 떡갈나무로 공을 만들어라. 그 무게가 1,000이라 하고, 같은 부피의 물은 무게가 950이라 하고, 같은 부피의 공기는 무게가 2라고 하자. 그러면 저항이 없을 때 이 나무 공의 속력이 1,000이라 하면, 공기 속에서는 속력이 998이 될 것이고, 물속에서는 속력이 50이 될 것이다. 물이 공의 무게 1,000에서 950을 줄이니까, 겨우 50이 남는 것이다. 이런 나무 공은 무게가 물에 비해 겨우

20분의 1이 더 나가니, 공기 속에서 떨어질 때, 물속에서와 비교해서 스무 배 빨리 움직인다.

물체가 물속에서 떨어지려면, 그 비중이 물보다 더 커야 한다. 그러니까 이런 물체들은 공기보다 수백 배 무겁다. 그러니 공기 속에서의 속력과 물속에서의 속력의 비율을 계산할 때, 공기는 저항이 거의 없어서, 물체의 본래 속력이 나온다고 가정해도 별 문제가 없다. 이때 생기는 오차는 무시할 수 있다.

이제 물속에서 이들 물체의 무게를 재면, 이들의 공기 속에서의 속력과 물속에서의 속력의 비율은, 원래 무게와 물속에서의 무게의 비율과 같다고 말할 수 있다. 예를 들어 상아 공이 무게가 20온스인데, 같은 부피의 물은 무게가 17온스라고 하자. 그러면 상아 공이 공기 속에서 떨어지는 속력과 물속에서 떨어지는 속력의 비율은 20 대 3이 된다.

사그레도 이 문제들을 해결하려고 오랫동안 고심했는데, 이제 자네의 설명을 들으니 이해가 가는군. 이 이론을 실제로 적용하려면, 물과 비교해 공기의 비중이 얼마인가 계산할 필요가 있겠군. 그래야 다른 무거운 물체와의 무게 비율도 알 수 있지.

심플리치오 이 이론이 기발하고 명쾌하기는 하지만, 만약에 공기가 중력 대신에 부력을 갖고 있다면 어떻게 되는가?

살비아티 그렇다면 이 이론은 공염불이 되겠지. 하지만 공기도 무게가 있네. 아리스토텔레스도 불을 제외한 모든 물질은 무게가 있고, 공기도 무게가 있다고 말했잖아? 그 증거로, 가죽 주머니에 공기를 불어넣어 팽팽하게 하면, 홀쭉할 때에 비해 무게가 더 나감을 제시해 놓았잖아?

심플리치오 내가 생각하기에, 가죽 주머니나 방광에 공기를 넣으면 무게가 더 나가는 이유는, 공기의 무게 때문이 아니고, 우리가 사는 낮은 대기권에 있는 습기가 그 안에 들어가서 그런 것 같아. 그러니까 습기의 무게 때문인 거지.

살비아티 자네가 이렇게 말하다니 믿을 수 없군. 더군다나 아리스토텔레스에게 덮어씌우다니. 자네 말대로라면, 아리스토텔레스가 실험을 통해서 공기의 무게가 있음을 증명하려 하면서, "가죽 주머니에 공기와 무거운 습기를 가득 채우고, 무게가 얼마나 늘었는지 재어 보아라."라고 말한 격이잖아?

주머니에다 밀기울을 채워도 무게는 늘겠지. 하지만 이건 밀기울이나 습기가 무게가 있음을 증명할 뿐, 공기의 무게에 대해서는 아무 결론도 이끌어 낼 수 없지. 그러나 아리스토텔레스가 한 이 실험은 옳았고, 그 결론도 맞아.

공기의 무게에 대해 어떤 철학자(지롤라모 보리를 가리킨다. — 옮긴이)가 말한 것이 있는데, 그의 말을 글자 그대로 받아들이기는 어렵네. 자네들이 듣고 판단해 보게. 그 사람 이름은 지금 생각이 안 나는데, 그 사람의 논리는, 공기 속에서 무거운 물체가 떨어지는 것이 가벼운 물체가 위로 올라가는 것보다 쉬우니, 공기도 무게가 있다는 것이었지.

사그레도 정말 희한하군! 그 사람의 이론에 따르면, 공기가 물보다 훨씬 더 무겁군. 왜냐하면 모든 무거운 물체는 물속보다 공기 속에서 더 잘 아래로 떨어지니까. 그리고 모든 가벼운 물체는 공기 속보다 물속에서 더 잘 위로 올라가니까. 게다가 공기 속에서는 떨어지지만 물속에서는 위로 올라가는 물체들도 얼마든지 많이 있으니까.

농담은 그만두고, 심플리치오, 가죽 주머니의 무게가 더 나가게 된 것이 순수한 공기의 무게 때문인가, 또는 습기의 무게 때문인가 하는 것은 그리 중요하지가 않네. 어차피 우리 주위의 공기는 전부 습기를 머금고 있으니까. 우리의 목적은 이런 공기 속을 물체가 통과하는 것을 연구하는 것이라네.

공기는 무게가 있다고 나는 믿네. 하지만 이 문제를 완벽하게 이해하려면, 실제로 공기의 비중이 얼마인지 알아야 하겠군. 살비아티, 이것을 계산하는 방법을 알고 있으면 말해 주게.

살비아티 아리스토텔레스가 가죽 주머니를 가지고 한 실험은, 공기도 중력을 갖고 있음을 분명하게 보여 주고 있네. 그리고 어떠한 물체도 부력, 그러니까 제 스스로 떠오르는 그런 힘을 갖지 않을 걸세. 만약 공기에 그런 힘이 있다면, 공기를 많이 압축해 넣으면 위로 뜨려는 힘이 더 강해지겠지. 그러나 실험 결과는 이것과 반대이거든.

그렇다면 공기의 비중을 어떻게 잴 것인가? 나는 다음 방법으로 실험을 해 보았네. 목이 좁은 유리병에다 마개를 달아라. 이 마개는 돌려서 병 입구를 열거나 닫아서, 공기를 통하게 하거나 못 통하게 할 수 있다. 가죽 주머니에다 공기를 가득 넣은 다음, 이 유리병 마개에 연결한다. 마개를 열어서 가죽 주머니의 공기를 유리병 속에 강제로 쑤셔 넣어라. 공기는 쉽게 압축되므로, 원래 부피의 두세 배에 해당하는 공기를 유리병 속에 넣을 수 있다. 마개를 닫아서 공기가 못 새도록 한 다음, 이 유리병 무게를 천칭으로 매우 정밀하게 잰다. 고운 모래알을 써서, 천칭이 평형이 되도록 맞춰야 한다. 그다음에 마개를 열어서, 압축되었던 공기를 내보낸다. 그러고 나서 천칭으로 다시 무게를 잰다. 조금 전과 비교해서 약간 가벼워졌으니까, 모래알을 몇 개 덜어야 평형이 맞을 것이다. 이 모래알들의 무게가 바로 유리병 속에 강제로 들어갔다가 풀려난 공기의 무게이다.

이 실험을 통해서 유리병 속에 압축해 넣은 공기의 무게가 얼마인지 잴 수 있다. 하지만 공기가 물이나 다른 물체와 비교해서 비중이 얼마인지 알려면, 이때 압축해 넣은 공기의 부피가 얼마인지 알아야 한다. 이것을 재기 위해서 다음 방법을 고안해 냈네.

유리병을 하나 더 준비해라. 앞에서 실험을 한 유리병보다 더 큰 것이어야 한다. 이 유리병의 주둥이에 가죽으로 만든 관을 단단하게 끼우고, 이 가죽관을 첫째 유리병과도 연결한다. 그러면 첫째 유리병의 밸브를 열면, 첫째 유리병 속에 들어 있던 압축된 공기가 가죽관을 통해서 둘째 유리병으로 들어가게 된다. 그리고 둘째 유리병의 밑바닥에 조그마한 구멍을 뚫어 놓고, 쇠막대로 그 구멍을 막거나 열 수 있어야 한다. 이렇게 도구들을 준비하고, 앞에서처럼 첫째 유리병에 공기를 압축해 넣은 다음 그 무게를 측정하고, 둘째 유리병에는 물을 가득 담은 다음, 이들을 가죽관으로 연결한다.

이제 준비가 다 되었으면, 첫째 유리병의 밸브를 열어서, 압축되어 있던 공기가 가죽관을 통해서 둘째 유리병으로 들어가도록 한다. 둘째 유리병에 들어 있던 물은 유리병 밑바닥의 조그마한 구멍을 통해서 밖으로 나가게 된다. 이렇게 나가는 물은 따로 받아 두어야 하며, 이 물의 부피는 첫째 유리병으로부터 나온 공기의 부피와 같음이 명백하다.

압축되어 있다가 빠져나간 공기의 무게만큼 첫째 유리병은 가벼워졌는데, 앞에서 설명한 것처럼, 평형이 되도록 하기 위해서 덜어 낸 모래알의 무게가 바로 빠져나간 공기의 무게이다. 그리고 따로 받아 둔 물의 부피가 바로 빠져나간 공기의 부피와 일치한다.

받아 둔 물의 무게를 재면, 그 무게가 모래알의 무게의 몇 배인지 구할 수 있다. 그러면 물의 무게가 같은 부피의 공기의 무게의 몇 배인지, 확실하게 말할 수 있다. 이제 부피와 무게를 구했으니, 비중을 계산할 수 있다. 내가 이렇게 실험을 해서 계산해 보니, 공기의 비중은 물의 400분의 1 정도이다. 아리스토텔레스는 물이 공기보다 열 배 무겁다고 했는데, 그건 틀린 말일세.

다른 한 방법은 유리병 하나를 갖고 할 수 있고, 좀 더 신속하다. 이번에는 공기를 쑤셔 넣지 말고, 물을 강제로 쑤셔 넣어라. 원래 들어 있던 공기가 못 빠져나가도록 하면서. 그러니까 물이 들어가서 공기가 압축이 된다. 물을 가능한 한 많이 채워라. 4분의 3 정도 채우는 것은 그리 어렵지 않다.

이것을 천칭에 올려서 무게를 정확하게 재어라. 이제 마개를 열어서 공기를 내보내라. 이때 빠져나가는 공기의 부피는 유리병에 든 물의 부피와 일치한다. 그다음, 무게가 얼마나 줄었는지 재어라. 모래알을 사용해 줄어든 무게를 재는 방법은 이미 앞에서 설명했다. 그러니 유리병에 든 물과 같은 부피인 공기의 무게를 구할 수 있다.

심플리치오 이 실험 기구들이 기발하고 교묘하다는 것은 확실하군. 그러나 이것들이 우리의 지적 호기심을 충족시킬 수는 있겠지만, 한편 생각하면 이해할 수 없는 점이 있네. 어떤 물질이든 그 자신들 속에 있을 때는 뜨려는 힘도, 가라앉으려는 힘도 없음이 확실하네. 그렇다면 공기의 일부분이 어떻게 공기 속에서 무게가 나갈 수 있는가? 천칭에서 잴 때 쓴 모래알 몇 개가 어떻게 해서 공기의, 공기 속에서의 무게라고 말할 수 있는가? 내가 보기에 이 실험은 공기 속에서 하면 안 되고, 공기가 자신의 무게를 나타낼 수 있는 진공 속에서 해야 하네. 공기가 실제로 무게가 있다면 말일세.

살비아티 심플리치오가 제기한 반론도 정말 날카롭군. 이 반론에 대해 반박할 수 없거나, 아니면 그에 못지않게 날카로운 답을 제시해야 하겠지. 공기를 압축했을 때 모래알만큼 무게가 나가다가, 그 공기를 공기 속으로 내보내면, 더 이상 무게가 나가지 않는 것은 틀림없는 사실일세. 물론, 모래알은 계속 무게를 유지하지.

그러니 이 실험을 제대로 하려면, 모래알과 마찬가지로 공기도 무게를 갖는 그런 곳을 선택해야지. 이미 앞에서 말했듯이, 유체 속에 어떤 물체를 넣으면, 같은 부피의 유체의 무게만큼 가벼워지거든. 그러니 공기 속에서 공기는 무게가 전혀 없지.

그러므로 이 실험을 정확하게 하려면, 진공 속에서 해야 하네. 모든 무거운 물체가 진공 속에서는 그 무게가 조금도 감소하지 않고 전부 드러내거든. 그러니 심플리치오, 우리가 공기의 일부분을 진공 속에서 무게를 재면, 그에 만족하고 사실임을 받아들이겠나?

심플리치오 그럼. 하지만 이건 불가능한 일을 바라는 것이지.

살비아티 내가 불가능한 일을 하면, 자넨 내게 큰 빚을 지는 것이네. 자네에게 이미 선물한 것을 새삼스레 돈을 받고 팔 수는 없겠지만. 즉 난 이미 이 일을 해냈네. 앞에서 말한 실험은, 공기를 진공 속에서 무게를 잰 것이지, 공기나 또는 다른 어떤 매질 속에서 무게를 잰 것이 아닐세.

유체 속에 어떤 물체를 넣으면, 그 부피와 같은 유체의 무게만큼 무게가 줄어드는 이유는, 유체가 갈라져서 옆으로 밀쳐져, 결국 위로 올라가야 하는 것에 대해 저항이 있기 때문이다. 그 증거는 물체를 치워 보면 알 수 있다. 그러면 유체는 즉시 그 자리로 밀고 들어가서, 고체가 차지했던 공간을 채우게 된다. 고체를 넣었을 때 유체가 아무런 영향도 받지 않는다면, 유체도 고체에 힘을 가하지 않는다.

유리병 속에 원래부터 공기가 들어 있는데, 거기에다 펌프를 써서 강제로 공기를 압축해 넣으면, 그게 주위에 있는 공기에 어떤 영향을 끼치는가? 원래와 비교해서, 주위 공기들이 갈라지거나 뭔가 달라지는 점이 있는가? 유리병이 팽창해서 주위 공기가 그 공간을 만들기 위해 약간 옆으로 밀리는가? 절대 그렇지 않다. 압축해 넣은 여분의 공기는 주위 둘러싼 매질의 공간을 조금도 빼앗지 않으니까, 이건 주위의 매질 속에 잠긴 것이 아니다. 그러므로 여분의 공기는 공간을 차지하지 않고, 마치 진공 속에 놓인 것과 같다. 그렇다, 실제로 진공 속에 있다. 원래 압축하지 않은 공기는 사이사이에 진공이 있는데, 거기로 압축한 공기 입자들이 들어가니까.

어떤 두 가지 상황이 있는데, 두 상황 모두 어떤 존재가 그 주위에다 아무런 압력도 가하지 않고, 또 주위에서 그 존재에게 아무런 압력도 가하지 않는다면, 그 두 상황은 아무런 차이점이 없다고 봐야 한다. 물체가 진공 속에 놓여 있는 상황과, 병 속에 공기가 압축되어 들어간 상황이 바로 그러하다. 그러므로 이렇게 압축된 공기를 잰 무게는, 이 공기를 진공 속에 풀어 놓았을 때의 무게와 같다.

엄밀하게 따지면, 무게를 잴 때 쓴 모래는 진공 속에서 재면 무게가 더 나간다. 그러니까 공기의 질량은 그 무게를 잴 때 사용한 모래에 비해 약간 더 무겁다. 그 차이는, 모래와 같은 부피인 공기의 질량만큼이다.

사그레도 정말 날카로운 논리 전개일세. 아주 어려운 문제를 해결했군. 어떤 물체가 진공 속에서 무게가 얼마인지 알려면, 공기 속에서 무게를 잰 다음 간단하게 계산을 하면 되겠군. 무거운 물체가 공기 속에 있을 때, 그 물체는 자신과 같은 부피의 공기의 무게만큼 가벼워지거든. 그러니까 어떤 물체에다 그만한 양의 공기를 더하면서 부피가 늘지 않도록 할 수 있으면, 그렇게 한 다음 무게를 재면, 진공 속에서의 원래 물체의 무게를 구할 수 있겠군. 이렇게 하면, 부피가 늘지 않으면서, 자신이 공기 속에 있기 때문에 잃은 질량을 더하는 것이니까.

공기로 가득 찬 유리병 속에 물을 강제로 쑤셔 넣으면서, 공기가 못 빠져나가도록 만들면, 공기는 압축되어 좁은 공간으로 모여서, 물이 들어올 자리를 만들어 주게 된다. 이렇게 압축된 공기의 부피는 물의 부피와 같다. 이 상태로 유리병의 무게를 재면, 물과 같은 부피의 공기 무게만큼 무게가 더 나간다.

전체의 무게를 잰 다음, 마개를 열어 압축된 공기가 빠져나가게 해라. 그다음에 무게를 재어라. 그 차이는 바로 압축되었던 공기의 무게이고, 그 공기의 부피는 물의 부피와 같다. 이제 물의 무게를 알아낸 다음, 거기에 압축되었던 공기의 무게를 더해라. 그러면 진공에서의 물의 무게를 구할 수 있다. 물의 무게를 재기 위해서는, 물을 비우고 빈 유리병의 무게를 잰다. 이것을 앞에서 잰 무게에서 빼면, 물의 무게가 나온다.

심플리치오 실험들만으로는 뭔가 부족하게 느껴졌는데, 이제는 나도 완전히 만족하네.

살비아티 물체들의 무게가 크게 차이가 나더라도, 그것은 떨어지는 속력에 아무런 영향도 끼치지 않는다. 그러니까 무게만 고려한다면, 모든 물체는 같은 속력으로 떨어진다. 이 개념은 너무나 새롭고, 언뜻 보면 사실과 멀어 보여서, 내가 이것을 햇빛처럼 명백하게 밝히는 방법이 없었다면, 아예 이야기를 꺼내지도 않았을 걸세. 하지만 이미 입을 열었으니, 이 이론을 증명할 어떠한 실험이나 논리도 무시하지 말아야겠지.

사그레도 이 법칙 이외에도, 자네가 주장하는 많은 것들이 대부분의 사람들이 받아들이는 기존의 교육이나 신조와 크게 차이가 나. 만약에 자네의 생각을 책으로 써서 내면, 많은 사람들이 자네의 적이 될 것 같아.

사람의 본성이란, 어떤 분야에서 자기 이외의 다른 사람이 연구를 통해 참 또는 거짓임을 밝혀냈는데, 자기들은 그것을 알아내는 데 실패했었다면, 그 발견자를 미워하게 마련이지. 이런 사람을 교리의 창시자라 부르지. 이런 불유쾌한 이름을 붙이고는, 풀 수 없는 매듭을 끊어 버리려고 칼을 갈거든. 그리고는 남이 공들여 벽돌 하나하나를 쌓아 만든 건물을 부수려고 지하에 폭탄을 설치하거든.

그러나 우리는 그런 불순한 의도가 추호도 없네. 자네가 제시한 실험과 논리 전개는 아주 만족스러워. 하지만 이와 직접 관련이 있는 실험이나 더욱 납득이 가게 만드는 논리가 있으면 말해 보게. 기꺼이 듣겠네.

살비아티 무게가 크게 다른 두 물체가 어떤 높이에서 떨어질 때, 그들의 속력이 같은지 여부를 확인하는 실험은 몇 가지 어려운 점이 있네. 물체는 공기를 옆으로 밀치며 뚫고 내려가야 하는데, 이때 저항이 있거든. 무거운 물체는 운동량이 크지만, 가벼운 물체는 운동량이 작기 때문에, 상대적으로 공기의 저항이 더 커. 그러니 아주 높은 곳에서 떨어뜨리면, 가벼운 물체는 뒤로 처져 버려. 그렇지만 낮은 곳에서 떨어뜨리는 실험으로는, 차이가 실제로 없는 것인지, 아니면 아주 작은 차이여서 측정할 수 없는 것인지 여부를 판단하기 어려워.

궁리 끝에, 나는 다음 방법을 고안했네. 물체들이 낮은 높이에서 떨어지는 것을 수십 번 되풀이해서, 물체들이 출발점에서 도착점에 이르는 시간들을 다 더한다. 그래서 무거운 물체와 가벼운 물체가 떨어지는 데 걸리는 시간이 약간 다르다면, 그 약간의 시간 차이가 수십 번 더해지도록. 그러면 그 차이를 쉽게 잴 수 있다.

그리고 물체들의 속력은 가능한 한 느려야 한다. 그래야만 그들의 낙하 운동이 무게로 인한 영향만을 받고, 공기의 저항에 따른 영향을 덜 받게 된다. 그렇게 하려면, 물체가 수평면에서 살짝 기울어진 면을 따라 떨어지게 하면 된다. 이렇게 기운 평면을 따라 떨어질 때에도, 수직으로 떨어질 때와 마찬가지로, 무게에 따라서 물체들이 어떻게 움직이는지 관찰할 수 있다. 그리고 움직이는 물체들이 이 평면과 접촉할 때 마찰이 생길 텐데, 그것은 고려하지 않으려 한다.

나는 납으로 된 공과 코르크로 된 공을 골랐다. 납 공은 코르크 공보다 백 배 이상 무거웠다. 이 둘을 4~5큐빗 정도 되는, 같은 길이의 매우 가는 실에 묶어 매달았다. 두 공을 약간 잡아당긴 다음, 동시에 놓아서 움직이게 했다. 공을 묶은 줄을 반지름으로 해서, 공은 원둘레 곡선을 그리며, 같은 길을 따라 그네처럼 왔다 갔다 움직였다. 이들은 저절로 진동을 수백 번 되풀이했는데, 무거운 공과 가벼운 공이 주기가 거의 같았다. 백 번 아니라 천 번 왔다 갔다 해도, 무거운 공이 가벼운 공보다 채 한 번 더 왕복하지 않았을 정도였다. 둘은 똑같이 발을 맞춰 움직였다.

그리고 공기가 공의 움직임을 방해해서, 왔다 갔다 하는 거리를 줄이는 것을 볼 수 있었는데, 가벼운 코르크 공이 납 공보다 더 크게 영향을 받았다. 하지만 주기는 바뀌지 않았다. 실제로 코르크 공이 5도, 6도 정도 왔다 갔다 할 때, 납 공이 50도, 60도를 왔다 갔다 하더라도, 걸리는 시간은 똑같았다.

심플리치오 만약 그렇다면, 납 공이 코르크 공보다 훨씬 빨리 움직이는군. 코르크 공이 6도 움직이는 동안, 납 공은 60도를 움직이니까.

살비아티 심플리치오, 하지만 반대로 코르크 공을 30도 당겼다가 놓고, 납 공을 2도 당겼다가 놓으면, 코르크 공은 60도 움직이고, 납 공은 4도 움직이는데, 시간이 똑같이 걸리거든. 이건 뭐라고 말해야 하겠나? 코르크 공이 더 빠르지 않나? 이건 실험으로 확인할 수 있네.

자세히 관측해 보면, 다음을 알 수 있다. 납 공을 50도 정도 당겼다가 놓으면, 그게 아래로 내려갔다 반대쪽으로 거의 50도 올라간다. 그러니까 거의 100도 원둘레를 그리며 움직인다. 다시 돌아올 때는 높이가 약간 낮아진다. 계속 왕복할 때마다 폭이 조금씩 줄어서, 수천 번 왕복한 다음 드디어 멈추게 된다. 그런데 매번 왕복하는 것이 60도, 50도, 20도, 10도 또는 4도로 다르더라도, 걸리는 시간은 똑같다. 그러니까 갈수록 속력이 점점 느려진다. 같은 시간 동안에 짧은 거리를 움직이니까.

코르크 공을 같은 길이의 줄에 매달아 흔들 때에도 같은 일이 벌어진다. 단지 이 경우는 코르크 공이 가볍기 때문에, 공기의 저항을 극복하기가 어려워서, 공이 더 빨리 멎게 된다. 그렇지만 공이 진동할 때 그 주기는 진폭이 크든, 작든, 늘 같다. 납 공이 50도 왕복할 때 코르크 공이 10도 왕복하면, 납 공이 코르크 공보다 빠른 것이 사실이다. 하지만 반대로 코르크 공이 50도 왕복하는 동안 납 공이 10도 왕복할 수도 있다. 이때는 코르크 공이 납 공보다 빨리 움직인다. 하지만 이 둘이 같은 각도로 진동할 때는 걸리는 시간이 같으니, 둘의 속력도 똑같다.

심플리치오 이 결론이 맞는지 여부는 판단하기가 어렵군. 두 추가 빨리 움직이다, 느리게 움직이다, 매우 느리게 움직이다 하니, 이것들이 속력이 같다는 말을 어떻게 할 수 있는가?

사그레도 살비아티, 이건 내가 대신 설명하겠네. 심플리치오, 만약에 납 공과 코르크 공이 정지해 있다가 동시에 움직이기 시작해서, 같은 길을 따라 같은 거리를 같은 시간에 내려가면, 그럼 이 둘의 속력이 같다고 말할 수 있는가?

심플리치오 그럼. 그건 너무 명백해서, 달리 말이 필요 없네.

사그레도 그런데 진자의 경우는 60도 움직이다가 50도, 30도, 10도, 8도, 4도, 2도, 이런 식으로 움직이는 폭이 줄어들지. 두 진자가 60도 움직일 때, 둘은 같은 시간이 걸려. 50도 움직일 때에도 마찬가지이고. 30도, 10도 또는 어떠한 각도로 그들이 진동하든 같은 시간이 걸려. 그러니 납 공이 60도로 진동할 때 그 속력은, 코르크 공이 60도로 진동할 때의 속력과 같아. 납 공이 50도로 진동할 때 그 속력은, 코르크 공이 50도로 진동할 때의 속력과 같아. 진동하는 폭이 어떤 각이든 늘 마찬가지이지.

그러나 이건 60도로 진동할 때의 속력이 50도로 진동할 때의 속력과 같다는 말이 아닐세. 마찬가지로 50도로 진동할 때의 속력은 30도로 진동할 때의 속력과 달라. 폭이 작아질수록 속력도 점점 줄어들어. 잘 관찰해 보면, 한 진자는 60도로 크게 진동하든 또는 30도, 10도로 작게 진동하든, 같은 시간이 걸림을 알 수 있네. 폭이 어떻든 늘 같은 시간에 왕복을 하지. 그러니까 납 공이나 코르크 공은 진폭이 줄어들 때 속력이 줄어들어. 하지만 이건 그들이 같은 길을 따라 움직일 때 속력이 같다는 사실과 어긋나는 것이 아닐세.

내가 이렇게 나서서 설명을 한 이유는, 내가 살비아티보다 더 잘 설명할 수 있어서가 아니라, 살비아티가 한 이야기를 내가 정확하게 이해하고 있나 확인하기 위해서일세. 살비아티의 설명은 늘 명쾌하고 알기가 쉬워. 어떤 문제들은 어려울 뿐만 아니라 언뜻 보면 진실과 거리가 있는 것 같거든. 하지만 살비아티는 관찰과 실험, 그리고 논리적인 생각으로 문제를 해결해 나가거든. 더구나 살비아티의 관찰과 실험은 누구나 쉽게 대하는 흔한 일들이지.

소문에 듣자니, 어떤 저명한 교수는 살비아티의 발견을 값어치가 없다고 평가했다는군. 그것들이 너무 흔하고 통속적인 일들에 바탕을 두고 있기 때문이라고. 마치 누구나 다 알고 받아들이는 사실로부터 어떤 결론이 나오면, 그건 실험 과학으로서 찬양하고 존경할 만한 값어치가 없다는 듯이.

그건 그렇고, 이 가벼운 성찬을 계속 만끽해 보세. 물체가 떨어질 때, 그들의 무게의 차이는 그들의 속력의 차이와 아무런 관계가 없고, 만약 모든 물체가 외부의 저항이 없이 무게의 영향만 받는다면, 모두 같은 속력으로 떨어진다는 사실을 심플리치오도 이해하고 수긍하는 것 같군. 그렇다면 실제로 속력의 차이가 나는 경우는 왜 그런가? 심플리치오가 제기한 반론에 대해 대답해 주게. 대포알은 새총 알보다 훨씬 빨리 떨어질 거라는 심플리치오의 의견에 나도 동의하네.

그리고 내가 생각하기에, 같은 물질로 만든 입자들이 같은 매질 속에서 움직이면, 그 떨어지는 속력이 거의 차이가 없을 것 같아. 그런데 실제로는 큰 물체가 맥박이 한 번 뛰는 동안에 떨어지는 거리를, 작은 물체는 1시간, 2시간, 20시간이 걸려도 못 지나는 경우가 있거든. 돌과 고운 모래를 비교해 보게. 흙탕물을 만드는 매우 고운 흙은 몇 시간이 걸려도 한 길 높이를 내려가지 못해. 돌은 그 거리를 맥박이 한 번 뛰는 동안에 떨어지지.

살비아티 물체가 비중이 작은 경우, 유체가 그 물체의 무게를 상대적으로 많이 줄도록 만들기 때문에, 속력이 많이 줄어든다는 것은 이미 설명했네. 하지만 같은 물질로, 같은 생김새로, 단지 크기만 다르도록 두 물체를 만들었을 때, 한 매질이 두 물체의 속력을 다르게 만드는 까닭을 설명하려면, 뭔가 남달리 생각할 필요가 있네. 이건 물체의 모양이 넓어지거나 또는 매질이 반대 방향으로 움직일 때, 물체의 속력을 늦추는 정도가 더 커지는 것을 설명하는 것보다 더 어려워.

거의 모든 고체의 겉부분은 거칠거나 또는 구멍이 있는데, 내 생각에 이런 형태가 이 문제와 관련이 있네. 고체가 움직이면, 이런 거친 부분이 공기나 또는 다른 주위 매질을 건드리게 되거든. 아주 둥글고 매끄러운 물체라도 공기 속을 빠른 속력으로 날아가면 휙 하는 소리를 내지. 물체가 약간이라도 우둘투둘하면, 휙 하는 소리뿐만 아니라 웅, 씽 하는 소리를 내며 날거든. 둥근 고체를 선반에 묶어 돌릴 때에도 약간의 바람이 일거든. 이와 비슷한 일은 많이 있지.

팽이가 아주 빠르게 돌 때 씽씽 소리가 나거든. 팽이가 도는 힘이 떨어지면, 이런 소리도 낮아지지. 그걸 보면, 팽이 표면의 거친 것이 공기의 저항을 받음을 알 수 있어. 그러니까 물체가 떨어질 때, 표면의 우둘투둘한 것들이 주위 매질과 부딪혀 속력이 떨어짐은 의심할 여지가 없네. 겉넓이가 더 커지면 그에 비례해 저항도 커지지. 그러니까 작은 물체가 큰 물체보다 상대적으로 저항을 많이 받아.

심플리치오 잠깐만. 뭔가 좀 이상한데. 매질이 물체의 표면에 마찰을 일으켜 그 속력을 늦춤은 나도 알고 있네. 다른 조건이 모두 같다면, 겉넓이가 큰 쪽이 더 느려지겠지. 그런데 작은 물체가 큰 물체보다 겉넓이가 넓다니, 이게 무슨 말인가? 큰 물체가 겉넓이도 넓어서 속력이 더 느려져야 할 텐데, 이건 사실과 달라. 물론, 큰 물체는 겉넓이도 넓지만 그만큼 무게도 더 나가니까, 그 비율이 작은 무게의 물체가 작은 겉넓이 때문에 작은 저항을 받는 것과 같아서, 큰 물체의 속력이 작은 물체의 속력에 비해 줄어들지 않는다고 말할 수는 있겠지. 그러니까 떨어지는 무게가 표면의 늦추는 힘과 같은 비율로 바뀌면, 속도가 달라질 이유는 없네.

살비아티 자네의 모든 반론에 대해서 한꺼번에 답해 주겠네. 만약에 똑같은 물질로 똑같은 크기, 똑같은 생김새의 두 물체를 만들면, 이 둘은 같은 속력으로 떨어지겠지? 한 물체를 크기를 줄이되, 생김새는 바꾸지 않고, 무게, 넓이가 같은 비율로 줄도록 하면, 떨어지는 속력이 바뀌지 않겠지?

심플리치오 이건 자네의 이론으로부터 나오게 마련이지. 물체의 무게가 무겁거나 가볍다고 해서 더 빠르거나 더 느리지 않다는 이론 말일세.

살비아티 이 이론에는 우리 둘 다 동의를 했네. 그렇다면 물체의 무게가 넓이보다 더 큰 비율로 줄어들면, 속력이 떨어지는 정도가 더 크겠지? 다시 말해, 무게가 줄어드는 정도가 넓이가 줄어드는 정도에 비해 크면 클수록, 속력도 더욱 느려지겠지?

심플리치오 그럼, 그건 확실하네.

살비아티 그런데 심플리치오, 어떤 물체를 생김새가 같도록 하면서 넓이와 무게를 같은 비율로 줄이는 것이 불가능함을 알고 있나? 고체의 크기를 줄이는 경우, 무게는 부피에 비례해서 줄어드는 것이 확실하지. 생김새가 바뀌지 않을 경우, 부피는 넓이보다 더 빨리 줄어드니까, 무게는 넓이보다 더 빨리 줄어들어. 기하학을 배웠으면 알겠지만, 생김새가 같을 때, 큰 물체와 작은 물체의 부피 비율은 넓이 비율보다 더 커. 자네가 쉽게 이해하도록, 예를 들어서 설명하지.

어떤 정육면체가 변의 길이가 2라고 하자. 그러면 한 면은 넓이가 4이고, 면이 6개니까 전체 넓이는 24가 된다. 이 정육면체를 가로, 세로, 높이, 세 방향으로 한 가운데를 잘라서, 8개의 작은 정육면체를 만들어라. 이 작은 정육면체는 변의 길이가 1이니, 한 면의 넓이가 1, 전체 넓이는 6이 된다. 큰 정육면체는 넓이가 24였다. 그러니까 작은 것은 넓이가 4분의 1이 된다. 하지만 부피의 비율은 8분의 1이다. 무게는 부피에 비례하니까, 넓이보다 더 빠르게 줄어든다. 작은 정육면체를 다시 8개의 더욱 작은 정육면체로 쪼개면, 한 정육면체의 넓이는 1.5가 되니까, 원래 정육면체의 16분의 1이다. 하지만 부피는 원래 정육면체의 64분의 1이 된다.

이것을 보면, 두 번 쪼갰을 때 부피는 넓이보다 네 배 줄어든다. 이렇게 쪼개는 과정을 되풀이해서, 고체가 고운 가루가 되도록 하면, 이 조그마한 입자는 부피가 넓이에 비해 수백 배, 수천 배 줄어든다. 여기서는 정육면체를 예로 들었지만, 생김새가 같다면 어떤 꼴이라도 마찬가지이다. 그러니까 부피는 넓이의 1.5제곱에 비례한다.

저항력은 물체가 움직일 때 그 표면과 매질의 마찰에서 생기니까, 작은 물체가 큰 물체보다 더 큰 저항을 받는 셈이지. 그리고 고운 가루가 된 경우, 그 표면이 들쭉날쭉한 정도가 큰 물체의 표면을 매끄럽게 갈았을 때와 비교해서 더 매끄러울 리는 없을 테니까, 매질이 매우 유동적이어서 작은 힘으로 밀치더라도 거의 저항이 없이 옆으로 밀린다면 몰라도, 그렇지 않으면 크게 달라. 심플리치오, 내가 조금 전에 작은 물체가 큰 물체보다 상대적으로 저항을 많이 받는다고 한 말이 옳았지?

심플리치오 이제 완전히 이해가 되네. 나는 앞으로 공부를 할 때, 플라톤의 말마따나 먼저 수학을 공부해야겠군. 수학은 매우 치밀하고 빈틈이 없는 학문이어서, 뭐든 엄밀하게 증명을 하기 전에는 받아들이지 않지.

사그레도 이 토론은 정말 즐거웠어. 그런데 다음 주제로 넘어가기 전에, 자네가 한 그 말을 설명해 주게. 나는 그런 용어는 처음 들었네. 그러니까 생김새가 같은 고체는 부피가 넓이의 1.5제곱에 비례한다는 말. 나는 생김새가 같은 고체들의 넓이는 길이의 제곱에 비례하고, 부피는 길이의 세제곱에 비례한다는 것은 알고 있지만, 부피와 넓이 사이의 비례 이야기는 처음 듣는군.

살비아티 자네가 질문을 제기하고는 자네 스스로 답을 하고 있군. 어떤 양이 무엇의 세제곱에 비례하고, 다른 어떤 양이 무엇의 제곱에 비례한다. 그러면 세제곱은 제곱의 1.5제곱이잖아? 그렇지? 넓이가 길이의 제곱에 비례하고, 부피는 길이의 세제곱에 비례하니, 부피는 넓이의 1.5제곱에 비례한다.

사그레도 그런 뜻이었군. 지금 우리가 토론하고 있는 것에 대해서 몇 가지 세세한 질문을 할 게 있지만, 이런 식으로 계속 이야기가 가지를 치다가는 우리의 원래 주제로 돌아가기가 어렵겠군. 고체가 외부의 압력에 대해 부서지지 않고 버티는 힘의 근원에 대해 이야기하고 있었지? 우리가 맨 처음에 이야기하려 했던 이 주제로 돌아가세.

살비아티 알겠네. 하지만 지금까지 온갖 종류의 문제들을 다루느라 시간이 너무 많이 걸렸네. 오늘은 우리의 주제에 대해 이야기하기에 시간이 너무 부족하군. 그 이야기를 하려면 여러 종류의 기하학을 써야 하고,

조심스레 검토해야 하는 것이 많아. 그러니 그건 내일 이야기하도록 하세. 오늘은 시간도 없고, 내가 공책에 정리해 놓은 것이 있는데, 그것을 갖고 와야 하네. 그 공책에 여러 종류의 정리와 법칙들을 차근차근 써 놓았거든. 이 문제는 다뤄야 할 것들이 많아서, 기억만으로는 순서에 맞춰 설명하기가 힘들어.

사그레도 그렇게 하도록 하세. 그럼 오늘 남은 시간에는 우리가 지금까지 다룬 것들 중에서 내가 아직도 궁금하게 여기는 것들에 대해 설명해 주게. 우선 한 가지 문제는, 어떤 물체가 매우 무거운 물질로 되어 있고, 매우 크고, 공 모양으로 생겼더라도, 매질의 저항이 그 가속을 멈추게 할 만큼 강한가? 공 모양이라고 한 이유는, 같은 부피일 때 겉넓이가 가장 작은 것이 공 모양이니까, 저항이 가장 작으라고 그런 거네.

또 다른 문제는 진자의 왕복 운동에 대한 것일세. 이건 여러 관점에서 볼 수 있네. 한 진자가 진동을 할 때 크게 진동하든 작게 진동하든, 그 주기가 정확하게 같은가? 다른 한 문제는, 진자들의 길이가 다를 때, 그 진동 주기의 비율은 어떻게 되는가?

살비아티 매우 흥미로운 문제들일세. 그러나 이 문제들도 다른 것들과 마찬가지로, 우리가 제대로 토론을 하려면, 이와 관련된 많은 사실들이 꼬리에 꼬리를 물고 따라 나올 걸세. 오늘 다 다루기에는 시간이 부족할 것 같아.

사그레도 지금까지 토론한 것들만큼 재미있는 것들이 계속 쏟아지면, 나는 오늘, 내일 뿐만 아니라 몇 날 며칠이든, 낮이든 밤이든, 기꺼이 시간을 내겠네. 심플리치오도 싫증 내지 않을 거야.

심플리치오 그럼. 더구나 이런 문제들은 자연과학에 관한 것이고, 다른 어떠한 철학자들도 책을 써서 다룬 적이 없는 것들이니까.

살비아티 그래, 그럼 첫째 질문에 대해서 답을 하지. 내가 주저 없이 단언하건대, 아무리 크고 밀도가 높고 무거운 물체라 하더라도, 비록 매질이 엷어서 그 저항이 약하더라도, 차차 가속이 줄어들다가, 결국에는 일정한 속력으로 떨어진다. 이것은 실험을 통해 확인할 수 있네. 만약에 물체가 떨어지면서 얼마든지 큰 속력을 낼 수 있다면, 외부의 저항이 있다 하더라도, 일단 그 속력을 얻은 다음에 그보다 오히려 느려질 리는 절대 없지.

예를 들어 대포알을 4큐빗 높이에서 떨어뜨리면, 그 속력이 10이 된다고 하세. 이게 물속에 떨어졌을 때, 만약에 물의 저항이 대포알의 운동량을 줄일 수 없다면, 대포알은 더 빨라지거나 또는 그 속력으로 아래로 가라앉겠지. 그러나 이건 실제와 다르거든. 물이 얕아도, 이 움직임을 방해하고 속력을 줄여서, 대포알은 바닥에 닿을 때 살며시 내려앉게 돼.

물이 얕은 경우에도 이 속력을 빼앗을 수 있으니, 물이 수천 길 깊이이더라도, 대포알이 물속으로 가라앉으며 그 속력을 얻을 수는 없네. 한 길 내려가면 잃는 것을, 천 길 내려가며 얻을 수 있겠는가?

그 이외에도 많이 볼 수 있잖아? 대포알을 쏘았을 때 엄청난 운동량을 갖고 있지만, 이게 물에 빠지면 순식간에 운동량을 잃어서, 불과 몇 큐빗 지나면, 배를 부수는 것은 고사하고 겨우 건드리는 정도잖아? 공기는 저항이 매우 작은 유체이지만, 그래도 떨어지는 물체의 속력을 상당히 줄이지. 이것도 실험을 해서 확인할 수 있네.

매우 높은 탑에서 아래로 총을 쏘면, 총알이 땅에 닿았을 때 그 충격은, 4큐빗 또는 6큐빗 위에서 땅으로 총을 쏘았을 때와 비교해서 훨씬 약해. 그러니까 높은 곳에서 총을 쏘았을 때, 그 총알의 운동량은 총을 떠나서 땅에 닿을 때까지 계속 줄어들어. 그러니 아무리 높은 곳에서 떨어뜨려도, 그 총알이 공기의 저항 때문에 잃어버린 원래의 운동량을 되찾을 수는 없네. 처음에 그 운동량을 어떻게 얻었든 상관이 없어. 이 원리로 생각하면, 20큐빗 떨어진 곳에서 벽을 향해 대포를 쏘았을 때의 그 파괴력은, 포탄을 아무리 높은 곳에서 떨어뜨려도 얻을 수 없네.

이런 것들을 보면, 정지해 있다가 떨어지는 어떠한 물체든 저항 때문에 점점 가속도가 줄어들다가, 결국에는 어떤 일정한 속력이 되어서, 그 속력을 유지하며 떨어진다고 나는 믿네.

사그레도 이 실험들은 아주 적절해 보이는군. 하지만 여전히 반대하는 사람들은, 굉장히 크거나 또는 엄청나게 무거운 물체는 알 수 없다고 주장할 것 같아. 또는 포탄을 달이나 성층권에서 떨어지도록 하면, 대포에서 쏜 것보다 더 큰 운동량을 얻게 될지도 모른다고 주장할 걸세.

살비아티 반론도 만만치 않을 것이고, 어떤 것들은 실험을 해서 밝힐 수도 없지. 하지만 이 경우에 다음의 보기를 염두에 두어야 하네. 매우 무거운 물체가 높은 곳에서 떨어져 땅에 닿을 때, 그 물체의 운동량은 그 물체를 원래 높이로 도로 올릴 수 있을 만큼이지. 이것은 무거운 진자가 움직이는 것을 보면 알 수 있네. 정지 상태에서 당겼다가 놓으면, 이게 움직여 아래로 내려갔을 때, 원래와 같은 높이로 올라갈 수 있을 만큼의 힘과 속력을 얻게 되거든. 물론 공기 저항 때문에 약간의 차이는 있지.

대포를 쏘았을 때 화약이 대포알에 주는 힘이 있는데, 그만큼의 힘을 대포알이 중력을 통해 얻으려면 얼마 높이에서 떨어져야 하는지 알려면, 대포를 똑바로 위로 쏘면 되네. 그때 대포알이 다시 땅에 떨어질 때의 그 힘이, 가까운 거리에서 대포를 쏘았을 때의 힘과 같은가 비교해 보게. 아마 훨씬 약할 걸세. 그러니까 공기의 저항 때문에, 대포알을 아무리 높은 곳에서 떨어뜨려도, 대포로 쏠 때의 그 속력을 얻을 수가 없네.

이제 그다음 문제에 대해서 생각해 보세. 어떤 사람들은 진자의 운동은 너무 무미건조해서 연구할 것이 없다고 말하더군. 철학자들은 자연의 심오한 이론들을 연구하느라 너무 바빠서, 이런 문제는 거들떠보지도 않지. 하지만 나는 이 문제가 시시하다고 생각하지 않네. 아리스토텔레스는 조금이라도 연구할 값어치가 있다고 생각한 것은 빼놓지 않고 다루었는데, 그런 점에서 나는 그를 존경하네.

자네 질문에 영향을 받아서, 내가 음악에 관련한 이야기를 하나 하고 싶군. 음악은 아주 멋진 분야이고, 많은 저명한 사람들이 음악에 대해 글을 썼지. 아리스토텔레스 본인도 음악과 관련이 있는 많은 문제들을 책에서 다루어 놓았어. 나도 그처럼, 몇 가지 쉽고 실제적인 실험을 바탕으로, 소리에 관한 여러 놀라운 현상들을 설명하겠네. 자네도 내 설명을 맘에 들어 할 걸세.

사그레도 기꺼이, 즐겁게 설명을 듣겠네. 나는 온갖 종류의 악기 소리들을 좋아하고, 음의 조화에 대해 많이 생각을 했지만, 왜 어떤 종류의 음들은 어울렸을 때 듣기가 좋고, 다른 어떤 종류의 음들은 어울렸을 때 오히려 귀에 거슬리는지, 이해를 못 하고 있네. 그리고 두 현이 서로 공조하는 것도 이해하기가 어려워. 둘을 이웃하게 한 다음에 하나를 튕기면, 다른 하나도 떨기 시작해서 소리를 내거든. 조화를 이루는 음들 사이의 비율이나 기타 궁금한 것이 많이 있네.

살비아티 진자를 연구하다 보면, 이런 문제들에 대한 해답도 나오게 돼.

먼저 진자가 진동할 때 폭이 크든 작든, 주기가 변함없이 똑같은가 하는 문제에 대해, 우리의 절친한 동료 학자에게서 들은 것을 말하겠네.

원을 하나 그려라. 원에서 맨 밑에 있는 점을 잡아라. 그러고 나서 원에서 다른 어떠한 임의의 점을 잡은 다음, 둘을 연결해서 선분을 만들어라. 이런 선분을 무수히 많이 생각할 수 있지? 물체가 이 선분을 따라 내려올 때 걸리는 시간이 모두 똑같음을, 우리의 동료 학자가 증명했네. 이 선분에 대한 원호의 각이 180도든(이 경우에는 물체가 위에서 똑바로 아래로 떨어지지) 또는 100도, 60도, 10도, 2도 등등 기타 어떤 각이든 말일세. 물론, 이 때 모든 선분은 끝점이 원의 맨 밑 점이지.

선분을 따라 내려오는 대신에 원둘레 곡선을 따라 내려오는 경우를 생각하자. 이것이 실제 진자가 움직이는 형태이다. 이 경우 실험을 해서, 이것의 각이 90도를 넘지 않으면, 이들이 모두 같은 시간 동안 움직임을 알 수 있네. 이 경우와 직선으로 움직이는 경우를 비교해 보면, 직선으로 움직일 때 시간이 더 많이 걸린다. 이건 우리가 언뜻 생각하는 것과 반대여서 놀라워. 이 두 운동은 시작점과 끝점이 같고, 직선은 두 점을 연결하는 가장 짧은 길이니까, 직선을 따라 움직이는 것이 시간이 가장 적게 걸릴 것으로 생각하기가 쉬워. 그러나 사실은 달라. 원둘레 곡선을 따라 움직이면, 직선으로 가는 것보다 더 빨리 갈 수 있어.

줄의 길이가 다를 때, 진동하는 데 걸리는 시간을 비교해 보면, 진동 주기는 줄 길이의 제곱근에 비례한다. 또는 길이가 주기의 제곱에 비례한다고 말해도 된다. 그러니 진자의 주기를 두 배로 만들려면, 줄의 길이를 네 배로 만들어야 한다. 같은 방법으로 생각하면, 어떤 진자가 다른 진자에 비해 줄이 아홉 배 길면, 긴 것이 한 번 왕복하는 동안, 짧은 것은 세 번 왕복한다. 그러니까 같은 시간 동안 진동한 횟수를 센 다음에 제곱을 하면, 그것이 길이에 역으로 비례하게 된다.

사그레도 자네 말에 따르면, 줄이 높은 곳에 기다랗게 매달려 있을 때, 내가 그 꼭대기 부분을 못 보고 아랫부분만 볼 수 있다 하더라도, 그 길이를 알아낼 수 있겠군.

줄의 아래쪽 끝에 묵직한 물건을 단 다음, 그네처럼 당겼다 밀어서 움직이게 해라. 그리고 길이가 정확하게 1큐빗인 진자를 만들어서, 그것을 진동시켜라. 한 사람은 긴 줄의 진동 횟수를 세고, 다른 한 사람은 1큐빗 진자의 진동 횟수를 세어라. 예를 들어 내 친구가 긴 줄이 20번 진동했다고 세었을 때, 같은 시간 동안 나는 1큐빗 진자가 240번 진동하는 것을 세었다고 하자. 그렇다면 이 둘을 제곱하면 400 대 57,600이 되니까, 이것이 바로 짧은 줄과 긴 줄의 길이 비율이다. 57,600을 400으로 나누면 144가 된다. 그러니까 긴 줄은 144큐빗이다.

살비아티 오차는 아마 한 뼘 미만일 걸세. 관측한 진동 횟수가 크다면, 오차가 작을 걸세.

사그레도 자네가 설명하는 것을 듣고 있으면, 자연 법칙이란 정말 심오하고도 풍부하다는 것을 깨닫곤 하네. 그렇게 흔하고 시시한 현상으로부터 뭔가 새롭고 놀라운 사실들을 알아낼 수 있거든. 더구나 어떤 일들은 우리의 상상을 초월하는 것들이지.

나도 진동이야 수천 번 보았지. 교회에서 등불이 기다란 줄에 매달려 흔들리는 것은 여러 번 보았지만, 내가 그걸 보고 기껏 내린 결론은, 그런 운동이 주위 공기에 의한 것이라는 이론이 옳지 않다는 것이었어. 만약에 공기가 그런 일을 한다면, 공기는 아주 머리가 좋고, 정확한 시간 간격으로 추를 밀고 당기며 소일하는 것 이외에는, 다른 하는 일이 없을 거야.

하지만 나는 어떤 물체를 길이 수백 큐빗인 줄에 매달아 당겼다가 놓았을 때, 그것이 90도든 1도든 0.5도든, 이 물체가 같은 시간 동안에 왕복하리라고는 상상도 못 했네. 이것은 정말 믿기 어려운 사실일세. 이 현상이 어떻게 음향에 대한 문제들을 해결할 수 있는지 궁금하군. 어느 정도 만족스러운 답이 나올까?

살비아티 먼저 알아야 할 사실이 있네. 진자들은 모두 자신의 주기가 자연법칙에 따라 딱 정해져 있어서, 이 주기와 달리 움직이도록 만드는 것이 불가능하다. 줄에다가 무거운 추를 묶은 다음, 그것을 진동 주기가 달라지도록 줄을 잡고 밀고, 당기고 해 보라고 그래. 그건 헛수고에 불과하네.

반대로 아주 무거운 추가 정지해 있더라도, 입으로 후후 불어서 움직이도록 만들 수 있네. 진동의 주기를 알면, 그에 맞춰 부는 것을 되풀이해서, 이게 상당히 움직이도록 만들 수 있어. 처음 후 불면, 정지 상태에서 약간이라도 움직이겠지. 이게 한 번 진동한 다음, 두 번째 진동을 하려는 참에 다시 후 불게. 그러면 움직임이 약간 더 커지겠지. 이렇게 계속 시간에 맞춰 불어 주면, 움직임이 점점 더 커지지. 추가 가까이 올 때 불지 않도록 조심하게. 그랬다간 움직임이 오히려 방해를 받아 약해지니까. 이렇게 계속하면 추에 힘이 쌓여서, 그것을 멈추려면, 한 번 가했던 힘으로는 어림도 없네.

사그레도 내가 어렸을 때 일인데, 한 사람이 줄을 주기에 맞춰 당겨서, 커다란 종을 울리는 것을 보았어. 이 종은 하도 커서, 그것을 멈추려고 대여섯 명이 줄에 매달렸을 때, 그 사람들이 끌려 올라갈 정도였지. 한 사람이 주기적으로 힘을 가하면, 그것이 쌓여서 대여섯 사람이 한꺼번에 달려들어도 그 운동량을 감당할 수가 없네.

살비아티 자네의 일화는 내 이론을 더욱 분명하게 해 주는군. 내가 앞에서 말했듯이, 이런 현상이 기타 또는 하프시코드의 줄이 울리는 것을 어떻게 설명할 수 있나 보세. 이들은 팽팽하게 당긴 줄을 튕겨서 소리를 내면, 그게 다른 줄도 진동해서 소리가 나도록 만들거든. 두 줄이 똑같은 음을 내는 경우뿐만 아니라 한 옥타브나 5도 음정 차이가 나는 경우에도 이런 일이 일어나지.

악기의 줄을 튕기면, 이 줄은 진동해서 소리를 낸다. 소리가 계속 나면, 계속 진동하고 있는 것이다. 이 진동 운동은 주위 공기도 그에 맞춰 진동하도록 만든다. 이 진동 현상은 공기 속에서 멀리 퍼지고, 그 악기에 있는 다른 줄들뿐만 아니라 가까이 있는 다른 악기들의 줄에도 그 힘이 미친다.

이 줄과 같은 음을 내도록 맞춰 놓은 줄은 진동 주기가 같으니까, 처음 그 진동이 전달되어 왔을 때 약간 움직이다가, 두 번, 세 번, 수십 번 계속 같은 주기로 진동하는 운동이 전달되면, 그 힘이 쌓여서 원래 진동하던 줄과 같은 진동 운동을 하게 된다. 이때 이들이 진동하는 폭은 같아진다.

이 진동은 공기를 통해 퍼져서, 줄뿐만 아니라 어떠한 물체든 진동하는 주기가 원래 튕겼던 줄과 같으면, 그 힘이 전달되어 같이 진동하게 된다. 하프시코드의 옆면에다 털이나 기타 잘 떨리는 물체들을 붙이고 소리를 내면, 그 두들긴 줄과 진동 주기가 같은 것들만 진동하게 된다. 다른 것들은 이 줄이 진동하는 것에 반응하지 않고, 다른 어떤 줄을 울리면 조금 전에 진동했던 그것이 반응하지 않는다.

유리로 된 매우 얇은 잔을 놓고, 그것과 진동 주기가 같은 비올라의 줄을 그 곁에서 세차게 타면, 이 유리잔이 공명해 소리를 내는 것을 들을 수 있다. 물체가 소리를 낼 때, 그 주위의 매질 속으로 진동이 퍼져 나가는 것은, 유리잔에 물을 채운 뒤 위쪽 테두리를 손가락 끝으로 문질러 소리를 내면 알 수 있다. 이때 물의 표면에 규칙적으로 물결이 일어난다.

이 현상을 자세히 관찰하려면, 커다란 그릇의 바닥에다 유리잔을 고정시킨 다음, 그 그릇에 물을 채워서, 유리잔 테두리까지 거의 물이 차도록 만들어라. 그러고 나서 전처럼 유리잔 테두리를 손가락 끝으로 문질러서 소리를 내면, 유리잔 주위로 물결이 매우 규칙적으로 일어나서 빠르게 퍼지는 것을 볼 수 있다.

상당히 큰 그릇에다 물을 거의 가득 채우고 실험을 하다가 보면, 가끔 유리잔의 소리가 갑자기 한 옥타브 높아지는 경우가 있다. 이때 보면, 규칙적으로 퍼지던 물결들이 전부 두 배로 잘게 갈라진다. 이 현상을 보면, 한 옥타브 차이의 음은 비율이 두 배임을 알 수 있다.

사그레도 나도 이런 일들을 본 적이 있네. 자네의 설명은 매우 재미있고 유익하군. 나는 오랫동안 여러 종류의 화음을 이해하지 못해 어리둥절했어. 음악에 조예가 깊다는 사람들의 설명도 그리 확실해 보이지가 않더군. 그 사람들 말로는, 한 옥타브는 비율이 두 배이고, 5도 음정은 비율이 3 : 2라더군.

어떤 줄 하나를 튕겨서 소리를 내 보고, 한가운데에 기러기발(현악기의 줄을 떠받치며 음의 높낮이를 조정하는 받침대 — 옮긴이)을 세워서 길이를 절반으로 줄인 다음 소리를 내면, 한 옥타브 높은 소리가 난다고 하더군. 그리고 기러기발을 줄 길이의 1/3 되는 곳에 세운 다음, 긴 쪽의 줄을 튕기면, 이때 나는 소리가 원래 줄이 내던 소리에 비해 5도 음정 높다고 하더군. 그러니까 한 옥타브는 비율이 2 대 1이고, 5도 음정은 비율이 3 대 2라는 걸세. 그러나 이 설명만으로는, 옥타브의 비율이 두 배이고, 5도 음정의 비율이 3/2라는 것을 수긍할 수가 없었네.

줄에서 나는 소리를 진동수를 높이는 방법은 세 가지가 있다. 줄을 짧게 만들거나, 줄을 더 강하게 당기거나, 줄을 더 가늘게 만들면 된다. 줄을 당기는 힘과 줄의 굵기가 바뀌지 않았다면, 길이를 절반으로 줄였을 때 소리가 한 옥타브 올라간다.

하지만 길이와 굵기가 바뀌지 않았을 때 소리를 한 옥타브 높이려면, 줄을 두 배의 힘으로 당기는 것으로는 부족하다. 네 배의 힘으로 당겨야 한다. 줄을 1파운드의 힘으로 당겼을 때 기본음이 나왔다면, 줄을 4파운드의 힘으로 당겨야 한 옥타브 높은 소리가 난다. 길이와 당기는 힘이 바뀌지 않을 때 줄의 굵기를 바꿔 소리를 조절하려면, 한 옥타브 높이기 위해서는 굵기가 1/4이 되어야 한다.

여기서는 옥타브에 대해서 이야기했지만, 다른 음정에 대해서도 마찬가지이다. 즉 당기는 힘이나 줄의 굵기의 비율은, 줄의 길이 비율의 제곱이 되어야 한다. 줄의 길이를 바꿔서 5도 음정을 만들려면, 그 길이가 2/3이 되도록 해야 한다. 당기는 힘을 증가시켜 이렇게 만들려면, 힘이 3/2의 제곱인 9/4배가 되어야 한다. 그러니까 기본음이 줄을 4파운드의 힘으로 당겼을 때 나온다면, 5도 음정 높은음은 줄을 6파운드의 힘으로 당겼을 때가 아니라, 9파운드의 힘으로 당겼을 때 나온다. 굵기의 경우, 기본음을 낼 때와 5도 음정을 낼 때 비율이 9 대 4가 되어야 한다.

그렇다면 현명한 철학자들이 옥타브의 비율을 4라 하지 않고 2라고 할 뚜렷한 이유가 없네. 5도 음정의 경우 비율을 9/4라 하지 않고 3/2라고 할 뚜렷한 이유가 없어.

줄을 튕겼을 때 그 진동은 워낙 빨라서, 진동수를 세는 것이 불가능하지. 자네의 그 실험이 아니었으면, 나는 지금도 한 옥타브 높은 음이 기본음에 비해 과연 진동수가 두 배인가 의심하고 있을 걸세. 유리잔이 내는 소리가 한 옥타브 뛰는 순간, 유리잔의 진동에 따른 물결들이 모두 둘로 갈라져서, 원래 길이의 절반이 되는 것을 보니 수긍할 수 있네.

살비아티 떠는 물체로부터 생겨나는 진동을 하나하나 구별해서 볼 수 있다니, 그것은 정말 멋진 관찰일세. 그 떠는 것이 공기를 통해 퍼져서, 귓고막을 때리는 것이 우리가 소리라고 받아들이는 것이지. 이 관찰을 통해서 그 파동을 볼 수가 있어. 그러나 이 물결은 손가락으로 문지르는 동안만 있고, 그때에도 고정된 것이 아니라, 계속 생겼다가 사라지곤 하지. 파동이 사라지지 않도록 할 수 있으면 좋겠지? 몇 달이고 몇 년이고 그냥 그대로 있어서, 그것을 쉽게 재고 셀 수 있다면 멋지겠지?

사그레도 그게 가능하다면 탄복할 일이지.

살비아티 우연히 그런 기구를 찾아냈어. 내가 한 일이라고는 그것을 관찰하고, 그게 내가 깊이 생각하고 있는 문제를 확인해 줄 수 있다고, 그 값어치를 알아차린 것뿐일세. 하지만 그 기구 자체는 얼마든지 흔해빠진 것이지.

놋쇠 판에 때가 끼어서, 그걸 긁어내려고 날카로운 끌로 밀고 있었어. 그런데 밀 때 가끔씩 놋쇠 판이 찡 하는 쇳소리를 내더라고. 판을 자세히 들여다보니, 짧고 고운 평행선들이 같은 거리로 촘촘하게 수십 개 생겨나 있었어. 끌로 다시 밀면서 관찰했는데, 이런 흔적은 놋쇠 판이 날카로운 쇳소리를 낼 때만 생기는 것이었어. 밀 때 이런 소리가 나지 않으면, 이런 흔적도 생기지 않았어.

빠르게 또는 느리게 끌을 밀면서 이런 장난을 되풀이했는데, 쇳소리도 끌의 속력에 따라서 높아졌다, 낮아졌다 하더라구. 높은 소리가 날 때에는 평행선들이 더욱 가깝고 촘촘하게 생겼고, 낮고 깊은 소리가 날 때에는 평행선들 사이가 좀 더 멀더라구.

느리게 밀다가 끝으로 가면서 빨리 밀었더니, 그 소리가 낮게 나다가 날카롭고 높은 소리로 바뀌었어. 평행선들도 처음에는 듬성듬성하다가, 끝에 가서 아주 촘촘해졌어. 하지만 이때 듬성듬성한 부분만 보면 평행선들이 같은 간격으로 생겨나 있었고, 촘촘한 부분은 또 그 나름대로 평행선들이 같은 간격으로 생겨나 있었어.

이렇게 쇳소리가 날 때는 끌이 떨려서, 그 진동이 내 손에 전달되었어. 작은 소리로 속삭이다가 큰 소리로 말할 때 그것을 듣고 느낄 수 있듯이, 끌과 놋쇠 판이 소리 내는 것을 듣고 느낀 것이지. 목소리를 내지 않으면서 숨을 내쉬면, 입이나 목이 움직이는 것을 느낄 수가 없어. 하지만 목소리를 내면, 목구멍이나 후두가 떠는 것을 느낄 수 있지. 낮고 큰 목소리를 낼 때 특히 그렇지.

놋쇠 판에서 나던 소리와 같은 높이의 소리를 내는 하프시코드의 줄을 찾았지. 음감이 크게 다를 때, 그에 해당하는 하프시코드의 줄들은 꼭 5도 음정 차이였네. 이때 놋쇠 판에 긁힌 흔적들을 비교해 보니, 같은 거리에 하나는 45개의 평행선이 있었고, 다른 하나는 30개의 평행선이 있었어. 이게 바로 5도 음정의 비율이지.

이야기를 계속하기 전에, 한 가지 사실에 주목해 주게. 자네가 말한 음의 높낮이를 바꾸는 방법 세 가지 중에서, 줄의 굵기란 말은 줄의 무게라 해야 하네. 재료가 바뀌지 않으면 굵기가 바로 무게이지. 창자로 만든 줄을 한 옥타브 낮추려면 굵기를 네 배로 만들면 되고, 황동 줄의 경우도 한 옥타브 낮추려면 네 배로 만들면 되지. 하지만 창자로 만든 줄에서 나는 소리를 한 옥타브 낮춰 황동 줄로 소리를 내려면, 줄을 네 배로 굵게 만드는 것이 아니라, 네 배로 무겁게 만들어야 하네. 그러니까 줄의 굵기가 네 배가 아니고, 무게가 네 배인 것이지. 황동 줄은 낮은 소리를 내지만, 오히려 더 가늘 걸세.

그러니까 하프시코드의 줄을 하나는 황금으로, 다른 하나는 황동으로 만들었을 때, 이 줄이 길이가 같고, 굵기가 같고, 당기는 힘이 같다면, 이 줄을 때렸을 때 황금 줄은 황동 줄에 비해 5도 음정 정도 낮은 소리가 난다. 황금은 황동보다 거의 두 배 무겁기 때문이다. 여기서는 물체의 무게가 움직이는 것에 저항으로 작용하고, 물체의 크기는 상관이 없다. 이건 우리가 언뜻 생각하는 것과는 반대이다. 어떤 물체가 크고 가볍다면, 날씬하고 무거운 물체에 비해서 공기를 밀치고 움직일 때 더 큰 저항을 받는다고 생각하는 것이 당연하다. 그러나 여기서는 반대 현상이 나타난다.

원래 문제로 돌아가서, 음정의 비율은 줄들의 길이, 무게, 또는 당기는 힘에 따라서 결정되는 것이 아니라, 주파수 비율, 즉 공기를 통해 퍼져서 귀의 고막을 울리는 음파의 주파수 비율에 따라 결정된다. 이 사실을 이용하면, 왜 어떤 종류의 음들은 서로 섞였을 때 즐거운 느낌을 주고, 어떤 종류는 덜 즐겁고, 어떤 종류는 오히려 듣기 괴로운지 설명할 수 있다.

두 종류의 소리를 섞었을 때 듣기가 괴롭다면, 그건 두 음이 귀를 제각각으로, 다른 박자로 때리기 때문이다. 특히 괴로운 경우는, 두 음의 주파수가 어떤 비율이 없는 경우이다. 예를 들어 같은 두 줄을 같은 힘으로 당기면서, 길이가 다르도록 묶어 놓아라. 하나는 정사각형의 변의 길이, 다른 하나는 정사각형의 대각선 길이가 되도록. 이 둘을 튕겨서 소리를 내면, 높은 4도 음정 또는 낮은 5도 음정과 비슷한 불협화음이 난다.

듣기 좋은 음정은 두 종류의 소리가 어떤 규칙에 따라 귀를 울리는 경우이다. 즉 두 종류의 소리가 같은 시간 동안에 귀를 때리는 횟수에 어떤 비율이 있다. 불협화음의 경우에는 소리들이 제멋대로라서, 귓고

막이 이쪽저쪽으로 불규칙하게 움직이느라 고통을 받지만, 협화음의 경우에는 그렇지 않다.

그러니까 가장 즐거운 화음은 한 옥타브 차이가 나는 경우이다. 이 경우 낮은 소리를 내는 줄이 한 번 진동할 때, 높은 소리를 내는 줄은 두 번 진동한다. 그러니까 두 번 진동하는 것 중 한 번은 낮은 소리를 내는 줄의 진동과 일치해서, 조화를 이루며 귀에 닿는다. 하지만 두 줄이 완전히 똑같아서 같은 주파수의 소리를 내는 경우는, 두 줄이 늘 일치하니까, 한 줄이 소리를 내는 것이나 다를 것이 없다. 그러니 이 경우는 화음이라고 말하지 않는다.

5도 음정 또한 즐거운 화음을 만들어 낸다. 이 경우는 낮은 소리가 두 번 진동하는 동안 높은 소리는 세 번 진동한다. 그러니까 높은 소리의 입장에서 보면, 세 번 가운데 한 번은 일치해서 울린다. 그러니까 일치해서 울리는 것 사이사이에 두 번씩 혼자 울리는 것이 있다.

4도 음정의 경우는 한 번 일치해서 울리고, 세 번 혼자 울린다. 2도 음정의 경우는 비율이 9 : 8이라서, 높은 소리가 일치해서 울리는 것은 아홉에 한 번뿐이다. 이것들 외에는 가락이 제각각이라 소리가 어울리지 않아서, 귀로 듣기에 불협화음이 된다.

심플리치오 좀 더 자세히 설명해 주게.

살비아티 선분 AB를 낮은 소리의 음파 길이라 하고, 선분 CD를 이보다 한 옥타브 높은 소리의 음파 길이라 하자. 선분 AB의 중점을 E라고 하자. 두 줄을 튕기면, 음파가 A와 C에서 생겨 퍼지기 시작한다. 높은 소리가 한 번 진동해 D에 이르렀을

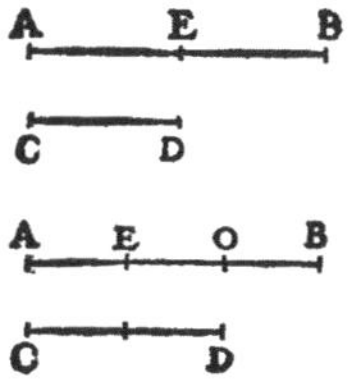

A E B
C D
A E O B
C D

그림 13

때, 낮은 소리는 E에 이르렀는데, 이건 아직 첫 진동의 가운데에 있다. 진동이 D에서 C로 되돌아올 때, 낮은 소리의 진동은 E에서 B로 간다. 그러므로 B와 C에서 나오는 진동은 동시에 귀의 고막을 때린다.

이런 진동이 같은 방식으로 계속 되풀이되니까, CD에서 나오는 진동은 둘 중 하나가 AB에서 나오는 진동과 동조하게 된다. 그러나 양 끝점 A와 B에서 시작하는 진동은 늘 C 또는 D, 어느 한 점에서 나오는 진동을 동반하게 된다. 만약에 진동들이 A와 C에 동시에 닿았다면, 한 진동은 A에서 B로 가고, 다른 한 진동은 C에서 D로 갔다가 다시 C로 돌아온다. 그러니까 C와 B에 동시에 닿는다. 진동이 B에서 A로 되돌아오는 동안, 높은 소리의 진동은 C에서 D로 갔다가 다시 C로 돌아온다. 그러니까 두 진동은 또 A와 C에서 동시에 움직인다.

이제 5도 음정인 경우를 생각해 보자. 두 파장 AB와 CD가 비율이 5도 음정처럼 3 대 2라 하고, 점 E와 O를 선분 AB에서 잡아서, 이 파장을 3등분하도록 하자. 이제 끝점 A와 C에서 동시에 진동이 시작되었다고 하자. C에서 출발한 진동이 D에 닿았을 때, AB의 진동은 겨우 O에 이른다. 그러니까 귀로 듣기에는 D에서 나온 진동만 들린다. 그다음, 진동이 D에서 C로 돌아갈 때, 다른 하나는 O에서 B로 갔다가 다시 O로 돌아간다. 이때 B에서 진동이 나온다. 이 진동은 혼자 나오며, 사이에 놓여 있음을 고려해야 한다.

첫 진동이 양 끝점 A와 C에서 동시에 시작되었다고 가정했으니, D에서 시작하는 두 번째 진동은 C에서 D까지 가는 데 필요한 시간이 흐른 뒤에 시작된다. 이 거리는 A에서 O까지 거리와 같다. 그러나 B에서 시작하는 다음 진동은 이 시간 간격의 절반이 흐른 뒤 시작한다. O에서 B까지 가는 시간이 필요하기 때문이다. 그다음, 진동이 O에서 A로 가는 동안, 다른 진동은 C에서 D로 간다. 따라서 점 A와 D에서 동시에 진동이 일어난다. 진동은 이런 식으로 계속 되풀이된다. 그러니까 낮은 소리가 울리기 전후로 높은 소리가 혼자 울린다.

시간을 이런 식으로 잘게 쪼개서 생각하면, 처음 두 마디 시간이 흐를 동안, 진동은 A와 C에서 시작해 O와 D에 이르러서, D에서 진동을 내보낸다. 그다음에 두 마디 시간 동안, 한 진동은 O에서 B에 이르러 진동을 내보내고 다시 O로 돌아오고, 다른 한 진동은 D에서 C로 돌아와 C에서 진동을 내보낸다. 그다음에 마지막 두 마디 시간 동안, 진동은 O에서 A로, C에서 D로 가고, 양 끝점에 가서 진동을 내보낸다.

이러한 차례로 진동이 생기니, 귀로 듣기에는 두 진동이 일치할 때부터 쳐서, 두 마디 시간이 흐른 뒤에 한 진동, 한 마디 시간 뒤에 한 진동, 한 마디 시간 뒤에 한 진동, 두 마디 시간 뒤에 둘이 합쳐진 진동, 이렇게 여섯 마디가 한 주기가 된다. 이제 다음 주기가 시작되어서, 역시 같은 과정을 되풀이한다.

사그레도 나도 조용히 앉아 있을 수가 없구먼. 내가 이 문제에 대해 오랫동안 몰라서 고민해 왔는데, 이렇게 완벽하게 설명을 해 주다니, 정말 고맙네. 같은 음은 왜 하나와 마찬가지인지, 그리고 옥타브가 왜 기본이 되는 화음인지 이해했어.

옥타브는 같은 음과 너무 비슷해서, 같은 음과 마찬가지로, 다른 화음과 잘 어울리네. 옥타브가 같은 음과 비슷한 까닭은, 같은 음은 늘 동시에 진동이 일어나는데, 한 옥타브 차이가 나는 경우, 낮은 음의 진동은 늘 높은 음의 진동과 동시에 일어나지. 반면에 높은 음은 그 사이사이에서 방해받지 않고 혼자 진동을 내보내지. 그 결과로 생기는 화음은 너무 단조로워서, 화끈한 맛이 없어.

그러나 5도 음정의 경우는 맥놀이가 두 음이 합쳐서 나오는 사이사이마다 높은 소리가 두 번, 낮은 소리가 한 번, 홀로 소리를 내지. 3개의 홀로 내는 소리는 그 간격이, 높은 소리가 홀로 소리를 내는 것과 둘이 합쳐서 소리를 내는 사이 간격의 절반이지. 그 결과, 5도 음정의 화음은 부드러우면서도 기운차게 귀에 와 닿아. 마치 부드럽게 키스를 하면서, 동시에 꽉 깨무는 듯한 느낌일세.

살비아티 이 현상이 너무 신기하고 재미있지? 이 현상을 귀로 듣는 대신에 눈으로 보는 방법을 설명해 주겠네.

납 공이나 다른 무슨 무거운 물건을 3개 준비해라. 그리고 줄을 3개 준비해서 이들을 묶되, 그 길이를 적당하게 해서, 긴 줄이 두 번 진동하는 동안 제일 짧은 줄은 네 번, 중간 길이의 줄은 세 번 진동하도록 해라. 그러니까 뼘으로 재든 자로 재든, 적당한 단위로 재어서, 긴 것의 길이가 16, 중간 것이 9, 짧은 것이 4가 되도록 만들어라.

이 세 진자를 당긴 다음, 동시에 놓아서 움직이도록 만들어라. 이 줄들이 여러 주기로 제각각 움직이는 것을 보면 아주 기묘하다. 그렇지만 가장 긴 줄이 두 번 왕복했을 때, 세 진자 모두가 같은 끝점에 모인다. 그러고는 다시 같은 운동을 되풀이한다. 이렇게 여러 진동이 뒤섞여 보이는 것이, 바로 한 옥타브와 5도 음정 차이가 나는 음을 한꺼번에 듣는 것과 같다.

줄의 길이를 바꾸어서 이 실험을 해 보아라. 단 줄의 길이를 잘 계산해서, 그 진동 주기가 음악의 몇 도 음정처럼 어떤 비율이 되도록 해라. 그러면 줄들이 섞여 움직이는 모양이 다르지만, 몇 번 정해진 횟수만큼 진동한 다음, 모든 줄들이 한 끝점에 모였다가, 같은 동작을 되풀이하곤 한다.

하지만 이 줄들의 진동 주기가 어떤 비율이 없어서, 아무리 계속 움직여도 원래처럼 한 끝점에 모이지 않거나, 또는 매우 긴 시간 동안 상당히 많이 진동한 다음에야 모인다고 해 보자. 이 움직임을 눈으로 보면, 줄들이 계속 불규칙하게 움직여서 혼란스럽다. 그러니까 소리가 이런 식으로 불규칙하게 귀를 때리면 고통스럽게 들린다.

오늘은 오랜 시간 너무 많은 문제들을 다루느라 이야기가 뜻하지 않았던 방향으로 많이 흘러갔군. 정작 우리가 이야기하려 했던 것은 다루지도 못한 채 하루가 다 갔군. 오늘 이야기들은 하도 많이 벗어나서, 내가 맨 처음에 시작한 이야기와, 차후의 증명 과정에서 필요한 가설들과 원리들 등등 약간의 진전을 간신히 기억하겠군.

사그레도 오늘은 이만 마치세. 잠을 푹 자서 머리를 맑게 한 다음, 내일 모이도록 하지. 내일은 우리가 이야기하려 했던 주요 문제들을 다루도록 하세.

살비아티 내일도 같은 시각에 여기에 오겠네. 자네들과 같이 어울리는 것은 정말 즐겁네.

—첫째 날 토론 끝—

둘째 날 토론

※

사그레도 나와 심플리치오는 자네가 오기를 기다리는 동안, 자네가 어제 마지막으로 이야기한 것들에 대해 기억을 되살리고 있었네. 자네가 우리에게 증명해 보이려는 결론들을 위해 필요한 가설들과 원리들이었지. 모든 고체들이 부수려고 하는 외부의 충격에 대해 버티고, 그 입자들을 강한 힘으로 결합시켜서, 상당한 힘으로 당길 때에도 떨어지지 않고 버티도록 만드는, 응집력이 있는 물질에서 생기는 힘. 어떤 고체들은 그 응집력이 매우 강한데, 우리는 그 응집력의 근원을 찾으려고 했고, 진공이 바로 그 힘의 주된 근원으로 주목되었지. 그러다가 이야기가 엉뚱한 방향으로 흘러서, 하루 종일 딴 이야기만 했지. 우리가 원래 알려고 했던 주제는, 고체들이 부서지지 않고 버티는 힘이었지.

살비아티 나도 물론 다 기억하고 있네. 우리가 원래 이야기하던 줄거리를 따라가도록 하지. 당기는 힘에 대해서 버티는 고체의 응집력이 그 본성이 뭔지는 몰라도, 응집력이 있다는 사실은 의심할 여지가 없네. 길이 방향으로 당길 때에는, 그에 대항해 버티는 응집력도 매우 강해. 하지만 대개의 경우, 옆으로 굽히는 힘에 대해서는 버티는 정도가 약하지. 예를 들어 쇠나 유리로 막대를 만들어서, 길이 방향으로 당길 때 1,000파운드의 무게를 버틸 수 있다 하더라도, 그 막대를 수평이 되도록 벽에다 꽂아 놓았을 때는 50파운드의 무게로 당기면 부러지곤 하네.

그러니까 우선 이런 힘에 대해서 버티는 것을 생각해 보세. 같은 물질로 원기둥이나 각기둥을 만들었을 때, 그 모양이나 길이, 두께에 따라서 버틸 수 있는 힘의 비율을 연구해 보세. 이것을 연구하자면, 먼저 지렛대의 원리를 알아야 하네. 다음의 원리가 역학에서 증명되어 있네. 지렛대의 양 끝점에 무게와 힘이 각각 작용할 때, 무게와 힘의 비율은 받침점으로부터의 거리에 역으로 비례한다.

심플리치오 지렛대의 원리는 아리스토텔레스가 『역학』에서 최초로 증명했지.

살비아티 아리스토텔레스가 최초로 이야기를 꺼낸 것은 사실이지만, 엄밀하게 증명한 것은 아르키메데스가 처음이라고 보아야 하네. 아르키메데스가 쓴 『평형(*Equilibrium*)』에 보면, 지렛대의 원리뿐만 아니라 다른 많은 기계나 기구들의 원리가 되는 하나의 법칙을 증명해 놓았거든.

사그레도 지렛대의 원리가 앞으로 자네가 설명하려고 하는 온갖 사실들의 근본이 된다니, 이 지렛대의 원리를 완벽하게 증명을 해서 우리에게 보여 주게. 시간이 그렇게 많이 걸리지는 않겠지.

살비아티 그래, 그러는 것이 좋겠군. 하지만 나는 아르키메데스와는 약간 다른 방법으로 이 문제에 접근해서 해결하도록 하겠네. 먼저, 양팔저울의 좌우에 똑같은 무게의 물체들을 올려놓으면, 저울이 평형을 이룬다고 가정하겠네. 이것은 아르키메데스도 받아들인 가정이지. 그다음, 다른 무게의 물체들을 대저울에 달았을 때, 저울의 팔 길이가 무게에 역으로 비례하면, 저울이 평형을 이룬다는 것을 보이겠네. 그러니까 같은 무게의 물체들을 같은 거리에 매단 것이나 다른 무게의 물체들을 그 무게에 역으로 비례하는 거리에 매단 것이나 같다.

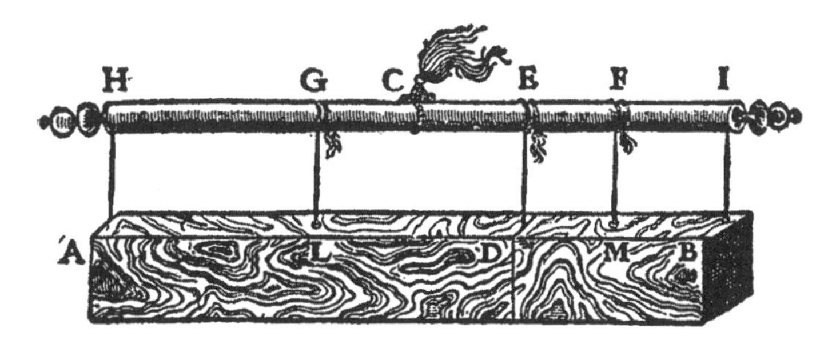

그림 14

내가 이것을 분명하게 증명하겠네. 예를 들어 각기둥 AB를 막대 HI의 양 끝에 실로 매달아 놓았다고 하자. 막대 HI의 한가운데인 C에다 손잡이를 달아서 이것을 들면, 각기둥 AB가 들려서 평형을 이룰 것이다. 왜냐하면 점 C에서 보았을 때 각기둥의 절반은 왼쪽에 놓여 있고, 다른 절반은 오른쪽에 놓여 있기 때문이다.

이제 이 각기둥을 길이가 다르도록 D에서 잘랐다고 생각하자. DA가 긴 쪽이라 하고, DB가 짧은 쪽이라 하자. 그다음에 D에다 실을 묶어서 막대에 매달도록 하자. 막대에서 이 실의 위치를 E라 하자. 그러면 각기둥 AD와 DB는 처음과 다름없이 같은 위치에 매달려 있을 것이다. 막대와 각기둥이 원래와 같은 상태로 있으니, C의 손잡이를 잡고 들었을 때, 여전히 평형을 이룰 것이 확실하다.

그렇다면 각기둥 AD를 양 끝점에서 실 AH와 DE로 매달아 놓는 대신에, 가운데에다 실 GL 하나로 매달아 놓아도, 여전히 같은 상태를 유지한다. 그리고 각기둥 DB도 양 끝의 실 BI와 DE를 없애고, 대신 가운데에 실 FM 하나로 매달아 놓아도 된다. 이제 실 HA, ED, IB를 없애면, 실 GL과 FM만 남게 된다. 하지만 C의 손잡이를 잡아들면, 여전히 평형을 이룬다.

이것은 무거운 두 물체 AD와 DB를 양 끝점 G와 F에 매달아서, 막대 GF가 점 C에서 평형을 이루는 것으로 볼 수 있다. 그러니까 선분 CG가 받침점에서 무거운 물체 AD까지의 거리이고, 선분 CF가 받침점에서 무거운 물체 DB까지의 거리이다. 이제 이 거리가 무게에 역으로 비례함을 보여야 한다. 그러니까 GC와 CF의 비율이 DB와 DA의 비율과 같음을 보여야 한다.

이것은 다음과 같이 증명할 수 있다. 선분 GE는 HE의 절반이고, 선분 EF는 EI의 절반이니까, 선분 GF는 HI의 절반이다. 그러니까 GF의 길이는 CI의 길이와 같다. 여기서 CF를 빼면, GC와 FI가 같음을 알 수 있다. 그러니까 GC와 EF가 같다. 여기에다 CE를 더하면, GE와 CF가 같음을 알 수 있다. 따라서

$$GE : EF = CF : CG$$

이다. 그런데

$$GE : EF = AD : DB$$

이니까, 거리 GC와 CF의 비율이 무게 BD와 DA의 비율과 같음이 나온

다. 각기둥의 경우 길이의 비율이 곧 무게의 비율이기 때문이다. 증명이 끝났다.

방금 설명한 것을 분명하게 이해한다면, 각기둥 AD와 DB가 평형을 이루는 이유는, 전체 기둥 AB의 절반은 받침점 C의 오른쪽에 놓이고, 다른 절반은 왼쪽에 놓이기 때문임을 알아차릴 수 있을 것이다. 바꿔 말하면, 이 상태로 있는 것은 같은 무게를 양쪽으로 같은 거리에 매단 것과 같다.

두 각기둥 AD와 DB를, 모양을 바꿔서 공을 만들든 정육면체를 만들든 또는 어떠한 모양을 만들든, G와 F에 매달면 여전히 점 C를 받침점으로 해서 평형을 이룰 것이 확실하다. 모양을 바꾸더라도, 물체의 양이 바뀌지 않는 한, 무게도 바뀌지 않기 때문이다. 그러니까 두 물체가 어떤 점으로부터의 거리가 무게에 역으로 비례하면, 둘이 평형을 이룸을 알 수 있다.

지렛대의 원리는 이렇게 증명되네. 이것을 써서 다른 문제들을 해결하기 전에, 한 가지 짚고 넘어가겠는데, 여기에 나오는 힘이나 물체의 생김새, 저항력, 강도 등은 추상적이고 순수한 이론에서는 실제 물체와 무관하다고 볼 수도 있고, 또는 구체적 상황에서는 실제 물체와 연관되어 있다고 볼 수도 있어. 그러니까 기하학 이론만으로 생각할 때는 물질과 관계가 없는 도형에 불과한 것들이지만, 실제 문제에 적용할 때는 그것들도 무게가 있는 물체임을 고려해야 하네.

예를 들어 지렛대 AB를 사용해서, E를 받침점으로 무거운 돌 D를 든다고 하자. 방금 증명한 지렛대의 원리에 따르면, 끝점 B에 가하는 힘은 무거운 돌 D가 가하는 힘과의 비율이, 거리 AC와 거리 CB의 비율과 같다. 이것은 지렛대 AB가 무슨 물체가 아니어서 무게가 없고, 양 끝점 B와 D에 걸리는 힘만 생각하는 경우이다. 그러나 실제로는 지렛대를 나

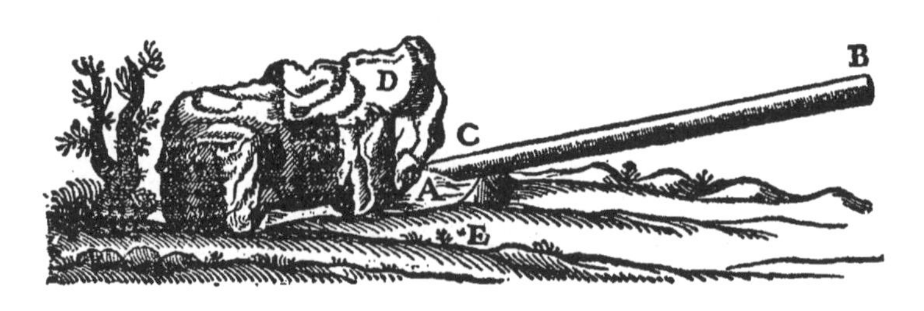

그림 15

무로 만들든 쇠로 만들든, 무게가 있을 테니, 그것이 가하는 힘을 더해서 생각하면, B와 D에 걸리는 힘의 비율이 다른 식으로 표현될 것이다.

그러니 앞으로 논의를 할 때, 이 두 관점을 구별할 필요가 있네. 추상적인 순수한 이론에서는 지렛대 자체의 무게를 무시할 수 있지만, 지렛대를 실제 물체로 보는 경우에는 그 자신도 무게를 갖고 있겠지. 이 경우 자신의 무게에서 생기는 힘을 더해서 생각해야 하네.

사그레도 이야기가 옆길로 새지 않게 하겠다고 다짐했건만, 그 약속을 지킬 수 없겠군. 뭔가 의심스러운 것을 해결하지 않고는, 뒤따르는 것에 집중할 수가 없어. 자네는 B에 가하는 힘과 D의 돌 무게를 비교했는데, 실제로 돌 D는 상당한 부분이 땅에 닿아 있으니, 그 무게가 …….

살비아티 무슨 말인지 나도 잘 알고 있네. 그래서 내가 돌 전체의 무게라는 말을 피했잖아? 나는 단지 돌이 가하는 힘이라고 말했지. 지렛대의 한쪽 끝 A를 누르는 돌의 힘은, 돌 전체의 무게보다 작아. 이건 돌의 생김새와 그 높이에 따라 달라지지.

사그레도 그렇겠지. 하지만 그 설명만 갖고는 내 궁금증이 풀리지 않는군. 돌 전체의 무게 중에서 땅바닥에 실리는 무게와 지렛대의 끝점 A에 실리는 무게의 비율이 어떻게 되는지, 계산하는 방법이 있는가? 자세히 설명해 주게.

살비아티 시간이 그렇게 많이 걸리지 않을 테니까, 기꺼이 자네의 부탁을 들어 주겠네. 그림 16처럼 무게중심이 A인 돌이 한쪽 끝 B는 땅에 닿아 있고, 다른 끝 C는 지렛대 CG에 놓여 있다고 하자. 지레의 받침점을 N이라 하고, 반대쪽 끝점 G에 힘을 가한다고 하자. 점 A와 C에서 수직선 AO, CF를 그어라. 그러면 돌의 무게와 G에 가해야 하는 힘의 비율은, GN과 NC의 비율에다 FB와 BO의 비율을 곱한 것과 같음을 보이겠다.

양 끝점 B와 C에서 받치는 힘으로 돌 전체의 무게를 버티고 있다. 그러니 B와 C에 작용하는 힘의 비율은 FO와 OB의 길이 비율과 같다. 이 두 힘을 더한 것이 돌 전체의 무게이니, C에 작용하는 힘과 돌 전체 무게의 비율은, BO와 FB의 길이 비율과 같다. G에 가하는 힘과 C에 작용하는 힘의 비율은 CN과 GN의 길이 비율과 같다. 그러니 이 두 비율을 곱하면, 돌 전체의 무게와 G에 가하는 힘의 비율이, GN과 NC의 비율에다 FB와 BO의 비율을 곱한 것임을 알 수 있다.

원래 문제로 돌아가세. 지금까지 설명한 것을 잘 이해했으면, 다음 법칙을 이해할 수 있을 걸세.

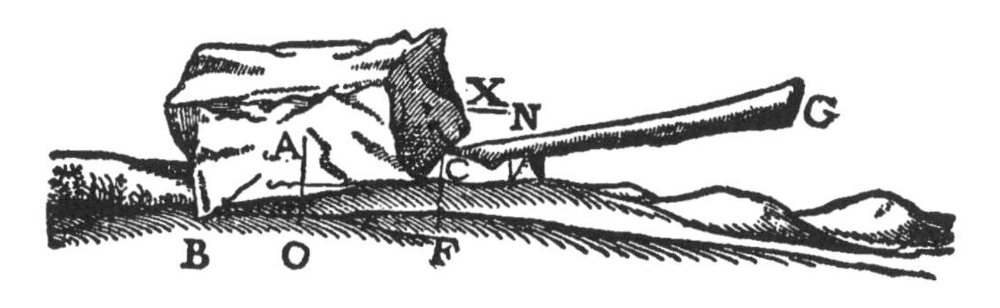

그림 16

법칙 1

유리나 강철, 나무 또는 다른 어떤 부서질 수 있는 물질로 원기둥이나 각기둥을 만들면, 이들은 길이 방향으로는 매우 큰 무게를 매달아 당겨도 튼튼하게 버틴다. 그러나 이들을 수평 방향으로 놓아서 무게를 매달면, 훨씬 작은 무게에도 부서질 수 있다. 그 비율은, 이것의 길이와 두께의 비율과 같다.

각기둥 ABCD를 벽에 꼭 끼워서, 벽에 끼워진 쪽을 AB라 하자. 이것의 반대쪽 끝에다 무거운 물체 E를 매달았다고 생각해 보자. 그리고 벽

그림 17

은 항상 수직으로 서 있고, 기둥을 벽에 직각으로 끼워서, 기둥은 수평이 된다고 하자. 그러면 BC가 지렛대에서 힘이 가해지는 팔 역할을 하고, 장붓구멍의 끝부분이 B에서 지레의 받침점 역할을 하니, B에 강한 힘이 작용한다. 그러니 만약에 기둥이 부러진다면, B에서 부러질 것임이 명백하다.

기둥의 두께 BA가 지렛대의 다른 한쪽 팔 역할을 하면서, 버티는 힘을 주고 있다. 이 힘은, 벽의 바깥에 떠 있는 각기둥 BD가 안에 놓인 각기둥으로부터 떨어져 나가지 않고 붙어 있는 힘이다. 지렛대의 원리에 따라서, C에 작용하는 힘과 버티는 힘과의 비율, 그러니까 기둥의 단면 BA가 기둥의 이웃한 부분과 붙어 있는 힘과의 비율은, CB의 길이와 BA의 절반 길이의 비율과 같다.

이 기둥이 부서지지 않고 버티는 강도를, 이 기둥의 절대 강도(길이 방향으로 당기는 힘에 대해 버티는 강도를 뜻하며, 이 경우 힘과 물체는 움직이는 정도가 같다.)와 비교하면, 그 비율이 기둥 두께 AB의 절반과 기둥의 길이 BC와의 비율과 같다. 이것이 우리의 첫 번째 법칙이다.

여기서 기둥 BD의 무게는 고려하지 않았다. 그러니까 이 기둥은 무게가 없다고 가정하고 계산한 것이다. 추 E의 무게뿐만 아니라 기둥의 무게까지 고려해서 계산하려면, 기둥 BD의 무게의 절반을 E의 무게에다 더해야 한다. 예를 들어 기둥의 무게가 2이고, E의 무게가 10이라면, 11의 무게가 걸리는 셈이 된다.

심플리치오 왜 12가 아니고 11인가?

살비아티 내 친구 심플리치오, 추 E의 경우는 맨 끝 C에 매달려 있으니, 무게 전부가 지렛대의 끝에 실리네. 만약에 기둥 BD도 맨 끝에 매달려 있다면, 2의 힘으로 작용하겠지. 하지만 이 기둥의 무게는 전체 길이 BC에 골고루 퍼져 있어서, B에 가까운 부분들은 먼 부분에 비해서 힘이 약하게 작용하지.

그러니까 이것을 평균해서 보면, 전체 기둥의 무게가 BC의 한가운데에 모여 있는 것과 같아. 그런데 끝점 C에 걸리는 무게는 한가운데에 걸리는 무게에 비해서 두 배의 힘을 쓰지. 그러니까 기둥 무게의 힘도 끝점 C에서 작용한다고 생각하려면, 그 무게의 절반이 작용한다고 생각해야 하네.

심플리치오 이해가 가네. 내가 올바르게 이해하고 있다면, 기둥 BD와 E를 이렇게 놓는 것은, E의 두 배 무게와 기둥 BD의 무게를 BC의 중점에 매단 것과 같은 힘을 내겠지.

살비아티 맞아, 바로 그것일세. 잘 기억해 두게. 이제 다음 법칙을 이해할 수 있을 걸세.

법칙 2

막대나 각기둥의 폭이 두께보다 더 나간다고 하고, 힘이 각기둥의 폭 방향으로 작용할 때 그에 버티는 정도는, 힘이 두께 방향으로 작용할 때 그에 버티는 정도보다 더 큰데, 그 이유는 무엇인가? 그 비율은 얼마인가?

문제를 분명하게 하기 위해서 자 *ad*가 있다고 하자. 이 자의 폭 *ac*는 두께 *bc*보다 훨씬 더 큰 값이다. 첫 번째 그림처럼 이 자를 모로 세우면, 큰 무게 T가 작용해도 버티는데, 두 번째 그림처럼 자를 눕히면, 훨씬 작은 무게 X에도 버티지 못한다. 그 까닭을 생각해 보자.

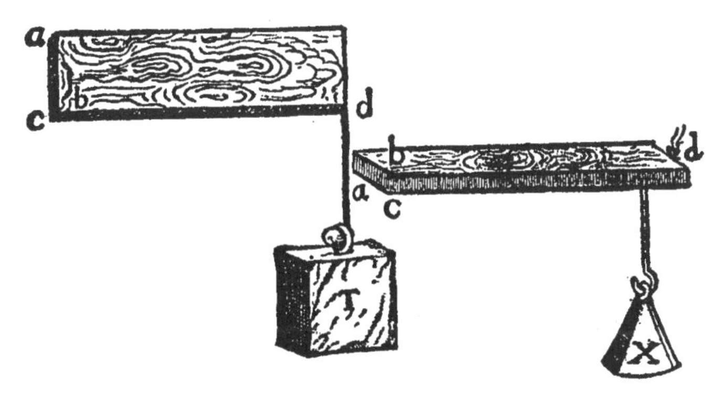

그림 18

모로 세운 경우는 지렛대의 받침이 *bc*가 되고, 눕힌 경우는 받침이 *ac*가 된다. 이 두 경우, 힘이 작용하는 거리는 *bd*가 되어서 같다. 하지만 모로 세운 경우 버티는 힘이 작용하는 거리는 *ac*의 절반이고, 눕힌 경우 버티는 힘이 작용하는 거리는 *bc*의 절반이다. 그런데 폭 *ac*는 두께 *bc*보다 훨씬 크다. 지렛대의 한쪽 팔이 한 경우는 *ac*의 절반, 다른 경우는 *bc*의 절반인 셈이니, 무게 T와 X의 비율은 폭 *ac*와 두께 *bc*의 비율과 같다.

이 두 경우, 단면 *ab*에 놓인 입자들이 버티는 힘을 제공함은 똑같다. 그러니까 자 또는 각기둥이 있을 때, 폭이 두께보다 더 나가면, 그것을 모로 세운 경우가 눕힌 경우에 비해서 부서지려는 것에 대해 버티는 힘이 강하다. 그 비율은 폭과 두께의 비율과 같다.

이제 이 연구를 시작할 적절한 시기가 된 것 같군.

법칙 3

원기둥이나 각기둥이 수평 방향으로 점점 길이가 늘어날 때, 그 기둥의 무게와 길이는 자신을 부수려는 힘으로 작용하는데, 이 힘의 비율을 계산해 보자. 이 힘은 길이의 제곱에 비례해서 강해진다.

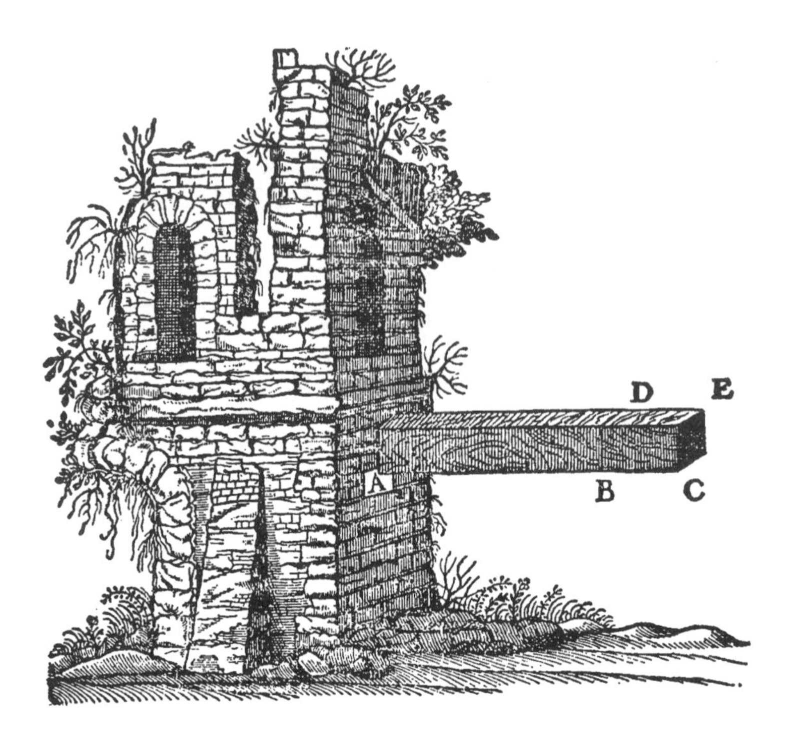

그림 19

이것을 증명하기 위해서 각기둥이나 원기둥 AD가 수평인 상태로 벽에 꽉 끼어 있다고 하자. 그다음, 이 기둥의 길이가 BE만큼 늘어났다고 하자. 이 기둥의 무게의 변화를 무시한다 하더라도, 길이가 AB이던 것이 AC로 늘어나면, 지렛대의 팔길이가 늘어났으니, 작용하는 힘이 있다면, 길이가 늘어난 비율만큼 더 커져서, 지렛대의 받침점 A에 작용하게 된다. 그런데 지금은 기둥의 무게도 BE만큼 더 늘어났으니, 전체 무게는 원래 무게와 비교해서 AE 대 AB의 비율로 무거워졌다. 이 비율은 길이 비율 AC 대 AB와 같다.

그러니까 무게와 길이가 동시에 증가했으니, 지렛대의 원리에 따라서, 이 기둥이 가하는 힘은 둘을 곱해야 하니까, 길이의 제곱에 비례해서 증가한다. 그러니까 단면이 같고 길이가 다른 두 기둥이 있다면, 그 자신의 무게 때문에 생기는 부수려는 힘은, 길이의 제곱에 비례한다.

다음은 길이가 바뀌지 않고 두께(굵기)가 바뀔 때, 각기둥이나 원기둥이 그 힘에 대항해 부서지지 않고 버티는 강도가 어떤 비율로 바뀌는지 계산해 보세. 이것은 다음 법칙을 따르지.

법칙 4

각기둥이나 원기둥이 길이는 변화하지 않고 두께(굵기)만 바뀐다면, 그것이 부서지지 않고 버티는 강도는 두께 또는 지름의 세제곱에 비례한다.

이 법칙은 기둥의 무게를 생각하지 않고 기둥 끝에 걸리는 힘만 고려한 경우이다. 여기에 두 원기둥 A와 B가 있는데, 길이는 DG와 FH로 서로 같고, 밑면은 지름이 CD와 EF로 서로 다른 원이라고 하자. 이 기둥 B와 A가 부서지지 않고 버티는 강도의 비율은, 지름 EF의 세제곱과 CD의 세제곱과의 비율과 같음을 증명하겠다.

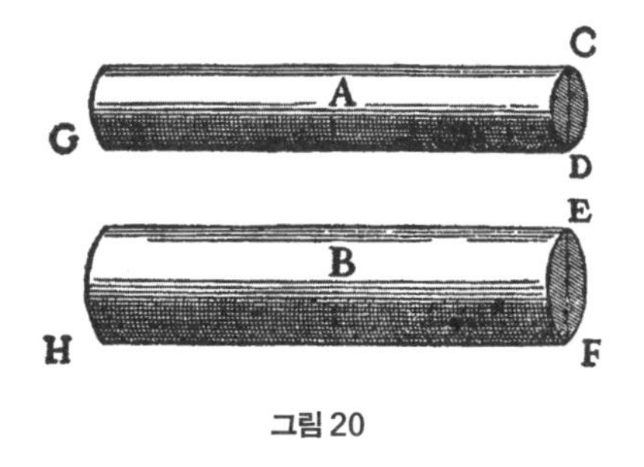

그림 20

길이 방향으로 당기는 힘에 대해서 끊어지지 않고 버티는 강도는 밑면에 의해서 결정되는데, 이 강도는 B와 A의 비율이 밑면 EF와 CD의 넓이 비율과 같음이 의심할 여지가 없다. 왜냐하면 이 강도는 입자들을 결합시키는 섬유질의 수에 따라서 결정이 되고, 그 수는 단면적에 비례하기 때문이다.

하지만 힘이 옆으로 작용하는 경우, 지렛대의 원리를 생각해야 한다.

거리 DG와 FH를 지렛대의 팔길이로 해서 힘이 작용하고 있고, 점 D와 F를 받침점으로 해서, 기둥의 버티는 강도는 원 DC와 EF의 반지름 거리에서 작용하고 있다. 기둥의 경우 응집력을 주는 섬유질들이 단면 전체에 골고루 퍼져 있지만, 그것들이 모두 중점에 모여 있는 것처럼 생각해도 된다.

이것을 염두에 두고, 기둥의 길이 DG와 FH가 같으니까, 끝점 G와 H에 실리는 힘은 지렛대의 받침점 D와 F에 같은 정도로 작용하는 것을 염두에 두면, 그 힘에 대응해 버티는 것은, 밑면이 EF인 경우가 CD인 경우에 비해 그 지름의 비율만큼 더 효과적으로 버틸 수 있음을 알 수 있다. 그러니까 기둥 B가 A에 비해 부서지지 않고 버티는 강도는, 밑면의 넓이의 비율에다 반지름의 비율을 곱한 것과 같다. 그런데 넓이는 지름의 제곱에 비례하니까, 그 강도는 지름의 세제곱에 비례한다. 증명이 끝났다. 각기둥의 경우도 같은 방법으로 생각하면, 그 강도가 두께의 세제곱에 비례함을 알 수 있네.

이것들을 종합하면, 다음 결론이 나온다.

결론

각기둥이나 원기둥이 길이가 일정할 때, 그 강도는 부피의 1.5제곱에 비례한다.

각기둥이나 원기둥이 길이가 일정하다면, 그 부피는 밑면의 넓이에 비례한다. 그러니까 지름의 제곱에 비례한다. 방금 증명했듯이, 강도는 지름의 세제곱에 비례하니까, 부피의 1.5제곱에 비례한다. 부피는 무게와 비례하니까, 기둥의 무게의 1.5제곱에 비례한다고 말할 수도 있다.

심플리치오 계속 나아가기 전에, 한 가지 의문을 해결하고 싶네. 밧줄을 보면, 매우 긴 밧줄은 짧은 밧줄에 비해 무거운 물체를 견디지 못하고 더 쉽게 끊어지거든. 그것을 보면, 당기는 힘에 대항해 버티는 강도는 길이가 길어지면 약해지는 것 같아. 이것은 아마 고체의 경우 옆에서 누르는 힘에 대해서도 마찬가지일 것 같아.

지금까지 자네의 설명을 보면, 이 힘에 대한 언급이 전혀 없었네. 나무나 쇠로 막대를 만들었을 때, 짧은 막대는 긴 막대에 비해 훨씬 더 강한 힘에 대해 버틸 수 있을 거야. 힘이 폭 방향으로 작용하지 않고 길이 방향으로 작용하는 경우에도 말일세. 이때 물론 자신의 무게가 증가하는 것도 고려해야 하겠지.

살비아티 심플리치오, 내가 듣기에 자네는 큰 착각을 하고 있구먼. 자네뿐만 아니라 많은 사람들이 그렇게 착각을 하고 있지. 예를 들어 40큐빗 정도 되는 긴 밧줄은 1큐빗 또는 2큐빗 정도 되는 짧은 밧줄과 비교해서 같은 무게를 지탱할 수 없단 말인가?

심플리치오 그래, 바로 그런 의미이지. 내가 보기에 이건 정말로 그래.

살비아티 아닐세, 그건 틀린 개념이네. 내가 자네의 잘못을 바로잡아 주겠네. AB가 긴 밧줄이라 하고, 위쪽 끝 A를 매달도록 하게. 그리고 아래에다 무거운 추 C를 달아서, 이 밧줄이 끊어지도록 하게. 심플리치오, 이 밧줄이 어디에서 끊어질지 짚어 보게.

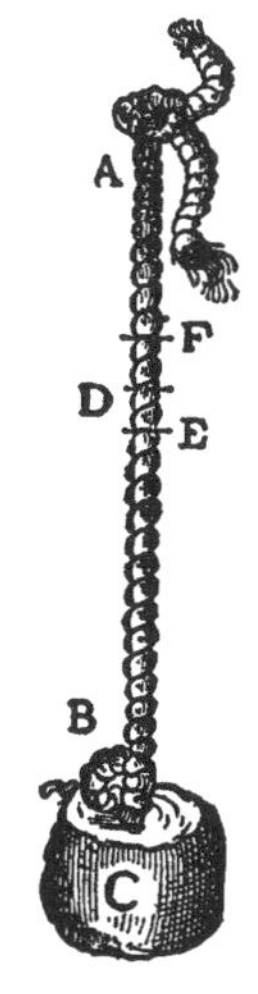

그림 21

심플리치오 예를 들어 D에서 끊어진다고 하세.

살비아티 왜 D에서 끊어지는가?

심플리치오 이 지점에서 밧줄이 튼튼하지가 않아서, 추의 무게와 밧줄 DB 부분의 무게를 더했을 때, 예를 들어 100파운드가 되는데, 그 무게를 감당하지 못해서 끊어진다고 하세.

살비아티 그렇다면 밧줄에다 무게 100파운드를 매달면, 항상 D에서 견디지 못하고 끊어지겠군.

심플리치오 그렇게 되지.

살비아티 그렇다면 말일세, 추를 밧줄 끝부분 B에 묶지 말고, D에 가까운 곳인 E에다 묶고, 밧줄의 위쪽 끝 A를 매달지 말고, D의 바로 위의 점 F를 매달아도 밧줄은 D에서 끊어지겠지? 100파운드의 무게를 단다면 말일세.

심플리치오 밧줄 EB 부분의 무게를 추 C에다 더하면 그렇게 되겠지.

살비아티 100파운드의 무게가 실리면 D에서 끊어짐을 자네가 인정을 했네. 하지만 밧줄 FE는 AB에 비해서 매우 짧잖아? 그러니까 긴 밧줄이 짧은 밧줄에 비해서 약하다는 말을 할 수가 없지. 자네뿐만 아니라 많은 유식한 사람들이 이것을 잘못 알고 있어. 틀린 생각은 버리고, 우리 하던 이야기를 계속하세.

각기둥이나 원기둥이 굵기가 일정하고 길이가 달라질 때, 자신의 무게로 인해 생기는 부수려는 힘은 길이의 제곱에 비례함을 증명했네. 그리고 길이가 일정하고 굵기가 변할 때 그 강도를 생각하면, 굵기의 세제곱에 비례함을 증명을 했네. 길이와 굵기가 다 변화하는 경우는 다음 법칙이 성립하네.

법칙 5

원기둥이나 각기둥이 길이와 굵기가 변할 때, 부수려는 힘에 대응해 버티는 강도는, 굵기의 세제곱의 비율과 길이의 역비율을 곱한 것에 비례한다.

여기서 말하는 강도는, 자신의 무게는 없다 치고, 기둥 끝에 걸리는 힘만을 생각했을 때의 이론적인 강도이다. 여기 두 원기둥 ABC와 DEF가 있다고 하자. 원기둥 AC의 강도와 DF의 강도의 비율은, AB의 세제곱과 DE의 세제곱과의 비율에다, EF의 길이와 BC의 길이와의 비율을 곱한 것임을 증명하겠다.

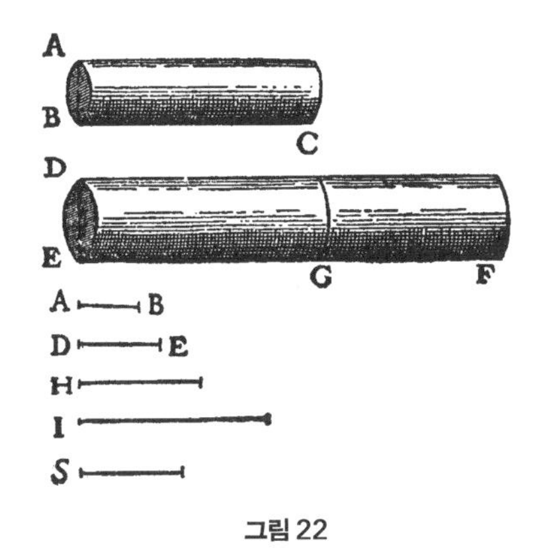

그림 22

우선 EG의 길이가 BC와 같도록 잡자. 그다음에 선분 H와 I를 잡되, 4개의 선분 AB, DE, H, I의 길이가 차례차례 비율이 같도록 (등비수열이 되도록) 해라. 그리고 또 다른 선분 S를 잡되, 그 길이가 I : S = EF : BC를 만족하도록 해라.

원기둥 AC와 원기둥 DG의 강도의 비율은, AB의 세제곱과 DE의 세제곱의 비율과 같다. 그러니까 AB와 I의 길이 비율과 같다. 원기둥 DG

와 원기둥 DF의 강도의 비율은 길이에 역으로 비례하니, I와 S의 길이 비율과 같다. 그러니까 AB와 S의 길이 비율은, 원기둥 AC와 원기둥 DF의 강도의 비율과 같다. 그런데 AB와 S의 길이 비율은, AB와 I의 비율(즉 AB의 세제곱과 DE의 세제곱의 비율)과 I와 S의 비율(즉 EF의 길이와 BC의 길이의 비율)을 곱한 것이다. 그러므로 원기둥 AC와 원기둥 DF의 강도의 비율은, AB의 세제곱과 DE의 세제곱의 비율에다 길이의 역비율 EF : BC를 곱한 것과 같다. 증명이 끝났다.

이제 두 기둥이 닮은꼴인 경우를 생각해 보자. 이때는 다음 법칙이 성립한다.

법칙 6

원기둥이나 각기둥이 닮은꼴인 경우, 그 길이가 지렛대 역할을 하고, 자신의 무게가 거기에 실려서 기둥을 부수려는 힘으로 작용하는데, 크기가 다른 기둥은 이 힘의 비율이 단면이 버티는 힘의 1.5제곱에 비례한다.

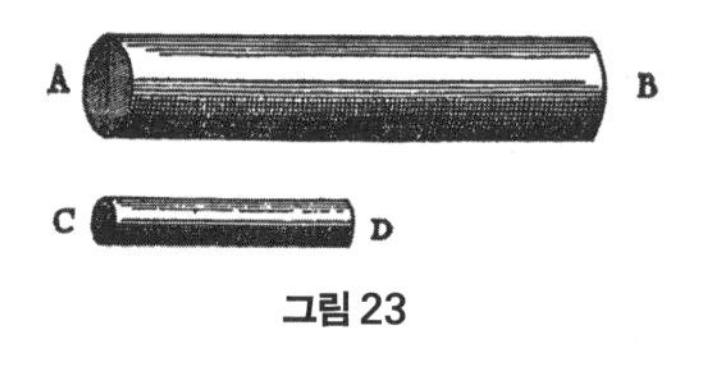

그림 23

이것을 증명하기 위해서 닮은꼴인 두 원기둥 AB와 CD가 있다고 하자. 기둥 AB의 무게와 길이가 밑면 B에 작용하는 힘과, 기둥 CD의 무게와 길이가 밑면 D에 작용하는 힘의 비율이, 밑면 B와 밑면 D의 버티는 힘의 비율의 1.5제곱이 됨을 증명하겠다.

두 기둥 AB와 CD는 닮은꼴이니, 기둥의 무게와 길이가 힘이 되어서 받침점에 작용을 할 때, 그 받침점에서 기둥의 단면의 응집력과 반지름의 길이가 그에 대응하는 힘으로 작용하며 버티는데, 길이의 비율은 두 기둥이 같으니까 무시할 수 있다. 바꿔 말하면, 두 기둥이 닮은꼴이니,

기둥 AB의 길이와 반지름의 비율은 기둥 CD의 길이와 반지름의 비율과 같다.

그러니까 기둥 AB와 CD의 힘의 비율은 무게의 비율과 같다. 무게의 비율은 곧 부피의 비율이고, 부피의 비율은 길이의 세제곱의 비율이다. 단면이 버티는 힘은 넓이에 따라서 결정이 되니, 길이의 제곱에 비례한다. 따라서 힘의 비율은 단면이 버티는 힘의 비율의 1.5제곱과 같다. (갈릴레오가 뜻하는 것은 명백하지만, 이 법칙에는 약간의 혼란이 있다. 이때 힘은 길이의 네제곱에 비례하고, 단면의 버티는 힘은 길이의 세제곱에 비례한다. — 옮긴이)

심플리치오 이 법칙은 정말 놀랍고 새롭네. 내가 추측한 것과는 완전히 달라 보이는군. 두 입체가 완전히 같은 모양이라면, 그들이 부서지려는 힘이나 그에 대항해 버티는 강도는 같은 비율로 변할 거라고 생각했는데.

사그레도 우리가 처음 이야기를 꺼냈을 때, 내가 이해할 수 없다고 말한 것이 바로 이것이었는데, 자네가 이렇게 증명해 주었군.

살비아티 심플리치오, 나도 자네처럼 생김새가 같은 물체들은 강도가 크기에 비례한다고 생각해 왔네. 하지만 일상 벌어지는 일들을 자세히 살펴본 끝에, 생김새가 같다고 해서 강도가 크기에 비례하는 것이 아니라는 사실을 차츰 깨닫게 되었어. 큰 물체들은 심하게 다루면 더 쉽게 상하더군. 마치 어른들은 어린이에 비해 떨어지면 더 쉽게 다치는 것과 같아. 내가 처음에 말했지만, 커다란 들보나 기둥은 어떤 높이에서 떨어질 때 부서져 버리는데, 작은 각목이나 조그마한 대리석 기둥은 부서지지 않거든.

이러한 관찰이 계기가 되어 연구를 시작해서, 마침내 다음의 놀라운 사실을 알아냈다네. 생김새가 똑같고 크기가 다른 수많은 물체들 가운데, 부서지려는 힘과 그에 대항해 버티는 강도의 비율이 같은 물체들은 절대 없다.

심플리치오 그 말을 들으니, 아리스토텔레스가 쓴 『역학』의 한 부분이 생각나는군. 거기에 보면, 나무 들보의 길이가 늘어나면 왜 더 약해지고 쉽게 굽는지 아리스토텔레스가 설명을 해 놓았어. 짧은 들보보다 더 굵더라도 말일세. 무슨 지렛대의 원리를 써서 설명을 했던 것 같아.

살비아티 그랬지. 하지만 그의 답은 뭔가 의문스러운 점이 없잖아 있었네. 그래서 게바라 주교가 이 문제를 깊게 파고들었지. 게바라 주교의 해설은 아리스토텔레스가 남긴 것을 더 풍부하게 만들었고, 쉽게 이해할 수 있도록 만들었어. 그는 예리한 통찰력으로 모든 어려움을 해결해 나갔지만, 그도 물체가 생김새가 바뀌지 않고 같은 비율로 커지는 경우, 힘과 강도가 같은 비율로 변화하는지 여부를 잘 몰랐던 것 같아. 나도 이 문제에 많은 시간을 들였는데, 내가 지금까지 얻은 결과를 차근차근 정리해서 이야기하겠네. 우선 다음을 증명하지.

법칙 7

생김새가 같고 크기가 다른 각기둥들이나 원기둥들을 생각할 때, 자신의 무게를 이기지 못해 부서지는 것과 부서지지 않고 버티는 것들의 경계가 되는 어떤 크기가 단 하나 있다. 이보다 더 큰 것은 모두 자신의 무게를 못 이겨서 부서지고, 이보다 더 작은 것은 모두 자신의 무게뿐만 아니라 거기에 약간의 무게를 더해도 부서지지 않고 버틴다.

무거운 기둥 AB가 있는데, 그 길이가 부서지지 않는 한도 내에서 가장 길다고 하자. 그러니까 AB의 길이를 조금이라도 더 늘이면, 무게를 못 이겨서 부서진다고 하자. 이 기둥과 똑같이 생기고 크기가 다른 기둥들이 무수히 많이 있지만, 이것이 바로 부서지고, 부서지지 않고 하는 경계선에 있다. 그러니까 이것보다 더 큰 것은 자신의 무게를 못 이겨서 부서지고, 이것보다 더 작은 것은 자신의 무게뿐만 아니라 약간의 무게를 더 더해도 부서지지 않고 버틸 수 있다.

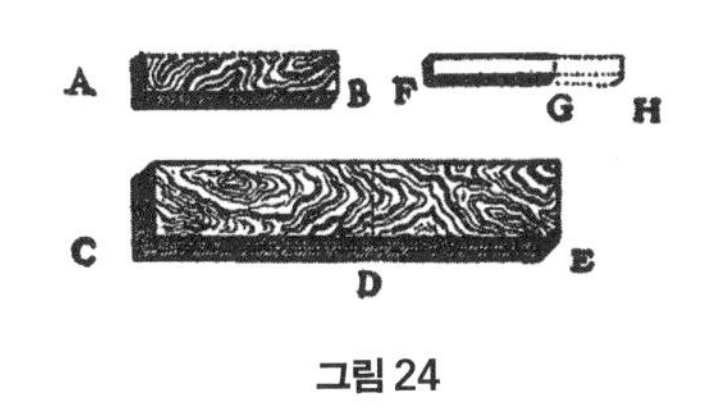

그림 24

기둥 CE는 AB와 생김새가 같고 AB보다 조금 더 크다고 하자. 그러면 이것은 성하게 있지 못하고, 자신의 무게 때문에 부서지게 됨을 보이겠다. 기둥 CE에서 AB와 같은 길이인 부분을 CD로 나타내자. CD의 강도는 AB의 강도와 비교해서 두께의 세제곱에 비례한다. 그런데 길이의 세제곱은 부피를 나타내고, 부피는 무게를 나타내니까, 이 강도의 비율은 CE와 AB의 무게 비율과 같다. 그러니까 길이가 CD인 기둥이 최대한 버틸 수 있는 무게가 바로 CE의 무게이다. 그런데 지금 CE는 길이가 더 길다. 따라서 힘이 더 커서, 이 기둥은 견디지 못하고 부서진다.

이제 닮은꼴이면서 작은 기둥 FG를 생각하자. 이것의 길이를 늘여서, FH가 AB와 길이가 같다고 하자. 마찬가지 방법으로 계산하면, FG의 강도와 AB의 강도의 비율은, 만약에 FG의 거리가 FH(즉 AB)와 같다고 하면, 기둥 FG와 기둥 AB의 무게 비율과 같다. 그런데 실제로는 FG가 AB보다 짧다. 그러니까 FG의 무게가 끝점 G에 작용할 때, 그 힘은 이 기둥을 부술 만큼 되지 않는다.

사그레도 이 보기들은 간단하면서 알기가 쉽구먼. 이 법칙이 처음에 보왔을 때는 거짓말 같았는데, 이제 보니 사실이고 필연임을 알겠네. 그렇다면 기둥이 부러지고, 부러지지 않는 경계선에 놓이도록 하려면, 길이를 늘이거나 두께를 줄여서, 길이와 두께의 비율이 달라지도록 해야겠군. 이렇게 한계가 되는 상태를 찾는 것도 머리를 잘 써야 하겠어.

살비아티 아니, 이건 그 정도가 아닐세. 이건 매우 어려운 문제이지. 이걸 계산하기 위해서 엄청나게 많은 시간을 들였네. 내가 자네들에게 설명해 주겠네.

법칙 8

자신의 무게를 견딜 수 있는 한계 내에서, 길이가 가장 긴 기둥이 있다고 하자. 이보다 더 긴 길이를 주었을 때, 이것을 기둥의 길이로 하면서 그 기둥의 무게를 버틸 수 있게 하려면, 기둥의 지름이 최소한 얼마가 되어야 하는가?

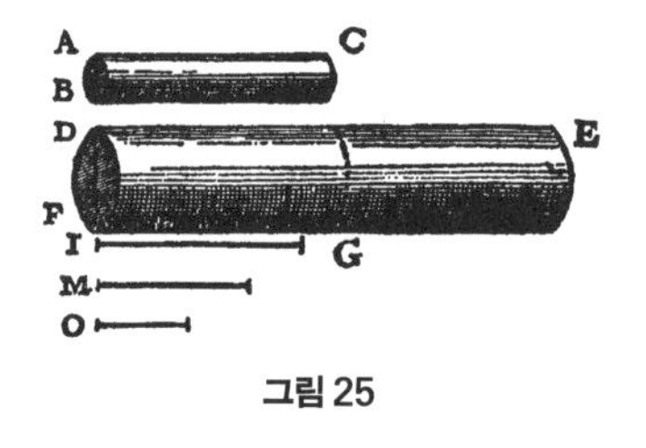

그림 25

기둥 BC가 자신의 무게를 견딜 수 있는 한계에 있는 기둥이라고 하자. 그리고 DE는 AC보다 더 긴 선이라고 하자. 그렇다면 기둥의 길이가 DE일 때, 자신의 무게를 버틸 수 있으려면, 지름이 최소한 얼마가 되어야 하는지 구해야 한다.

어떤 선분 I를 긋되, DE의 길이, AC의 길이, I의 길이가 차례차례 비율이 같도록(등비수열이 되도록) 그어라. 지름 FD와 지름 BA의 비율이, DE와 I의 비율과 같도록 잡아라. 그러면 FD를 밑면으로 하는 원기둥을 만들면, 이것이 바로 같은 비율로 생긴 원기둥들 가운데 자신의 무게를 지탱할 수 있는 한계에 있는 것으로는 가장 큰 것임을 보이겠다.

DE의 길이, I의 길이, M의 길이, O의 길이가 등비수열이 되도록, 선분 M과 선분 O를 그리자. FG의 길이가 AC와 같도록 G를 잡자. 이제 FD와 AB의 비율은 DE와 I의 비율과 같고, DE, I, M, O의 길이는 등비수열이니, FD의 세제곱과 BA의 세제곱의 비율은 DE와 O의 비율과 같다.

그런데 기둥 DG의 강도와 기둥 BC의 강도의 비율은, 반지름의 세제곱에 의해 결정되니까, DE와 O의 비율과 같다. 그리고 기둥 BC의 무게가 작용하는 힘에 대해서, 한쪽 끝 AB에서 버텨서 균형을 이루고 있으니까, 우리가 원하는 것을 보이기 위해서는, 기둥 FE의 힘과 기둥 BC의 힘의 비율이, DF와 BA의 버티는 강도의 비율과 같음을 보여야 한다. 그러니까 FD의 세제곱과 BA의 세제곱의 비율, 또는 DE와 O의 비율과 같음을 보여야 한다. 그러면 기둥 FE의 힘과 DF의 버티는 강도가 같음이 나온다.

기둥 FE와 기둥 DG의 힘의 비율은, DE의 제곱과 AC의 제곱의 비율과 같다. 그러니까 DE와 I의 비율과 같다. 그런데 기둥 DG와 기둥 BC의 힘의 비율은, DF의 제곱과 AB의 제곱의 비율과 같다. 그러니까 DE의 제곱과 I의 제곱의 비율, 또는 I의 제곱과 M의 제곱의 비율, 또는 I와 O의 비율과 같다. 이 비례식들을 이용하면, 기둥 FE와 기둥 BC의 힘의 비율이, DE와 O의 길이 비율과 같음이 나온다. 그러니까 DF의 세제곱과 BA의 세제곱의 비율, 또는 단면 DF가 버티는 강도와 단면 AB가 버티는 강도의 비율과 같다. 증명이 끝났다.

사그레도 살비아티, 이 증명은 길고 어려워서, 한 번만 듣고는 따라갈 수가 없군. 그러니 한 번 더 설명해 주게.

살비아티 그것보다 달리 간단하게 증명하는 법을 보여 주겠네. 하지만 그러자면 또 다른 도형이 필요한데.

사그레도 그만큼 더 고마운 일이군. 그렇지만 방금 증명한 과정도 자세히 써 주어서, 내가 나중에 틈이 날 때 볼 수 있도록 해 주게.

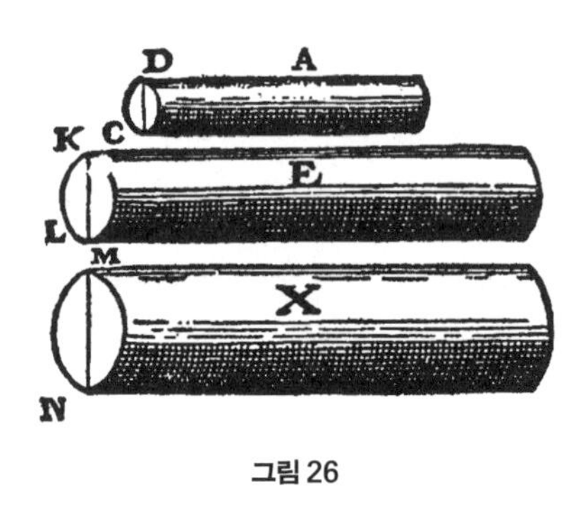

그림 26

살비아티 기꺼이 그렇게 하겠네. 기둥 A는 지름이 DC이고, 자신의 무게를 버틸 수 있는 한계에서 가장 큰 것이라고 하자. 문제는 더 큰 기둥의 경우 자신의 무게를 버틸 수 있는 한계에서 가장 크려면, 지름과 길이의 비율이 어떻게 되느냐 하는 것이다.

주어진 길이가 있을 때, 기둥 E는 그것을 길이로 하고, A와 생김새가 같도록 만들자. 그 지름을 KL이라 하자. 그리고 DC의 길이, KL의 길이, MN의 길이가 등비수열이 되도록 MN을 잡아라. 이제 MN을 지름으로 하면서 E와 길이가 같도록 기둥 X를 만들어라. 이것이 바로 우리가 찾던 답이다.

밑면 DC의 버티는 강도는 밑면 KL의 버티는 강도와 비교해서, DC의 제곱과 KL의 제곱의 비율과 같다. 그러니까 KL의 제곱과 MN의 제곱의 비율과 같다. 그런데 이 비율은 기둥 E와 기둥 X의 크기(부피)의 비율이니, 기둥 E의 힘과 기둥 X의 힘의 비율과 같다. 그리고 밑면 KL의 버티는 강도와 밑면 MN의 버티는 강도의 비율은, KL의 세제곱과 MN의 세제곱의 비율과 같다. 그러니까 DC의 세제곱과 KL의 세제곱의 비율, 또는 A와 E의 힘의 비율과 같다. 그러니까 비례식의 곱에 따라서, A

와 X의 힘의 비율은, DC와 MN의 버티는 강도의 비율과 같다. 그러니까 X는 힘과 강도의 비율이 A와 같다.

이 문제를 일반화해서, 다음과 같이 만들 수 있다.

법칙 9

어떤 기둥 AC에서 힘과 강도가 어떤 임의의 비율로 되어 있는데, DE를 다른 기둥의 길이라 할 때, 이 기둥의 지름이 얼마가 되어야, 힘과 강도의 비율이 AC의 경우와 같을까?

법칙 8에서 나온 그림 25를 사용하자. 기둥 FE의 힘과 기둥 DG의 힘의 비율은, ED의 제곱과 FG의 제곱의 비율과 같고, 이것은 DE와 I의 길이 비율과 같다. 그리고 기둥 FG의 힘과 기둥 AC의 힘의 비율은, FD의 제곱과 AB의 제곱의 비율과 같다. 이것은 DE의 제곱과 I의 제곱의 비율, 또는 I의 제곱과 M의 제곱의 비율, 또는 I와 O의 길이 비율과 같다.

그러므로 기둥 FE의 힘과 기둥 AC의 힘의 비율은, DE와 O의 길이 비율과 같다. 즉 DE의 세제곱과 I의 세제곱의 비율, 또는 FD의 세제곱과 AB의 세제곱의 비율과 같다. 이것이 곧 단면 FD와 단면 AB의 강도의 비율이다. 그러므로 문제가 해결이 되었다.

이제까지 증명한 것을 보면, 어떤 구조물을 매우 크게 만드는 것은 자연적이든 인공적이든, 불가능함을 쉽게 알 수 있네. 예를 들어 배, 궁전, 사원 따위를 매우 크게 만들어서, 노, 돛대, 들보, 볼트 등등 모든 부분을 같은 비율로 만들어서, 그게 붙어 있도록 할 수가 없네.

자연이 매우 큰 나무를 만들었다가는, 그 가지가 자신의 무게를 못 이겨서 부러질 걸세. 마찬가지로 사람이나 말, 또는 어떠한 동물이든 키가 매우 크도록 만들어서, 그들이 일상적인 활동을 할 수 있도록 뼈의 구조를 만드는 것은 불가능하네. 왜냐하면 키가 크도록 만들려면, 보통 뼈보다 훨씬 강하고 튼튼한 물질을 쓰거나, 아니면 뼈의 굵기가 훨씬 더 큰 비율로 커져야 하는데, 그렇게 하면 생김새가 달라져서 동물의 모양이 괴물이 될 걸세.

재치 있는 시인이 거인을 묘사하면서 다음과 같이 표현했을 때, 어쩌면 그는 마음속으로 이 생각을 하고 있었던 것 같아.

> 키가 비교하기도 어렵게 크고,
> 몸이 뚱뚱하기도 잴 수가 없네.

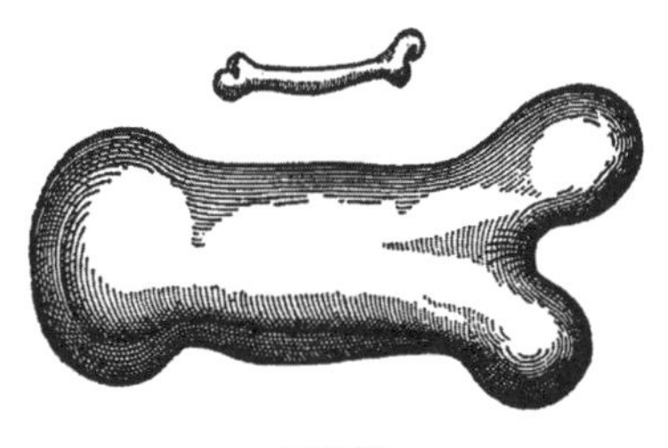

그림 27

이것을 보여 주기 위해서, 여기 조그마한 뼈 하나와, 그 길이를 세 배로 늘였을 때 작은 뼈가 작은 동물의 몸에서 하는 역할을 큰 동물의 몸에서 할 수 있도록, 굵기를 늘인 큰 뼈를 그렸네. 이 그림을 보면, 큰 뼈는 길이와 굵기의 비율이 비정상적으로 되었음을 알 수 있어. 그러니까 어마어마한 거인이 보통 사람과 뼈의 생김새가 같다고 하면, 그 뼈가 훨씬 튼튼하고 단단한 물질로 되어 있어야 하네. 그렇지 않다면, 보통 크기의 사람에 비해 상대적으로 훨씬 약해져. 키가 비정상으로 커지면, 자신의 무게를 이기지 못해 부서져 쓰러질 걸세.

반대로 덩치가 작아지면, 그에 비례해서 힘이 작아지는 것이 아닐세. 그러니까 상대적으로 보면, 덩치가 클 때보다 오히려 힘이 더 세. 그래서 조그마한 개는 같은 크기의 개 두세 마리를 등에 업고 갈 수 있지만, 말은 자기 크기의 말 한 마리도 업고 움직일 수가 없네.

심플리치오 어쩌면 그럴지도 모르지. 그러나 어떤 물고기들은 어마어마하게 크잖은가? 고래는 코끼리보다 열 배나 더 커도, 자신의 무게를 잘 버티고 지내는데.

살비아티 자네의 미심쩍어하는 말을 들으니, 지금까지 깜빡 잊고 있던 원리가 생각나는군. 거인이나 커다란 동물들도 이 원리에 따라서 만들어졌다면, 작은 동물마냥 자신의 몸을 버티고 자유롭게 움직일 수 있네.

그렇게 되려면, 뼈나 기타 무게를 받치는 부분들이 자신의 무게뿐만 아니라 위에서 실리는 무게를 버틸 수 있도록 훨씬 더 튼튼해져야 하네. 아니면 뼈의 구조는 덩치가 작은 경우와 같은 비율로 생겼더라도, 뼈의 무게, 살의 무게, 기타 지탱해야 할 무게들이 적당한 비율로 줄어들면, 덩치가 작은 경우와 마찬가지로 쉽게 지탱할 수 있지. 물고기의 경우는 이 원리가 적용이 돼. 자연은 이들의 뼈나 근육이 무게가 가벼운 정도가 아니라, 아예 무게가 없도록 만들어 주거든.

심플리치오 살비아티, 자네가 무슨 말을 하려는지 잘 알고 있네. 물고기들은 물에서 살기 때문에, 물의 비중, 그러니까 물의 무게가 그 속에 잠긴 물체들을 가볍게 만들지. 그 때문에 물고기들은 무게가 없어서, 뼈가 상하지 않고 잘 버틴다는 말을 하려는 것이지? 하지만 이걸로 모든 것을 설명할 수는 없네.

물고기 몸에서 다른 부분들은 아래로 내리누르는 무게가 없을지 몰라도, 뼈는 무게가 아래로 작용하는 것이 확실하네. 고래의 갈비뼈는 대들보만 하고, 이건 물에 넣어도 엄청나게 무게가 나가고, 아래로 가라앉으려 하지. 그러니까 이 엄청난 무게가 스스로 버틸 수는 없네.

살비아티 아주 똑똑한 반론이군. 그렇다면 내가 묻겠는데, 자네는 물고기가 물속에서 가만히 있으면서, 위로 올라가지도 않고, 바닥으로 가라앉지도 않고, 헤엄치지도 않고, 꼼짝도 않고 있는 것을 본 일이 있나?

심플리치오 그거야 흔히 볼 수 있는 일이지.

살비아티 물고기가 물속에서 꼼짝도 않고 가만히 있을 수 있는 것은, 물고기의 몸이 물과 비중이 같다는 확실한 증거이지. 그러니까 몸의 구조에서 어떤 부분이 물보다 더 무겁다면, 반대로 더 가벼운 부분이 있게 마련이지. 그래서 그것들이 평형을 이루는 것이지.

그러니까 뼈가 물보다 더 무겁다면, 근육이나 또는 몸의 다른 일부분이 물보다 더 가벼워서, 이들의 부력이 뼈의 무게를 버티는 것이지. 물속에 사는 동물들은 육지에 사는 동물들과 상황이 반대가 돼. 육지 동물들은 뼈가 자신의 무게뿐만 아니라 살의 무게도 버티는데, 물속 동물들은 살이 자신의 무게뿐만 아니라 뼈의 무게까지 받치고 있는 걸세. 이런 거대한 동물들이 왜 육지에서, 그러니까 공기 중에 살지 않고, 물속에서 사는가 하는 궁금증이 풀렸겠지.

심플리치오 이제 확실히 알겠네. 육지 동물들을 육상 동물이라 부르지 말고, 공중 동물이라 부르는 편이 낫겠군. 그 동물들은 공기 중에서 살고, 공기에 둘러싸여 있으며, 공기로 숨을 쉬니까.

사그레도 심플리치오의 질문이나 답이 정말 재미있구먼. 거대한 물고기를 해변에 끌어 올리면, 자신의 무게를 감당하지 못해서, 오래 못 가 뼈마디가 갈라지고, 자신의 무게에 깔려 죽게 되는 이유를 알겠군.

살비아티 그래, 그렇게 되지. 이것은 동물뿐만 아니라 배도 마찬가지야. 매우 큰 배들이 바다 위에서는 짐을 잔뜩 싣고 중무장을 하고 떠 있지만, 이 배들을 그 상태로 뭍으로 끌어 올리면, 부서져 버릴 걸세. 이 이야기는 그만두고, 이제 다음 문제를 생각하세.

법칙 10

원기둥이나 각기둥의 한쪽 끝에 어떤 추를 매달아서, 이 기둥이 자신의 무게와 추의 무게를 간신히 버티고 있다면, 추가 없을 때, 이 기둥이 자신의 무게를 견딜 수 있는 한계 내에서 길이를 얼마나 길게 만들 수 있는지 구하시오.

기둥 AC가 있다고 하자. 한쪽 끝 C에, 기둥이 부서지지 않는 한도 내에서 가장 무거운 추 D를 달았다. 추가 없을 때, 이 기둥이 자신의 무게를 버틸 수 있는 최대 길이를 구해야 한다.

선분 AH의 길이와 AC의 길이의 비율이, AC의 무게에다 D 무게의 두 배를 더한 것과 AC의 무게와의 비율과 같아지도록, 선분 AH를 잡아라. 그다음, CA와 AH의 기하평균을 AG라 하자. 그러면 AG가 바로 우리가 찾는 기둥의 길이임을 보이겠다.

추 D는 한쪽 끝에 매달려 있으니, 이것은 AC의 가운데에 매달려 있는 것에 비해서, 두 배의 힘을 A에 작용한다. 기둥 AC의 무게는 기둥의 한가운데에 전체 무게가 있는 것처럼 작용한다. 그러니까 A에 작용하는 힘은, AC의 무게에다 D의 무게를 두 배 해서 더한 것이 기둥의 한가운데에 있는 것과 같다.

여기서 AH와 AC의 길이의 비율은, AC의 무게에다 두 배의 D를 더한 것과 AC의 무게와의 비율과 같고, AG는 AH와 AC의 기하평균이니,

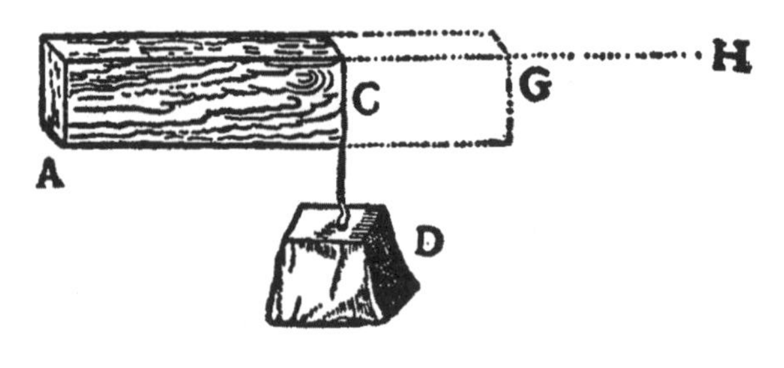

그림 28

AC의 무게 더하기 두 배의 D의 무게가 작용하는 힘과 AC의 무게가 작용하는 힘과의 비율은, GA의 제곱과 AC의 제곱의 비율과 같다. 그런데 기둥 GA가 작용하는 힘과 기둥 AC가 작용하는 힘의 비율은, GA의 제곱과 CA의 제곱의 비율과 같아. 따라서 AG가 바로 우리가 찾던 기둥의 길이, 즉 부서지지 않는 한도 내에서 가장 긴 길이이다.

우리는 지금까지 기둥의 한쪽 끝이 고정되어 있고, 다른 쪽 끝에 무게가 실릴 때, 그 기둥이 받는 힘과 버티는 강도에 대해서 생각해 보았네. 우리가 다룬 것은 세 가지 경우였어. 추의 무게만 고려하는 경우, 기둥의 무게와 추의 무게를 더해서 생각하는 경우, 기둥만 있고 추가 없는 경우. 이제 원기둥이나 각기둥들을 양쪽 끝이나 아니면 가운데를 받치고 있는 경우를 생각하세.

우선 한 가지를 말하고 넘어가겠네. 기둥에다 다른 무게를 가하지 않고 자신의 무게만을 받치고 있을 때, 기둥이 부서지지 않고 버티는 최대 길이는, 그 기둥의 양쪽 끝을 받치거나 기둥의 한가운데만을 받치는 경우, 또는 기둥을 벽에다 꽂아서 한쪽 끝만 받치는 경우에 비해서, 길이가 두 배가 되네. 이것은 명백하지?

기둥을 ABC로 나타내고, 이 기둥의 절반인 AB가 B를 고정했을 때 버틸 수 있는 최대 길이라고 가정하자. B의 밑에 받침점 G를 세워서 이

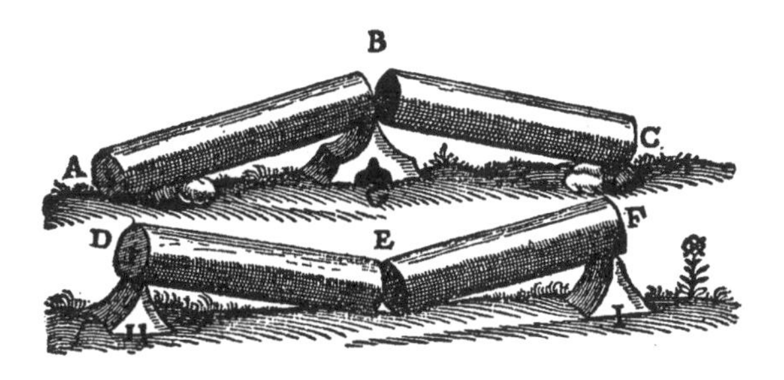

그림 29

기둥을 떠받치면, 한쪽 절반이 다른 쪽 절반 BC와 균형을 이루게 된다. 기둥 DEF의 경우도, 이 기둥을 한쪽 끝 D나 F를 고정했을 때, 이 길이의 절반을 지탱할 수 있다고 하자. 그러면 양 끝 D, F에 받침점 H, I를 세워서 이 기둥을 떠받칠 수 있는데, 이때 바깥에서 조그마한 힘이라도 E에 가하면, 이 기둥은 견디지 못하고 E에서 부서진다.

이보다 더 어렵고 미묘한 문제가 있네. 기둥의 무게는 무시하고, 기둥의 양 끝을 받치고 있을 때, 한가운데에 어떤 힘을 가해서 그 기둥을 부술 수 있다면, 같은 크기의 힘을 한가운데가 아닌 다른 곳에 가해도 기둥이 부서질까?

예를 들어 막대를 부러뜨리려면 양 손으로 잡고 무릎에다 내리치면 되는데, 만약에 막대 가운데가 아니라, 끝에 가까운 부분을 무릎에다 내리쳐도 막대가 부러질까?

사그레도 아리스토텔레스가 『역학』에서 이것을 다룬 것 같아.

살비아티 아리스토텔레스가 다룬 것은 이 문제와 약간 달라. 그가 다룬 문제는, 양 손으로 막대의 끝을 잡아서, 무릎으로 힘을 가하는 부분과 멀도록 하면 막대가 쉽게 부러지는데, 두 손을 가까이 해서, 막대를 짧게 잡으면 왜 잘 부러지지 않는가 하는 것이었네. 아리스토텔레스는 양 끝을 잡았을 때 지렛대의 팔길이가 길어지는 것으로 설명을 했지. 지금 내가 다루는 문제는 더 어려운 것일세. 손이 여전히 양쪽 끝을 잡고 있을 때, 무릎으로 치는 부분이 달라져도, 같은 힘으로 부러뜨릴 수 있나 하는 것이지.

사그레도 언뜻 보기에 그럴 것 같군. 길이가 한쪽은 길어지고 다른 한쪽은 짧아지니, 힘을 가했을 때 받는 힘이 한쪽은 커지고 다른 한쪽은 작아져서, 더하면 원래와 같을 테니까.

살비아티 이런 문제는 잘못하면 실수를 하게 되니까, 조심해서 찬찬히 살피면서 풀어야 하네. 언뜻 보기에는 자네가 한 말이 그럴듯해 보여. 하지만 자세히 연구해 보면, 이건 사실과 달라. 무릎은 두 지레의 받침점 역할을 하는데, 무릎이 막대의 중점이 아닌 다른 곳에 닿을 때에는, 그 막대를 부러뜨리기 위해서, 중점에 닿는 경우에 비해 두 배, 네 배, 열 배, 백 배, 심지어 천 배의 힘을 써야 하는 경우도 있네. 이 문제를 풀기 위해 우선 몇 가지 일반적인 상황을 검토해 보고, 그다음에 부수기 위해서는 위치에 따라서 힘이 어떻게 달라져야 하는지 비율을 계산해 보세.

나무로 된 기둥 AB를 중점 C에다 받쳐 놓고 부러뜨리려 해 보자. 그리고 DE는 똑같은 기둥인데, 중점이 아닌 곳 F에다 받쳐 놓고 부러뜨리려 해 보자. 우선 AC와 CB의 거리가 같으니까, 양 끝점 A와 B에는 같은 크기의 힘을 가해야 한다. 거리 DF는 AC에 비해 짧으니까, D와 A에 같은 크기의 힘을 주었을 때, 그

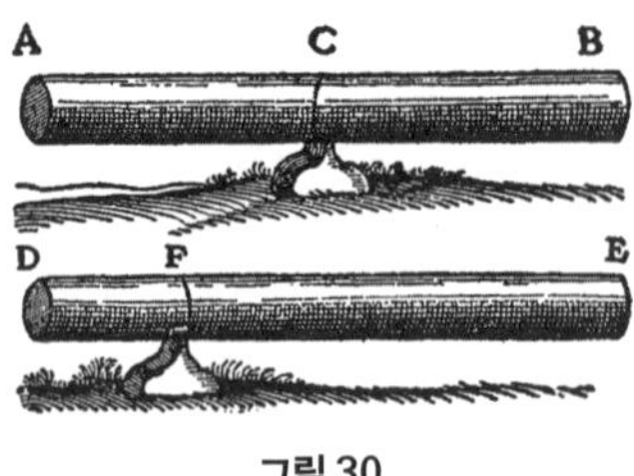

그림 30

게 받침점에 작용하는 힘은 D의 경우가 더 작다. 그 비율은 길이 DF와 AC의 비율과 같다. 따라서 F에서 버티는 강도를 능가하려거나 맞먹으려면, D에 가하는 힘이 더 커져야 한다. 그런데 AC의 길이와 비교해서 DF의 길이는 얼마든지 작아질 수 있다. 그러니까 F에서 버티는 힘과 맞먹으려면, D에 가하는 힘이 얼마든지 커져야 한다.

반대로 FE의 거리와 CB의 거리를 비교해 보면, 거리가 더 늘어났으니, E에 가하는 힘이 더 줄어들어야 한다. 그런데 FE의 거리와 CB의 거리의 비율은 얼마든지 커지는 것이 아니다. 받침점 F를 D에 가까이 보내더라도, 이 거리는 CB의 두 배가 될 수 없다. 따라서 E에 가해야 하는 힘은 항상, B에 가하는 힘의 절반보다 더 커야 한다. 그렇다면 받침점 F가 D에 가까이 갈 때, F에서의 강도를 능가하려면, E와 D에 가하는 힘을 더한 것이 한없이 커져야 한다.

사그레도 할 말이 없네. 그렇기에 틀리지 않고 올바르게 추론하도록 만들고, 생각이 똑똑해지도록 만드는 가장 좋은 방법은 기하학이라고 고백하지 않았나? 플라톤이 무엇보다도 먼저 수학을 철저하게 알아야 한다고 제자들에게 말한 것은 백번 지당한 말씀이었어. 나도 지렛대의 원리와 성질, 팔길이가 늘어나거나 줄어들면 힘이 어떻게 늘어나고 줄어드는지 잘 알고 있었지만, 이 문제의 경우는 내가 완전히 속았네.

심플리치오 논리학은 토론을 할 때 중요한 길잡이가 되지만, 새로운 발견을 하도록 자극을 주는 것으로는, 기하학이 갖는 날카로운 판단 능력에 비교할 바가 못 된다는 것을 알았네.

사그레도 내가 보기에, 논리학이란 어떤 논쟁이나 증명이 발견된 다음에 그것이 옳은지 여부를 확인하는 방법은 되지만, 논리학을 사용해 토론이나 증명 방법을 찾을 수는 없네. 살비아티, 이제 그걸 설명해 주게. 같은 기둥인 경우 받침점이 한쪽 끝으로 움직일 때, 그 기둥을 부수기 위해서는 힘이 어떤 비율로 커져야 하는지.

살비아티 그 비율은 다음과 같네.

법칙 11

기둥에다 부수기를 원하는 지점을 표시했을 때, 그 지점의 강도는, 양 끝점에서 그 지점까지 거리를 변으로 갖는 직사각형의 넓이에 역으로 비례한다.

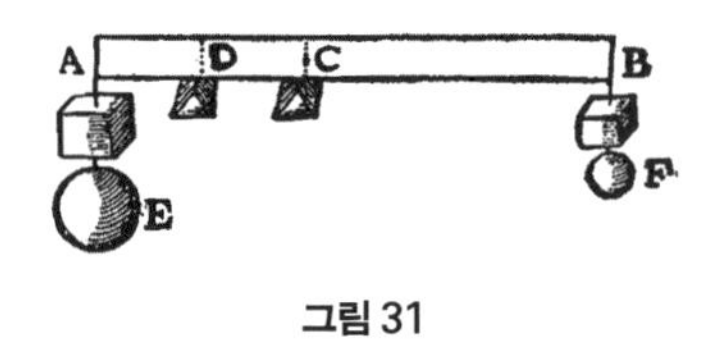

그림 31

기둥의 어떤 점 C에서 이 기둥이 부러지도록 하기 위해서는, 양 끝점에서 A, B의 힘이 필요하다고 하자. 마찬가지로 D에서 부러지도록 하기 위해서는, 양 끝점에서 E, F의 힘이 필요하다고 하자. 그러면 A와 B를 더한 것과 E와 F를 더한 것과의 비율은, 직사각형 AD · DB와 직사각형 AC · CB의 넓이 비율과 같음을 보이겠다.

A와 B를 더한 것과 E와 F를 더한 것과의 비율은, 다음의 세 비율을 곱한 것과 같다. A+B와 B의 비율, B와 F의 비율, F와 F+E의 비율. 그런데 BA의 길이와 CA의 길이의 비율은, A와 B의 무게를 더한 것과 B의 무게와의 비율과 같다. 그리고 DB의 길이와 CB의 길이의 비율은, B의 무게와 F의 무게의 비율과 같다. 그리고 AD의 길이와 AB의 길이의 비율은, F의 무게와 E, F의 무게를 더한 것과의 비율과 같다.

그러므로 A와 B를 더한 것과 E와 F를 더한 것과의 비율은, 다음 세 비율을 곱한 것과 같다. BA와 CA의 비율, BD와 BC의 비율, AD와 AB의 비율. 그런데 DA와 CA의 비율은, DA와 BA의 비율과 BA와 CA의 비율을 곱한 것이다. 그러므로 A와 B를 더한 것과 E와 F를 더한 것과의 비율은, DA와 CA의 비율과 DB와 BC의 비율을 곱한 것이다.

그런데 직사각형 AD·DB와 직사각형 AC·CB의 넓이 비율은, DA와 CA의 비율과 DB와 CB의 비율을 곱한 것이다. 따라서 A와 B를 더한 것과 E와 F를 더한 것과의 비율은, 직사각형 AD·DB와 직사각형 AC·CB의 넓이 비율과 같다. 그러므로 점 C에서 부서지지 않고 버티는 강도는 점 D에서와 비교해서, 직사각형 AD·DB와 직사각형 AC·CB의 넓이 비율과 같다. 증명이 끝났다.

이것을 써서, 또 다른 재미있는 문제를 풀 수 있다.

법칙 12

어떤 기둥이 강도가 제일 약한 중점에서 버틸 수 있는 무게가 있는데, 그보다 더 무거운 무게를 주었을 때, 그 무게를 버틸 수 있는 한계가 되는 점을 찾으시오.

주어진 더 무거운 무게와 중점에서 버틸 수 있는 한계 무게와의 비율을 선분 E와 선분 F의 길이 비율로 나타내자. 그 무게를 버틸 수 있는 한계가 되는 지점을 기둥에서 찾는 것이 문제이다.

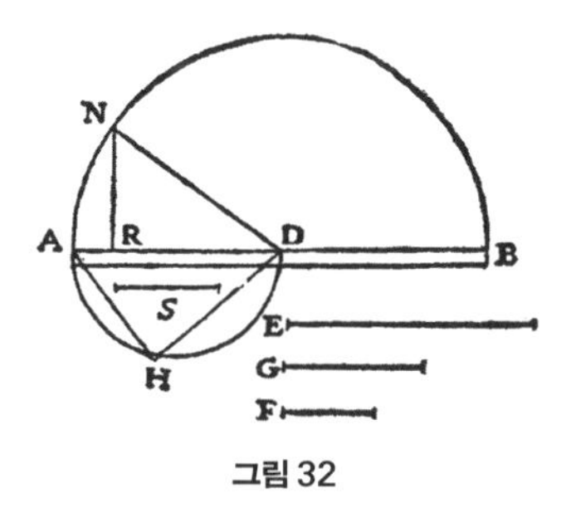

그림 32

이 기둥을 AB로 나타내고, 중점을 D로 나타내자. 선분 G의 길이가 E와 F의 기하평균이 되도록 잡자. 어떤 선분 S를 잡되, AD와의 길이 비율이 G와 E의 비율과 같도록 만들자. 그러면 S는 AD보다 짧다.

이제 AD를 지름으로 하는 반원 AHD를 그리자. 여기서 선분 AH의 길이가 S의 길이와 같도록 잡아라. H와 D를 선분으로 연결한 다음, 그 선분과 길이가 똑같도록 선분 DR를 이 기둥에 잡아라. 그러면 R가 바로 우리가 찾던 지점이다. 그러니까 주어진 무게가 바로 점 R에서 버틸 수 있는 최대의 무게이다.

이것을 증명하기 위해서 AB를 지름으로 반원을 그려라. 점 R에서 수직으로 선을 그어서, 이 반원과 만나는 점을 N이라고 하자. 그리고 N과 D를 선분으로 연결하자. NR의 제곱과 RD의 제곱을 더하면, ND의 제곱과 같다. 이것은 AD의 제곱과 같다. 이것은 또한 AH의 제곱과 HD의 제곱을 더한 것과 같다. 그리고 HD와 DR는 길이가 같으니까, NR의 제곱은 AH의 제곱과 같다. 이것은 또 S의 제곱과 같다.

그런데 NR의 제곱은 직사각형 AR·RB의 넓이와 같다. 그리고 S의 제곱과 AD의 제곱의 비율은, F와 E의 길이 비율과 같다. 이 비율은, 중점이 버틸 수 있는 무게와 주어진 더 무거운 무게와의 비율이다. 그러니까 주어진 더 무거운 무게가 바로 점 R에서 버틸 수 있는 최대의 무게이다. 이게 바로 우리가 구하려던 답이다.

사그레도 이제 완벽하게 이해했네. 기둥이 중점에서 멀어지면 점점 더 강해지고, 실리는 무게에 대해 더 잘 버티니까, 매우 크고 무거운 들보의 경우, 끝으로 가면서 상당한 부분을 베어 내도 되겠군. 그러면 무게가 가벼워지니까, 커다란 강당의 서까래를 이렇게 만들면 더 쓸모가 있고 편하겠군.

입체의 모양이 어떻게 생겨야 모든 점에서 강도가 같게 되는지 알아낼 수 있다면 좋겠군. 이런 입체는 무게가 가운데에 실린다고 해도, 다른 곳에 비해 더 쉽게 부서지지 않겠지.

살비아티 그 문제와 관련이 있는, 재미있고 주목할 만한 사실에 대해서 말하려던 참이었어. 그림을 그려서 설명해 주지. DB를 사각기둥이라고 하자. 우리가 이미 다뤄서 알고 있지만, 한쪽 끝 B에다 어떤 무게를 가했을 때, 반대쪽 끝 AD에서 그에 대응해 버티는 강도는 CI에서 버티는 강도에 비해 약하고, 그 비율은 CB와 AB의 길이 비율과 같다.

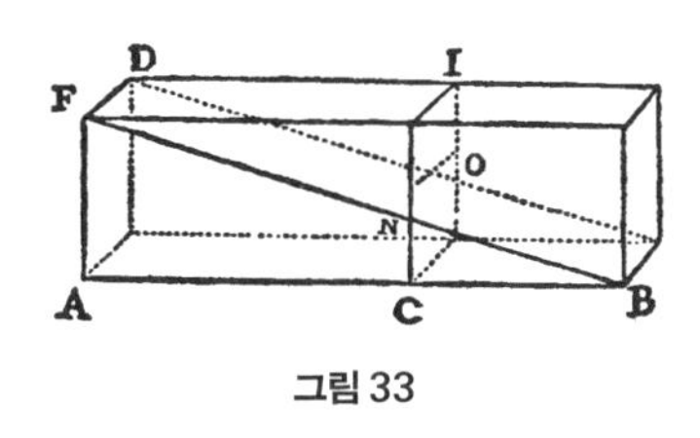

그림 33

이제 이 사각기둥을 대각선으로 잘라서, 앞에서 보았을 때 삼각형 모양이 되도록 하자. 그 삼각형을 FAB로 나타내자. 이 입체는 사각기둥과는 전혀 다른 성질을 갖는다. B에다 어떤 무게를 가했을 때, 그에 대응해 버티는 강도는 C 지점이 A보다 약하다. 그 비율은 CB의 길이와 AB의 길이 비율과 같다.

이것은 다음과 같이 증명할 수 있다. C에서의 단면을 CNO로 나타내면, FA와 CN의 길이 비율은 AB와 CB의 길이 비율과 같다. 이것은 닮은꼴 삼각형이니까 그렇게 된다.

그다음, A와 C가 지레의 받침점이 놓이는 곳이라고 생각하자. 두 경우 지렛대의 팔길이는 AB, AF, 그리고 CB, CN이 되어서 같은 비율이다. 그러니까 B에 실리는 무게가 AB를 팔길이로 하면서 A에 작용해 AF의 힘으로 버티는 것은, B에 실리는 무게가 CB를 팔길이로 하면서 C에 작용해 CN의 힘으로 버티는 것과 같은 비율이다. 하지만 이때 C점에서 CN을 팔길이로 하며 버티는 힘은, A점에서 버티는 힘에 비해서, CO의 단면적이 AD의 단면적에 비해서 작은 만큼 더 작아진다. 이것은 CN과

AF의 비율, 그러니까 CB와 AB의 비율과 같다.

그러니까 이 입체의 OBC 부분이 C에서 보여 주는 강도는, 입체 DAB가 A에서 보여 주는 강도에 비해서 약하다. 그 비율은 CB와 AB의 길이 비율과 같다.

이렇게 대각선으로 톱질을 해서 사각기둥을 절반으로 잘랐을 때, 삼각형 FBA 모양의 입체가 남게 되지. 그런데 사각기둥과 이 입체는 반대 성질을 갖고 있네. 하나는 가까운 곳에서 강하고, 다른 하나는 가까운 곳에서 약해. 그렇다면 이 두 입체의 사이에 어떤 적당한 선을 그어 자르면, 그때 생기는 입체는 모든 점에서 강도가 같도록 만들 수 있네. 그렇지 않겠나?

심플리치오 그런 선이 있게 마련이지. 큰 것이 작게 바뀔 때, 그 중간 어디에선가 같아지는 곳이 반드시 존재하지.

사그레도 문제는 어떤 선을 따라 톱질을 해야 하느냐 이지.

심플리치오 이건 어렵지 않아 보이네. 사각기둥을 대각선을 따라 잘라서 절반을 버렸을 때, 나머지가 원래의 기둥과 비교해서 반대되는 성질을 가지게 되었지. 그러니까 원래 기둥이 강한 곳에서, 남은 부분은 약했지. 그렇다면 중간 길을 따라 자르면 될 것 같아. 바꿔 말하면, 절반의 절반, 즉 4분의 1을 잘라 버리면, 남은 부분은 모든 점에서 강도가 같을 걸세. 조금 전의 두 입체들은 한 입체가 강한 곳에서 다른 입체가 약했지.

살비아티 심플리치오, 과녁에서 살짝 빗나갔네. 내가 증명해 보이겠지만, 강도가 떨어지지 않도록 하면서 제거할 수 있는 양은 4분의 1이 아니라

3분의 1일세. 사그레도가 말했듯이, 적당한 곡선을 따라서 톱질을 해야지. 이 적당한 곡선은 포물선임을 증명하겠네. 그러나 우선 다음 성질을 증명할 필요가 있군.

보조 법칙

두 지렛대가 있어서, 무게가 실리는 팔들의 길이 비율이, 그에 대응해 버티도록 저항력을 가하는 팔들의 길이의 제곱의 비율과 같다고 하자. 그리고 대응하는 저항력들의 크기 비율이, 그 팔들의 길이 비율과 같다고 하자. 그러면 두 지렛대에 실리는 무게는 같다.

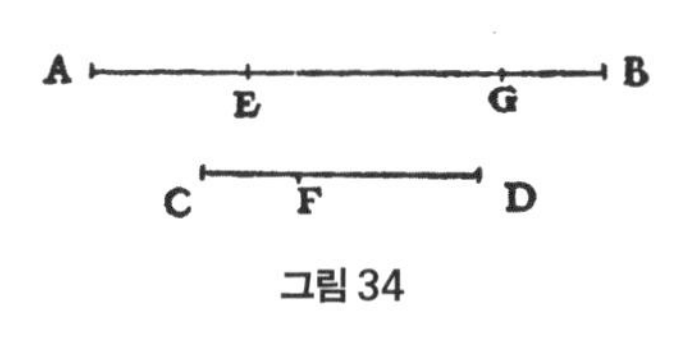

그림 34

여기에 두 지렛대 AB와 CD가 있고, 이들의 받침점이 E와 F이고, EB의 길이와 FD 길이의 비율이, EA의 제곱과 FC의 제곱의 비율과 같다고 하자. 끝점 A와 C에 가하는 대응하는 저항력들의 크기의 비율이 EA와 FC의 길이 비율과 같다고 하자. 그러면 지렛대가 둘 다 평형을 이루려면, B와 D에 실리는 무게가 같아야 함을 증명하겠다.

선분 EG를 EB와 FD의 기하평균이라고 하자. 그러면 BE와 EG의 비율, EG와 FD의 비율, AE와 CF의 비율이 같다. 그런데 맨 마지막 비율은 바로 A와 C에 가하는 대응하는 저항력의 비율이다. 그리고 EG와 FD의 비율이 AE와 CF의 비율과 같으니, EG와 AE의 비율은 FD와 CF의 비율과 같다. 선분 DC와 GA가 F와 E에 의해서 같은 비율로 나누어졌으니, A와 C에 같은 크기의 저항력을 가하고 있다면, D와 G에 실리는 무게도 서로 같아야 둘 다 평형을 이룰 수 있다.

그런데 지금 A에 가하는 대응력과 C에 가하는 대응력의 비율은, AE

와 CF의 비율과 같다고 했다. 이것은 BE와 EG의 비율과 같다. 그러니까 D에 실리던 힘을 B에 실어야, A에 가하는 대응력과 평형을 이룬다. 증명이 끝났다.

이 성질을 잘 알겠나? 그럼 이제 사각기둥의 한 면 FB에다 포물선 FNB를 긋되, B가 이 포물선의 꼭짓점이 되도록 해라. 이 포물선을 따라 톱질을 해서 기둥을 잘라 내라. 남는 부분을 보면, 밑면 AD, 사각 평면 AG, 선분 BG, 그리고 곡면 DGBF가 있는데, 이 곡면은 포물선 FNB와 같이 굽어 있다. 이 입체가 바로 모든 곳에서 강도가 같은 입체임을 보이겠다.

밑면 AD와 평행한 어떤 면으로 이 입체를 잘랐을 때, 그 단면을 CO라 나타내자. A와 C가 두 지렛대들의 받침점이라고 생각하자. A는 BA와 AF를 팔로 갖고 있고, C는 BC와 CN을 팔로 갖고 있다. 이 곡선은 포물선이니까, AB와 BC의 비율은 AF의 제곱과 CN의 제곱의 비율과 같다. 그러니까 BA와 BC의 팔길이 비율은, AF의 제곱과 CN의 제곱의 비율과 같다.

B에다 어떤 무게를 실었을 때, 그것이 BA와 BC를 지렛대의 팔길이로 하면서 A와 C에 힘을 가하는데, 그것에 대응해 버티는 기둥의 힘은 응집력에서 나오고, 이 응집력은 단면의 넓이, 그러니까 직사각형 DA와 직사각형 OC의 넓이에 비례한다. 이것은 또 AF와 CN의 길이에 비례한

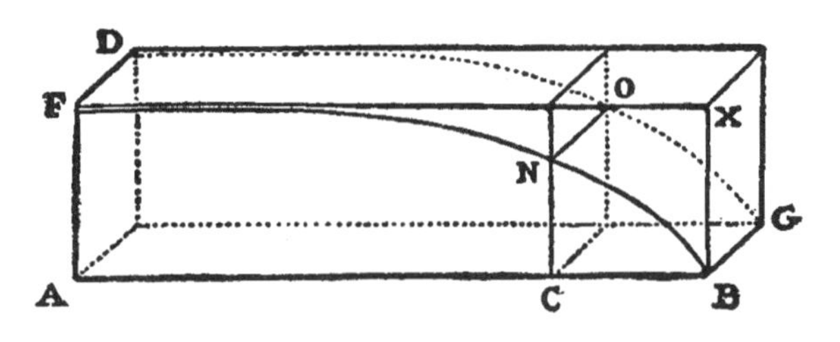

그림 35

다. 우리가 방금 증명한 성질에 따라서, BG에 같은 크기의 무게를 실었을 때, DA와 CO의 버티는 힘이 평형을 이루게 된다. 이것은 다른 단면의 경우도 마찬가지이다. 그러니까 이런 포물선 모양의 입체는 모든 곳에서 강도가 같다.

기둥을 이렇게 포물선 FNB를 따라 자르면, 전체의 3분의 1이 잘려나감을 증명할 수 있다. 이 두 입체는 직사각형 FB와 곡선 도형 FNBA를 밑면으로 해서, 이것들을 평행이동해 만든 것이라 볼 수 있다. 그러므로 이 두 입체의 부피 비율은 직사각형 FB와 도형 FNBA의 넓이 비율과 같다. 이 직사각형의 넓이는 포물선으로 싸인 도형 FNBA의 넓이의 1.5배이다.

그러니까 사각기둥을 포물선을 따라 톱질해 자르면, 3분의 1만큼의 부피를 버릴 수 있다. 나무로 된 들보가 있을 때, 그 무게를 3분의 1이나 덜면서 강도는 여전히 유지할 수 있다. 이 사실은 커다란 배를 만들 때 매우 유용하지. 특히 갑판을 받치는 구조물은 가볍게 만드는 것이 매우 중요하거든.

사그레도 이 사실로부터 이끌어 낼 수 있는 이점들이 하도 많아서, 그것들을 일일이 열거하다가는 하루가 다 가겠군. 하지만 그건 제쳐 두고, 이때 줄어든 무게가 어떻게 해서 자네 말처럼 되는지 모르겠군. 기둥을 대각선을 따라 자르면 절반 무게가 줄어드는 거야 쉽게 알 수 있지. 그런데 포물선을 따라 자르면 3분의 1이 줄어든다니, 자네 말은 늘 틀림이 없으니 믿기는 하겠지만, 그래도 왜 그렇게 되는지 증명을 봤으면 좋겠네.

살비아티 잘라서 버린 부분의 부피가 전체의 3분의 1이 되는 것을 증명해 보란 말인가? 이것은 내가 옛날에 증명을 한 적이 있지. 지금 여기서

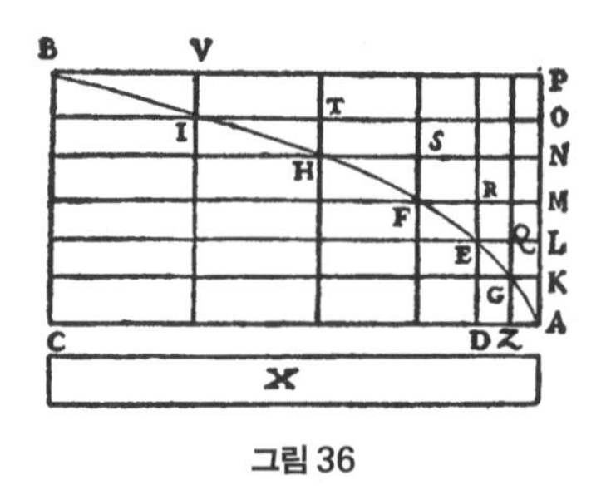

그림 36

는 아르키메데스가 쓴 책인 『나선(*On Spirals*)』에 나오는 정리를 사용해서 증명해 보겠네.

거기에 나오는 정리에 따르면, 어떤 선분들의 길이가 등차수열을 이루고, 가장 짧은 선분의 길이가 바로 그 차이일 때, 이 선분들을 제곱을 해서 더한 다음 3을 곱하면, 그것은 가장 긴 선분을 제곱을 해서 선분들의 수만큼 더한 것보다 더 크다. 하지만 가장 긴 선분을 빼고, 나머지 선분들만 제곱해서 더한 다음 3을 곱하면, 그것은 가장 긴 선분을 제곱을 해서 원래 선분들의 수만큼 더한 것보다 더 작다.

이 정리를 받아들이고, 직사각형 ACBP에다 포물선 AB를 그려 넣어라. 이때 생기는 곡선 삼각형 BAP의 넓이가 직사각형 넓이의 3분의 1임을 보여야 한다. 곡선 삼각형 BAP는 선분 BP, PA를 두 변으로 하고 포물선 BA를 빗변으로 하는 삼각형이다. 만약에 이게 3분의 1이 아니라면, 3분의 1보다 크거나 작을 것이다.

이게 예를 들어 더 작다고 하면, 그 차이를 직사각형 X의 넓이로 나타내자. 직사각형의 변 BP와 CA에 평행하도록 선들을 일정한 간격으로 촘촘하게 그어서, 이 직사각형을 잘게 썰어라. 아주 촘촘하게 썰어서, 각각의 조각이 넓이가 X보다 더 작도록 만들어라. 이 선들이 포물선과 만나는 점을 구한 다음, 그 점에서 AP에 평행하도록 선분을 그어라. 곡선 삼각형 BAP를 직사각형 BO, IN, HM, FI, EK, GA로 덮을 수 있다.

이 직사각형들을 다 더한 것의 넓이도, 직사각형 CP의 넓이의 3분의 1이 안 된다. 왜냐하면 이들을 다 더한 넓이는 곡선 삼각형 BAP의 넓이보다 더 넓기는 하지만, 그 차이는 직사각형 BO의 넓이보다 작고, 직사각형 BO의 넓이는 X의 넓이보다 작기 때문이다.

사그레도 잠깐만 기다리게. 그것들을 더한 것과 곡선 삼각형의 넓이 차이가, 어째서 직사각형 BO의 넓이보다 작단 말인가?

살비아티 직사각형 BO의 넓이는 포물선이 지나가는 조그마한 직사각형들의 넓이를 다 더한 것과 같지? 그러니까 직사각형 BI, IH, HF, FE, EG, GA 말일세. 이 직사각형들은 일부분이 곡선 삼각형의 바깥에 놓여 있지. 직사각형 BO의 넓이는 X의 넓이보다 작다고 했지?

그러니까 곡선 삼각형 BAP 더하기 X의 넓이가 직사각형 CP의 넓이의 3분의 1인데, 직사각형들로 이 곡선 삼각형을 덮은 것은 그 넓이를 다 더하더라도, 곡선 삼각형의 넓이에다 X보다 작은 넓이를 더한 것이니, CP의 넓이의 3분의 1이 안 된다. 하지만 그 넓이는 3분의 1이 넘는다. 이것은 모순이다. 그러니까 곡선 삼각형의 넓이가 직사각형 넓이의 3분의 1보다 작다는 것은 틀린 말이지.

사그레도 내가 제기한 문제의 답은 나왔지만, 또 다른 문제가 생겼군. 그것들의 넓이가 어째서 3분의 1이 넘는단 말인가? 그걸 보이는 것도 쉽지가 않을 것 같은데.

살비아티 그리 어렵지 않네. 이 곡선은 포물선이니까, DE의 제곱과 ZG의 제곱의 비율은 DA와 AZ의 비율과 같고, 이것은 직사각형 KE와 직사각형 AG의 넓이 비율과 같다. 왜냐하면 이 직사각형들의 폭 AK와 KL이 같기 때문이다. 그러므로 ED의 제곱과 ZG의 제곱의 비율은 (즉 LA의 제곱과 AK의 제곱의 비율은) 직사각형 KE와 직사각형 KZ의 넓이 비율과 같다. 이런 식으로 계산하면, 직사각형 LF, MH, NI, OB의 넓이 비율은 선분 MA, NA, OA, PA들의 제곱의 비율과 같음을 알 수 있다.

이제 곡선 삼각형을 덮고 있는 계단 모양의 도형에 대해서 생각해 보자. 이것은 일련의 직사각형들로 되어 있다. 이 직사각형들의 넓이 비율은, 등차수열을 이루는 선분들의 제곱의 비율과 같다. 그 선분들 중 가장 짧은 것이 바로 선분들의 차이이다. 그리고 직사각형 CP는 직사각형 OB를 이들의 숫자만큼 더한 것과 같다.

그러니까 아르키메데스가 증명한 것에 따르면, 이 도형의 넓이는 직사각형 CP의 넓이의 3분의 1보다 더 크다. 하지만 이건 더 작았잖아? 모순이지. 그러니까 곡선 삼각형 BAP의 넓이는 직사각형 CP 넓이의 3분의 1보다 작을 수가 없다.

같은 이유로 3분의 1보다 클 수가 없다. 만약에 이게 3분의 1보다 크다면, 그 차이를 X의 넓이로 나타내자. 마찬가지 방법으로 직사각형 CP를 같은 간격으로 촘촘하게 썰어서, 작은 직사각형의 넓이가 X보다 더 작도록 만들어라. 이제 곡선 삼각형 안에다 직사각형들을 집어넣어서, 계단 모양의 도형을 만들어라. 그러니까 직사각형 VO, TN, SM, RL, QK를 만들어라. 이것들을 다 더한 넓이는, 직사각형 CP의 넓이의 3분의 1보다 더 크다.

그 이유는, 곡선 삼각형의 넓이가 이 도형의 넓이보다 더 크지만, 그 차이는 X보다 작다. 그런데 곡선 삼각형의 넓이가 CP의 넓이의 3분의 1보다 더 크고, 그 차이가 X라고 놓았다. X보다 직사각형 BO의 넓이가 더 작고, BO의 넓이보다 이 도형과 곡선 삼각형의 차이가 더 작다. 직사각형 BO는 작은 직사각형들 AG, GE, EF, FH, HI, IB를 더한 것과 같고, 곡선 삼각형과 이 도형과의 차이는, 이들 작은 직사각형들 넓이의 절반보다 더 작다.

그러니까 계단 모양의 이 도형의 넓이는, CP의 넓이의 3분의 1보다 더 크다. 그런데 아르키메데스가 증명한 정리에 따르면, 이건 3분의 1보다 더 작다. 왜냐하면 직사각형 CP는 가장 큰 직사각형들을 모아 만든 것인데, 이것과 이 도형을 만드는 작은 직사각형들을 다 더한 것과의 넓이 비율은, 가장 긴 선분을 제곱을 해서 원래 선분들의 수만큼 더한 것과, 가장 긴 선분을 빼고 나머지 선분들만 제곱해서 더한 것과의 비율과 같다.

그러니까 가장 큰 직사각형들을 더한 것, 곧 직사각형 CP의 넓이는, 이것들을 제곱해 더한 것의 세 배보다 더 크다. 하지만 이게 바로 안에 놓인 도형의 넓이이다. 그러니까 곡선 삼각형은 직사각형 CP의 넓이의 3분의 1보다 클 수도 작을 수도 없다. 그러니 꼭 3분의 1이 될 수밖에 없다.

사그레도 매우 기발하고 멋진 증명일세. 이 증명에 따르면, 포물선 도형의 면적이 그에 내접하는 삼각형 면적의 3분의 4임이 나오는군. 이것은 아르키메데스가 두 가지 다른 방법으로 일련의 법칙들을 사용해 증명했지. 이 법칙은 최근에 발레리오가 증명하기도 했어. 그는 우리 시대의 아르키메데스라 불리지. 그가 쓴 『입체들의 무게중심』을 보면, 이 증명이 나오지.

살비아티 과거부터 현재까지 가장 뛰어난 기하학자들이 쓴 책을 모두 열거하더라도, 그가 쓴 책은 어떤 것에도 뒤지지 않을 걸세. 그의 책을 나의 절친한 동료 학자에게 보여 주었더니, 그 방면으로 연구하던 것을 그만둬 버렸어. 발레리오가 모든 것을 다 밝혔고, 모든 것을 다 증명해 놓았으니까.

사그레도 나도 그 이야기를 그 학자 본인에게서 직접 들었네. 발레리오의 책을 보기 전에 연구해 놓은 것들을 보여 달라고 간곡하게 부탁했는데, 보여 주지를 않더군.

살비아티 그것을 베낀 것이 내게 있네. 내가 나중에 보여 주지. 두 사람이 다른 방법을 써서 같은 결론을 이끌어 내고 증명하는 것을 보면 재미있어. 어떤 결론들은 다른 방식으로 설명을 해 놓았더군. 하지만 둘 다 맞는 이야기이지.

사그레도 그것을 볼 기회가 있으면 좋겠군. 나중에 우리가 만날 때, 자네가 갖고 오면 좋겠네. 그런데 사각기둥 대신에 포물선 모양으로 잘라서 만든 것도 같은 강도를 가진다고 했으니, 이 사실이 흥미도 있고, 실제로 공학 분야에서 유용하게 쓰일 수 있으니, 기술자들이 평면에다 포물선을 쉽고 간단하게 그릴 수 있는 방법이 있다면 좋겠군.

살비아티 포물선을 그리는 방법은 여러 가지가 있네. 그중 가장 빨리 그릴 수 있는 방법 둘을 소개하겠네. 첫 번째 방법은 정말 놀라워. 이 방법을 쓰면, 다른 사람이 컴퍼스를 써서 종이에 크기가 다른 원 4~5개를 그릴 시간에, 나는 포물선 30개, 40개를 정확하고 깔끔하게 그릴 수 있네.

구리로 된 호두 크기의 동그란 공을 하나 준비해라. 그다음에 금속 거울을 거의 수직으로 세워 놓고, 구리 공을 그 거울 표면을 따라 던져 올려라. 그러면 공이 표면에 살짝 닿은 채 움직이므로, 가느다란 자취가 남을 것이다. 이것이 바로 포물선이다. 공을 더 높이 던져 올리면, 이 포물선은 더 길쭉해진다. 이 실험은, 허공에 던진 물체는 포물선을 그리며 움직인다는 사실을 확실하게 증명하고 있다. 이 방법을 쓰려면, 구리 공을 손바닥에서 굴려서, 습기가 묻고 약간 따뜻해지도록 하는 것이 좋다. 그래야 흔적이 더 잘 남는다.

포물선을 그리는 다른 한 방법을 설명해 주지. 벽에다 적당한 높이에 못을 2개 박아라. 두 못의 높이는 같도록 하고, 그 사이의 거리는 우리가 포물선을 그리려고 하는 사각기둥 폭의 두 배가 되도록 해라. 여기에다 줄을 묶어서 늘어뜨려라. 늘어진 길이가 우리가 원하는 사각기둥의 길이와 같도록 해라. 그러면 이 줄이 포물선을 그린다. (이 곡선은 포물선이 아니라 현수선이 되며, 지수함수를 사용해 함수의 그래프로 표현할 수 있다. — 옮긴이) 이 곡선은 포물선을 양쪽 다 그리지만, 그 가운데에 수직선을 그어 잘라서, 한쪽만 그리면 된다. 이 곡선을 사각기둥의 양쪽 면에 그리는 것은 그리 어렵지 않다. 기술자라면 누구나 방법을 알고 있다.

또는 우리의 동료 학자가 발명한 특수한 비례 컴퍼스를 사용해 점들을 사각기둥에 직접 찍어서 포물선을 그릴 수도 있다.

지금까지 고체들이 부서지지 않고 버티는 강도에 대해서, 온갖 결론들을 이끌어 냈네. 이 새로운 과학의 출발점으로, 우리는 고체들이 길이 방향으로 당기는 힘에 저항하는 강도는 널리 알려진 것으로 가정을 했지. 이것을 바탕으로 해서, 온갖 종류의 결론을 이끌어 내고 증명할 수 있었어. 이 결과들은 자연 속에서 얼마든지 많이 찾아볼 수 있네.

오늘 이야기를 끝맺기 전에, 마지막으로 속이 빈 입체의 강도에 대해서 설명하겠네. 이것은 인공적 또는 자연적으로 수없이 많이 이용되고 있어. 무게를 늘리지 않고 더 강하게 만들 수 있기 때문이지. 예를 들어 새의 뼈나 갈대들은 매우 가볍고, 굽히거나 부러뜨리려는 힘에 대항해 잘 버티거든. 밀짚은 왜 속이 비어 있나? 무거운 밀이삭을 줄기가 받치고 있어야 하는데, 같은 양의 물질로 만들었을 때, 만약에 줄기의 속이 차 있다면, 더 가늘어져서, 굽히거나 꺾으려는 힘에 대해 더 약해지네.

사람들도 경험을 통해 이 사실을 발견했고, 실제로 많이 이용을 하지. 창날의 속을 비게 만들고, 나무나 금속으로 속이 비도록 손잡이를 만들면, 그것은 같은 길이와 무게로 속을 차게 만든 것보다 더 튼튼하거든. 속을 차게 만들면, 더 가늘어지니까. 그러니 창을 강하고 가볍게 만들려면, 속을 비게 만들어야 하네. 내가 다음을 증명하겠네.

법칙 13

두 원기둥이 같은 길이, 같은 무게인데, 하나는 속이 찼고, 하나는 속이 비었다고 하자. 굽히려는 힘에 대응해 버티는 이들의 강도는 지름에 비례한다.

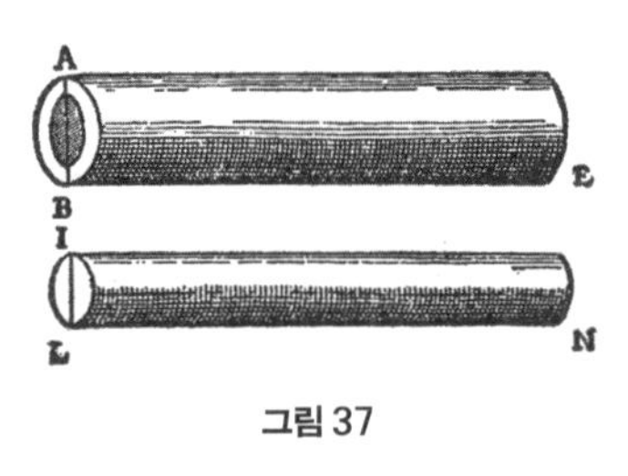

그림 37

AE는 속이 빈 원통이라 하고, IN은 속이 찬 원기둥이라고 하자. 이 둘은 길이와 무게가 같다고 하자. 그러면 굽히려는 힘에 대응해 버티는 이들의 강도의 비율은, 지름 AB와 지름 IL의 비율과 같음을 보이겠다.

이것은 어렵지 않다. 원통과 원기둥이 서로 무게가 같고 길이가 같으니까, 밑면 IL의 넓이는 밑면을 만드는 둥근 테 AB의 넓이와 같다. 그러니까 이들은 길이 방향으로 당기는 힘에 대해서는 버티는 강도가 같다. 하지만 옆으로 눌러서 부수려고 할 때, 원기둥 IN의 경우는 길이 LN이 지렛대의 한 팔이 되고, L이 받침점이 되고, 지름 IL의 절반이 그에 대응해 버티는 힘이 작용하는 지렛대의 한 팔이 된다.

원통의 경우 길이 BE는 LN과 같고, 이것이 한 팔 역할을 하는 것은 같다. 하지만 그에 대응해 버티는 힘은 B를 받침점으로, 지름 AB의 절반이 지렛대의 팔 길이이다. 그러니까 원통의 경우 버티는 강도가 원기둥에 비해서, 지름 AB와 지름 IL의 길이 비율만큼 더 크다. 이것이 우리가 보이려 했던 결과이다. 그러니까 둘 다 같은 재료로, 같은 무게와 같은 길이로 만들면, 원통이 원기둥보다 더 튼튼하다.

이제 다른 여러 가지 경우들을 연구해야 할 것 같군. 일반적으로 길이가 같고 무게가 달라서, 가운데 빈 부분이 크거나 작은 원통과 원기둥을 생각해 보세. 먼저 다음 문제를 보세.

법칙 14

속이 빈 원통이 있을 때 그것과 부피가 같은 원기둥을 구하시오.

방법은 아주 간단하다. AB를 바깥지름이라 하고, CD를 안지름이라고 하자. 큰 원에서 점 E를 잡되, 선분 AE의 길이가 DC의 길이와 같도록 잡아라. E와 B를 선분으로 연결하자. 각 E는 직각이므로, AB를 지름으로 하는 원의 넓이는, AE를 지름으로 하는 원의 넓이와 EB를 지름으로 하는 원의 넓이를 더한 것과 같다. 그런데 AE는 빈 부분의 지름과 같다. 따라서 EB를 지름으로 하는 원의 넓이는 이 둥근 테의 넓이와 같다.

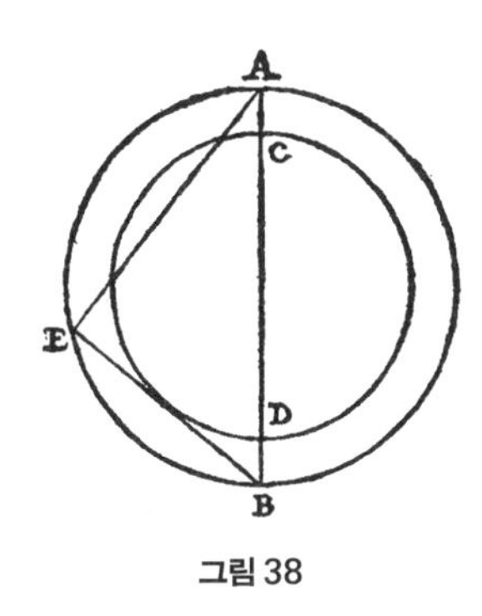

그림 38

그러므로 EB를 지름으로 하는 원기둥을 만들면 그것이 이 원통과 부피가 같다. 물론, 둘의 길이가 같은 경우이다.

이것을 이용해서 다음 문제를 해결할 수 있다.

법칙 15

길이가 같은 임의의 원통과 원기둥이 있을 때, 그 강도의 비율을 구하시오.

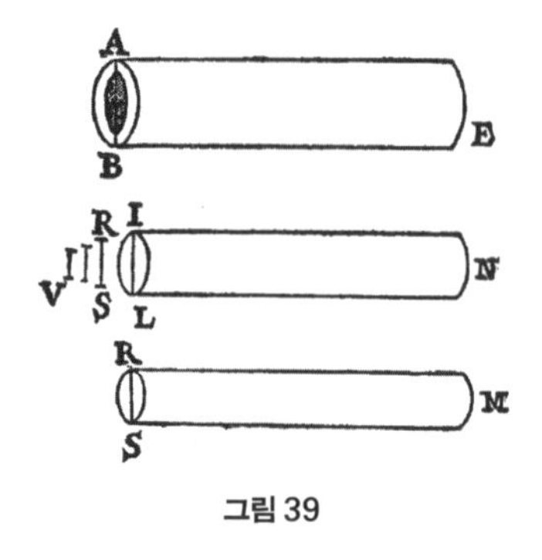

그림 39

원통 ABE와 원기둥 RSM이 길이가 같다고 하자. 이들의 강도의 비율을 구해야 한다. 앞에서 나온 것을 이용해서, 이 원통과 길이가 같고 부피가 같은 원기둥 ILN을 구한다. 선분 IL의 길이, 선분 RS의 길이, 선분 V의 길이가 등비수열이 되도록 선분 V를 잡아라. 그러면 원통 AE의 강도와 원기둥 RM의 강도의 비율은, AB와 V의 길이 비율과 같음을 보이겠다.

원통 AE는 원기둥 IN과 부피와 길이가 같으니까, 이들의 강도는 AB와 IL의 길이 비율과 같다. 원통 IN과 원통 RM의 강도의 비율은, IL의 제곱과 RS의 제곱의 비율과 같다. 그러니까 IL과 V의 길이 비율과 같다. 따라서 원통 AE와 원기둥 RM의 강도의 비율은, AB와 V의 길이 비율과 같다. 증명이 끝났다.

—둘째 날 토론 끝—

※

운동

이 글을 쓰는 목적은, 운동이라는 매우 오래된 것을 주제로 새로운 과학을 정립하는 것이다.

자연에서 운동보다 더 오래된 것은 없을 것이다. 이에 관해서, 철학자들이 엄청난 분량의 책을 써 왔다. 하지만 내가 실험을 통해서 확인해 보니, 이들 중 어떤 것들은 배울 만한 값어치가 있지만, 어떤 것들은 관찰을 하지도 않았고, 증명을 하지도 않았음을 알 수 있다.

수박 겉핥기로 관찰한 것도 없잖아 있다. 무거운 물건이 자유로이 떨어질 때, 그 속력이 점점 빨라지는 것은 알지만, 과연 어느 정도로 빨라지는가 하는 것은 아무도 발표한 적이 없다. 내가 알기로는, 물체가 가만히 있다가 자유로이 떨어질 때, 그 물체가 일정한 시간 간격 동안 움직인 거리는 1, 3, 5, 7, 9, … 가 됨을 증명한 사람은 아무도 없다. 돌멩이를 던지거나 대포를 쏘았을 때, 그것이 어떤 곡선을 그린다는 것은 관찰되었지만, 그 곡선이 포물선이 된다는 사실을 지적한 사람은 아무도 없다.

이외에도, 나는 꼭 알아야 할 많은 중요한 사실들을 증명했다. 그러나 이보다 더 중요한 사실은, 아주 흥미롭고 굉장히 넓은 새로운 과학이 우리 눈앞에 활짝 열렸으며, 내 연구는 겨우 시작에 불과할 뿐, 나보다 더 똑똑하고 뛰어난 사람들이 새로운 방법과 기구를 써서, 이 새로운 과학의 심오한 영역을 탐험해 밝힐 것이라는 점이다.

이 글은 세 부분으로 나누었다. 첫 번째 부분은 일정한 속력으로 움직이는 운동, 두 번째 부분은 자연히 가속되는 운동, 세 번째 부분은 급격한 운동이나 던졌을 때의 운동(투사체의 운동)을 다룬다.

일정한 속력으로 움직이는 운동

일정한 속력으로 고르게 움직이는 운동을 다루기 위해서, 우선 이 말이 뜻하는 것을 정확하게 알아야 한다.

정의

일정한 속력으로 고르게 움직이는 운동이란, 어떤 물체가 움직일 때, 어떠한 임의의 시간 간격을 잡든 같은 시간 간격 동안 움직인 거리는 서로 같다는 뜻이다.

참고: 흔히 속력이 일정하다는 말을, 같은 시간 간격 동안 같은 거

리를 움직인다는 뜻으로 정의하는데, 내가 여기에서 '어떠한 임의의'라는 말을 덧붙인 이유는, 온갖 길이의 시간 간격을 모두 나타내기 위해서이다. 물체가 움직일 때, 어떤 일정한 시간 간격 동안에는 같은 거리를 움직이면서, 그보다 작은 다른 어떤 시간 간격 동안에는 움직인 거리가 제각각 다를 수도 있기 때문이다.

이 정의에 따라서, 다음 네 가지 명백한 사실이 나온다.

명백한 사실 1

일정한 속력으로 움직이는 경우, 긴 시간 동안 움직인 거리는 짧은 시간 동안 움직인 거리보다 더 길다.

명백한 사실 2

일정한 속력으로 움직이는 경우, 긴 거리를 지나는 데 걸리는 시간은 짧은 거리를 지나는 데 걸리는 시간보다 더 길다.

명백한 사실 3

일정한 시간 간격 동안, 빠른 속력으로 움직인 거리는 느린 속력으로 움직인 거리보다 더 길다.

명백한 사실 4

일정한 시간 간격 동안 긴 거리를 움직이기 위해서는, 짧은 거리를 움직이는 경우보다 속력이 더 빨라야 한다.

정리 1, 법칙 1

어떤 물체가 일정한 속력으로 움직일 때, 두 거리를 움직이는 데 필요한 시간의 비율은, 그 거리들의 길이 비율과 같다.

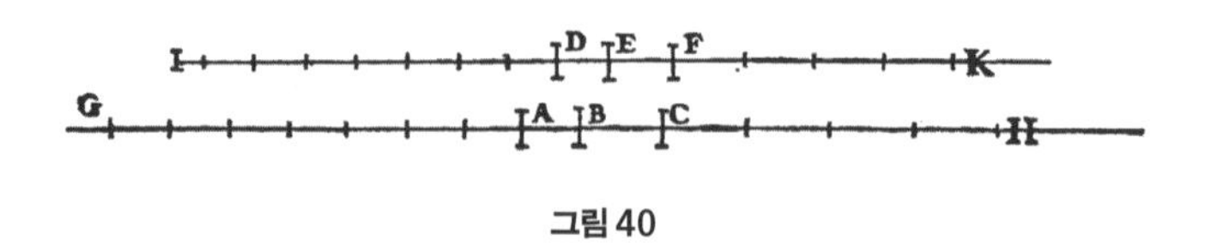

그림 40

어떤 물체가 일정한 속력으로 움직이면서, 두 거리 AB, BC를 지난다고 하자. 이때 걸리는 시간을 DE와 EF로 나타내자. 그러면 AB와 BC의 길이의 비율은 DE와 EF의 시간의 비율과 같음을 보이겠다.

거리와 시간을 양쪽으로 길게 늘이고, 이것들을 G, H와 I, K로 나타내자. AG를 AB와 같은 길이의 선분으로 등분을 해라. 그다음에 DI를 DE와 같은 간격으로 등분을 하되, 그 개수가 AG를 등분한 개수와 같도록 해라. 그다음에 CH를 BC와 같은 길이의 선분으로 등분을 해라. 이 개수는 앞에서 말한 개수와 다를 수 있다. 그다음에 FK를 EF와 같은 간격으로 등분을 하되, 그 개수가 CH를 등분한 개수와 같도록 해라. 그러면 거리 BG와 시간 EI는 어떤 같은 수를 거리 BA와 시간 ED에 곱해서 얻은 것이다. 마찬가지로 거리 HB와 시간 KE는 앞에서 나온 수와는 다른 어떤 수를 거리 BC와 시간 EF에 곱해서 얻은 것이다.

DE는 AB를 지나는 데 걸리는 시간이니까, 거리 BG를 지나기 위해서는 시간 EI가 필요하다. 왜냐하면 이 물체가 움직이는 속력이 일정하고, EI에 들어 있는 DE와 같은 시간 간격의 수는 BG에 들어 있는 BA와 같은 거리 간격의 수와 같기 때문이다. 마찬가지 이유로, KE는 BH를 지나는 데 걸리는 시간을 나타낸다.

그런데 이 물체는 일정한 속력으로 움직이니까, 만약 거리 GB와 거리 BH가 같다면, 시간 IE도 시간 EK와 같아야 한다. 만약 거리 GB가 거리 BH보다 더 길다면, 시간 IE도 시간 EK보다 더 길어야 한다. 만약 거리 GB가 거리 BH보다 더 짧다면, 시간 IE도 시간 EK보다 더 짧아야 한다.

여기에 네 가지 양이 있다. 첫째는 AB, 둘째는 BC, 셋째는 DE, 넷째는 EF이다. 거리 GB와 시간 IE는 어떤 같은 수를 첫째와 셋째, 그러니까 거리 AB와 시간 DE에 곱해서 얻은 것이다. 이 둘을 거리 BH, 시간 EK와 비교해 보면, 둘 다 더 길거나, 둘 다 더 짧거나, 아니면 둘 다 같다. 그런데 BH와 EK는 둘째 BC와 넷째 EF에 다른 어떤 수를 곱해서 얻은 것이다. 그러므로 첫째와 둘째의 비율, 곧 AB와 BC의 길이의 비율은, 셋째와 넷째의 비율, 곧 DE와 EF의 시간의 비율과 같다. 증명이 끝났다. (이 증명 방법은 에우클레이데스『기하학 원론』5권 정의 5에 나오는 비율이 같음의 정의를 이용한 것이다. — 옮긴이)

정리 2, 법칙 2

어떤 물체가 두 거리를 같은 시간 동안에 지난다면, 이 두 거리의 비율은 속력의 비율과 같다. 즉 두 거리의 비율이 속력의 비율과 같으면, 지나는 데 걸리는 시간이 같다.

그림 40을 이용하자. 두 거리 AB와 BC를 같은 시간 동안에 지난다고 하자. AB를 지나는 동안의 속력을 DE로 나타내고, BC를 지나는 동안의 속력을 EF로 나타내자. 그러면 거리 AB와 BC의 비율은, 속력 DE와 EF의 비율과 같음을 보이겠다.

앞에서 말했듯이, 어떤 같은 수를 AB와 DE에 곱해서 GB와 IE를 얻고, 다른 어떤 수를 BC와 EF에 곱해서 BH와 KE를 얻어라. 그러면 앞에서와 같은 이유로, GB와 IE를 BH와 EK에 각각 비교하면, 둘 다 더 길거나, 둘 다 더 짧거나, 아니면 둘 다 같아야 한다. 그러므로 이 법칙을 증명했다.

정리 3, 법칙 3

속력이 서로 다를 때, 어떤 같은 거리를 지나는 데 걸리는 시간은 속력에 역으로 비례한다.

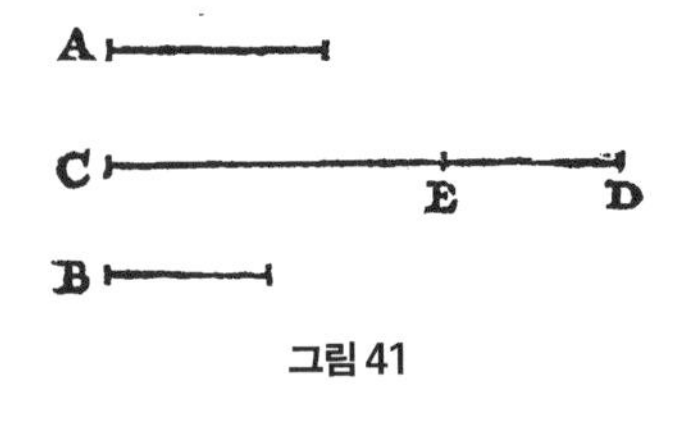

그림 41

두 속력 중에서 빠른 것을 A, 느린 것을 B로 나타내자. 이 두 속력으로 어떤 거리 CD를 지난다고 하자. 그러면 속력 A로 CD를 지나는 데 걸리는 시간과 속력 B로 같은 거리를 지나는 데 걸리는 시간의 비율은, B와 A의 비율과 같음을 보이겠다.

CD와 CE의 비율이 A와 B의 비율과 같도록, 점 E를 잡아라. 앞에서 증명한 것에 따르면, 속력 A로 CD를 지나는 데 걸리는 시간은 속력 B로 CE를 지나는 데 걸리는 시간과 같다. 그런데 속력 B로 거리 CE를 지나는 데 걸리는 시간과, 같은 속력으로 거리 CD를 지나는 데 걸리는 시간과의 비율은, 거리 CE와 CD의 비율과 같다. 그러므로 속력 A로 CD를 지나는 데 걸리는 시간과, 속력 B로 CD를 지나는 데 걸리는 시간과의 비율은, CE와 CD의 비율과 같다. 즉 속력 B와 속력 A의 비율과 같다. 증명이 끝났다.

정리 4, 법칙 4

두 물체가 서로 다른 속력으로, 그러나 속력은 바뀌지 않고 일정하게 움직인다면, 이 둘이 서로 다른 시간 동안에 움직인 거리의 비율은, 속력의 비율과 시간의 비율을 곱한 것과 같다.

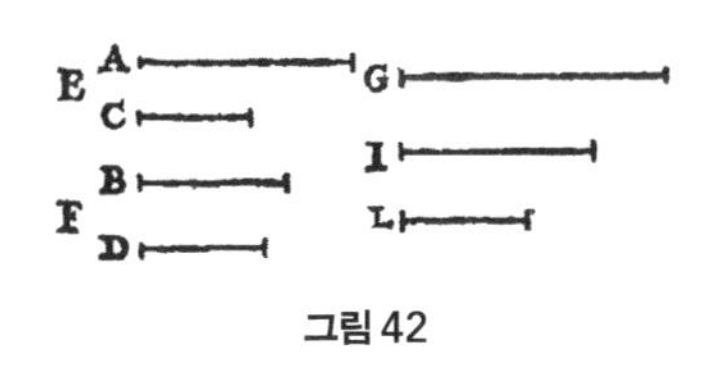

그림 42

속력이 다른 두 물체를 E와 F로 나타내자. 이들의 속력의 비율을 A와 B의 비율로 나타내자. 그리고 E가 움직인 시간과 F가 움직인 시간의 비율을 C와 D의 비율로 나타내자. 그러면 물체 E가 속력 A로 시간 C 동안 움직인 거리와, 물체 F가 속력 B로 시간 D 동안 움직인 거리의 비율은, A와 B의 비율과 C와 D의 비율을 곱한 것임을 증명하겠다.

물체 E가 속력 A로 시간 C 동안 움직인 거리를 G로 나타내자. G와 I의 비율이 속력 A와 속력 B의 비율과 같도록, I를 그려라. 그다음, I와 L의 비율이 시간 C와 시간 D의 비율과 같도록, L을 그려라. 그러면 G와 I의 비율은 속력 A와 B의 비율과 같으니까, E가 G를 지나는 시간 동안 F가 지나는 거리가 바로 I이다. 그리고 I와 L의 비율은 시간 C와 D의 비율과 같으니까, F가 시간 C 동안 지나는 거리가 I라면, L은 F가 시간 D 동안 지나는 거리이다. 이때 속력은 B라고 하자.

그런데 G와 L의 비율은, G와 I의 비율과 I와 L의 비율을 곱한 것이다. 이것은 바로 속력 A와 B의 비율과 시간 C와 D의 비율을 곱한 것이다. 증명이 끝났다.

정리 5, 법칙 5

두 물체가 서로 다른 속력으로, 그러나 속력은 바뀌지 않고 일정하게 움직인다면, 이 둘이 서로 다른 거리를 지날 때 걸리는 시간의 비율은, 거리의 비율과 속력의 역비율을 곱한 것과 같다.

그림 43

두 물체를 A와 B로 나타내자. 이 둘의 속력의 비율이 V와 T의 비율과 같도록, V와 T를 그려라. 비슷한 방법으로, 이 둘이 움직인 거리의 비율을 S와 R의 비율로 나타내자. 그러면 A가 움직인 시간과 B가 움직인 시간의 비율은, 속력 T와 V의 비율과 거리 S와 R의 비율을 곱한 것임을 보이겠다.

A가 움직인 시간을 C로 나타내자. 그리고 C와 E의 비율이 속력 T와 V의 비율과 같도록, E를 그려라.

여기서 C는 A가 속력 V로 거리 S를 지나는 데 걸리는 시간이고, B의 속력 T와 A의 속력 V의 비율은 C와 E의 비율과 같으니까, E는 바로 B가 S를 지나는 데 걸리는 시간을 나타낸다. E와 G의 비율이 거리 S와 R의 비율과 같도록 G를 잡으면, G는 바로 B가 R를 지나는 데 걸리는 시간을 나타낸다. C와 G의 비율은 C와 E의 비율에다 E와 G의 비율을 곱한 것이고, C와 E의 비율은 A와 B의 속력의 역비율인 T와 V의 비율이고, E와 G의 비율은 거리 S와 R의 비율이니까, 이 법칙이 증명된다.

정리 6, 법칙 6

두 물체가 속력이 바뀌지 않고 움직인다면, 이 둘의 속력의 비율은, 이들이 움직인 거리의 비율과 이때 걸린 시간의 역비율을 곱한 것과 같다.

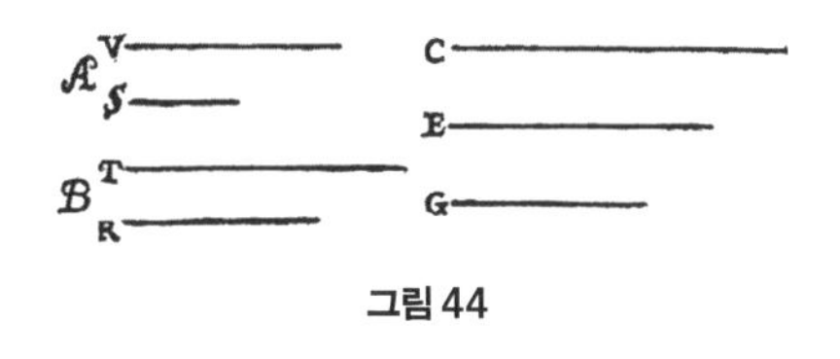

그림 44

두 물체를 A와 B로 나타내자. 이들이 지나간 거리의 비율을 V와 T의 비율로, 이때 걸린 시간의 비율을 S와 R의 비율로 나타내자. 그러면 A와 B의 속력의 비율은, 거리 V와 T의 비율에다 시간 R와 S의 비율을 곱한 것임을 보이겠다.

A가 시간 S 동안 거리 V를 지날 때의 속력을 C로 나타내자. 속력 C와 속력 E의 비율이 V와 T의 비율과 같다고 하자. 그러면 E는 물체가 시간 S 동안 거리 T를 지나는 경우의 속력이다. E와 G의 비율이 시간 R와 시간 S의 비율과 같도록 G를 잡으면, 속력 G가 바로 물체 B가 거리 T를 시간 R 동안 지날 때의 속력이다.

그러니까 물체 A는 속력 C로 거리 V를 시간 S 동안에 지나고, 물체 B는 속력 G로 거리 T를 시간 R 동안에 지난다. 여기서 C와 G의 비율은, C와 E의 비율과 E와 G의 비율을 곱한 것이다. C와 E의 비율은 거리 V와 거리 T의 비율과 같다. E와 G의 비율은 R와 S의 비율과 같다. 그러므로 이 법칙이 성립한다.

살비아티 지금까지 본 내용은, 우리의 절친한 동료 학자가 일정한 속력으로 움직이는 운동에 대해서 기술해 놓은 것일세. 그다음에 다른 책에서는 볼 수 없는, 좀 더 새로운 내용이 나오네. 그것은 바로 자연히 가속되는 운동, 즉 무거운 물체가 떨어질 때의 운동을 연구한 것이지. 이제 그 도입 부분을 보도록 하세.

자연히 가속되는 운동

일정한 속력으로 움직이는 운동에 관한 성질들은 앞에서 다루었다. 이제 가속이 되어 점점 빨리 움직이는 운동에 대해서 생각해 보자.

우선, 자연 현상과 가장 잘 맞아떨어지도록, 용어를 정의하고 설명하는 것이 바람직해 보인다. 사람들은 누구나 어떤 종류의 운동을 생각해 내고, 그 성질을 연구할 수 있다. 예를 들어 나선형이나 소용돌이금 모양의 운동을 생각해 내고, 이 곡선들이 그 정의에 따라서 갖는 성질들을 멋지게 정립해 놓은 사람들도 있다. 하지만 이런 운동은 자연에서 찾아볼 수 없다.

그러나 우리는 자연 상태에서 실제로 낙하하는 물체가 점점 빨라지는 것처럼 속력이 변화하는 경우를 연구하기로 마음을 먹었으니, 실제 관측할 때 나타나는 본질적인 성질들이 드러나도록, 용어를 정의해야 한다. 오랜 세월에 걸쳐 애를 쓴 끝에, 마침내 나는 그러는 데 성공했다. 내가 이렇게 확신할 수 있는 까닭은, 내가 증명해 낸 온갖 성질들이 실험, 관측 결과들과 일치하고, 정확하게 대응함을 확인했기 때문이다.

그리고 자연히 가속되는 운동을 연구할 때, 나는 자연을 따라서 가장 흔하고, 가장 간단하고, 가장 쉬운 방법만을 써서 연구했다. 자연이 온갖 과정을 통해서 드러내는 모습을 보면, 그것이 바로 자연의 버릇이고 습관이기 때문이다. 물고기가 헤엄을 치거나 새가 나는 것은 그들의 본능에 따라서 그러는 것이며, 그보다 더 쉽고 간단하게 그 일을 하는 방법이 있다고는 아무도 생각하지 않을 것이다.

그러니 돌이 어떤 높이에서 가만히 있다가 떨어지는 경우, 그 속력이 점점 빨라지는데, 그 빨라지는 정도가 매우 단순하고, 누구라도 알 수 있는 방법으로 되어 있다고 믿는 것이 자연스럽지 않은가? 이것을 좀 더 깊게 연구해 보면, 빨라지는 것이나 커지는 것 중 가장 간단한 방법은, 항상 같은 정도가 되풀이되는 것임을 알 수 있다.

속력이 일정하다는 것은, 같은 시간 간격 동안에 같은 거리를 움직이는 것이라 생각하고 정의를 한 것처럼(그렇기 때문에 일정하다고 부른다.), 비슷한 방법으로, 같은 시간 간격 동안에 속력이 빨라지는 정도가 복잡하지 않게 생기는 것을 생각할 수 있다. 그러니까 어떤 물체가 일정한 정도로 속력이 빨라지는 것은, 어떠한 같은 시간 간격 동안에도 속력이 빨라지는 정도가 같다는 것임을 마음속에 그릴 수 있다.

그러니까 물체가 가만히 있다가 떨어지기 시작했을 때부터, 시간을 어떠한 임의의 같은 간격으로 잘랐을 때, 처음 두 마디 시간이 흐르는 동안 속력이 빨라진 정도는, 처음 한 마디 시간이 흐르는 동안 속력이 빨라진 정도의 두 배가 된다. 이러한 시간 간격의 세 마디 시간 동안에 빨라지는 정도는 세 배이고, 네 마디 시간 동안에는 네 배이다. 이것을 더 분명하게 말하자면, 어떤 물체가 첫 마디 시간 동안에 얻은 속력을 계속 지키며 움직인다면, 그 움직임은, 이 물체가 두 마디 시간 동안에 얻을 속력에 비해서 두 배 느리게 된다.

이것을 보면, 속력이 빨라지는 정도가 시간이 흐른 정도와 비례한다고 말해도 틀린 말이 아니다. 그러니 우리가 연구하고자 하는 운동은, 다음과 같이 용어를 정의할 수 있다.

정의

자연히 가속되는 운동 또는 일정하게 가속되는 운동이란, 정지 상태로부터 움직이기 시작해서, 같은 시간 간격 동안 속력이 빨라지는 정도가 같다는 뜻이다.

사그레도 어떤 사람이 자기 책 속에서 어떤 용어를 어떠한 뜻으로 정의했든, 그것을 반박할 논리적 근거는 없네. 정의란 그 책을 쓰는 사람이 마음대로 정하는 것이니까. 하지만 이 경우에 위와 같이 정의한 것은 추상적인 이론인데, 그것이 실제로 우리가 자연 상태에서 보는, 무거운 물체가 떨어지는 움직임과 같은 종류의 가속 운동을 나타낸다고 확인되었는지 의심하더라도, 그렇게 무례한 짓은 아니겠지.

지금 이 학자는, 여기서 이렇게 정의한 운동이 물체가 자유롭게 떨어질 때의 운동이라고 주장하는 것이 확실하니까, 지금 이 시점에서 나에게 생기는 의구심을 해소를 해야만, 나중에 법칙이나 증명이 나올 때, 그것들을 좀 더 진지하게 검토할 수 있을 것 같아.

살비아티 자네나 심플리치오가 그런 의문을 제기하는 것이 당연하네. 지금 생각해 보니, 내가 이 글들을 처음 보았을 때에도 그런 의심이 생겼어. 그런 의문들은 그 학자 본인과 이야기를 나누고, 또 나 스스로 깊이 생각해 보고 해서, 지금은 모두 풀렸지.

사그레도 한번 생각해 보세. 무거운 물체가 가만히 정지해 있다가 떨어지기 시작하면, 원래 속력이 0이던 것이, 시간에 비례해서 점점 속력이 빨라지겠지. 예를 들어 맥박이 여덟 번 뛰는 동안에 속력이 8이 된다고 하면, 네 번 뛰는 동안에는 속력이 4, 두 번 뛰는 동안에는 속력이 2, 한 번 뛰는 동안에는 속력이 1이 되겠지.

시간이란 얼마든지 잘게 쪼갤 수 있으니까, 이것으로부터 어떤 결론이 나오게 되는가? 어떤 물체가 현재의 속력보다 이전의 속력이 이러한 비율로 더 느리다면, 이 물체가 얼마든지 느린 속력이더라도, 즉 정지 상태에서 움직이기 시작해서 지금까지 움직이는 동안 그 아무리 느린 속력이라도(느린 정도가 아무리 크더라도), 이 물체가 반드시 거치게 마련이지.

그러니까 만약 계속 그런 식으로 움직여서 맥박이 네 번 뛴 뒤에 이 물체의 속력이 계속 그 속력을 유지하면 2마일을 1시간에 갈 정도라면, 맥박이 두 번 뛴 뒤의 속력은 1마일을 1시간에 갈 정도이지. 이런 식으로 계속 유추하면, 출발했던 그 순간에 매우 가까울 때에는 그 물체가 움직이는 것이 하도 느려서, 그런 속력으로 움직이다가는 1마일을 가는 데 1시간이 아니라 1일, 1년, 1,000년이 걸릴 걸세. 아니, 그보다 더 긴 시간이 걸려도 그 거리를 못 갈 걸세. 이것은 내 상상력으로는 도저히 받아들이지 못할 일이군. 무거운 물체가 떨어지는 것을 보면, 순식간에 매우 빨리 움직이던데.

살비아티 그 문제 때문에 나도 처음에는 고민을 했네. 하지만 나는 곧 해결을 했지. 해결한 방법은, 바로 자네가 말한 문제를 제기한 실험을 통해서였지. 자네 말에 따르면, 실험을 해 보면, 무거운 물체는 가만히 있다가 떨어지자마자 순식간에 상당한 속력이 되지. 내가 말하겠는데, 그 실험을 해 보면, 물체가 아무리 무겁더라도 처음 막 떨어질 때에는 그 움직임이 매우 느리고 약하다는 것을 분명하게 알 수 있네.

부드러운 물질 위에다 무거운 물건을 올려놓아 보게. 그걸 그대로 놓아두면, 그 물건이 누르는 힘은 자신의 무게에서만 나오지. 그런데 그 물건을 1~2큐빗 높이로 들어 올린 다음에 그것을 놓으면, 그 물건은 떨어지면서, 그냥 놓여 있던 것과 비교해서 훨씬 더 큰 힘과 충격을 가하거든. 이 현상은 물건의 무게에다 떨어질 때의 속력을 더했기 때문에 생겨나지. 떨어지는 높이가 크면 클수록, 떨어질 때 속력이 더 커져서, 이 효과가 더 커져. 이 충격의 강도와 정도를 재면, 떨어질 때의 속력이 얼마인지 정확하게 계산을 할 수 있네.

자, 생각해 보게. 망치를 4큐빗 정도 높이에서 말뚝에다 떨어뜨렸을 때, 말뚝이 네 뼘 정도 땅에 박힌다고 해 보세. 그렇다면 망치를 1~2큐빗 높이에서 떨어뜨렸을 때, 말뚝이 땅에 박히는 깊이는 더 줄어들 것이 아닌가? 망치를 손톱 정도 높이에서 떨어뜨리면, 그게 말뚝 위에 살짝 놓이는 정도 외에 무슨 일을 할 수 있겠는가? 거의 충격이 없을 걸세. 만약에 망치를 나뭇잎 두께 정도로 들었다가 놓으면, 그 효과는 눈에 띄지도 않을 걸세.

떨어질 때의 충격은 속력에 따라서 결정되니까, 이렇게 충격의 효과가 거의 없을 때, 그 움직임이 매우 느리고 속력이 거의 없다는 사실을 의심할 여지가 있는가? 진리의 힘이 얼마나 큰지 보게. 이 실험을 처음에 언뜻 보았을 때는 자네 말이 맞는 것 같았지만, 이 실험을 자세히 관찰해 보니, 그와 반대임을 증명하고 있지 않은가?

이 실험이 매우 확실하게 결론을 제시하고 있지만, 이 실험 없이 생각만으로 이 결론을 이끌어 내는 것 또한 어렵지 않네. 무거운 돌을 공기 중에 가만히 있도록 하다가, 받치는 것을 치우고, 돌을 자유롭게 내버려 둔다고 생각해 보게. 돌은 공기보다 훨씬 무거우니까, 떨어지기 시작하지. 이때 속력이 일정하지가 않고, 처음에는 느리게 떨어지다가, 점점 빠르게 떨어져.

속력은 얼마든지 빨라지거나 느려질 수가 있으니까, 이 물체가 한없이 느린 상태, 곧 가만히 있는 상태에서 갑자기 어떤 속력, 이를테면 10이라는 속력이 될 까닭이 뭔가? 10이 아니라 다른 속력, 뭐 4도 될 수 있고, 2, 1, 0.5, 0.01, … 등등 어떠한 작은 값이라도 될 수 있잖은가?

계속 듣게. 돌은 떨어질 때 점점 속력을 얻게 되는데, 어떤 힘으로 이 돌을 원래 높이로 던져 올리면, 이때 돌은 속력이 점점 줄어들지. 이 과정은 앞에서 속력을 얻는 과정을 거꾸로 밟는 것임을 인정하겠지? 설령

이 사실을 인정하지 않더라도, 돌이 올라갈 때 속력이 점점 줄어들어서 완전히 멈출 때까지, 어떠한 느린 속력이라도 가지게 된다는 사실은 의심할 여지가 없네.

심플리치오 하지만 더 느린 속력도 얼마든지 많이 있으니까, 끝이 없겠군. 그러므로 돌은 계속 올라가고, 절대 멈추지 않네. 한없이 계속 느려지면서, 끝없이 계속 올라가야지. 그러나 이것은 실제 현상과 다르다네.

살비아티 만약에 이 돌이 어떠한 속력이든 일정한 길이의 시간 동안 유지한다면 그렇게 되겠지. 하지만 돌은 어떤 속력이든 순간적으로 가질 뿐이고, 그 속력은 곧 바뀌게 돼. 시간 간격이 아무리 작더라도, 그것을 한없이 많은 순간으로 쪼갤 수 있으니까, 한없이 많은 느린 속력들과 대응을 시키기에 충분하네.

무거운 돌이 올라갈 때, 어떠한 속력이든 일정한 길이의 시간 동안 유지되지 않음은, 다음과 같이 생각하면 알 수 있네. 만약에 어떠한 시간 간격 동안에, 이 돌이 처음이나 나중에나 똑같은 속력으로 움직인다면, 그다음 같은 시간 간격 동안에 앞에서와 똑같이 움직일 테니, 같은 높이만큼 올라가게 돼. 이런 식으로 되풀이되니까, 이 돌은 계속 같은 속력으로 움직여야 하지.

사그레도 이러한 추론을 통해서 철학자들을 애태우는 질문의 정답을 찾을 수 있겠군. 무거운 물체가 자유롭게 낙하할 때, 속력이 점점 빨라지는 까닭은 무엇인가?

내가 보기에, 돌을 던질 때 사람이나 기계가 그 돌에 가한 힘은 점점 줄어들어. 이 힘이 중력보다 더 클 때는 돌이 위로 올라가지. 이 두 힘이 평형을 이룰 때, 돌은 올라가는 것을 멈추고 제자리에 머물게 돼. 이때 돌에 가한 힘이 파괴된 것이 아니고, 돌의 무게보다 더 크던 부분을 다 쓴 것이지. 힘이 더 컸을 때 돌은 위로 올라갔지.

그다음에 가한 힘은 점점 줄어들고, 돌의 무게가 이것을 제압하게 되니까, 돌은 떨어지기 시작하네. 하지만 아직도 돌에는 가한 힘이 상당히 남아 있으니까, 처음에는 느리게 떨어지지. 하지만 이 힘이 점점 줄어들면서, 무게가 점점 더 이 힘을 능가하게 되니까, 속력이 점점 빨라져.

심플리치오 이 개념은 매우 교묘하군. 하지만 너무 미묘해서, 그 바탕이 튼튼하지가 않네. 이것은 자연스러운 운동에 앞서서, 급격한 움직임이 있는 경우만을 다루고 있네. 즉 바깥에서 가한 힘이 남아 있는 경우만을 설명해 주네. 그러니 물체가 정지 상태에서 움직이는 경우에는, 이 이론을 적용할 수 없어.

사그레도 자네가 착각을 하고 있구먼. 이것을 두 경우로 구별하는 것은 불필요한 일이고, 실제로 두 경우가 따로 있는 것이 아닐세. 돌을 사람이 던지거나 기계로 던질 때, 매우 큰 힘 또는 작은 힘을 가할 수 있으니, 돌을 100큐빗 높이로 던질 수도 있고, 20큐빗, 4큐빗 또는 1큐빗 높이로 던질 수도 있지?

심플리치오 그야 물론이지.

사그레도 그러니까 바깥에서 가하는 힘이 무게의 저항보다 약간 더 커서, 돌을 손톱 높이만큼 들어 올릴 정도가 될 수도 있고, 또는 그 힘이 무게의 저항과 균형을 이루어서, 돌을 조금도 올리지 못하고 단지 제자리에 머물도록 할 수도 있지. 돌을 손에 들고 있으면, 위로 올리려고 하는 힘이 아래로 내려가려는 무게와 균형을 이루어서 가만히 있게 되잖아? 돌을 계속 들고 있으면, 이 힘을 계속 돌에 가하고 있는 거잖아? 돌을 계속 들고 있을 때, 이 힘이 시간이 지난다고 줄어들기라도 하는가?

돌이 떨어지지 않도록 받치는 힘이, 손바닥에서 나오든 탁자에서 나오든 또는 줄에 매달아 놓았을 때 그 줄에서 나오든, 무슨 상관인가? 아무런 차이도 없잖아? 그러니까 돌이 떨어질 때, 그전에 가만히 있었던 시간이 길든 짧든 또는 순간적이든, 아무런 차이가 없네. 다만 어떤 받치는 힘이 있어서, 그게 무게에 대항해 정지해 있도록 만들기에 충분하면, 떨어지는 일은 일어날 수가 없지.

살비아티 자연 상태에서 낙하할 때 속력이 점점 빨라지도록 만드는 원인이 무엇인가 연구하기에, 지금은 적당한 시기가 아닌 것 같군. 여기에 대해서는 많은 철학자들이 온갖 의견들을 내놓았지. 중심을 향해 나아간다는 이론, 물체의 미세한 입자 사이에 미는 힘이 있기 때문이라는 이론, 주위 매질들이 떨어지는 물체의 뒤를 채우면서 가하는 압력이 물체를 움직이게 만든다는 이론. 이런 온갖 종류들의 상상을 모두 검사해 봐야 하겠지. 하지만 그럴 값어치가 있을까? 지금 여기서 우리의 학자는 이런 움직임의 성질들을 연구하고 증명하려는 것일 뿐, 이렇게 움직이는 까닭이 뭔가 하는 것은 뒷전으로 제쳐 놓았네.

속력이 일정하게 빨라진다는 말은, 어떤 것이 움직이는데, 정지 상태에서 움직이기 시작한 이후, 그 속력의 운동량이 시간에 비례해 늘어난다는 뜻일세. 바꿔 말하면, 같은 시간 간격 동안에 이 물체는 속력이 빨라지는 정도가 같다. 이렇게 빨라지는 운동의 성질을 증명하고 난 다음, 자유롭게 떨어지며 빨라지는 운동이 이런 성질을 나타냄을 보이면, 자유롭게 떨어지는 물체의 운동이 이 정의에 포함이 되고, 이들의 속력은 움직인 시간에 비례해 빨라진다는 것을 알 수 있지.

사그레도 내 생각으로는, 이러한 운동의 정의를 근본 개념은 바꾸지 않으면서, 좀 더 알기 쉽도록 만들 수가 있을 것 같아. 즉 일정하게 빨라지는 운동은 그 속력이 움직인 거리에 비례해서 빨라지는 것이라고 정의하면 돼. 예를 들어서, 어떤 물체가 네 길 높이에서 떨어지면, 두 길 높이에서 떨어진 것에 비해 속력이 두 배가 되고, 두 길 높이에서 떨어질 때의 속력은 한 길 높이에서 떨어질 때의 속력에 비해 두 배가 돼.

무거운 물체가 여섯 길 높이에서 떨어질 때, 그 내려치는 힘은 세 길 높이에서 떨어질 때에 비해 두 배이고, 두 길 높이에서 떨어질 때에 비해 세 배이고, 한 길 높이에서 떨어질 때에 비해 여섯 배임은 의심할 여지가 없네.

살비아티 자네같이 똑똑한 사람이 이런 실수를 범하다니, 내겐 오히려 위안이 되는군. 나도 그런 생각을 이 학자에게 말한 적이 있는데, 이 성질들이 하도 그럴듯해서, 이 학자 본인도 한때는 그런 생각을 가졌고, 그 때문에 오랜 시간 헛고생을 했다고 시인하더군. 이 두 성질들은 언뜻 보면 너무 그럴듯해서, 이것들을 들은 사람들은 누구나 고개를 끄덕이며 수긍하지. 그러나 정말 놀랍게도 이것들이 거짓이고 불가능함을 몇 마디 말로 간단하게 증명할 수 있네.

심플리치오 나는 이 성질들을 받아들이겠네. 떨어지는 물체는 떨어지면서 힘을 얻으니까, 속력은 거리에 비례해서 빨라지지. 그러니까 떨어지는 물체의 속력과 힘은 두 배 높이에서 떨어지면 두 배가 되네. 내가 보기에, 이 성질들은 논란의 여지도 없고, 망설일 필요도 없이 받아들여져야 하네.

살비아티 어떤 거리를 순식간에 움직이는 것이 가능하겠나? 이 성질도 그와 마찬가지로 거짓이고 불가능해. 내가 그것을 분명하게 증명하겠네. 만약에 속력이 움직인 거리나 움직일 거리에 비례한다면, 이 거리들을 같은 시간 동안에 지나야 하네.

그러니까 어떤 물체가 8큐빗 높이에서 떨어질 때의 속력이 처음 4큐빗 높이에서 떨어질 때 속력의 두 배라고 하면(거리가 두 배이듯이), 이 거리를 지나는 데 걸리는 시간은 서로 같아. 하지만 한 물체가 8큐빗 높이에서 떨어지는 것이나, 4큐빗 높이에서 떨어지는 것이나, 시간이 같이 걸린다면, 아래 4큐빗 거리는 순식간에 떨어진단 말인가?

실제로 관찰을 해 보면, 물체가 떨어질 때 시간이 걸리지. 4큐빗 높이를 떨어질 때 걸리는 시간은, 8큐빗 높이를 떨어질 때 걸리는 시간보다 짧아. 그러니까 속력이 거리에 비례해서 빨라진다는 것은 거짓말일세.

다른 한 성질도 거짓임을 마찬가지로 보일 수 있네. 어떤 물체가 떨어지며 내리칠 때, 그 충격의 차이는 속력에 따라서 결정이 되지. 만약에 두 배 높이에서 떨어질 때 두 배의 충격을 준다고 하면, 그 물체의 속력이 두 배이어야 하네. 하지만 속력이 두 배이면, 두 배 거리를 같은 시간에 움직여야지. 그러나 관찰을 해 보면, 긴 거리를 떨어질 때 걸리는 시간이 더 길어.

사그레도 자네는 아주 어려운 문제를 너무 쉽고 간단명료하게 해결하는군. 너무 쉬워서, 이것들을 어려운 방법으로 푼 것에 비하면, 그 값어치를 깨닫기가 어려울 지경이군. 내가 보기에, 사람들은 어떤 지식을 쉽고 간단하게 얻으면, 그것을 오랜 시간 불투명한 논쟁을 통해 얻은 것에 비해서 덜 쳐주는 경향이 있어.

살비아티 대부분의 사람들이 믿어 온 것들이 틀렸음을 간결하고 분명하게 보이는 사람에게, 감사를 하는 대신에 경멸을 하는 것은, 그래도 그 아픔을 견딜 만해. 반면에 어떤 분야의 연구를 하는 동료라고 주장하는 사람들이, 어떤 결론들을 당연한 것이라고 받아들이는 것을 보면, 매우 불쾌하고 짜증이 나곤 하네. 그것들 중 상당수는 쉽고 간단하게 거짓임이 밝혀지곤 하거든.

그때 그들의 반응은 질투와는 달라. 질투는 대개 그것이 거짓임을 발견한 사람에 대한 미움과 증오로 바뀌거든. 그들은 새로이 발견된 진리를 받아들이기보다 잘못된 옛 실수를 지키려는 강한 옹고집이 있지. 이런 고집은 때때로 그들이 진실에 대항해 뭉치게 만들거든. 마음속으로는 그것들을 믿으면서도, 다른 학자가 어리석은 대중들의 존경을 받는 것을 막기 위해서 그러거든. 실제로 내 절친한 동료 학자에게서, 거짓임을 쉽게 증명할 수 있는 많은 것들이 진실이라고 통용된다는 말을 들었네. 나도 몇 가지 기억하고 있지.

사그레도 우리에게까지 숨길 필요가 있는가? 달리 시간이 필요할지도 모르지만, 적당한 때에 우리에게 이야기해 주게. 하지만 지금은 우리가 이야기하던 줄거리를 따라서, 현재까지 우리가 일정하게 빨라지는 운동에 대해 정의한 것은 다음과 같이 표현할 수 있겠군.

정의

일정하게 가속되는 운동 또는 고르게 가속되는 운동이란, 정지 상태로부터 움직이기 시작해서, 같은 시간 간격 동안 속력이 빨라지는 정도가 같다는 뜻이다.

살비아티 이제 정의를 했고, 그다음에 우리의 학자는 다음 한 가지가 성립한다고 가정했네.

공리

어떤 물체가 기울기가 다른 경사면들을 따라 내려갈 때, 그 경사면들의 높이가 같으면, 그 물체의 속력이 같다.

여기서 경사면의 높이라는 말은, 그 경사면의 아래쪽 끝에서 수평으로 평면을 그렸을 때, 그 경사면의 위쪽 끝에서 그 평면까지의 수직 거리를 뜻한다. 그림을 그려서 보면, 직선 AB가 수평이 되도록 하고, 경사면 CA와 CD가 비스듬하게 놓이도록 해라. 여기서 수직 높이 CB가 바로 경사면 CA와 CD의 높이이다.

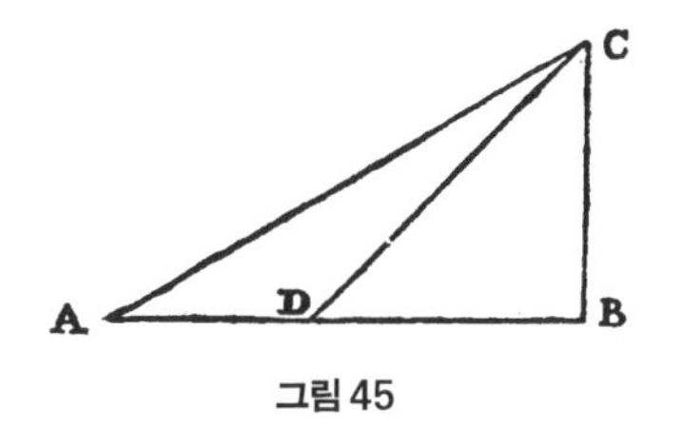

그림 45

그러니까 한 물체가 경사면 CA를 따라 내려가 A로 가든, 경사면 CD를 따라 내려가 D로 가든, 얻는 속력이 같다고 가정을 한 것이다. 여기서 두 경사면은 높이가 CB로서 같다. 그리고 그 속력은 물체가 C에서 B로 바로 떨어질 때 얻는 속력과도 같다.

사그레도 이 가정은 매우 합리적이어서, 의문의 여지 없이 인정을 해야 할 것 같아. 하지만 몇 가지 조건이 필요하지. 바깥의 저항은 없어야 하고, 경사면은 단단하고 매끄러운 물질로 만들어야 하며, 이 물체는 생김새가 완전히 둥글어서, 경사면이나 물체 둘 다 조금도 거칠지 않아야 해. 모든 저항과 방해를 없애고 나면, 무겁고 둥근 공이 경사면 CA, CD, CB를 따라 내려가 끝점 A, D, B에 이르렀을 때, 같은 운동량을 가짐을 추론할 수 있네.

살비아티 자네 설명도 그럴듯하지만, 이것은 실험을 엄밀하게 해서, 실제로 그렇다는 점이 의심의 여지가 없도록 만들어야 하네.

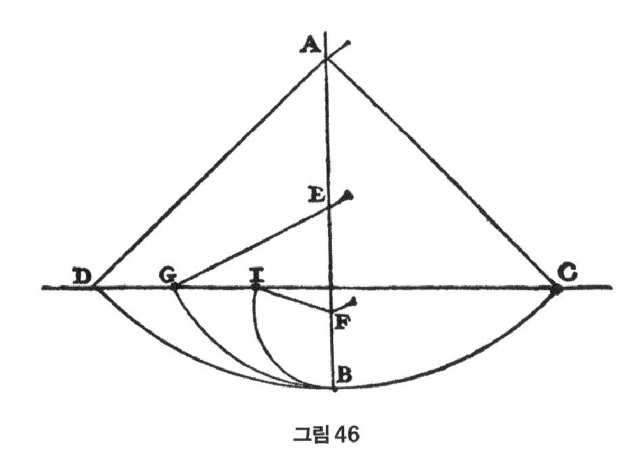

그림 46

수직으로 된 벽에다 못을 1개 박아라. 무거운 납으로 된 총알 1개를 아주 가는 실에 매달아서 6피트 정도 높이로 늘어뜨려라. 이것을 AB로 나타내자. 여기에 직각이 되도록, 벽에 수평 직선 DC를 그어라. 실 AB는 벽하고의 거리가 손톱 2개 정도 되도록 해라.

이제 실 AB를 끌어당겨서, AC의 위치로 올린 다음에 손을 놓아서, 자유롭게 움직이도록 해라. 그러면 총알은 곡선 CBD를 따라 움직인다. 우선 CB를 따라 내려가 B를 지나서, BD를 따라 올라가 수평 직선 CD의 높이에 거의 다다르게 된다. 실제로는 약간 못 미치게 되는데, 그 까닭은 공기와 실에서 저항이 작용하기 때문이다. 이것을 보면, 총알이 곡선 CB를 따라 내려가 B에 이르렀을 때 얻는 운동량은, 그 총알을 비슷한 곡선 BD를 따라 같은 높이까지 올릴 만큼이라는 것을 알 수 있다.

이 실험을 여러 번 되풀이한 다음, 벽에다 선분 AB의 중간 어디에 못을 박아라. 예를 들어 E나 F에 못의 길이가 상당히 길어서 툭 튀어나오도록 박아라. 그러면 총알을 매단 실이 CB를 따라 내려온 다음 B 지점에 이르렀을 때, 실이 못 E에 걸리게 된다. 그래서 E를 중심으로 한 원둘레 곡선 BG를 따라 총알이 움직이도록 만들어라.

이 실험을 해 보면, B에서 시작해 총알을 곡선 BD를 따라 직선 DC 높이까지 올렸던 운동량이, 이 경우에는 어떤 일을 할 수 있는지 알게 된다. 이 경우에는 총알이 직선 DC 높이에 있는 점 G까지 올라감을 흥미롭게 관찰할 수 있다. 못을 좀 더 아래쪽 F에 박으면, 곡선 BI를 따라서, 역시 직선 CD의 높이까지 총알이 올라감을 알 수 있다. 하지만 못을 직선 CD와 점 B의 중간보다 더 아래쪽에 박으면, 실의 길이가 직선 CD에 닿을 수가 없으니, 실이 못을 휘감아 엉키게 된다.

이 실험을 보면, 이 가정이 옳다는 것이 의심의 여지가 없다. 두 곡선 CB와 DB는 생김새가 같고, 같은 위치에 놓여 있으니, 곡선 CB를 따라 떨어지면서 얻는 운동량은 곡선 DB를 따라 떨어질 때 얻는 운동량과 같다. CB를 따라 떨어져서 B에 이를 때까지 얻은 운동량은, 이 물체를 BD를 따라 올리기에 꼭 알맞은 양이었다. 그러니까 DB를 따라 떨어질 때 얻는 운동량은, 그 물체를 같은 곡선을 따라 B에서 D까지 올릴 수 있는 정도이다.

일반적으로 어떤 곡선을 따라 떨어질 때 얻는 운동량은, 그 물체를 같은 곡선을 따라 올릴 수 있을 정도이다. 여기서 곡선 BD, BG, BI를 따라 올릴 수 있는 운동량은 모두 같다. 왜냐하면 실험을 통해 보았지만, 이 경우 CB를 따라 떨어지면서 얻은 운동량이 바로 이 곡선들을 따라 올릴 수 있기 때문이다. 그러므로 곡선 DB, GB, IB를 따라 떨어질 때 얻는 운동량은 모두 같다.

사그레도 이 논증은 매우 확실하고, 이 실험도 그 가정을 확립하기에 딱 맞게 되어 있으니, 그 가정은 증명되었다고 해도 과언이 아니겠군.

살비아티 사그레도, 우리에게 필요한 것 이상으로 많은 것을 가정하지는 말아야 하네. 더군다나 앞으로 우리는 이 공리를 주로 평면을 따라 움직이는 운동에만 적용할 걸세. 곡면을 따라 움직이는 경우는, 속력이 바뀌는 것이 완전히 달라서, 평면에 대해 가정한 것을 적용하기가 어렵네.

물론, 이 실험은 곡선 CB를 따라 떨어졌을 때, 그 운동량이 같은 높이의 곡선 BD, BG, BI를 따라 올릴 정도라는 것을 보이고 있지. 하지만 이 점들을 잇는 경사면을 만들어서, 완전히 둥근 공을 그 경사면을 따라 굴려서 이 실험을 하면, 같은 결과가 나오도록 할 수가 없네. 면들은 점 B에서 어떤 각을 만드니까, 공이 선분 CB를 따라 내려온 다음, 선분 BD, BG, BI를 따라 올라가려 할 때, 그것이 방해가 돼.

공이 이들 경사면을 때릴 때, 운동량의 일부를 잃게 되므로, 이 공은 직선 CD의 높이만큼 올라갈 수가 없어. 이 장애물이 실험을 방해하지만, 이것을 없앨 수가 있다면, 공이 내려오면서 얻는 운동량은 공을 같은 높이만큼 올릴 수 있다는 것이 분명하네. 그러니 지금은 이것을 가설로 받아들이세. 이것이 정말로 옳다는 것은, 여기로부터 유추되는 결론들이 실험 결과들과 대응하고 일치한다는 것을 보면 알 수 있네.

이 학자는 이 공리를 가정해서 받아들이고, 그다음 여기에서 끌어낼 수 있는 법칙들로 넘어갔어. 다음이 첫 번째 법칙이네.

정리 1, 법칙 1

어떤 물체가 가만히 있다가 일정하게 속력이 빨라져 움직였을 때, 그 물체가 어떤 거리를 지나는 데 걸린 시간은, 그 물체가 가장 빠른 속력과 가장 느린 속력의 평균 속력으로 같은 거리를 지날 때 걸리는 시간과 같다.

어떤 물체가 C 지점에서 가만히 있다가, 일정하게 속력이 빨라져서 CD 구간을 지났다고 하고, 그때 걸린 시간을 AB로 나타내자. 이 시간 동안에 점점 속력이 빨라져서, 끝에 가서 가장 빠른 속력이 되는데, 그것을 선분 AB에 직각이 되도록 선을 그어서 EB로 나타내자. 선분 AE를 그어라.

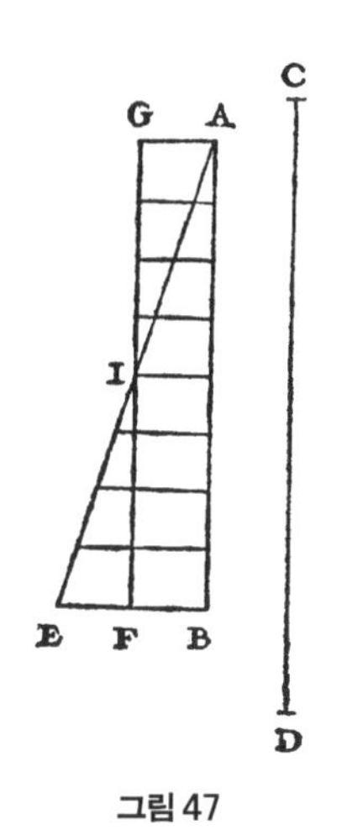

그림 47

이제 선분 BE와 평행하도록 AB에 일정한 간격으로 선을 그으면, 이것들은 A에서 시작해서 이 물체의 속력이 점점 빨라지는 것을 나타낸다. 선분 BE의 중점을 F라 하고, 선분 FG를 BA와 평행하도록 긋고, 선분 GA를 FB와 평행하도록 그어라.

그러면 직사각형 AGFB는 넓이가 삼각형 AEB와 같다. 왜냐하면 선분 GF는 선분 AE를 중점 I에서 2등분하고, 삼각형 AEB에 있는 일정한 간격의 선들을 GI까지 연장해 그으면, 사각형 안에 있는 평행선들을 모두 더한 것은 삼각형 AEB 안에 있는 것들을 모두 더한 것과 같다. 작은 삼각형 IEF 안에 있는 것은 작은 삼각형 IAG 안에 있는 것과 같고, 사다리꼴 AIFB 안에 있는 것은 공통이기 때문이다.

시간 AB 동안의 모든 순간순간은 선분 AB의 어떤 점에 대응하고, 그 점에서 평행한 선을 그어 삼각형 AEB 안에 놓이도록 하면, 그

선은 그 순간의 점점 빨라지는 속력을 나타낸다. 직사각형 ABFG 안에 있는 평행한 선들은 속력이 일정하고 바뀌지 않을 때의 속력을 나타낸다.

그러니까 속력이 빨라지는 경우 물체의 속력은 삼각형 AEB 안에 있는 점점 길어지는 평행선들로 나타낼 수 있고, 속력이 바뀌지 않을 경우는 직사각형 ABFG 안에 있는 평행선들로 나타낼 수 있다. 속력이 빨라지는 경우, 처음에 부족한 움직임은(이것은 삼각형 GAI 안에 있는 평행선들로 나타난다.) 나중에 삼각형 IEF 안에 있는 평행선들로 나타나는 움직임으로 보충이 된다.

그러니까 한 물체는 정지 상태에서 출발해 일정하게 속력이 빨라지고, 다른 한 물체는 빨라지는 물체의 최고 속력의 절반 속력으로 변함없이 움직일 때, 이 둘은 같은 거리를 같은 시간 동안에 지난다. 증명이 끝났다.

정리 2, 법칙 2

가만히 있다가 일정하게 속력이 빨라져 떨어지는 물체가 움직인 거리는, 그 거리를 지나는 데 걸린 시간의 제곱에 비례한다.

시간을 A에서 시작해 선분 AB로 나타내자. 여기에서 2개의 시간 간격 AD와 AE를 잡자. 어떤 물체가 H 지점에서 가만히 있다가 일정하게 속력이 빨라지면서 떨어지는 거리를 HI로 나타내자. 시간 AD 동안 떨어진 거리를 HL로 나타내고, 시간 AE 동안 떨어진 거리를 HM으로 나타내자. 그러면 거리 HM과 HL의 비율은, 시간 AE의 제곱과 AD의 제곱의 비율과 같음을 보이겠다. 또는 HM과 HL의 관계가, AE의 제곱과 AD의 제곱의 관계와 같다고 말할 수도 있다.

선분 AB와 어떤 각을 이루도록 선분 AC를 그어라. 점 D와 E에서 평행선 DO와 EP를 그어라. 이 두 선분들 중, DO는 시간 AD 동안 얻은 가장 빠른 속력을 나타내고, EP는 시간 AE 동안 얻은 가장 빠른 속력을 나타낸다. 그런데 방금, 물체가 움직인 거리는 그 물체가 가만히 있다가 일정하게 속력이 빨라지면서 떨어졌든 또는 그 최고 속력의 절반 속력으로 같은 시간 동안 떨어졌든, 그 거리가 같음을 증명했다. 그러니까 거리 HM과 HL은 시간 AE와 AD 동안 EP와 DO가 나타내는 최고 속력의 절반으로 떨어진 것과 같다. 여기서 거리 HM과 HL의 비율이, 시간 AE의 제곱과 AD의 제곱의 비율과 같음을 보이면 증명이 끝난다.

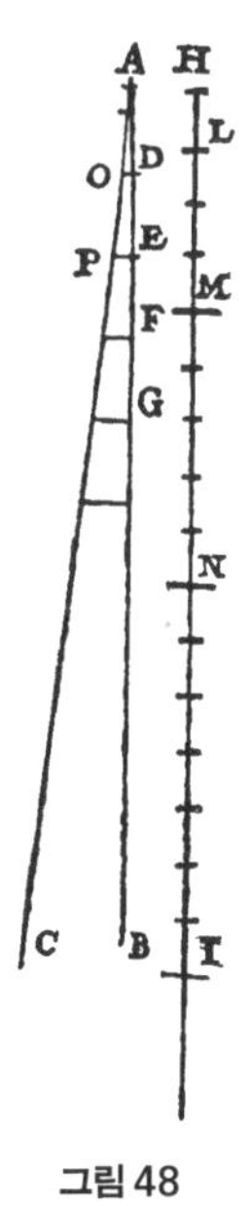

그림 48

나는 앞에서 두 물체가 일정한 속력으로 움직일 때, 그 거리의 비율은 속력의 비율과 시간의 비율을 곱한 것임을 보였다. 지금 이 경우는 속력의 비율이 시간의 비율과 같다. 왜냐하면 AE와 AD의 비율은 EP와 DO의 비율과 같고, 따라서 $\frac{1}{2}$ EP와 $\frac{1}{2}$ DO의 비율과 같기 때문이다. 그러니까 움직인 거리는 시간의 제곱의 비율과 같다. 증명이 끝났다.

그렇다면 움직인 거리의 비율은, 맨 나중 속력의 제곱의 비율과 같음이 명백하다. 그러니까 EP와 DO의 제곱들의 비율과 같다. 왜냐하면 EP와 DO의 비율은 AE와 AD의 비율과 같기 때문이다.

딸린 법칙 1

어떤 길이의 간격이라도 좋으니까, 처음부터 시작해서 시간을 일정한 간격으로 AD, DE, EF, FG라 자르고, 이때 지나는 거리를 HL, LM, MN, NI로 나타내자. 그러면 이 거리들의 비율은 홀수 1, 3, 5, 7과 같다. 왜냐하면 선분들이 일정한 길이만큼 차이가 나고, 그 차이가 바로 가장 처음에 나온 선분의 길이라면, 그것들을 제곱을 해서 차이를 구하면 1, 3, 5, 7, … 이 되기 때문이다. 또는 이것은 1부터 시작해 자연수들을 제곱을 한 다음, 빼서 차이를 구한 것이다.

그러니까 일정한 시간 간격 동안에, 속력은 자연수처럼 빨라진다. 그리고 이 일정한 시간 간격 동안에 물체가 움직인 거리는, 홀수 1, 3, 5, 7, … 처럼 늘어난다.

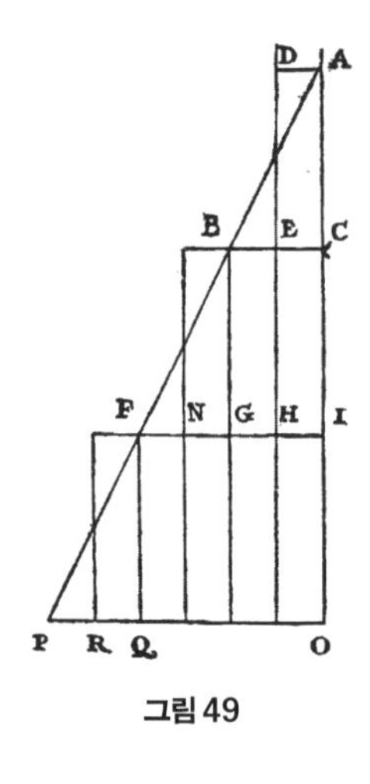

그림 49

사그레도 읽는 것을 잠시 멈추게. 나에게 좋은 생각이 떠올랐어. 그림을 그려서, 자네나 내가 더 분명하게 알 수 있도록 하지.

선분 AI를 그어서, 이것이 처음 순간 A에서 시작해 시간이 흐른 것을 나타내도록 하자. 그다음, A를 지나 적당한 각을 이루도록 직선 AF를 그어라. 양 끝점 I와 F를 연결하자. 시간 AI의 한가운데 점 C를 잡아서 2등분을 해라. C에서 IF와 평행하도록 CB를 그어라. 여기서 CB가 최고 속력이라고 생각할 수 있다. 속력은 처음에 A에 정지해 있을 때 0이었다가, 시간에 비례해서 점점 빨라지는데, BC에 평행하도록 선을 그어서, 그게 삼각형 ABC와 만나도록 하면, 그 선분의 길이가 바로 속력이다. 속력은 시간에 비례해서 증가하기 때문이다.

지금까지 설명해 온 것을 받아들이면, 어떤 물체가 이런 식으로 떨어졌을 때 그 거리는, 같은 물체가 같은 시간 동안 일정한 속력 EC로 떨어진 것과 같게 된다. 그러니까 최고 속력 CB의 절반 속력으로 떨어진 것과 같다. 물체가 떨어지면서 속력이 점점 빨라져서, C일 때에는 속력이 BC이다.

만약에 이 물체가 속력이 바뀌지 않고 계속 BC를 유지하면서 떨어진다면, 다음 시간 간격 CI 동안에 움직인 거리는, AC 동안에 움직인 거리의 두 배가 된다. AC 동안에 움직인 거리는 속력이 EC로 일정하게 움직인 것과 같고, 이것은 BC의 절반이기 때문이다.

그런데 떨어지는 물체는 같은 시간 간격 동안에 속력이 빨라지는 정도가 같으니까, 다음 시간 간격 CI 동안에 속력 BC는 삼각형 BFG 안에 들어가는 선들 만큼 속력이 빨라진다. 이 삼각형은 ABC와 크기가 같다. 그러니까 속력 GI에다 속력 FG의 절반을 더하면, 시간 CI 동안에 같은 거리를 움직이기 위한 일정한 속력을 구할 수 있다.

여기서 FG는 이 시간 동안에 빨라지는 정도의 가장 큰 값이고, 삼각형 BFG 안에 놓이는 선에 따라서 결정된다. 이 속력 IN은 속력 EC의 세 배이니까, 시간 CI 동안에 움직인 거리는 시간 AC 동안에 움직인 거리의 세 배가 된다.

이제 또 같은 시간 간격 IO 동안 운동이 계속된다고 생각해 보자. 그러면 삼각형 APO를 그려야 한다. 만약에 시간 IO 동안에 이 물체가 일정한 속력 IF로 떨어진다면, IO 동안에 이 물체가 움직이는 거리는 첫 시간 AC 동안에 움직인 거리의 네 배가 된다. 왜냐하면 속력 IF는 속력 EC의 네 배이기 때문이다.

하지만 삼각형을 크게 해서 작은 삼각형 FPQ를 집어넣으면, 이 삼각형은 ABC와 같으니까, 그러면 시간 IO 동안에 이 물체의 속력의 평균이 되는 일정한 속력은, 시간 AC에서의 평균 속력에 비해 다섯 배가 된다. 그러니까 이때 움직인 거리는, 처음 시간 AC 동안에 움직인 거리의 다섯 배가 된다.

이렇게 간단하게 계산을 해 보면, 물체가 가만히 있다가 속력이 시간에 비례해서 빨라지면, 그 움직인 거리가 일정한 시간 간격 동안에 1, 3, 5, 7, … 처럼 됨을 알 수 있다. 움직인 전체 거리를 생각하면, 두 배 시간 동안에는 네 배의 거리가 되고, 세 배 시간 동안에는 아홉 배의 거리를 움직이게 된다. 일반적으로 움직인 거리는 시간의 비율을 곱한 것과 같다. 그러니까 시간의 제곱에 비례한다.

심플리치오 사그레도의 단순 명쾌한 논리가 이 학자가 설명한 것보다 더 재미있고 맘에 드는데. 이 책의 증명법은 뭔가 불분명해 보이는군. 일정하게 속력이 빨라진다는 가정을 받아들이면, 이것들은 이 설명처럼 된다는 것을 확실하게 알겠어.

하지만 자연 상태에서 물체가 떨어질 때, 실제로 속력이 이렇게 빨라지는 것인지, 여전히 의구심을 떨칠 수가 없네. 나뿐만 아니라 나와 같은 생각을 가진 많은 사람들을 위해서, 실험을 해서 이것을 밝혀야 하네. 지금이 적당한 때인 것 같군. 내가 듣기로 많은 종류의 실험이 있어서, 여러 가지 방법으로 이 결론을 이끌어 냈다고 하던데.

살비아티 과학을 연구하는 사람으로서, 자네가 요구하는 것은 매우 당연한 것일세. 생각해 보면, 광학, 천문학, 역학, 음악, 또는 다른 종류의 과학에 수학적 증명을 적용할 때는, 먼저 엄밀한 실험을 통해서 근본이 되는 법칙들을 엄선한 다음, 그것을 기초로 전체 구조를 만드는 것이 보통 하는 과정이고, 또 마땅히 그래야 하니까.

이 첫 번째 근본 문제에 관해 상당히 긴 시간을 들여서 토론을 할 텐데, 그것을 시간 낭비라고 생각하지 말게. 온갖 종류의 결과들이 이것에 따라서 결정이 되고, 이 책에 그 일부가 실려 있지. 그전까지는 이 관문이 사색적인 생각의 세계에 닫혀 있었지만, 이 학자는 엄청난 노력을 통해서 이 관문을 열어젖힐 수 있었네.

이 학자는 실험을 경시하지 않았네. 나도 그와 같이 실험을 했어. 물체가 떨어질 때 속력이 빨라지는 것이 실제로 그렇다는 것을, 우리가 확신하기 위해서 다음 실험을 했네.

길이가 12큐빗, 폭은 0.5큐빗, 두께는 세 손가락 정도인 기다란 나무판을 하나 구했네. 그다음, 거기에다 폭이 손가락 하나 정도 되는 홈을 팠어. 이 홈을 매우 쪽 곧고 매끄럽도록 닦은 다음, 그 안에 양피지를 대었어. 양피지도 역시 매우 매끄럽게 다듬은 것이었지. 그다음, 그 홈을 따라 단단하고, 매끄럽고, 매우 둥근 구리 공을 굴렸어.

나무판의 한쪽 끝을 1~2큐빗 정도 올려서 경사지게 놓은 다음, 홈을 따라 공을 굴렸지. 그리고 공이 내려오는 데 걸리는 시간을 재었어. 이 실험을 여러 번 되풀이해 시간의 차이가 맥박수 0.1번 이하가 될 정도로 그 시간을 정확하게 재었어. 이 실험을 해서 그 정확성을 믿을 수 있게 된 다음, 거리를 4분의 1로 줄여서 굴려 보았어. 그러니까 내려오는 데 걸리는 시간이 정확하게 절반이 되었어.

그다음, 거리를 바꿔서 실험을 했네. 전체 길이를 내려올 때 걸리는 시간과, 2분의 1 또는 3분의 2, 또는 4분의 3, 또는 어떠한 분수로 표현되는 길이를 내려올 때 걸리는 시간에 대해 실험을 했어. 이런 실험을 백 번 이상 되풀이했는데, 항상 움직인 거리는 걸린 시간의 제곱에 비례했어. 이것은 나무판의 기울기가 얼마든 늘 사실이었어. 그러니까 공이 굴러 내려오는 기울기와 상관이 없었어. 그리고 경사가 다른 경우들을 서로 비교했을 때, 공이 내려오는 데 걸리는 시간은, 이 학자가 예언하고 증명한 것과 일치했어. 이것은 나중에 설명해 주지.

시간을 재는 방법으로, 우리는 커다란 물통을 어떤 높이에 올려놓고, 물통 아랫부분에 조그마한 파이프를 달아서, 물이 한 줄기 가는 물줄기로 나오도록 만들었네. 그 물줄기를 공이 내려오는 동안 유리잔에 받았지. 공이 전체 길이를 내려오든 또는 일부분을 내려오든. 이렇게 받은 물을 매우 정확한 저울로 무게를 쟀어. 이 무게들의 차이와 비율은, 바로 시간들의 차이와 비율을 나타내지. 이것은 하도 정확해서, 같은 실험을 여러 번 되풀이했을 때, 그 차이가 거의 없었네.

심플리치오 그 실험을 할 때 나도 같이 있었더라면 좋았을 텐데. 하지만 실험을 그렇게 조심해서 했고, 결과가 그렇게 믿을 수 있도록 나왔다니, 나도 이제 만족하네. 이 결과들은 사실이고, 믿을 수 있다고 받아들이겠네.

살비아티 그렇다면 이건 논란의 여지가 없으니, 그다음으로 넘어가겠네.

딸린 법칙 2

이 성질에 따라서, 출발점에서 시작해 어떤 두 거리를 잡았을 때, 이 거리를 지나는 데 걸린 시간의 비율은, 거리들의 기하평균과 한 거리의 비율과 같다.

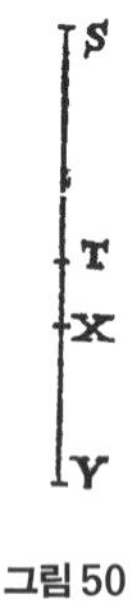

그림 50

예를 들어 출발점 S에서 시작해 두 거리 ST와 SY를 잡자. 이들의 기하평균을 SX라고 하자. 그러면 ST를 지나는 데 걸리는 시간과 SY를 지나는 데 걸리는 시간의 비율은, ST와 SX의 비율과 같음을 보이겠다. 또는 SY를 지나는 데 걸리는 시간과 ST를 지나는 데 걸리는 시간의 비율이, SY와 SX의 비율과 같다고 말할 수도 있다.

물체가 떨어진 거리의 비율은, 그때 걸린 시간의 제곱에 비례함을 이미 증명했다. 거리 SY와 ST의 비율은, SY와 SX의 제곱들의 비율과 같다. 따라서 SY와 ST를 지나는 데 걸리는 시간의 비율은, SY와 SX의 길이 비율과 같다.

주석

위에 나온 딸린 법칙은 수직으로 떨어지는 경우에 증명했지만, 이 법칙은 어떠한 각도로 경사진 평면에서든 성립한다. 경사진 평면을 따라 떨어질 때, 속력은 시간에 비례해 빨라지기 때문이다. 바꿔 말하면, 자연수처럼 커진다.

살비아티 사그레도, 심플리치오, 자네들이 지루해하지 않는다면, 현재 진행하는 이야기를 잠시 멈추고 싶군. 지금 이 시점까지 우리가 말하고 증명한 것들을 좀 더 부연 설명하기 위해서일세. 그리고 우리의 동료 학자가 오래전에 이끌어 낸 역학에 관한 멋진 결론을 지금 자네들에게 말해 주고 싶네. 우리가 지금까지 추론한 것들과 실험한 것들을 바탕으로, 그 결론이 진실임을 새로운 방법으로 증명할 걸세. 즉 운동량의 연구에서 근본이 되는 한 법칙을 보인 다음, 기하학적 방법으로 그 결론을 증명할 걸세.

사그레도 자네가 그런 수확을 약속하다니, 운동에 관한 이 과학을 확인하고 완벽하게 확립하기 위해서, 나는 시간을 얼마든지 들이겠네. 자네가 말하는 것을 기꺼이 듣지. 그 내용이 뭔지 정말 궁금하군. 심플리치오도 같은 생각일 걸세.

심플리치오 물론, 나도 동의하네.

살비아티 자네들이 허락을 했으니 내가 설명하겠는데, 우선 어떤 물체의 속력 또는 운동량은 평면이 기운 정도에 따라서 달라진다는 사실을 알아야 하네. 똑바로 수직으로 떨어지면 속력이 가장 커지고, 평면이 수직에서 멀어지면 멀어질수록, 그런 방향에서는 속력이 줄어들게 되네. 그러니까 물체가 떨어질 때의 추진력, 힘, 에너지, 또는 운동량은 그 물체가 굴러 떨어지는 평면에 따라서 줄어들지.

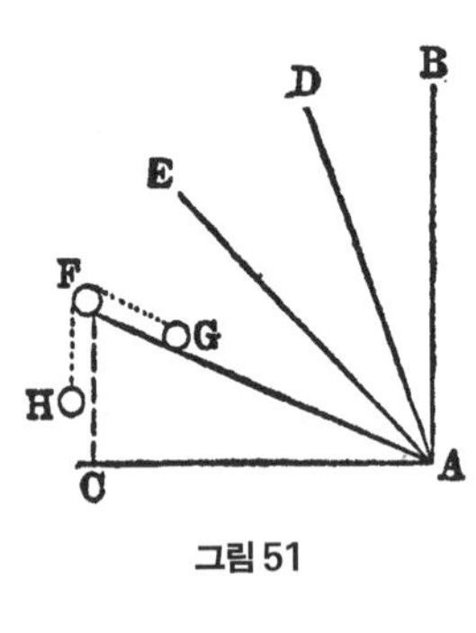

그림 51

이것을 분명하게 하기 위해서 수평면 AC에 수직이 되도록 선분 AB를 그어라. 그다음, 선분 AD, AE, AF 등을 기울기가 다르도록 그어라. 그러면 물체가 떨어질 때 운동량은 수직 방향에서 생기며, 수직으로 떨어질 때 운동량이 가장 큼을 보이겠다. DA를 따라서는 운동량이 줄어들고, EA를 따라서는 운동량이 더욱 줄어들고, FA를 따라서는 운동량이 더 더욱 줄어든다.

그리고 수평면에 놓여 있을 때는 운동량이 전혀 없다. 물체는 움직이든 가만히 있든, 신경을 안 쓰는 상태가 된다. 어떤 방향으로 움직이려는 것도 아니고, 그렇다고 움직이게 하면 저항하는 것도 아니다. 무거운 물체나 물체들을 모아 놓은 것은, 스스로 위로 움직이거나, 공통 중심에서 멀어지거나 할 수 없다. 모든 무거운 물체들은 공통 중심을 향해 가기 때문이다. 그러니까 어떤 물체는 공통 중심에 가까이 가는 것 외에 스스로 움직일 수 없다. 그런데 수평면은 모든 점들이 공통 중심에서 같은 거리에 있으니까, 물체들이 이 면을 따라서 움직이려는 운동량이 전혀 없다.

이렇게 운동량이 바뀌는 것을 받아들인 다음, 우리의 동료 학자가 파도바 대학에 있을 때 쓴 것을 설명하겠네. 이것은 그가 학생들을 가르치기 위해서 역학에 관해 쓴 논문에 포함되어 있는데, 나사라는 신비한 기구에 관해 그 기원과 성질에 대해서 길고 확실하게 설명하고 있네. 평면의 기울기에 따라서 운동량이 어떻게 변하는가를 밝혀 놓았지.

예를 들어 평면 FA는 한쪽 끝이 수직 길이 FC 만큼 올라가 있네. 무거운 물체가 움직일 때, FC가 운동량이 가장 커지는 방향이지. 같은 물체가 기울어진 평면 FA를 따라 움직일 때, 그 운동량이 어떤 비율로 바뀌는지 연구해 보세. 이 비율은 바로 앞에서 말한 두 거리에 역으로 비례하네. 이 원리를, 내가 증명하고 싶은 법칙의 앞에다 놓아야 하네.

어떤 물체가 내려갈 때, 거기에 작용하는 힘의 크기는, 그 물체가 가만히 있도록 버티게 하는 최소의 힘과 같음이 명백하다. 이 힘과 버티는 힘을 재려면, 다른 물체의 무게를 써야 한다. 평면 FA 위에 어떤 물체 G를 놓고, 이것을 줄로 묶어서, F 위를 지나 다른 물체 H와 잇도록 해라. 그러면 H는 수직으로 올라가거나 내려갈 것이다. 같은 거리만큼, G는 기울어진 평면 FA를 따라 내려가거나 올라갈 것이다. 하지만 이 거리는 G가 수직으로 움직인 거리와는 다르다. 그러나 어떤 물체든 힘이 작용하는 것은 수직 방향뿐이다. 이것은 명백하다.

물체 G가 A에서 F까지 움직이는 것을 생각하면, 삼각형 AFC는 수평 부분 AC와 수직 부분 CF로 되어 있다. 그리고 물체가 수평으로 움직일 때는, 공통 중심에서 멀어지거나 가까이 가는 것이 아니기 때문에, 움직임에 대한 저항이 전혀 없다. 그러니까 저항은 물체가 수직 거리 CF로 올라가는 경우에만 생긴다. 물체 G가 A에서 F로 움직일 때 받는 저항은, 수직 거리 CF를 올라가면서 받는 저항과 같고, 다른 물체 H는 수직으로 FA 거리만큼 떨어져야 하니까, 그리고 이 두 물체는 끈으로 이어져 있어서, 많이 움직이든 조금 움직이든, 이 비율이 유지되어야 한다. 그러므로 두 물체가 평형을 이룰 때, 그들이 (수직으로) 움직이려는 경향, 그들이 같은 시간 동안 (수직으로) 움직일 수 있는 거리의 비율은, 그들의 무게의 역비율과 같음을 확실하게 알 수 있다. 이것은 모든 역학 운동의 경우에 증명된 것이다.

그러므로 무게 G를 가만히 있도록 하기 위해서는, H의 무게가 CF와 FA의 길이 비율만큼 작아야 한다. 그렇게 해서 G의 무게와 H의 무게의 비율이 FA와 FC의 비율과 같으면 평형이 되어서, 무게 H와 G는 같은 크기의 힘을 내므로, 두 물체가 움직이지 않게 된다.

물체가 움직일 때, 그 추진력, 힘, 에너지, 운동량 또는 그 물체가 움직이려는 경향은, 그것을 멈추게 할 수 있는 최소의 저항력 또는 힘과 같다는 것에 동의를 했으니까, 그리고 H의 무게가 G를 움직이지 못하도록 할 수 있다는 것을 알았으니까, 무거운 G의 무게가 평면 FA를 따라 움직이면서 내는 힘은, 가벼운 H의 무게가 수직 방향 FC로 움직이면서 내는 힘과 똑같다.

물체 G에 걸리는 전체 힘은 무게로 나타낼 수 있다. 이것이 떨어지지 않도록 하려면, 같은 무게로 당겨 주어야 한다. 이때 같은 무게는 수직으로 움직이도록 놓아두어야 한다. 그러니까 G가 기운 평면 FA를 따라 내는 힘의 성분과, 같은 물체 G가 수직으로 FC를 따라 낼 수 있는 전체 힘과의 비율은, 무게 H와 G의 비율과 같다. 이 비율은, H에 대해서 생각해 보면, 높이 FC와 기운 평면 FA의 길이 비율과 같다.

이제 이 원리를 증명을 했네. 곧 나오겠지만, 이 학자는 법칙 6의 뒷부분에서 이것을 가정하고 사용했네.

사그레도 지금까지 자네가 증명한 것들을 이용해 비례식을 써서 따지면,

한 물체가 기울기가 다르고 수직 높이는 같은 2개의 평면을 따라 내려가는 경우, 그들의 힘은 평면의 길이에 역으로 비례하겠군.

살비아티 맞아, 바로 그것일세. 이제 이 원리를 확립했으니, 다음 정리를 증명하도록 하겠네.

추가 정리

한 물체가 매끄러운 평면들을 따라 떨어질 때, 그 평면들의 수직 높이가 같다면, 그들의 기울기가 얼마든, 물체가 밑에 닿았을 때 속력은 같다.

경사면이 얼마나 기울었든, 물체가 가만히 있다가 움직이기 시작하면, 그 속력과 운동량은 시간에 비례해 증가함을 기억하고 있지? 이것은 이 학자가 자연스럽게 속력이 빨라지는 운동에 대해서 정의한 것과 일치하네. 그러므로 앞에서 증명한 법칙들에 따르면, 움직인 거리는 시간의 제곱 또는 속력의 제곱에 비례하지. 그러니까 속력들의 관계는 수직으로 떨어질 때와 같아. 왜냐하면 두 경우 모두 시간에 비례하니까.

수평면 BC 위에 기운 평면 AB가 있고, 이것의 수직 높이는 AC라고 하자. 앞에서 증명했듯이, 물체를 AC를 따라 수직으로 떨어지게 하는 힘과, 같은 물체를 AB를 따라 움직이게 하는 힘의 비율은, AB와 AC의 길이 비율과 같다. 경사면 AB에서 선분 AD를 잡되, AB, AC, AD의 길이가 등비수열을 이루도록 해라.

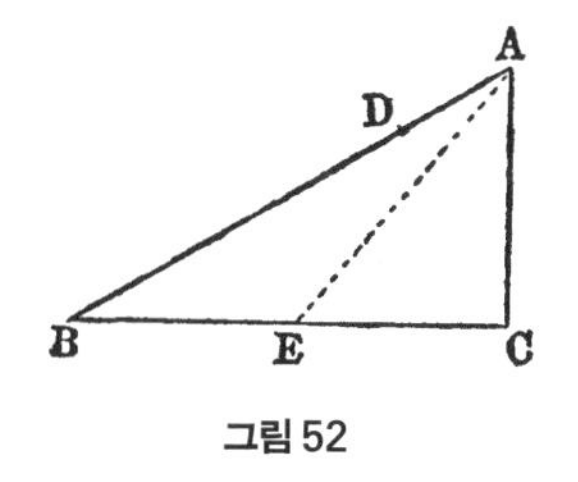

그림 52

그러면 AC를 따라 움직이게 하는 힘과 AB(또는 AD)를 따라 움직이게 하는 힘의 비율은, AC와 AD의 길이 비율과 같다. 그러니까 한 물체가 경사면 AB를 따라 움직여서 AD를 지나는 데 걸리는 시간 동안, 이 물체가 수직으로 떨어졌다면, AC 거리를 지날 수 있다. 왜냐하면 두 경우 힘의 비율과 거리의 비율이 같기 때문이다.

C에 닿았을 때의 속력과 D에 닿았을 때의 속력의 비율은, AC와 AD의 거리 비율과 같다. 그런데 일정하게 속력이 빨라지는 운동의 정의에 따르면, B를 지날 때의 속력과 D를 지날 때의 속력의 비율은, AB를 지나는 데 걸리는 시간과 AD를 지나는 데 걸리는 시간의 비율과 같다. 법칙 2에 딸린 법칙 2를 이용하면, AB를 지나는 데 걸리는 시간과 AD를 지나는 데 걸리는 시간의 비율은, AC와 AD의 길이 비율과 같음을 알 수 있다. 왜냐하면 AC는 AB와 AD의 기하평균이기 때문이다.

따라서 B에서의 속력과 C에서의 속력은 모두, D에서의 속력과의 비율이, AC와 AD의 비율과 같다. 그러니까 둘은 같다. 이것이 내가 보이려고 한 정리이다.

이것을 쓰면, 법칙 3을 쉽게 증명할 수 있네. 법칙 3에 보면, 다음 원리가 나오지. 경사면을 지나는 데 걸리는 시간과, 그 경사면의 수직 높이를 떨어지는 데 걸리는 시간의 비율은, 그 경사면의 길이와 수직 높이의 비율과 같다.

법칙 2에 딸린 법칙 2를 이용하면, AB 거리를 지나는 데 걸리는 시간을 AB로 나타내면, AD 거리를 지나는 데 걸리는 시간은, 이 두 거리의 기하평균과 같으니까, AC가 된다. 그런데 AC가 AD를 지나는 데 걸리는 시간을 나타낸다면, 그것은 또한 AC를 떨어지는 데 걸리는 시간을 나타낸다. 왜냐하면 AC와 AD를 지나는 데 같은 시간이 걸리기 때문이다. 따라서 AB가 AB를 지나는 데 걸리는 시간을 나타낸다면, AC는 AC를 지나는 데 걸리는 시간을 나타낸다. 그러니까 AB와 AC를 지나는 데 걸리는 시간의 비율은 AB와 AC의 길이 비율과 같다.

비슷한 방법으로, AC를 따라 떨어질 때 걸리는 시간과, 어떤 임의의 경사면 AE를 따라 내려올 때 걸리는 시간의 비율은, AC와 AE의 길이 비율과 같음을 보일 수 있다. 그러므로 비례식에 따라서, AB를 따라 내려올 때 걸리는 시간과, AE를 따라 내려올 때 걸리는 시간의 비율은, AB와 AE의 길이 비율과 같다.

뒤에 가서 사그레도가 알게 되겠지만, 이 정리를 쓰면, 법칙 6을 간단하게 보일 수 있네. 하지만 이런 이야기는 이제 그치고, 본론으로 돌아가세. 자네들, 너무 지루하게 여겼겠지. 하지만 이것들은 운동의 이론에서 상당히 중요한 수확일세.

사그레도 아니, 정말 만족스러웠네. 이 원리를 완전히 파악하기 위해서 꼭 필요한 것이었어.

살비아티 이제 이 책을 계속 읽어 나가겠네.

정리 3, 법칙 3

한 물체가 가만히 있다가 경사면을 따라 움직이고, 수직면을 따라 떨어질 때, 그 수직 높이가 같다면, 이 물체가 떨어지는 데 걸리는 시간들의 비율은, 경사면의 길이와 수직면의 길이의 비율과 같다.

AC를 경사면이라 하고, AB를 수직면이라고 하자. 이 둘은 다 수직 높이가 BA로서 같다. 그러면 한 물체가 AC를 따라 내려갈 때 걸리는 시간과, 같은 물체가 AB를 따라 떨어질 때 걸리는 시간의 비율은, AC와 AB의 길이 비율과 같음을 보이겠다.

수평면 BC와 평행하도록, 선분 DG, EI, FL을 그어라. 앞에서 증

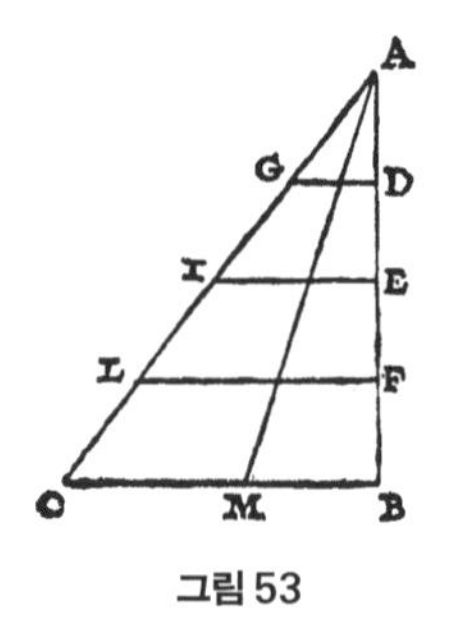

그림 53

명한 것에 따르면, 물체가 A에서 떨어져서 G에 이르렀을 때나 D에 이르렀을 때나 속력은 같다. 왜냐하면 수직 높이가 같기 때문이다. 마찬가지로 I와 E에 이르렀을 때 속력이 같고, L과 F에 이르렀을 때 속력이 같다. 일반적으로 어떠한 평행선을 긋든 AB와 AC와 만나는 양 끝점에서는 속력이 서로 같다.

그러므로 두 거리 AC와 AB는 같은 속력으로 지나게 된다. 어떤 물체가 같은 속력으로 두 거리를 지난다면, 그때 걸리는 시간의 비율은 거리에 비례함을 이미 증명했다. 그러므로 AC를 지날 때 걸리는 시간과 AB를 지날 때 걸리는 시간의 비율은, AC와 AB의 길이 비율과 같다. 증명이 끝났다.

사그레도 내가 보기에, 이것은 이미 증명한 법칙들을 써서 더 간단하고 분명하게 증명할 수 있겠는데. AC와 AB를 따라 속력이 빨라지면서 움직일 때, 그 거리는 법칙 1에 따라서, 최고 속력의 절반으로 같은 시간 동안 움직인 것과 같다. 그런데 지금 최고 속력이 같으니까, 그 시간이 거리에 비례함이 명백하다.

딸린 법칙

그러므로 경사면들의 기울기가 제각각이고, 수직 높이가 같은 경우, 그것들을 따라 내려오는 데 걸리는 시간의 비율은, 그 경사면의 길이의 비율과 같음을 유추할 수 있다. 어떤 경사면 AM이 A에서 수평면 CB까지 걸쳐 있다고 하자. 그러면 앞에서와 같이 AM을 따라 내려오는 데 걸리는 시간과,

AB를 따라 내려올 때 걸리는 시간의 비율은, AM과 AB의 길이 비율과 같음을 알 수 있다. 그런데 AB와 AC를 따라 내려올 때 걸리는 시간의 비율은 AB와 AC의 길이 비율과 같으니까, 비례식에 따라서, AM과 AC의 길이 비율은 이들을 따라 내려올 때 걸리는 시간의 비율과 같다.

정리 4, 법칙 4

같은 길이의 경사면이 기울기가 다르게 놓여 있을 때, 그것을 따라 내려오는 데 걸리는 시간의 비율은, 수직 높이의 제곱근에 역으로 비례한다.

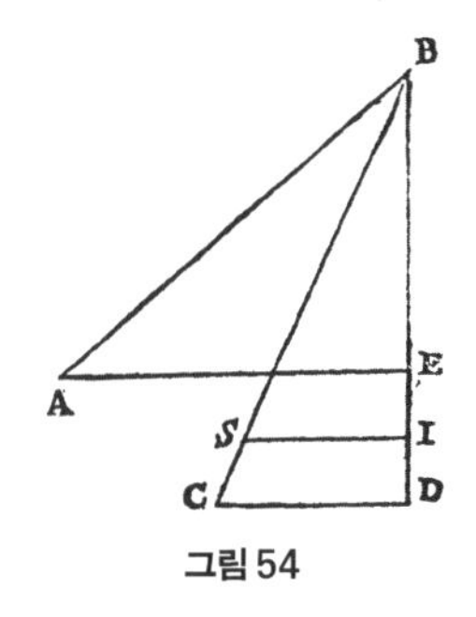

그림 54

어떤 점 B에서 경사면 BA와 BC를 그어서, 이들의 길이가 같고, 기울기가 다르다고 하자. B에서 수직선 BD를 긋고, 이 수직선과 만나도록 수평 직선 AE와 CD를 그어라. 그러면 BE가 AB의 수직 높이이고, BD가 BC의 수직 높이이다. BD와 BE의 기하평균을 BI라고 나타내자. 그러면 BD와 BI의 비율은, BD와 BE의 비율의 제곱근과 같다.

이제 BA와 BC를 따라 내려갈 때 걸리는 시간의 비율은, BD와 BI의 비율과 같음을 보이겠다. 그러니까 BA를 따라 내려오는 데 걸리는 시간과, 다른 경사면 BC의 높이 BD와의 관계는, BC를 따라 내려오는 데 걸리는 시간과, 높이 BI와의 관계와 같다. BA를 따라 내려오는 데 걸리는 시간과, BC를 따라 내려오는 데 걸리는 시간의 비율은, BD와 BI의 비율과 같음을 보여야 한다.

DC와 평행하도록, 선분 IS를 그어라. BA를 따라 내려오는 데 걸리는 시간과, 수직으로 BE를 따라 내려오는 데 걸리는 시간의 비율은, BA와 BE의 길이 비율과 같음을 앞에서 보였다. 그리고 BE 거리를 내려오는 데 걸리는 시간과, BD 거리를 내려오는 데 걸리는 시간의 비율은, BE와 BI의 비율과 같다.

BD를 따라 내려오는 데 걸리는 시간과, BC를 따라 내려오는 데 걸리는 시간의 비율은, BD와 BC의 비율과 같다. 이것은 BI와 BS의 비율과 같다. 그러므로 비례식에 따라서, BA에서 걸리는 시간과 BC에서 걸리는 시간의 비율은, BA와 BS의 비율과 같고, 이것은 BC와 BS의 비율과 같다. 그런데 BC와 BS의 비율은, BD와 BI의 비율과 같으니까, 이 법칙이 성립한다.

정리 5, 법칙 5

길이와 경사, 높이가 다른 두 평면을 따라 내려올 때, 걸리는 시간의 비율은, 길이의 비율에다 높이의 제곱근의 역비율을 곱한 것과 같다.

두 평면 AB와 AC를 길이, 경사, 높이가 다르도록 그려라. 그러면 AC를 따라 내려올 때 걸리는 시간과, AB를 따라 내려올 때 걸리는 시간의 비율은, AC와 AB의 길이의 비율에다, 그들 높이의 제곱근의 역비율을 곱한 것임을 보이겠다.

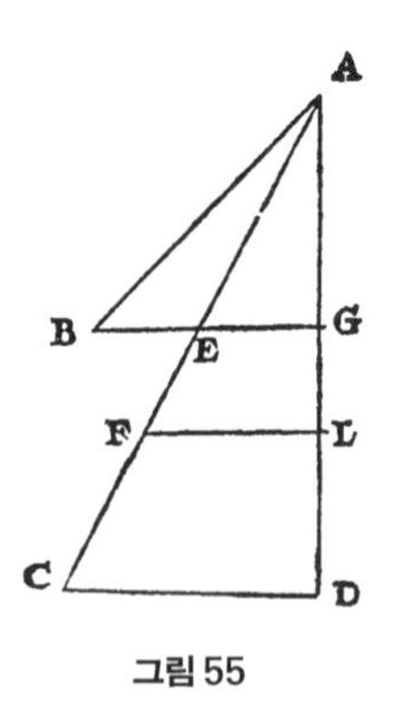

그림 55

수직선 AD를 긋고, 이 수직선과 만나도록, 수평 직선 BG와 CD를 그어라. AL은 높이 AG와 AD의 기하평균이 되도록 해라. L에서 수평으로 그은 선이 AC와 만나는 점을 F라고 하자. 그러면 AF는 AE와 AC의 기하평균이다.

AC에서 걸리는 시간과 AE에서 걸리는 시간의 비율은, AF와 AE의 길이 비율과 같다. AE에서 걸리는 시간과 AB에서 걸리는 시간의 비율은, AE와 AB의 길이 비율과 같다. 그러므로 AC에서 걸리는 시간과 AB에서 걸리는 시간의 비율은, AF와 AB의 길이 비율과 같다.

이제 남은 일은, AF와 AB의 길이 비율이, AC와 AB의 비율에다 AG와 AL의 비율을 곱한 것임을 보이는 것이다. AG와 AL의 비율이 바로 높이 AD와 AG의 제곱근의 역비율이다. 선분 AC를 AF와 AB와 연관해 생각해 보면, AF와 AC의 비율은 AL과 AD의 비율과 같고, 이것은 AG와 AL의 비율과 같으며, 이것은 AG와 AD의 제곱근들의 비율과 같다. 그런데 AC와 AB의 비율은 자신들의 길이 비율과 같다. 그러므로 이 법칙이 성립한다.

정리 6, 법칙 6

원을 그리고, 거기에서 맨 위 점 또는 맨 아래 점을 잡은 다음, 그 점에서 원둘레의 어떠한 점과 연결해 경사면을 만들든, 그 경사면을 따라 내려오는 데 같은 시간이 걸린다.

수평 직선 GH에 접하도록 원을 그려라. 원의 맨 아래 점이 GH와 접하도록 하고, 이 점에서 수직으로 선분을 그어서, 선분 FA가 지름이 되도록 하고, A가 원의 맨 위 점이 되도록 해라. 그다음, 원

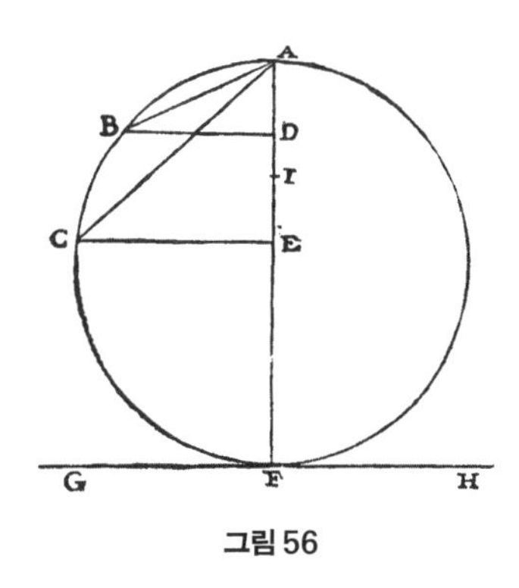

그림 56

둘레에서 어떠한 점이라도 좋으니 B와 C를 잡고, A에서 이 점들을

잇는 선분을 그어라. 그러면 이 두 선분을 따라 내려오는 데 같은 시간이 걸림을 증명하겠다.

지름 AF와 직각이 되도록 선분 BD와 CE를 그어라. 이 두 경사면의 높이 AD와 AE의 기하평균이 되는 길이 AI를 잡아라. 그러면 직사각형 FA·AE, 직사각형 FA·AD의 넓이들은 각각 AC의 제곱, AB의 제곱과 같다. 그런데 직사각형 FA·AE와 직사각형 FA·AD의 넓이 비율은 AE와 AD의 길이 비율과 같으니까, AC의 제곱과 AB의 제곱의 비율은 AE와 AD의 길이 비율과 같다.

그런데 AE와 AD의 길이 비율은 AI의 제곱과 AD의 제곱의 비율과 같으니까, AC의 제곱과 AB의 제곱의 비율은 AI의 제곱과 AD의 제곱의 비율과 같다. 따라서 AC와 AB의 길이 비율은 AI와 AD의 길이 비율과 같다.

앞에서 증명한 것에 따르면, AC를 따라 내려갈 때 걸리는 시간과 AB를 따라 내려갈 때 걸리는 시간의 비율은, AC와 AB의 비율에다 AD와 AI의 비율을 곱한 것과 같다. 그런데 AD와 AI의 비율은 AB와 AC의 비율과 같으니까, 이 곱은 1 : 1이 된다. 그러니까 AC를 따라 내려갈 때 걸리는 시간과 AB를 따라 내려갈 때 걸리는 시간은 같다. 증명이 끝났다.

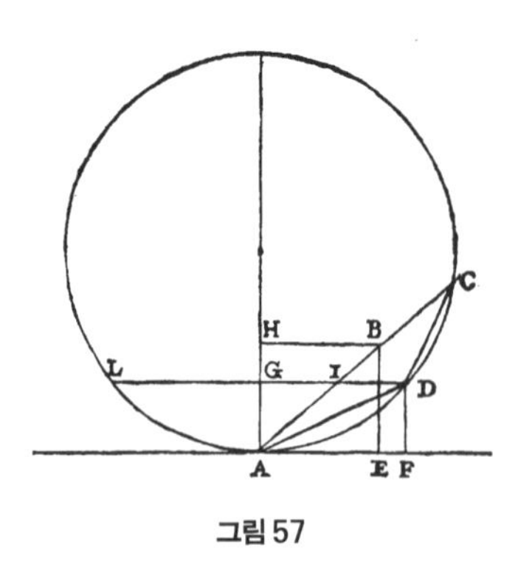

그림 57

역학의 원리를 써서 같은 결과를 증명할 수 있다. 즉 어떤 물체가 떨어질 때, 다음 그림에 나타나는 거리 CA와 DA를 지나는 데 같은 시간이 걸림을 증명하겠다.

선분 AC에서, DA와 길이

가 같도록 BA를 잡아라. 그다음, 수직선 BE와 DF를 그어라. 그러면 역학의 원리에 따라서, 물체가 기울어진 평면 CBA를 따라 움직일 때 그 힘의 성분은 물체의 전체 힘, 그러니까 물체가 자유롭게 떨어질 때의 힘과 비교해서, 그 비율이 BE와 BA의 비율과 같다. 같은 방법으로, DA를 따라 내려올 때 힘과 전체 힘의 비율은 DF와 DA의 비율과 같다. 이 비율은 DF와 BA의 비율과 같다.

그러니까 한 물체가 경사면 DA를 따라 내려올 때와 CBA를 따라 내려올 때의 힘의 비율은 DF와 BE의 길이 비율과 같다. 그러므로 앞에서 나온 법칙 2에 따라서, 한 물체가 같은 시간 동안 경사면 CA와 DA를 따라 움직일 때, 그 거리의 비율은 BE와 DF의 길이 비율과 같다. 그런데 CA와 DA의 비율은 BE와 DF의 비율과 같음을 보일 수 있다. 그러니까 한 물체는 CA와 DA를 지나는 데 같은 시간이 걸린다.

CA와 DA의 길이 비율이 BE와 DF의 비율과 같음은 다음과 같이 증명할 수 있다. C와 D를 선분으로 이어라. D를 지나 선분 DGL을 AF와 평행이 되도록 긋고, 이것이 선분 AC와 만나는 점을 I라고 하자. B를 지나 AF와 평행하도록 선분 BH를 그어라. 그러면 각 ADI와 각 DCA는 크기가 같다. 왜냐하면 이들은 호 AL, 호 AD에 대응하는데, 이 둘은 길이가 같기 때문이다. 그리고 각 A를 공통으로 갖고 있으니, 삼각형 ADI와 삼각형 ACD는 닮은꼴이어서, 대응하는 변들의 길이 비율이 같다. 따라서 CA와 DA의 비율은 DA와 IA의 비율과 같고, 이것은 BA와 IA의 비율과 같고, 이것은 HA와 GA의 비율과 같고, 이것은 BE와 DF의 비율과 같다. 증명이 끝났다.

이것은 다음과 같이 더 쉽게 증명할 수가 있다. 수평 직선 AB 위에 원을 접하도록 그리고, 지름 DC를 수직으로 잡아라. 이 지름의

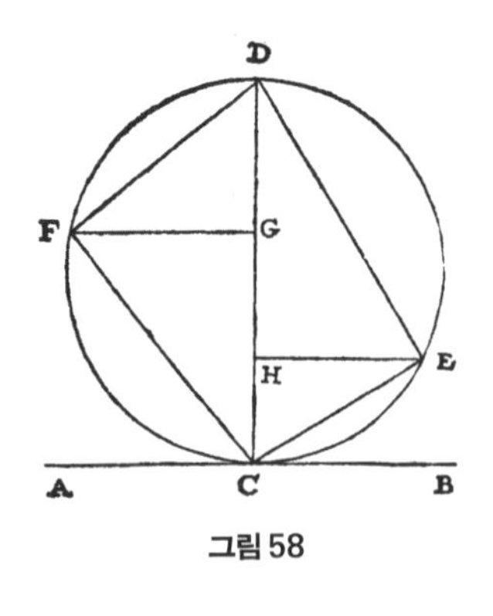

그림 58

위쪽 끝점 D에서 어떠한 기울기라도 좋으니 경사면을 그려서, 원둘레와 만나도록 해서, 그것을 DF로 나타내자. 그러면 어떤 물체가 DF를 따라 떨어질 때 걸리는 시간은 지름 DC를 따라 떨어질 때 걸리는 시간과 같음을 보이겠다.

선분 FG를 AB와 평행하도록 그어서, DC와 직각으로 만나도록 해라. F와 C를 선분으로 이어라. DC를 지나는 데 걸리는 시간과 DG를 지나는 데 걸리는 시간의 비율은, DC와 DG의 기하평균과 DG와의 비율과 같다. 그런데 DF의 길이가 바로 DC와 DG의 기하평균이다. 각 DFC는 직각이고, FG와 DC는 직각으로 만난다.

DC와 DG를 지나는 데 걸리는 시간의 비율은 FD와 GD의 길이 비율과 같고, DF를 지나는 데 걸리는 시간과 DG를 지나는 데 걸리는 시간의 비율은 그들의 길이 DF와 DG의 비율과 같으니까, DF에 걸리는 시간과 DC에 걸리는 시간을 둘 다 DG에 걸리는 시간과 비교했을 때, 비율이 같다. 그러므로 이 둘은 같다.

비슷한 방법으로, 아래쪽 끝점 C에서 원둘레로 선분 CE를 긋고, 수평 선분 EH를 긋고, E와 D를 선분으로 이으면, EC를 따라 내려갈 때 걸리는 시간은 DC를 따라 내려갈 때 걸리는 시간과 같음을 보일 수 있다.

딸린 법칙 1

원의 맨 아래 지점 C 또는 맨 위 지점 D와 원둘레의 임의의 점을 연결해 선분을 그리면, 그것을 따라 내려오는 데 걸리는 시간은 같다.

딸린 법칙 2

어떤 점에서 수직인 선분을 하나 긋고, 경사진 선분들을 그리되 그 선분들을 따라 내려가는 데 걸리는 시간이 수직인 선분을 따라 내려가는 데 걸리는 시간과 같은 선분들만 그리면, 그 선분들의 끝점은 수직 선분을 지름으로 하는 원둘레에 놓이게 된다.

딸린 법칙 3

경사면들이 있을 때, 그들의 길이 비율이 같은 길이에 해당하는 수직 높이의 비율과 같다면, 그 경사면들을 따라 내려오는 데 걸리는 시간은 같다. 두 번째 앞의 그림에서, CA와 DA를 따라 내려오는 데 걸리는 시간은 같다. 거기에서 AB와 AD는 길이가 같고, AB의 수직 높이 BE와 AD의 수직 높이 DF의 비율은, CA와 DA의 길이 비율과 같다.

사그레도 읽는 것을 잠시 멈추게. 방금 내게 멋진 생각이 떠올랐는데, 이걸 좀 더 분명하게 만들어야 하겠어. 내 생각이 맞다면, 야릇하고 흥미로운 결과가 나오게 되네. 자연에서 보면, 흔히 필연의 결과로서 이런 일이 일어나곤 하지.

평면에서 어떤 원점을 잡은 다음, 거기에서 사방으로 직선을 긋는다면, 그리고 점들이 이 직선을 따라 원점에서 동시에 출발해 같은 속력으로 움직인다면, 이 움직이는 점들은 언제나 원둘레에 놓이게 되지. 이 원은 처음에 잡은 원점을 중심으로 점점 더 커져. 그러니까 물에 조약돌을 퐁당 빠뜨렸을 때 물결이 퍼져 나가듯, 이 원들이 퍼져 나가지. 돌이 물에 빠질 때 충격으로 물결이 사방으로 퍼지지만, 원을 이루는 물결이 점점 퍼져도, 돌이 물에 떨어진 그 지점은 항상 원들의 중심으로 남지.

이번에는 수직인 면을 그린 다음, 거기에서 가장 높은 점을 원점으로 해서 온갖 기울기로 경사면을 잡아서, 아래로 한없이 길게 그려 봐. 무거운 물체들이 이 경사면들을 따라 떨어지면서 속력이 점점 빨라진다고 생각을 해 봐. 어떤 순간에 이 물체들을 봤을 때, 그들은 어떤 모양을 그리고 있겠는가? 자네가 앞에서 증명한 것에 따르면, 정답은 놀랍게도 이 물체들은 원을 그리고 있네. 물체들이 처음 출발한 위치에서 멀어지면서 점점 더 큰 원을 그리게 돼.

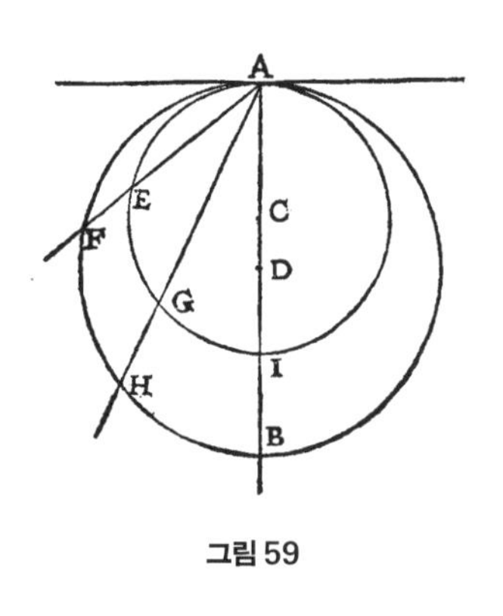

그림 59

좀 더 구체적으로 말하자면, 어떤 점 A를 잡은 다음, 여기에서 어떠한 각이라도 좋으니 기울어진 면 AF와 AH를 잡아라. 그리고 수직선 AB를 잡고, 그 위에서 두 점 C와 D를 잡은 다음, 이들을 중점으로 A를 지나는 원들을 그려라. 이것들이 경사면과 만나는 점들을 E, G, I, 그리고 F, H, B로 나타내자. 앞에서 배운 법칙들에 따르면, 물체들이 A에서 같은 순간에 출발해 이 경사면들을 따라 내려오면, 한 물체가 E에 닿았을 때, 다른 물체들은 G와 I에 이르게 된다. 시간이 조금 더 지나면, 이들은 F, H, B에 동시에 닿게 된다. 이것들뿐만 아니라 한없이 많은 경사진 면들을 따라 한없이 많은 물체들이 내려온다고 할 때, 어떠한 순간이든 이들은 모두 원둘레를 그리게 된다. 이 원은 점점 커진다.

자연에서 일어나는 움직임들은 두 종류의 한없이 많은 원들을 그리게 하는군. 이것들은 비슷하면서도 약간 달라. 하나는 한 점을 중심으로 해서 수없이 많은 원들이 퍼져 나가는 것이고, 다른 하나는 맨 꼭대기

점에서 운동을 시작해서 중심이 제각각 다른 원들이 퍼져 나가되, 항상 맨 꼭대기 점에서 접하는 것이지. 앞에서 말한 것은 움직임이 고르고 다 같은 것에서 나오고, 뒤에서 말한 것은 기울기에 따라서 속력이 제각각 다른 것에서 나오지.

이것을 좀 더 발전시키면, 운동을 시작하는 원점들을 잡은 다음, 수평이나 수직 방향뿐만 아니라 모든 방향으로 선을 그어서, 그것들을 따라 움직이는 것을 생각하면, 앞에서는 한 점에서 시작해 점점 커지는 원이 나왔지만, 지금은 한 점에서 시작해 점점 커지는 공들이 나오지. 또는 한 공이 점점 커진다고 생각할 수도 있지. 원점을 중심으로 점점 커지는 것이 있고, 원점이 그 공에 놓인 채 점점 커지는 것이 있네.

살비아티 이건 정말 아름다운 모양이군. 사그레도의 멋진 생각이 낳은 결과물일세.

심플리치오 자연에서 일어나는 두 종류의 운동이 어떻게 원이나 공을 그리는지, 나도 어렴풋이 감을 잡겠지만, 속력이 점점 빨라지는 운동이 그런 모양을 낳고, 그 사실을 증명한 것을 완벽하게 이해하지는 못하겠네. 하지만 운동을 처음 시작한 점이 중점이 될 수도 있고, 또는 공의 맨 위 점이 될 수도 있다는 사실은, 뭔가 큰 수수께끼가 이 놀라운 결과 안에 숨어 있는 것처럼 보이는군. 어쩌면 우주가 처음 생길 때와 관계가 있을지도 모르지. 우주는 공처럼 생겼다고 들었으니까. 어쩌면 그 근본 원인과 관계가 있을지도 모르겠어.

살비아티 나도 자네 생각에 동의하네. 하지만 그런 심오한 고려 사항은, 우리가 지금 다루는 것보다 훨씬 차원이 높은 과학에 속하지. 우리는 채

석장에서 대리석을 캐내는 석공으로 일하는 것에 만족해야 하네. 나중에 뛰어난 재능을 가진 조각가가, 이 거칠고 모양이 없는 대리석을 사용해 멋진 걸작품을 조각해 낼 걸세. 이제 계속 진도를 나가도록 하세.

정리 7, 법칙 7

만약에 두 경사면의 높이의 비율이 그들 길이의 제곱의 비율과 같다면, 두 물체가 이 경사면들을 따라 내려올 때 같은 시간이 걸린다.

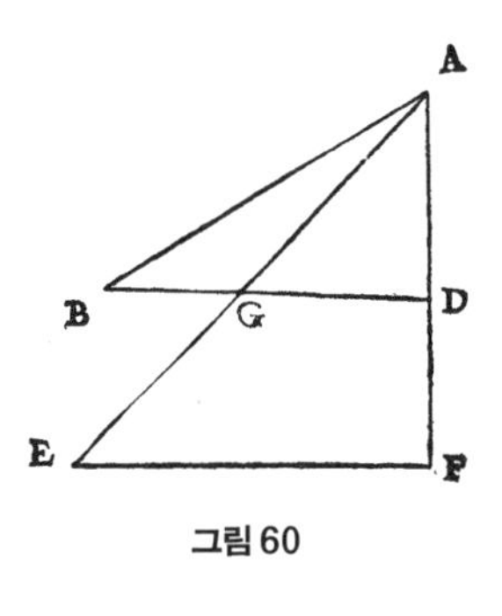

그림 60

두 경사면 AB와 AE를 길이와 기울기가 다르도록 그리고, 이들의 높이를 AD와 AF로 나타내자. AD와 AF의 비율이 AB의 제곱과 AE의 제곱의 비율과 같다고 하자. 그러면 물체가 A에서 시작해 AB와 AE를 따라 내려갈 때 같은 시간이 걸림을 보이겠다.

수평 선분 EF와 DB를 긋고, DB와 AE가 만나는 점을 G라고 나타내자. 여기서 FA와 DA의 비율은 EA의 제곱과 BA의 제곱의 비율과 같고, FA와 DA의 비율은 EA와 GA의 비율과 같으니까, EA와 GA의 비율은 EA의 제곱과 BA의 제곱의 비율과 같다. 따라서 BA는 EA와 GA의 기하평균이다.

AB를 따라 내려올 때 걸리는 시간과 AG를 따라 내려올 때 걸리는 시간의 비율은, 그들의 길이 비율과 같다. AG를 따라 내려올 때 걸리는 시간과 AE를 따라 내려올 때 걸리는 시간의 비율은, AG와 AG, AE의 기하평균과의 비율과 같다. 바꿔 말하면, AG와 AB의 비율과 같다. 이 두 비례식에 따라서, AB에서 걸리는 시간과 AE에서 걸리는 시간의 비율은 AB와 AB의 비율과 같다. 그러므로 시간이 같이 걸린다. 증명이 끝났다.

정리 8, 법칙 8

원둘레의 점들을 연결한 경사면을 그렸을 때, 그 경사면이 원의 맨 위 점이나 맨 아래 점과 만나면, 그것을 따라 내려올 때, 원의 지름을 수직으로 따라 내려오는 것과 같은 시간이 걸린다. 경사면이 원의 수직 지름과 만나지 않으면, 시간이 더 짧게 걸린다. 경사면이 이 수직 지름을 지나면, 시간이 더 길게 걸린다.

어떤 원이 평면에 접하도록 하고, 그 원의 수직 지름을 AB로 나타내자. 양 끝점 A나 B에서 원둘레 점으로 경사면을 그리면, 그것들을 따라 내려올 때 같은 시간이 걸림을 이미 증명했다.

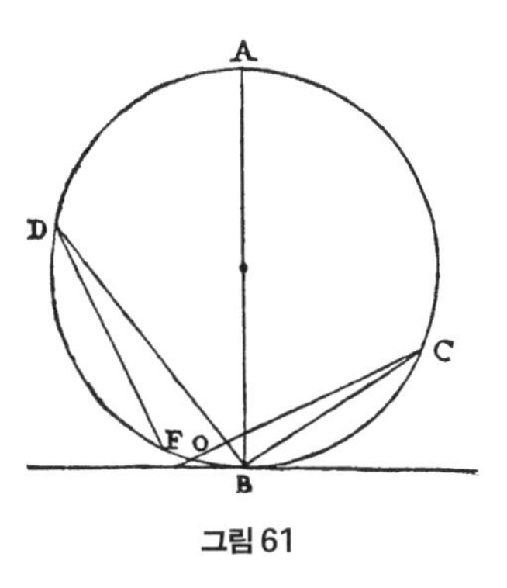

그림 61

경사면 DF가 이 수직 지름과 만나지 않을 때, 그것을 따라 내려올 때 시간이 덜 걸림을 증명하기 위해서 경사면 DB를 그리면, 이것은 DF보다 길이가 더 길고 경사가 덜 급하다. 그러니까 DF에서 걸리는 시간이 DB에서 걸리는 시간보다 짧음이 명백하다. 그런데 DB에서 걸리는 시간은 AB에서 걸리는 시간과 같다.

비슷한 방법으로, 경사면 CO가 수직 지름 AB를 지난다면, 이것을 CB와 비교해 보자. 그러면 CO는 CB보다 길이가 더 길고 경사가 덜 급하니까, 시간이 더 걸림이 명백하다. 그러므로 이 법칙이 성립한다.

정리 9, 법칙 9

수평 직선에서 어떤 점을 잡은 다음, 그 점에서 두 경사면을 어떠한 각이라도 좋으니까 그리도록 해라. 그다음, 다른 한 직선을 그어서 이 경사면들과 만나도록 하되, 그 직선과 경사면들이 만드는 각이, 다른 경사면이 수평 직선과 만드는 각과 같도록 해라. 그러면 경사면들을 따라 이 지점까지 내려가는 데 같은 시간이 걸린다.

수평 직선 X에서 어떤 점 C를 잡고, 그 점에서 어떠한 기울기라도 좋으니까, 경사면 CD와 CE를 그려라. 직선 CD의 어떤 점에서 각 CDF가 각 XCE와 크기가 같도록 각을 잡아라. 직선 DF가 경사면 CE와 만나는 점을 F라 하자. 그러면 각 CFD는 각 LCD와 크기가 같다. 경사면 CD와 CF를 따라 내려갈 때 같은 시간이 걸림을 보이겠다.

각 CDF가 각 XCE와 크기가 같도록 잡았으니까, 각 CFD는 각

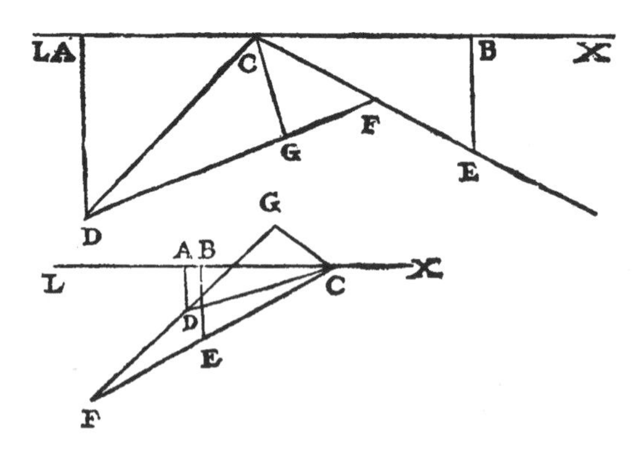

그림 62

DCL과 크기가 같아진다. 왜냐하면 삼각형 CDF의 세 내각의 합은 180도인데, 거기에서 각 DCF를 뺀 것이나, 직선은 각이 180도인데, 점 C에서 각 DCF를 뺀 것이나, 그 크기가 같다. 앞의 경우에 남는 것은 각 CDF와 각 CFD이고, 뒤의 경우에 남는 것은 각 XCE와 각 LCD이다. 그런데 각 CDF와 각 XCE가 같다고 했으니까, 각 CFD와 각 DCL은 크기가 같다.

CD와 길이가 같도록 CE를 잡아라. 점 D와 E에서 수직선 DA와 EB를 그어서, 수평 직선 XL과 만나도록 해라. 점 C에서 선분 DF에 직각이 되도록 선분 CG를 그어라. 그러면 각 CDG는 각 ECB와 같고, 각 G와 각 B는 직각이니까, 삼각형 CDG와 삼각형 ECB는 닮은꼴이다. 따라서 DC와 CG의 비율은 CE와 EB의 비율과 같다.

그런데 DC와 CE는 길이가 같으니까, CG와 EB는 길이가 같다. 삼각형 DAC와 삼각형 CGF를 비교해 보면, 각 C와 각 F의 크기가 같고, 각 A와 각 G가 직각으로 같으니까, 이 둘은 닮은꼴이다. 따라서 CD와 DA의 비율은 FC와 CG의 비율과 같다. 따라서 DC와 CF의 비율은 DA와 CG의 비율과 같고, 이것은 DA와 BE의 비율과 같다.

같은 길이인 경사면 CD와 CE의 높이의 비율이, DC와 CF의 길이 비율과 같다. 그러므로 법칙 6에 딸린 법칙 3에 의해서, CD와 CF를 따라 내려가는 데 같은 시간이 걸린다. 증명이 끝났다.

이것은 다음과 같은 방법으로 증명할 수도 있다.

선분 FS를 수직이 되도록 그어서, 수평 직선 AS와 만나도록 해라. 그러면 삼각형 CSF와 삼각형 DGC는 닮은꼴이니까, SF와 FC의 비율은 GC와 CD의 비율과 같다. 그리고 삼각형 CFG와 삼각형 DCA가 닮은꼴이니까, FC와 CG의 비율은 CD와 DA의 비율과 같다. 이 두 비례식에 따라서, SF와 CG의 비율은 CG와 DA의 비율과 같다.

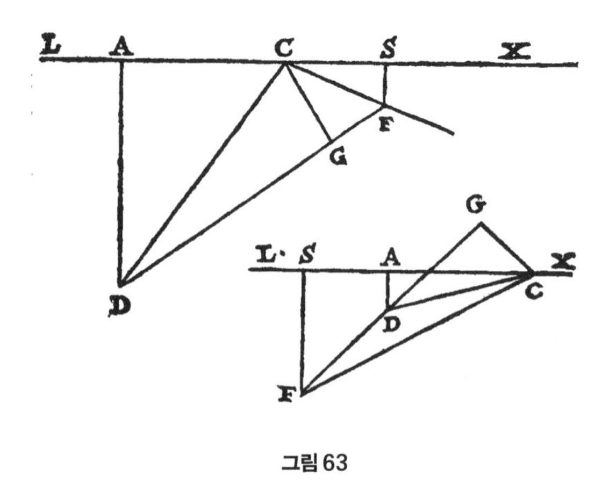

그림 63

바꿔 말하면, CG는 SF와 DA의 비례중항, 곧 기하평균이다. 따라서 DA와 SF의 비율은 DA의 제곱과 CG의 제곱의 비율과 같다.

삼각형 DCA와 삼각형 CFG가 닮은꼴임을 이용해서, DA와 CG의 비율은 DC와 CF의 비율과 같음을 얻는다. 따라서 DA의 제곱과 CG의 제곱의 비율은 DC의 제곱과 CF의 제곱의 비율과 같다. 그런데 DA의 제곱과 CG의 제곱의 비율은 DA와 SF의 비율과 같음을 이미 보였다. 그러므로 DC의 제곱과 CF의 제곱의 비율은 DA와 SF의 비율과 같다.

두 경사면 CD와 CF가, 그들의 높이의 비율이 길이의 제곱의 비율과 같으니까, 법칙 7에 따라서, 내려오는 데 걸리는 시간이 같다.

정리 10, 법칙 10

두 경사면이 수직 높이가 같고 기울기가 다를 때, 그들을 따라 내려오는 데 걸리는 시간의 비율은, 그 경사면의 길이 비율과 같다. 이것은 정지 상태에서 출발해 움직이는 경우뿐만 아니라 같은 높이에서 떨어져 움직임이 계속되는 경우에도 성립한다.

어떤 물체가 ABC 또는 ABD를 따라 내려가서, 수평면 DC까지 간다고 하자. 그러니까 AB 높이만큼 떨어진 다음, 계속해서 경사면 BD 또는 BC를 따라 움직인다고 하자. 그러면 BD를 따라 내려갈 때 걸리는 시간과 BC를 따라 내려갈 때 걸리는 시간의 비율은, BD와 BC의 길이 비율과 같음을 보이겠다.

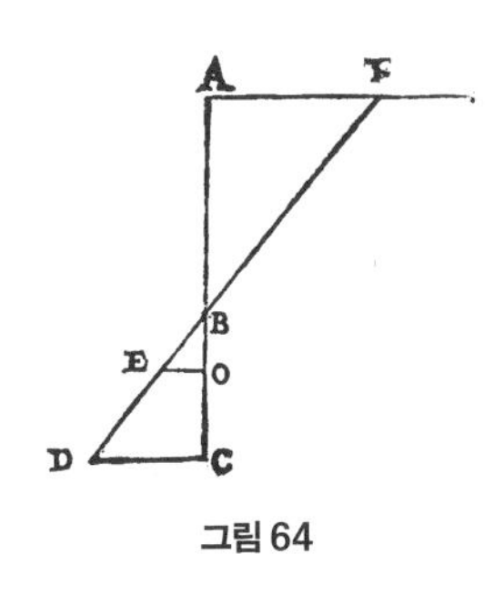

그림 64

수평 직선 AF를 긋고, 선분 DB를 늘여서, 이 수평 직선과 만나는 점을 F라고 하자. FE를 FD와 FB의 기하평균이 되도록 잡아라. 수평 선분 EO를 그어라. 그러면 AO는 AC와 AB의 기하평균이다. 이제 AB 구간을 떨어질 때 걸린 시간을 AB의 길이로 나타내면, FB를 따라 떨어질 때 걸린 시간은 FB의 길이로 나타낼 수 있다.

전체 거리 AC를 따라 떨어질 때 걸린 시간은 기하평균 AO가 되고, FD를 따라 떨어질 때 걸린 시간은 FE가 된다. 그러니까 남은 부분 BC에서 걸린 시간은 BO이고, 남은 부분 BD에서 걸린 시간은 BE이다. 그런데 BE와 BO의 비율은 BD와 BC의 비율과 같다. 그러므로 물체가 우선 AB와 FB를 따라 떨어지도록 하든 또는 같은 결과가 되지만 물체가 AB 구간을 공통으로 떨어지도록 하든, 남은 구간 BD와 BC를 떨어질 때 걸리는 시간의 비율은, 그들의 길이 BD와 BC의 비율과 같다.

물체가 B에서 가만히 있다가 움직이기 시작하는 경우, BD를 따라 떨어질 때 걸리는 시간과 BC를 따라 떨어질 때 걸리는 시간의 비율은, 그들의 길이 비율과 같음을 이미 앞에서 보였다. 그러니까 가만히 있다가 움직이든 또는 같은 수직 높이를 떨어져서 계속 움직이든,

이 경사면들을 지나는 데 걸리는 시간의 비율은, 그들의 길이 비율과 같다. 증명이 끝났다.

정리 11, 법칙 11

어떤 경사면을 두 구간으로 나누었을 때, 물체가 가만히 있다가 떨어지기 시작하면, 이 물체가 첫 번째 구간을 지나는 데 걸리는 시간과, 두 번째 구간을 지나는 데 걸리는 시간의 비율은, 첫 번째 구간의 길이와, 첫 번째 구간과 전체 길이의 기하평균에서 첫 번째 구간을 뺀 나머지 길이와의 비율과 같다.

물체가 A에서 가만히 있다가 떨어진다고 하고, 전체 길이 AB를 어떤 점 C를 기준으로 둘로 갈라서 생각하자. 첫 번째 구간 AC와 전체 길이 AB의 기하평균을 AF로 나타내자. CF는 기하평균 AF에서 첫 구간 AC를 뺀 나머지이다. 그러면 AC를 지나는 데 걸린 시간과 계속해서 CB를 지나는 데 걸린 시간과의 비율은, AC와 CF의 길이 비율과 같음을 보이겠다.

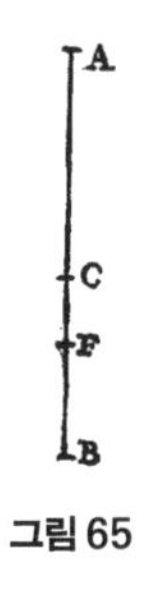

그림 65

첫 번째 구간 AC를 지나는 데 걸린 시간과 전체 길이 AB를 지나는 데 걸린 시간의 비율은, AC와 AF의 길이 비율과 같으니까, 이것은 명백하다. 비례식을 빼면, AC를 지나는 데 걸린 시간과 CB를 지나는 데 걸린 시간의 비율은, CA와 CF의 길이 비율과 같음이 나온다. AC를 지나는 데 걸리는 시간을 AC의 길이로 나타낸다면, CB를 지나는 데 걸리는 시간은 CF의 길이로 나타나게 된다. 증명이 끝났다.

쭉 곧은 경사면 ACB를 따라 움직이는 것이 아니라, 꺾인 선 ACD

를 따라서 바닥 DB까지 움직이는 경우, 점 F에서 수평이 되도록 선분 FE를 그으면, AC를 지나는 데 걸리는 시간과 CD를 지나는 데 걸리는 시간의 비율은, AC와 CE의 길이 비율과 같음을 보일 수 있다.

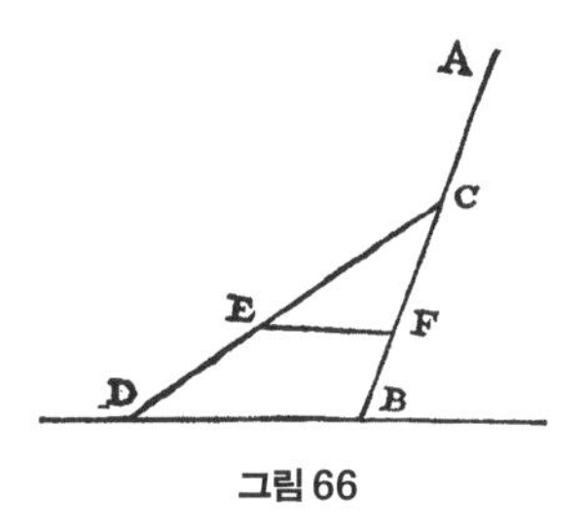

그림 66

왜냐하면 AC를 지나는 데 걸리는 시간과 CB를 지나는 데 걸리는 시간의 비율은, AC와 CF의 길이 비율과 같고, 앞에서 보았듯이, 먼저 AC를 지난 다음 CB를 지나는 데 걸리는 시간과 CD를 지나는 데 걸리는 시간의 비율은, 거리 CB와 CD의 비율과 같고, 이 비율은 CF와 CE의 비율과 같기 때문이다. 그러므로 비례식을 같다고 놓으면, AC를 지나는 데 걸리는 시간과 CD를 지나는 데 걸리는 시간의 비율은, AC와 CE의 길이 비율과 같음이 나온다.

정리 12, 법칙 12

수직면과 다른 어떤 경사면이 두 수평 직선 사이에서 만나도록 하자. 이것들의 전체 길이와, 그들이 만나는 점에서 위쪽 수평 직선 사이 구간의 길이의 기하평균을 구해라. 수직면 전체 길이를 지나는 데 걸리는 시간과 수직면 위쪽 구간을 지나는 데 걸리는 시간에다 다른 경사면의 아래쪽 구간을 지나는 데 걸리는 시간을 더한 것과의 비율은, 수직면 전체 길이와 수직면의 기하평균의 길이에다 다른 경사면의 전체 길이에서 기하평균을 뺀 것을 더한 것과의 비율과 같다.

두 수평 직선을 AF와 CD라고 하고, 이것들의 사이에서 수직면 AC

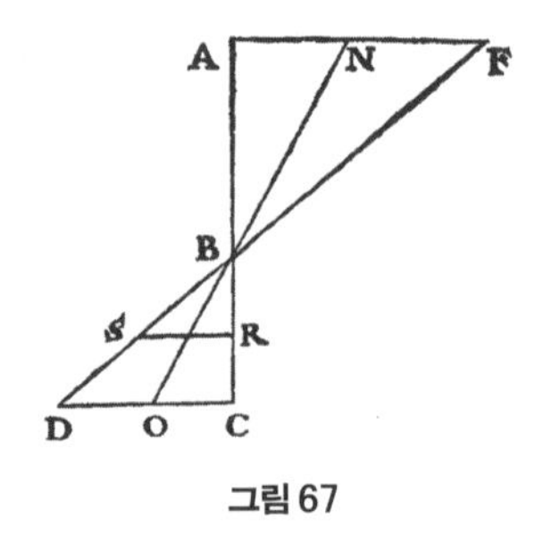

그림 67

와 경사면 DF가 만난다고 하자. 이 둘의 교점을 B라고 하자. 전체 수직 길이 AC와 위쪽 구간 AB의 기하평균을 AR로 나타내자. 그리고 FD와 위쪽 구간 FB의 기하평균을 FS로 나타내자. 그러면 전체 수직 길이 AC를 지나는 데 걸리는 시간과, 위쪽 구간 AB를 지나는 데 걸리는 시간에다 경사면의 아래쪽 BD를 지나는 데 걸리는 시간을 더한 것과의 비율은, AC의 길이와 기하평균 AR의 길이에다 SD를 더한 것과의 비율임을 보이겠다. 여기서 SD는 경사면의 전체 길이 DF에서 기하평균 FS를 뺀 것이다.

두 점 R와 S를 이어서 수평 선분을 만들어라. 전체 거리 AC를 지나는 데 걸리는 시간과 AB를 지나는 데 걸리는 시간과의 비율은, AC의 길이와 기하평균 AR의 길이 비율과 같다. 그러므로 AC를 지나는 데 걸리는 시간을 거리 AC로 나타내면, AB를 지나는 데 걸리는 시간은 AR와 같다. 그리고 아래쪽 BC를 지나는 데 걸리는 시간은 RC가 된다.

그런데 AC를 지나는 데 걸리는 시간을 AC로 나타내면, FD를 지나는 데 걸리는 시간은 FD가 된다. 같은 방법으로 유추하면, 우선 FB나 AB를 따라서 떨어진 다음 BD를 지난다고 할 때, BD를 지나는 데 걸리는 시간은 거리 DS로 나타낼 수 있다. 그런데 AC를 지나는 데 걸리는 시간은 AR에다 RC를 더한 것과 같다. 한편 꺾인 선 ABD를 지나는 데 걸리는 시간은 AR에다 SD를 더한 것과 같다. 증명이 끝났다.

수직면 대신에 다른 어떤 경사면을 택해도, 마찬가지 결과가 나온다. 그러니까 AC 대신에 NO를 써도 마찬가지가 된다. 같은 방법으로 증명할 수 있다.

문제 1, 법칙 13

유한한 길이의 수직 선분을 주었을 때, 이것과 수직 높이가 같은 경사면을 찾되, 어떤 물체가 정지해 있다가 주어진 수직 선분을 따라 떨어진 다음, 이 경사면을 지나는 데 걸리는 시간이, 수직 선분을 지나는 데 걸리는 시간과 같도록 만드시오.

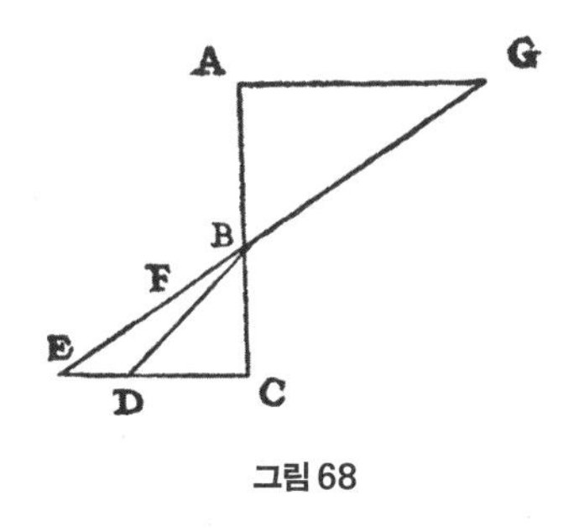

그림 68

어떤 수직 선분을 AB로 나타내자. 이것을 밑으로 늘여서 BC의 길이가 AB와 같도록, 선분 BC를 잡아라. 그다음, 수평 선분 CE와 AG를 그어라. 우리가 할 일은, B에서 밑바닥 CE까지 어떤 경사면을 그려서, 어떤 물체가 A에서 움직이기 시작해서 AB를 지난 다음, 그 경사면을 지날 때, 같은 시간이 걸리도록 만드는 것이다.

선분 CD의 길이가 BC와 같도록 잡아라. 경사면 BE의 길이가 BD와 DC의 길이를 더한 것과 같도록 잡아라. 그러면 BE가 바로 우리가 원하던 경사면이다.

EB를 위로 늘여서, 수평 선분 AG와 만나도록 하고, 만나는 점을 G라고 하자. GF의 길이가 GE와 GB의 기하평균이 되도록, 선분 GF를 잡아라. 그러면 EF와 FB의 비율은 EG와 GF의 비율과 같다. 그리고 EF의 제곱과 FB의 제곱의 비율은, EG의 제곱과 GF의 제곱의 비율과 같고, 이것은 EG와 GB의 비율과 같다.

그런데 EG는 GB의 두 배이니까, EF의 제곱은 FB의 제곱의 두 배이다. 또한 DB의 제곱은 BC의 제곱의 두 배이다. 따라서 EF와 FB의 비율은 DB와 BC의 비율과 같다. 그러므로 EB 대 DB 더하기 BC의 비율은, BF 대 BC의 비율과 같다. 그런데 EB는 DB 더하기 BC이니, BF는 BC와 같다. BA와도 같다.

AB 구간을 떨어질 때 걸리는 시간을 AB의 길이로 나타내자. 그러면 GB의 길이는 GB를 따라 떨어질 때 걸리는 시간을 나타낸다. 그리고 GF는 전체 거리 GE를 지나는 데 걸리는 시간을 나타낸다. 그러므로 BF가 이 둘의 뺄셈, 곧 BE를 지나는 데 걸리는 시간을 나타낸다. 이것은 G 또는 A에서 움직이기 시작해서, B까지 온 다음, 움직임이 계속 이어지는 경우에 해당한다. 증명이 끝났다.

문제 2, 법칙 14

어떤 경사면이 있고, 여기를 수직선이 지날 때, 수직선의 윗부분의 길이를 적당하게 잘 잡아서, 물체가 가만히 있다가 움직이기 시작해 수직선의 윗부분을 지나는 데 걸리는 시간과, 물체가 이 길이만큼 떨어진 다음, 계속해서 이 경사면을 따라 떨어질 때 걸리는 시간이 같도록 만드시오.

AC를 어떤 경사면이라 하고, DB를 수직선이라고 하자. 우리가 할 일은, 수직선에서 적당한 길이 AD를 잡아서, 물체가 정지해 있다가 움직이기 시작해서 AD를 지날 때 걸리는 시간과, 이 물체가 계속 움직여서 AC를 지날 때 걸리는 시간이 같도록 만드는 것이다.

수평 선분 CB를 그어라. 선분 AE를 잡되, 그 길이가 BA 더하기

2AC 대 AC의 비율이 AC 대 AE의 비율과 같도록 만들어라. 그다음에 선분 AR를 잡되, BA 대 AC의 비율이 EA 대 AR의 비율과 같도록 만들어라. R에서 수평 선분 RX를 DB와 직각으로 만나도록 그어라. 그러면 X가 바로 우리가 찾던 점임을 보이겠다.

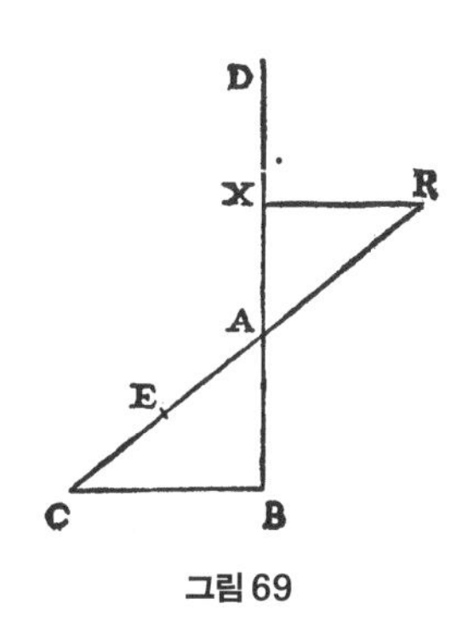

그림 69

BA 더하기 2AC 대 AC의 비율이 AC 대 AE의 비율과 같으니, 이 비례식에서 1 대 1을 빼면, BA 더하기 AC 대 AC의 비율이 CE 대 AE의 비율과 같음이 나온다. 그리고 BA 대 AC의 비율은 EA 대 AR의 비율과 같으니까, 이 두 비례식으로부터, BA 더하기 AC 대 AC의 비율은 ER 대 RA의 비율과 같음이 나온다.

그런데 BA 더하기 AC 대 AC의 비율이 CE 대 AE의 비율과 같으니까, CE 대 EA의 비율은 ER 대 RA의 비율과 같고, 이것은 앞항 더한 것 대 뒷항 더한 것의 비율과 같으니, CR 대 RE의 비율과 같다. 그러므로 RE는 CR와 RA의 기하평균이다.

그리고 BA 대 AC의 비율은 EA 대 AR의 비율과 같고, 닮은꼴 삼각형이어서 BA 대 AC의 비율은 XA 대 AR의 비율과 같으니까, EA 대 AR의 비율은 XA 대 AR의 비율과 같다. 그러므로 EA와 XA는 길이가 같다.

RA를 지나는 데 걸리는 시간을 RA의 길이로 나타내면, RC를 지나는 데 걸리는 시간은 RA와 RC의 기하평균인 RE의 길이가 된다. 따라서 AE의 길이가, 우선 RA 또는 XA로 떨어진 다음, 계속해서 AC를 지날 때 걸리는 시간을 나타낸다. XA를 지나는 데 걸리는 시간은 XA의 길이로 나타난다. 왜냐하면 RA를 지나는 데 걸리는 시간을 RA의 길이로 나타냈기 때문이다. 그런데 XA와 AE는 길이가 같다. 증명이 끝났다.

문제 3, 법칙 15

어떤 수직 선분이 있고, 경사면이 이것과 만날 때, 이들이 만나는 점에서 아래 부분의 수직 선분의 길이를 적당하게 잘 잡아서, 이것을 지날 때 걸리는 시간이, 경사면을 지날 때 걸리는 시간과 같도록 만들어라. 두 경우 모두 수직 선분의 위쪽 구간을 떨어진 다음, 계속 움직이는 것으로 생각한다.

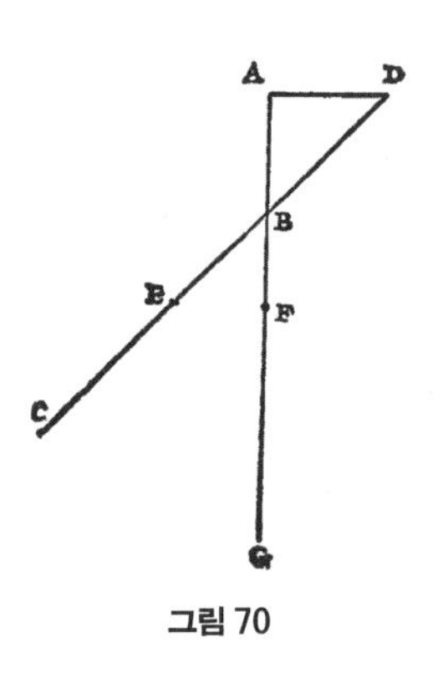

그림 70

수직 선분의 위쪽을 AB로 나타내고, 경사면 BC가 이것과 만난다고 하자. 점 B의 아래 부분에 수직 선분의 길이를 적당하게 잡아서, 물체가 A에서 떨어져 B를 지나 계속 움직일 때, BC를 지나는 데 걸리는 시간과 같은 시간이 걸리도록 만들어야 한다.

경사면 CB를 위로 길게 늘이고, A에서 수평 선분을 그어서, 이들이 만나는 점을 D라고 하자. CD와 DB의 기하평균을 DE로 나타내자. BF의 길이가 BE의 길이와 같도록 F를 잡아라. AB, AF, AG의 길이가 등비수열이 되도록 선분 AG를 잡아라. 그러면 BG가 바로 우리가 찾던 길이임을 보이겠다. 즉 물체가 AB를 따라 떨어진 다음, 계속해서 BC 또는 BG를 따라 떨어질 때, 같은 시간이 걸린다.

AB를 따라 떨어질 때 걸리는 시간을 AB로 나타내면, DB를 따라 떨어질 때 걸리는 시간은 DB가 된다. DE는 DB와 DC의 기하평균이니까, DE가 바로 전체 길이 DC를 지나는 데 걸리는 시간을 나타낸다. BE는 이 둘의 차이이니까, BC를 지나는 데 걸리는 시간을 나타낸다. 이때 물체가 우선 D 또는 A에서 B로 떨어진 다음, 계속 움직이는 경우를 생각한다.

같은 방법으로, BF가 BG를 지나는 데 걸리는 시간임을 보일 수 있다. 이때에도 물체가 우선 A에서 B로 떨어진 다음, 계속 움직이는 경우를 생각한다. 그런데 BF와 BE의 길이가 같다고 했으니까, 이 문제가 해결되었다.

정리 13, 법칙 16

어떤 점에서 경사면과 수직 선분을 그었는데, 물체가 그 점에서 움직이기 시작해서, 경사면이나 수직 선분을 지나는 데 같은 시간이 걸린다고 하자. 그러면 어떤 물체가 더 높은 곳에서 떨어져서 이 점을 지나 움직인다면, 경사면을 따라 지나는 데 수직 선분을 지나는 것보다 시간이 적게 걸린다.

수직 선분을 EB로 나타내고, 경사면을 EC로 나타내자. 이들은 공통점 E에서 만난다. 어떤 물체가 E에서 움직이기 시작하면, 이들을 지나는 데 같은 시간이 걸린다고 하자. 수직선을 어떠한 길이라도 좋으니까, 위로 A까지 늘여라. 이 점에서 물체가 움직이기 시작한다고 하자. 그러면 물체

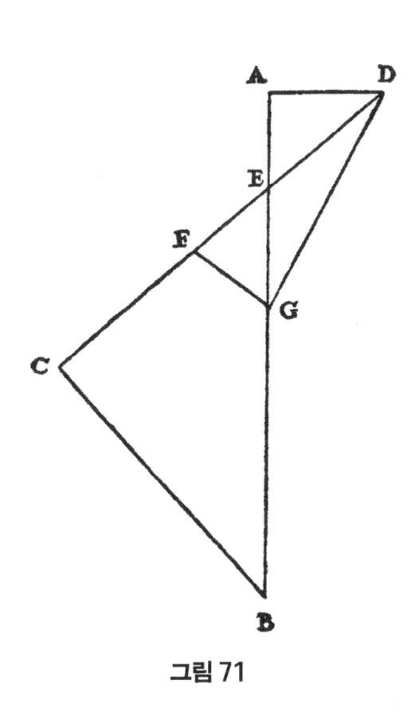

그림 71

가 우선 AE 구간을 떨어진 다음, 경사면 EC를 지나는 데 수직 구간 EB를 지나는 것보다 시간이 적게 걸림을 보이겠다.

C와 B를 선분으로 이어라. 경사면 CE를 위로 늘이고, A에서 수평 선분을 그어서, 이들이 만나는 점을 D라고 하자. DF가 DE와 DC의 기하평균이 되도록 잡고, AG가 AE와 AB의 기하평균이 되도록 잡아라. 선분 FG를 긋고, 선분 DG를 그어라.

물체가 E에서 움직이기 시작해서, EB와 EC를 지날 때 같은 시간이 걸린다고 했으니까, 법칙 6에 딸린 법칙 2에 의해서, 각 C는 직각이다. 그런데 각 A도 직각이고, 꼭짓점 E에서 마주하는 각의 크기가 같으니, 삼각형 AED와 삼각형 CEB는 닮은꼴이다. 따라서 변들의 길이 비율이 같으니까, BE 대 EC의 비율은 DE 대 EA의 비율과 같다.

그러니 직사각형 BE·EA의 넓이는 직사각형 CE·DE의 넓이와 같다. 그런데 CD·DE의 넓이는 CE·DE의 넓이보다 DE의 제곱만큼 더 크다. 그리고 BA·AE의 넓이는 BE·AE의 넓이보다 AE의 제곱만큼 더 크다. 그러므로 CD·DE에서 BA·AE를 뺀 것은, FD의 제곱에서 AG의 제곱을 뺀 것과 같고, 이것은 DE의 제곱에서 AE의 제곱을 뺀 것과 같고, 이것은 AD의 제곱과 같다.

그러므로 FD의 제곱은 GA의 제곱과 AD의 제곱을 더한 것과 같고, 이것은 GD의 제곱과 같다. 따라서 DF는 DG와 같고, 각 DGF는 각 DFG와 크기가 같다. 한편 각 EGF는 EFG보다 작고, 대응하는 변 EF는 EG보다 짧다. 물체가 AE를 지나는 데 걸리는 시간을 AE의 길이로 나타내면, DE를 지나는 데 걸리는 시간은 DE의 길이이다. AG는 AB와 AE의 기하평균이니까, AB를 지나는 데 걸리는 시간이 AG의 길이이고, 뺄셈을 하면, EG의 길이가 EB 구간을 지나는 데 걸리는 시간을 나타낸다.

비슷한 방법으로, EF가 물체가 D나 A에서 움직이기 시작했을 때 EC 구간을 지나는 데 걸리는 시간을 나타낸다. 그런데 EF가 EG보다 짧다는 것을 보였으니, 이 법칙이 성립한다.

딸린 법칙

이것과 앞에서 나온 법칙에 따르면, 어떤 물체가 자유롭게 떨어질 때, 우선 어떤 거리를 수직으로 떨어진 다음, 경사면을 따라 떨어지는 데 걸리는 것과 같은 시간 동안 수직으로 계속 떨어지면, 수직 거리가 경사면 거리보다 더 긴 것이 확실하다. 그러나 이 거리는, 정지해 있다가 움직이기 시작해서 그 경사면을 지나는 데 걸리는 것과 같은 시간 동안, 수직 거리를 정지해 있다가 움직이기 시작해 떨어질 수 있는 거리보다 짧다.

방금 증명한 것에 따르면, 바로 앞의 그림에서, 물체가 A에서 움직이기 시작해 경사면 EC를 지나는 데 걸리는 시간이, 수직 거리 EB를 지나는 데 걸리는 시간보다 짧으니까, EC를 지나는 시간 동안 지날 수 있는 수직 거리는 EB보다 짧은 것이 확실하다. 이 수직 거리가 EC보다는 더 길다는 것을 보이자.

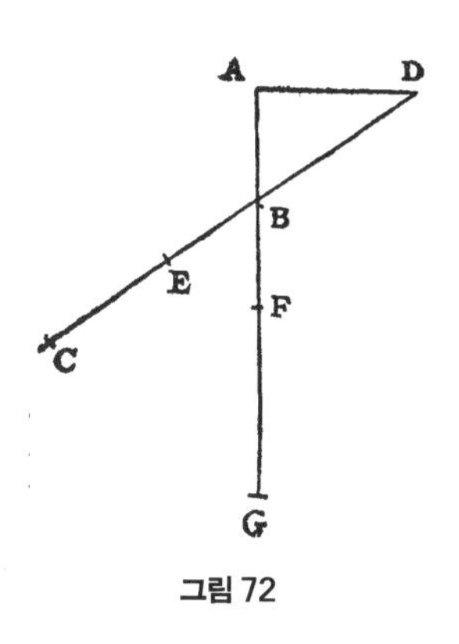

그림 72

그전에 나온 그림을 다시 그려서 보자. 우선 AB를 지난 다음, BC를 지나는 것과 같은 시간 동안 지날 수 있는 수직 거리를 BG로 나타내자. BG가 BC보다 더 길다는 것은 다음과 같이 보일 수 있다. BE와 BF는 길이가 같고, AB는 DB보다 길이가 짧으니까, FB와 BA의 비율은 EB와 BD의 비율보다 더 크다. 비례식의 덧셈에 따라서, FA와 BA의 비율은 ED와 DB의 비율보다 더 크다. 그런데 AF가 BA와 AG의 기하평균이니, AF와 AB의 비율은 GF와 FB의 비율과 같다. 같은 이유로, ED와 BD의 비율은 CE와 EB의 비율과 같다. 따라서 GB와 BF의 비율은 CB와 BE의 비율보다 더 크다. 그러므로 GB가 BC보다 더 길다.

문제 4, 법칙 17

수직 선분이 있고, 거기에 경사면이 붙어 있을 때, 한 물체가 수직 구간을 떨어진 다음, 그 경사면을 따라 움직일 때, 수직 구간을 지날 때 걸린 시간과 같은 시간 동안에 경사면을 지나는 거리를 찾으시오.

AB를 수직 구간이라 하고, 거기에 경사면 BE가 붙어 있다고 하자. 한 물체가 A에서 움직이기 시작해 수직 구간 AB를 지난 다음, 계속 BE를 따라 움직일 때, AB를 지나는 데 걸린 것과 같은 시간 동안 움직이는 거리를 찾아야 한다.

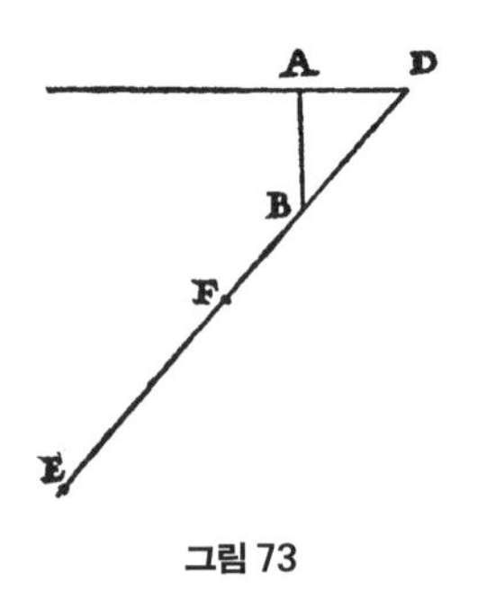

그림 73

경사면을 위로 길게 늘이고, A에서 수평 선분을 그어, 이들이 만나는 점을 D라고 하자. 선분 BF를 AB와 길이가 같도록 잡아라. 어떤 점 E를 잡되, BD와 FD의 비율이 DF와 DE의 비율과 같도록 잡아라. 그러면 어떤 물체가 A에서 움직이기 시작해서, BE를 지나는 데 걸리는 시간이, AB를 지나는 데 걸리는 시간과 같음을 보이겠다.

AB를 지나는 데 걸리는 시간을 AB의 길이로 나타내면, DB를 지나는 데 걸리는 시간은 DB의 길이가 된다. 그리고 BD와 FD의 비율이 DF와 DE의 비율과 같으니까, DF의 길이가 DE 전체를 지나는 데 걸리는 시간을 나타내고, BF는 D에서 움직이기 시작해 BE 구간을 지나는 데 걸리는 시간을 나타낸다. 그런데 BE를 지나는 데 걸리는 시간은, A에서 움직이기 시작한 경우나 D에서 움직이기 시작한 경우나 같다. 그러니까 AB를 지난 다음, BE를 지나는 데 걸리는 시간은 BF이고, 이 길이는 A에서 움직이기 시작해 AB를 지나는 데 걸리는 시간 AB와 같다. 증명이 끝났다.

문제 5, 법칙 18

물체가 가만히 있다가 수직으로 떨어지기 시작했을 때, 어떤 시간 동안에 수직으로 떨어지는 거리가 있다. 이보다 더 짧은 시간을 주었을 때, 물체가 이 짧은 시간 동안, 같은 거리만큼 수직으로 떨어지는 구간을 잡으시오.

A에서 아래로 수직선을 그려라. 물체가 A에서 움직이기 시작해 떨어진 거리를 AB로 나타내자. 이때 걸린 시간도 AB의 길이로 나타낼 수 있다. 수평 선분 CBE를 긋고, 여기서 BC의 길이가 AB보다 더 짧은 주어진 시간을 나타내도록 하자. 이 수직선의 적당한 위치에서 AB와 같은 길이의 구간을 잡아서, 그 구간을 떨어지는 데 걸리는 시간이 BC가 되도록 해야 한다.

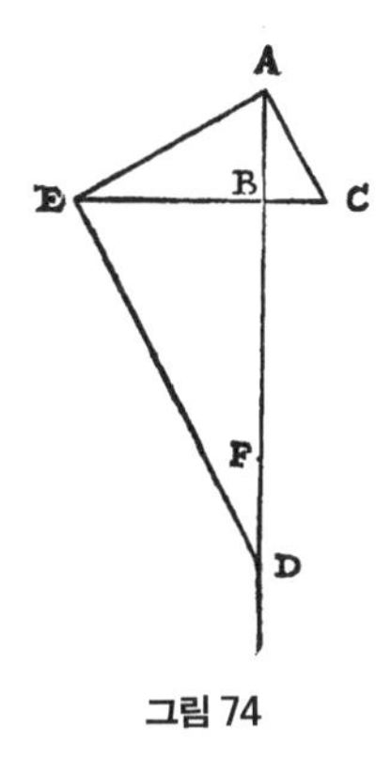

그림 74

A와 C를 선분으로 이어라. 선분 BC의 길이가 BA의 길이보다 짧

으니까, 각 BCA는 각 BAC보다 크다. 각 CAE의 크기가 각 BCA와 같도록 선분 AE를 그리고, 이것이 수평 선분과 만나는 점을 E로 나타내자. 선분 AE와 직각이 되도록 선분 ED를 긋고, 이것이 수직선과 만나는 점을 D로 나타내자. DF의 길이가 BA와 같도록 잡아라. 그러면 FD 구간이 바로, 물체가 A에서부터 떨어질 때 지나는 시간이 BC가 되는 구간임을 보이겠다.

직각삼각형 AED의 꼭짓점 E에서 마주보는 변 AD에 수직으로 선분 EB를 그리면, AE는 DA와 AB의 기하평균이다. 그리고 BE는 BD와 BA의 기하평균이고, BD의 길이는 AF와 같으니까, BE는 AF와 AB의 기하평균이다.

AB를 지나는 데 걸리는 시간을 AB로 나타냈으니, AE 또는 EC가 전체 거리 AD를 지나는 데 걸리는 시간을 나타낸다. 한편 BE는 AF를 지나는 데 걸리는 시간을 나타낸다. 이것을 뺄셈을 하면, BC가 남은 부분 FD를 지나는 데 걸리는 시간을 나타낸다. 증명이 끝났다.

문제 6, 법칙 19

물체가 가만히 있다가 수직으로 떨어지기 시작했을 때, 어떤 시간 동안에 수직으로 떨어지는 거리가 있다. 수직선의 어떤 부분에 그와 똑같은 거리를 잡았을 때, 물체가 그 구간을 지나는 데 걸리는 시간을 찾으시오.

수직선에서 어떤 거리 AC를 잡고, 물체가 A에서 움직이기 시작해 떨어진다고 하자. 수직선에서 어떠한 위치라도 좋으니까, AC와 같은 거리인 DB를 잡자. AC를 지나는 데 걸리는 시간을 AC의 길이로 나타내자. 물체가 A에서부터 떨어질 때, DB 구간을 지나는 데 걸리는 시간을 찾아야 한다.

전체 길이 AB를 지름으로 해서 반원 AEB를 그려라. C에서 AB에 직각이 되도록 수평 선분 CE를 그려라. E와 A를 선분으로 이어라. AE는 EC보다 더 길다. EC와 길이가 같도록 EF를 잡아라. 그러면 FA가 바로 DB를 지나는 데 걸리는 시간을 나타냄을 보이겠다.

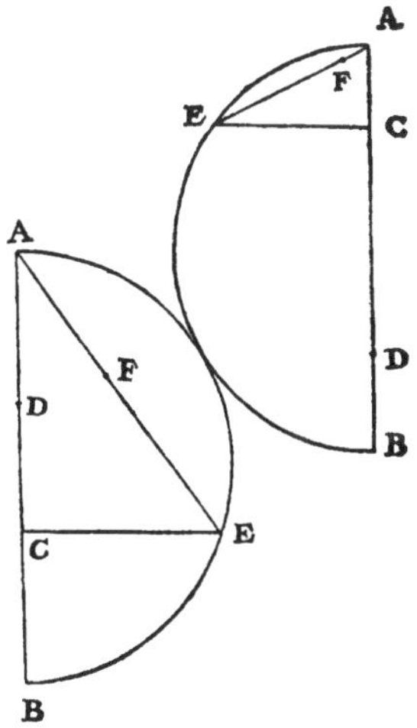

그림 75

AE는 AB와 AC의 기하평균이고, AC의 길이가 AC를 지나는 데 걸리는 시간을 나타내니까, AE의 길이가 전체 거리 AB를 지나는 데 걸리는 시간을 나타낸다. DA와 BC가 같으니까, CE는 DA와 AC의 기하평균이고, 따라서 CE의 길이가 AD를 지나는 데 걸리는 시간을 나타낸다. 그런데 CE는 EF와 같으니까, 이것을 빼면, 그 차이 AF가 DB를 지나는 데 걸리는 시간을 나타낸다. 증명이 끝났다.

딸린 법칙

어떤 수직 구간이 있을 때, 그것을 지나는 데 걸리는 시간을 자신의 길이로 나타내도록 하자. 만약에 그 구간의 위에 구간을 덧붙여서 길게 만든 다음, 맨 위에서 물체가 움직이기 시작해 떨어진다면, 원래 구간을 지나는 데 걸리는 시간은, 전체 길이와 원래 구간의 길이의 기하평균에서, 늘어난 길이와 원래 구간의 길이의 기하평균을 뺀 값이다.

예를 들어 물체가 A에서 움직이기 시작해 AB 구간을 지나는 데 걸리는 시간을 AB의 길이로 나타내 보자. 만약에 이 구간의 위에 SA를 덧붙여서, 물체가 S에서 움직이기 시작해 떨어지도록 하면, AB를 지나는 데 걸리는 시간은, SB와 AB의 기하평균에서 SA와 AB의 기하평균을 뺀 값이다.

그림 76

문제 7, 법칙 20

어떤 수직 거리가 있어서, 그 맨 위 점에서 물체가 움직이기 시작해서 떨어진다고 하자. 맨 위 점을 시작점으로 어떤 구간을 잡았을 때, 그것을 지나는 데 걸리는 시간과 같은 시간 동안, 물체가 지날 수 있는 구간을 맨 아래쪽에 잡으시오.

주어진 수직 거리를 CB로 나타내고, 물체가 C에서부터 움직여 떨어진다고 하자. 맨 위에 어떤 구간 CD를 잡자. 그것을 지나는 데 걸리는 것과 같은 시간 동안, 물체가 지날 수 있는 구간을 맨 아래에 잡아야 한다.

그림 77

CB와 CD의 기하평균을 AB라고 하자. 세 길이 CB, CA, CE가 등비수열이 되도록 CE를 잡아라. 그러면 EB가 바로, 물체가 C에서부터 떨어질 때, CD를 지나는 것과 같은 시간 동안 지날 수 있는 구간임을 보이겠다.

전체 거리 CB를 지나는 데 걸리는 시간을 CB로 나타내자. 그러면 AB가 CB와 CD의 기하평균이니, CD를 지나는 데 걸리는 시간을 나타낸다. CA는 CB와 CE의 기하평균이니, CE를 지나는 데 걸리는 시간을 나타낸다. 그런데 전체 길이 CB가 CB를 지나는 데 걸리는 시간을 나타낸다고 했다. 빼셈을 하면, AB가 물체가 C에서부터 떨어질 때 EB를 지나는 데 걸리는 시간을 나타낸다. 그런데 AB는 또한 CD를 지나는 데 걸리는 시간을 나타낸다. 그러니까 물체가 C에서부터 움직일 때, CD와 EB를 지나는 데 같은 시간이 걸린다. 증명이 끝났다.

정리 14, 법칙 21

어떤 물체가 수직선의 맨 위 점에서 움직이기 시작해서 떨어진다고 하자. 어떤 일정한 시간 동안, 이 물체가 지나는 수직 거리를 표시하고, 그다음부터는 이 물체가 경사면을 따라서 내려간다고 하자. 그러면 이 물체가 수직 거리를 지나는 것과 같은 시간 동안 경사면을 따라 내려가는 거리는, 수직 거리의 두 배보다 길고, 수직 거리의 세 배보다 짧다.

수평 직선 AE를 그리고, 거기에서 수직선 AB를 아래로 그려라. 어떤 물체가 A에서부터 움직여서 떨어진다고 하자. 어떠한 길이라도 좋으니 구간 AC를 잡자. C에서 경사면 CG를 잡아서, 물체가 AC 구간을 지난 다음, 이 경사면을 따라 계속 움직인다고 하자. 그러면 물체가 AC를 지나는 데 걸린 것과 같은 시간 동안 이 경사면을 따라 움직인 거리는, AC 거리의 두 배가 넘고, 세 배가 안 됨을 보이겠다.

AC와 길이가 같도록 선분 CF를 잡고, 이 경사면을 위로 계속 늘여서, 수평 직선과 만나는 점을 E라고 하자. CE와 EF의 비율이 EF와 EG의 비율과 같도록 G를 잡아라. AC를 지나는 데 걸리는 시간을 AC의 길이로 나타내면, CE의 길이가 바로 EC를 지나는 데 걸리는 시간을 나타낸다. 한편 CF, 그러니까 AC의 길이가 바로 CG를 지나는 데 걸리는 시간을 나타낸다. 이제 남은 것은, CG의 길이가 AC

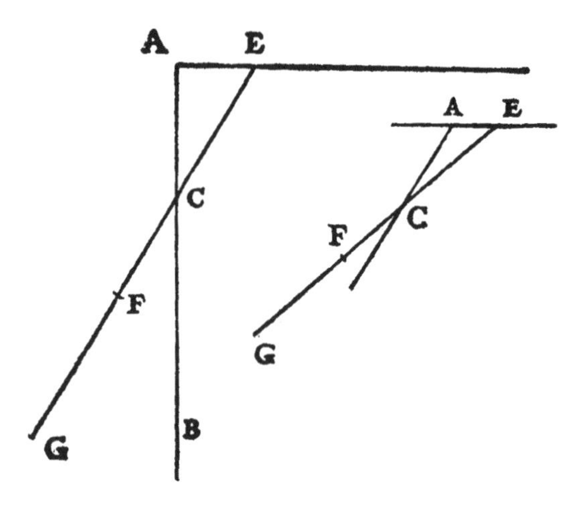

그림 78

의 두 배가 넘고, 세 배가 안 되는 것을 보이는 일이다.

CE와 EF의 비율이 EF와 EG의 비율과 같으니까, CE와 EF의 비율은 CF와 FG의 비율과 같다. 그런데 EC는 EF보다 짧다. 따라서 CF는 FG보다 짧고, CG는 FC의 두 배가 넘는다. 그러므로 CG는 AC의 두 배가 넘는다.

한편 EC는 AC나 CF보다 더 크니까, FE는 2EC보다 작다. 따라서 GF는 두 배의 FC보다 작고, CG는 세 배의 CF(또는 CA)보다 작다. 증명이 끝났다.

이 법칙은 다음과 같이 일반화할 수 있다. 여기서는 먼저 수직으로 떨어지는 경우에 대해서 증명했지만, 두 경사면이 있어서, 먼저 급한 경사면을 따라 내려간 다음, 경사가 덜 급한 면을 따라 내려가는 경우에도 이 법칙이 성립한다. 비슷한 방법으로 증명할 수 있다.

문제 8, 법칙 22

짧은 시간과 긴 시간을 주고, 물체가 정지해 있다가 움직이기 시작해서, 짧은 시간 동안에 지날 수 있는 수직 거리를 주자. 그러면 경사면을 적당히 잘 잡아서, 그 경사면의 높이가 이 수직 거리이고 그 경사면을 지나는 데 주어진 긴 시간이 걸리도록 만드시오.

긴 시간을 A로 나타내고, 짧은 시간을 B로 나타내자. 그리고 짧은 시간 동안 물체가 지나는 수직 거리를 CD로 나타내자. 점 C에서 시작해 어떤 경사면을 그려서, 그것을 지나는 데 걸리는 시간이 A가 되도록 만들어야 한다.

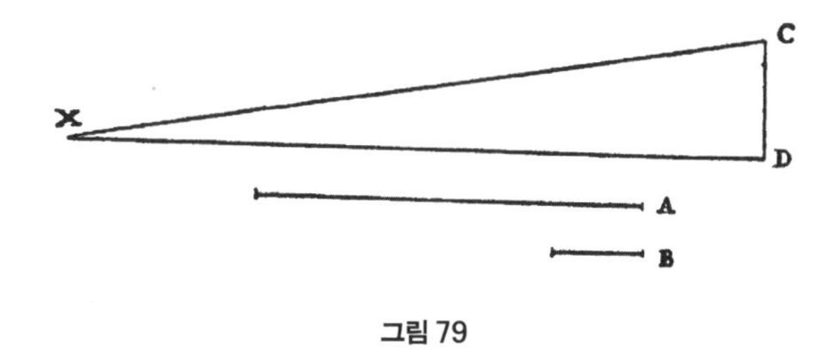

그림 79

C에서 어떤 경사면 CX를 그어서, 그것의 수직 높이는 CD가 되고, B와 A의 비율은 CD와 CX의 비율과 같도록 만들어라. 그러면 CX가 바로, 물체가 지나는 데 걸리는 시간이 A인 경사면임을 보이겠다.

어떤 경사면을 그의 수직 높이와 비교할 때, 물체가 지나는 데 걸리는 시간의 비율은, 그 경사면의 길이와 수직 높이의 비율과 같다. 그러니까 CX를 지나는 데 걸리는 시간과 CD를 지나는 데 걸리는 시간의 비율은, CX와 CD의 길이 비율과 같고, 이것은 A와 B의 시간 비율과 같다. 그런데 물체가 C에서 움직이기 시작해 CD를 지나는 데 걸리는 시간이 B라고 했으니까, A가 바로 CX를 지나는 데 걸리는 시간을 나타낸다.

문제 9, 법칙 23

물체가 어떤 시간 동안에 수직으로 떨어져, 얼마만큼의 거리를 움직인다고 하자. 그 수직 거리의 두 배보다 길고, 세 배보다 짧은 어떤 거리를 주었을 때, 경사면의 기울기를 적당하게 잘 잡아서, 물체가 수직 거리를 떨어진 다음 그 경사면을 따라 움직일 때, 같은 시간 동안에 주어진 거리만큼 움직이도록 만드시오.

수직선 AS를 긋고, 어떤 거리 AC를 잡자. 물체가 A에서 움직이기 시작해 AC를 지나는 데 걸리는 시간을 AC의 길이로 나타내자. 어떤 선분 IR의 길이가 AC의 두 배가 넘고, 세 배는 안 된다고 하자. 점 C에서 경사면을 적당한 기울기로 잡아서, 물체가 AC 구간을 떨어진 다음, 경사면을 따라 계속 움직일 때, AC를 지나는 데 걸린 시간 동안 IR의 길이만큼 움직이도록 만들어야 한다.

선분 RN과 NM의 길이가 AC와 같도록 N, M을 잡아라. A에서 수평 선분을 긋고, C에서 경사면을 위로 그려서, 이 수평 선분과 만나는 점을 E로 나타내되, IM과 MN의 비율이 AC와 CE의 비율과 같게 되도록 점 E를 잡아라. 이 경사면을 아래로 늘이고, CF, FG,

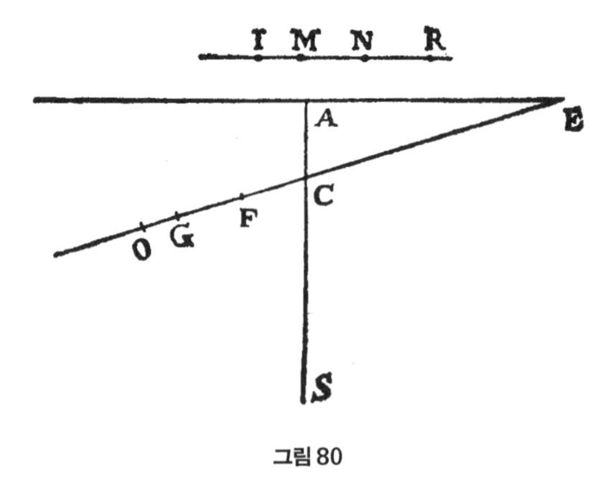

그림 80

GO의 길이가 RN, NM, MI의 길이와 각각 같도록 잡아라. 그러면 어떤 물체가 수직으로 AC 구간을 떨어진 다음, 이 경사면을 따라 계속 움직일 때, CO를 지나는 데 걸리는 시간이 AC를 지나는 데 걸린 시간과 같음을 보이겠다.

OG와 GF의 비율은 FC와 CE의 비율과 같으니까, 비례식의 덧셈을 하면, OF와 FG의 비율은 OF와 FC의 비율과 같고, 이것은 FE와 EC의 비율과 같다. 항들을 더하면, OE와 EF의 비율은 EF와 EC의 비율과 같다. 따라서 EF는 OE와 EC의 기하평균이다.

AC를 지나는 데 걸리는 시간을 AC의 길이로 나타내기로 했으니, EC의 길이는 EC를 지나는 데 걸리는 시간을 나타낸다. 따라서 EF는 전체 거리 EO를 지나는 데 걸리는 시간을 나타낸다. 뺄셈을 하면, 그 차이 CF는 CO를 지나는 데 걸리는 시간을 나타내고, CF와 CA는 같으니까, 문제가 풀렸다. 물체가 A에서 움직이기 시작해, AC를 지나는 데 걸리는 시간이 AC이고, 물체가 AC나 EC를 지난 다음, 계속해서 CO를 지나는 데 걸리는 시간이 CF(=AC)이기 때문이다. 증명이 끝났다.

물체가 수직으로 떨어지지 않고, 두 경사면이 있어서, 먼저 더 가파른 경사면을 따라서 떨어지는 경우에도 같은 방법으로 풀 수 있다. 뒤에 나오는 그림은, 물체가 먼저 경사면 AS를 따라 떨어지는 경우를 설명하고 있다. 증명은 앞의 경우와 똑같다.

주석

이 법칙을 자세히 보면, 주어진 선분 IR의 길이가 AC 길이의 세 배에 가까워지면 가까워질수록, 물체가 떨어질 경사면 CO가 수직선에 가까워진다. 수직선은 같은 시간 동안에 AC의 세 배 거리를 움직일 수 있는 선이다. IR

의 길이가 AC 길이의 거의 세 배라고 하면, IM은 MN과 거의 같을 것이다. IM과 MN의 비율이 AC와 CE의 비율과 같도록 E를 잡았으니, CE의 길이가 AC보다 약간 더 클 뿐이다. 따라서 E는 A에 매우 가깝게 놓일 것이고, 경사면 CO와 수직선 CS는 매우 뾰족한 각을 만들 것이며, 둘은 거의 일치할 것이다.

이와 반대로, 주어진 선분 IR가 AC의 두 배보다 약간 더 길다면, IM은 매우 짧을 것이다. 그러니까 AC는 CE와 비교해 매우 짧아야 하고, CE는 아주 길어서 C에서 수평선을 그은 것과 거의 같을 것이다.

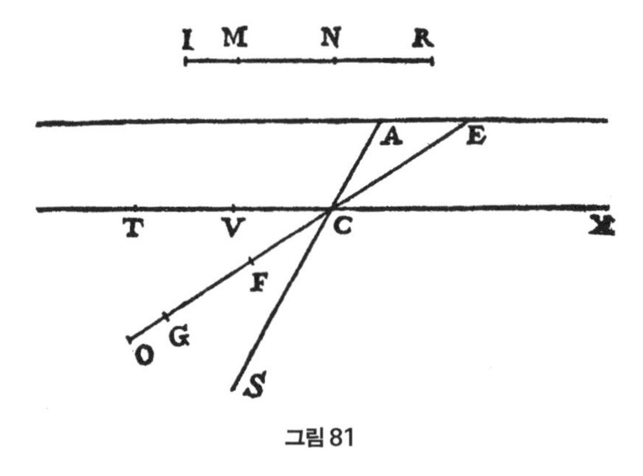

그림 81

예를 들어 물체가 경사면 AC를 따라 움직인 다음, 수평 선분 CT를 따라 계속 움직인다면, AC를 지나는 데 걸린 것과 같은 시간 동안, 이 물체는 AC 거리의 두 배를 움직일 것이다. 이것도 앞에서와 같은 방법으로 증명할 수 있다.

OE와 EF의 비율은 EF와 EC의 비율과 같으니까, FC는 CO를 지나는 데 걸리는 시간을 나타낸다. 수평 선분 TC가 CA보다 두 배 길다면, 중점 V를 잡아서, 같은 길이로 두 부분으로 나누자. 이것이 직선 AE와 만나도록 하려면, 수평 방향으로 한없이 길게 늘여야 할 것이다. 즉 한없이 긴 길이 TX와 한없이 긴 길이 VX의 비율은, 한없이 긴 길이 VX와 한없이 긴 길이 CX의 비율과 같다.

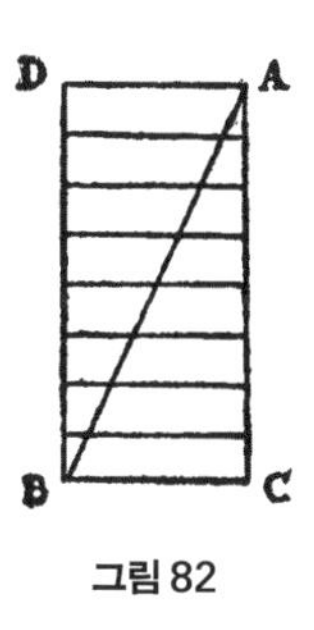

그림 82

다른 방법을 써서 풀어도 같은 결과가 나온다. 법칙 1을 증명할 때 쓴 방법을 써서 증명해도 된다. 삼각형 ABC에다 밑변과 나란하도록 선들을 그어서, 이 선들이 시간이 흐름에 따라 점점 빨라지는 속력을 나타내도록 하자. 선분 AC에 있는 점들의 개수는 한없이 많으니까, 그 모든 점에서 선을 긋는다고 생각하면, 선의 개수도 한없이 많고, 이것들은 삼각형의 넓이를 나타낼 것이다. 어떤 시간 간격을 주었을 때, 그 안에는 한없이 많은 순간들이 있음을 기억하라.

BC의 길이가 최고 속력을 나타내는데, 이 속력이 된 다음, 속력이 더는 빨라지지 않고, 계속 이 속력으로 앞에서와 같은 시간만큼 움직인다고 하자. 이 속력들을 모두 모아 그림으로 그리면, 직사각형 ADBC가 된다. 이것은 삼각형 ABC보다 넓이가 두 배이다. 따라서 같은 시간 동안에 이 속력으로 움직인 거리는, 같은 시간 동안에 삼각형으로 나타낸 속력으로 움직인 거리보다 두 배가 된다.

그런데 수평 방향으로 움직일 때는 속력이 빨라지거나 느려지지 않고 일정하다. 그러니까 AC를 지난 것과 같은 시간 동안에 움직이는 거리가, AC의 두 배가 된다. AC를 지나는 동안에는 물체가 정지 상태에서 움직이기 시작해서, 속력이 삼각형 안에 놓이는 선분의 길이처럼 빨라진다. 한편 일정한 속력으로 움직이는 경우에는 속력이 직사각형 안에 놓이는 선분의 길이와 같고, 이 선분들은 한없이 많으며, 이것들은 삼각형 넓이의 두 배를 만든다.

물체가 움직이면서 어떤 속력을 얻었을 때, 바깥에서 어떤 힘이 그 물체를 더 빨리 가도록 만들거나 더 늦추거나 하는 일이 없다면, 그 물체는 그 속력을 꼭 지킨다는 사실을 기억하기 바란다. 이것은 바로, 물체가 수평면을 따라 움직이는 경우이다. 아래로 경사진 면을 따라서 내려갈 때에는 속력이 빨라지도록 힘을 받고, 위로 올라갈 때에는 속력이 느려지도록 힘을 받는다. 그러니까 수평 방향의 운동은 영원하다. 속력이 일정하면, 그것을 늦추거나 덜 수가 없고, 더군다나 없앤다는 것은 생각할 수가 없다.

어떤 물체가 자유롭게 떨어지면서 얻은 속력을, 그 물체는 계속 그대로 유지하려는 본성이 있다. 하지만 어떤 경사면을 따라 내려온 다음, 그 물체를 반사해서 위로 경사진 곳을 따라 올라가도록 만들면, 오르막에는 항상 속력을 늦추려는 힘이 있다. 따라서 오르막에서는 이 물체가 자연히 아래를 향해서 가속을 받게 된다. 그러니 이때는 두 가지 다른 경향을 합쳐서 생각해야 한다. 두 가지 다른 경향이란, 물체가 내려오면서 얻은 속력으로 계속 위로 움직이면서 한없이 나아가려는 경향과, 모든 물체에 공통되듯이, 자연히 아래를 향해서 속력이 생기는 경향을 말한다.

어떤 물체가 경사면을 따라 내려온 다음, 그것을 반사해서 오르막을 따라 오르도록 했을 때, 그 물체가 앞으로 어떻게 움직일지 알기 위해서는, 물체가 내려오면서 얻은 최고 속력을 위로 올라가면서 지킨다고 가정하는 것이 온당하다. 하지만 이때 아래로 내려가려는 움직임이 같이 생긴다. 이 움직임은 어떤 물체가 정지해 있다가 아래로 움직일 때와 같은 정도로 가속이 되어 나타난다. 이 설명이 불명확하다면, 다음 그림을 통해서 알기 쉽게 설명하겠다.

물체가 어떤 경사면 AB를 따라 아래로 움직였다고 하자. B 지점에서

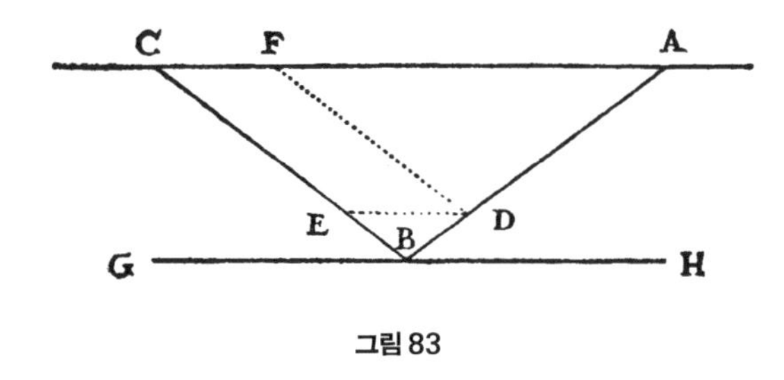

그림 83

이 물체가 반사되어, 오르막 BC를 따라 올라가기 시작한다고 하자. 경사면 AB와 CB는 길이도 같고, 기울기도 같아서, 수평 직선 GH와 이루는 각이 같다고 하자. 어떤 물체가 A에서 움직이기 시작해 AB를 따라 내려올 때, 시간에 비례해 속력이 점점 빨라져서, B에 이르렀을 때 속력이 가장 빠름은 이미 알고 있는 사실이다.

만약에 그 후 물체에 새로이 힘이 작용해 더 빨라지거나 느려지게 만들지 못하도록 모든 근원을 없앤다면, 이 물체는 계속 같은 속력으로 움직일 것이다. 물체를 더 빨라지도록 하는 힘은 물체가 계속 경사면을 따라 내려갈 때 받고, 물체의 속력을 늦추는 힘은 이 물체가 반사되어 오르막 BC를 따라 올라갈 때 받는다. 만약에 이 물체가 수평면 GH 위에서 움직인다면, 이 물체는 A에서 B로 내려오면서 얻은 속력을 유지하며 움직일 것이다. 이 속력으로 물체가 AB를 지나는 데 걸린 시간 동안 움직인다면, 이 물체는 AB 거리의 두 배를 움직이게 된다.

이제 이 물체가 같은 속력으로 오르막 BC를 따라 움직인다고 하자. 이 속력을 계속 유지하면, 이 물체가 AB를 지나는 시간 동안에 BC를 따라 AB 거리의 두 배만큼 움직일 것이다. 그런데 이 물체가 올라가기 시작한 순간부터, 그 본성으로 인해 아래로 내려오려는 힘을 받는다고 가정하자. 이 물체가 A에 있다가 AB를 따라 내려올 때,

정지해 있다가 아래로 힘을 받아서 속력이 점점 빨라져 내려온 것처럼, 이 물체가 CB에 놓여 있을 때에도 똑같이 아래로 힘을 받는다고 하자. 그러면 같은 시간 동안에 이 물체는 CB 평면을 AB와 같은 거리만큼 내려오게 된다. 앞에서 말한 일정한 속력으로 올라가는 움직임에다 이렇게 아래로 점점 빨라지는 움직임을 겹쳐 놓으면, 이 물체는 같은 시간 동안에 오르막 BC를 따라 C까지 올라가고, 거기에 갔을 때, 두 속력이 크기가 같아지는 것이 명백하다.

두 점 D, E를 맨 아랫점 B에서 같은 거리에 있도록 잡으면, DB를 따라 내려오는 데 걸리는 시간은 BE를 따라 올라가는 데 걸리는 시간과 같음을 유추할 수 있다. BC에 평행하게 선분 DF를 그어라. 물체가 AD를 따라 내려온 다음 D에서 반사되어 올라가면, 물체는 DF 거리만큼 올라가게 된다. 또는 이 물체가 D에 닿은 다음 수평 선분 DE를 따라 움직이면, E에 닿았을 때, 이 물체는 D에 닿았을 때와 같은 운동량을 가질 것이다. 그러니 이 물체는 EC를 따라 올라갈 수 있다. 이것을 보면, E에서의 속력은 D에서의 속력과 같음을 알 수 있다.

그러니까 물체가 내리막으로 내려온 다음, 계속해서 오르막을 따라 올라가면, 이 물체는 앞에서 얻은 운동량 덕분에, 수평면에서 같은 높이만큼 올라갈 수 있음을 논리적으로 추론할 수 있다. 그러니까 경사면 AB를 따라 내려갔을 때, 이 물체는 오르막 BC를 따라서, 수평 선분 ACD의 높이만큼 올라갈 수 있다. 이것은 경사면 AB와 BD의 경우처럼 서로 기울기가 달라도 마찬가지이다. 그런데 앞에서 물체가 어떤 경사면을 따라 내려오든 그 수직 높이가 같으면, 같은 속력이 됨을 보았다. 그러니까 경사면 EB와 BD가 같은 기울기이면, EB를 따라 내려오면서 얻은 힘은 BD를 따라 D만큼 올라갈 정도이다.

이 올라갈 수 있는 힘은 물체가 B까지 내려오면서 얻은 속력으로

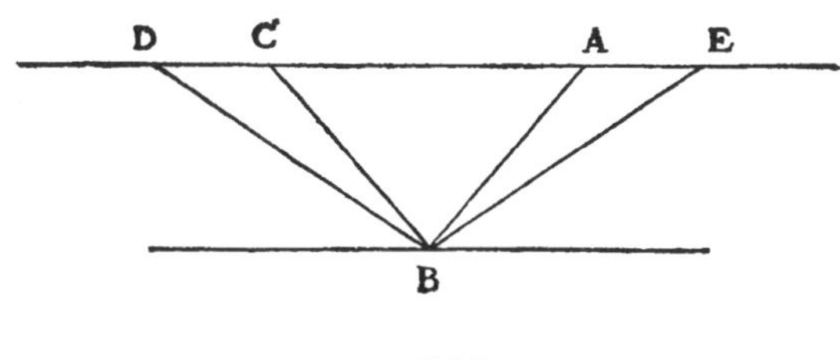

그림 84

부터 나오며, 물체가 AB를 따라 내려왔든 EB를 따라 내려왔든, B에 이르렀을 때 속력이 같다. 그러므로 물체는 AB를 따라 내려왔든 EB를 따라 내려왔든, BD를 따라 올라갈 수 있다.

하지만 BD를 따라 올라가는 데 걸리는 시간은, BC를 따라 올라가는 것보다 더 길다. 이것은 EB를 따라 내려올 때, AB를 따라 내려오는 것보다 시간이 더 걸리는 것과 같다. 이때 걸리는 시간의 비율은 경사면들의 길이 비율과 같음을 증명했다.

이제 서로 다른 경사면들이 수직 높이가 같을 때, 그것들을 따라 같은 시간 동안에 움직일 수 있는 거리의 비율을 계산해 보자. 수직 높이가 같으니까, 경사면들이 두 수평 평행선 사이에 놓여 있다고 할 수 있다. 이때 다음 법칙이 성립한다.

정리 15, 법칙 24

두 수평 평행선을 긋고, 그 사이를 수직 선분으로 이어라. 어떤 경사면이 수직 선분과 맨 아래 점에서 만나도록 그어라. 만약에 어떤 물체가 수직으로 떨어진 다음, 맨 아래에서 반사되어 경사면을 따라 올라간다면, 수직으로 떨어진 것과 같은 시간 동안에 이 물체가 경사면을 따라 움직이는 거리는, 수직 선분의 길이보다는 더 길고, 그것의 두 배보다는 짧다.

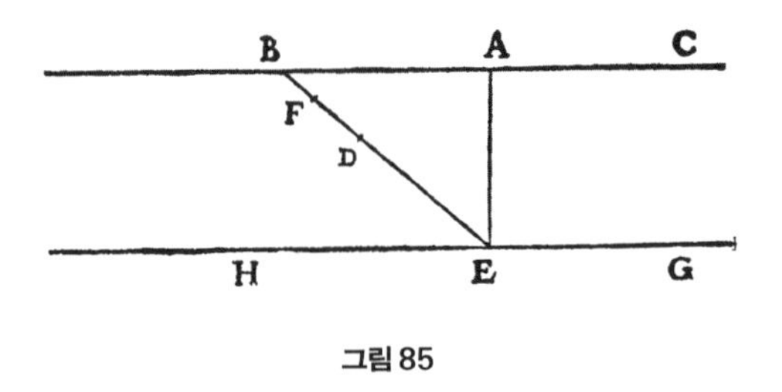

그림 85

두 수평 평행선을 BC와 HG라고 하자. 이들을 수직 선분 AE로 이어라. 어떤 경사면 BE를 그어서, 물체가 AE를 따라 떨어진 다음, E에서 반사되어 B를 향해 올라간다고 하자. 그러면 AE를 지난 것과 같은 시간 동안, 이 물체가 경사면을 따라 움직이는 거리는, AE보다 더 길고, AE의 두 배보다는 짧음을 보이겠다.

ED의 길이가 AE와 같도록 D를 잡고, EB와 BD의 비율이 BD와 BF의 비율과 같게 되도록 F를 잡아라. 우선 EF가 바로, 이 물체가 E에서 반사된 뒤 AE를 지날 때와 같은 시간 동안 움직이는 거리임을 보이겠다. 그다음에 EF의 길이가 EA보다 더 길고, 그것의 두 배보다는 짧음을 보이겠다.

AE를 지나는 데 걸리는 시간을 AE의 길이로 나타내자. 그러면 BE를 따라 내려가는 데 걸리는 시간, 또는 EB를 따라 올라가는 데 걸리는 시간은 EB의 길이로 나타낼 수 있다.

DB가 EB와 BF의 기하평균이고, BE를 내려가는 데 걸리는 시간이 BE의 길이이니, BD의 길이가 BF를 내려가는 데 걸리는 시간을 나타내고, 나머지 DE의 길이가 FE를 따라 내려가는 데 걸리는 시간을 나타낸다. B에서 움직이기 시작해 BE를 내려가는 데 걸리는 시간은, 물체가 AE나 BE를 내려오는 동안 얻은 속력을 가지고 E에서 반사되어 EB를 올라가는 데 걸리는 시간과 같다. 그러니까 물체가 A에서 E로 떨어지면서 얻은 속력을 가지고, E에서 반사되어 E에서 F까지 올라가는 데 걸리는 시간이 바로 DE의 길이이다. 그런데 DE는 AE와 같다. 따라서 증명의 첫 부분은 보였다.

전체 길이 EB와 BD의 비율은 DB와 BF의 비율과 같다. 비례식을 빼셈을 하면, EB와 BD의 비율이 ED와 DF의 비율과 같음을 알 수 있다. 그런데 EB는 BD보다 더 크고, 따라서 ED는 DF보다 더 크다. 그러므로 EF는 DE 또는 AE의 두 배보다는 짧다. 증명이 끝났다.

물체가 먼저 수직으로 떨어지지 않고 경사면을 따라 떨어지는 경우에도, 나중에 올라가는 경사면이 덜 가파르다면, 이 법칙이 성립한다. 역시 같은 방법으로 증명할 수 있다.

정리 16, 법칙 25

어떤 물체가 경사면을 따라 내려온 다음, 수평 방향으로 움직인다고 하자. 경사면을 따라 내려오는 데 걸린 시간과, 수평으로 어떤 원하는 길이를 지나는 데 걸리는 시간과의 비율은, 경사면의 두 배 길이와, 원하는 수평 길이와의 비율과 같다.

AB를 어떤 경사면이라 하고, 거기에 수평면 BC가 붙어 있다고 하자. 물체가 AB를 따라 내려온 다음, 계속 움직여서 원하는 수평 거리 BD를 지난다고 하자. 그러면 AB를 지나는 데 걸린 시간과 BD를 지나는 데 걸린 시간과의 비율은, 두 배의 AB와 BD와의 비율과 같음을 보이겠다.

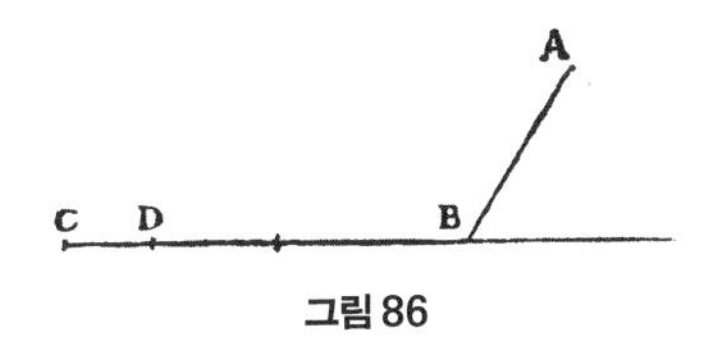

그림 86

BC의 길이가 AB의 두 배가 되도록 C를 잡아라. 그러면 앞에서 나온 법칙에 따라서, AB를 지나는 데 걸린 시간과 BC를 지나는 데 걸리는 시간은 같다. 그런데 BC를 지나는 데 걸리는 시간과 BD를 지나는 데 걸리는 시간의 비율은, BC와 BD의 길이 비율과 같다. 그러니까 AB를 지나는 데 걸린 시간과 BD를 지나는 데 걸리는 시간의 비율은, 두 배의 AB와 BD와의 길이 비율과 같다. 증명이 끝났다.

문제 10, 법칙 26

유한한 길이의 수직 선분이 두 수평 평행선들을 잇는다고 하자. 이 수직 선분보다 더 길고, 이것의 두 배보다는 짧은 어떤 길이를 주었을 때, 경사면의 기울기를 잘 잡아서, 어떤 물체가 수직 선분을 따라 떨어진 다음, 맨 아래에서 반사되어 이 경사면을 따라 올라갈 때, 수직 선분을 따라 내려올 때와 같은 시간 동안에 지나는 거리가 주어진 길이만큼 되도록 만드시오.

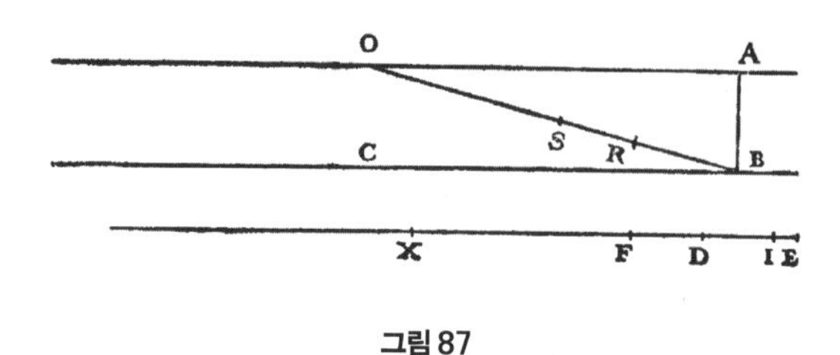

그림 87

두 수평선 OA와 CB를 수직 선분 AB로 잇도록 해라. 주어진 길이 FE가 AB보다 더 길고, AB의 두 배보다 짧다고 하자. 점 B에서 위쪽 수평선까지 어떤 경사면을 잡아서, 물체가 A에서 B로 떨어진 다음, B에서 반사되어 경사면을 따라 올라갈 때, 같은 시간 동안에 움직이는 거리가 EF와 같도록 만들어야 한다.

ED의 길이가 AB와 같도록 잡아라. 그러면 남은 부분 DF는 AB보다 짧다. DI의 길이가 DF의 길이와 같도록 잡아라. 어떤 점 X를 잡되, EI와 ID의 비율이 DF와 FX의 비율과 같게 되도록 잡아라. 점 B

에서 경사면 BO의 길이가 EX와 같도록 잡아라. 그러면 이 경사면 BO가 바로, 물체가 AB를 따라 떨어진 다음 반사되어 이 경사면을 따라 올라갈 때, 같은 시간 동안에 FE의 길이만큼 올라가게 되는 경사면임을 보이겠다.

BR와 RS의 길이가 ED와 DF의 길이와 각각 같도록 잡아라. 그러면 EI와 ID의 비율은 DF와 FX의 비율과 같으니까, 비례식들을 더하면, ED와 DI의 비율은 DX와 XF의 비율과 같고, 이것은 ED와 DF의 비율과 같고, EX와 XD의 비율과 같고, BO와 OR의 비율과 같고, RO와 OS의 비율과 같다.

AB를 지나는 데 걸린 시간을 AB의 길이로 나타내자. 그러면 OB는 OB를 따라 올라가는 데 걸리는 시간을 나타내고, RO는 OS를 지나는 데 걸리는 시간을 나타내고, 남은 부분 BR는 물체가 O에서 움직이기 시작해 내려올 때 SB를 지나는 데 걸리는 시간을 나타낸다.

그런데 물체가 O에서 움직이기 시작해 내려올 때 SB를 지나는 데 걸리는 시간이나, AB 구간을 떨어진 다음 반사되어 OB를 따라 올라갈 때 BS를 지나는 데 걸리는 시간이나, 서로 같다. 따라서 BO가 바로 우리가 찾던 경사면이다. 물체가 AB 구간을 떨어진 다음 BO를 따라 올라갈 때, 같은 시간 AB 또는 BR 동안에 BS 거리만큼 움직이고, 이것은 주어진 거리 EF와 같다. 증명이 끝났다.

정리 17, 법칙 27

두 경사면이 길이는 다르고 수직 높이는 같다고 하자. 짧은 경사면을 지나는 데 걸리는 시간 동안 긴 경사면의 맨 아랫부분을 지나는 거리는, 긴 경사면의 길이와 이들의 길이 차이와의 비율을 구한 다음, 짧은 경사면과 어떤 길이가 이 비율이 되도록 만들고, 이렇게 구한 어떤 길이와 짧은 경사면의 길이를 더한 것과 같다.

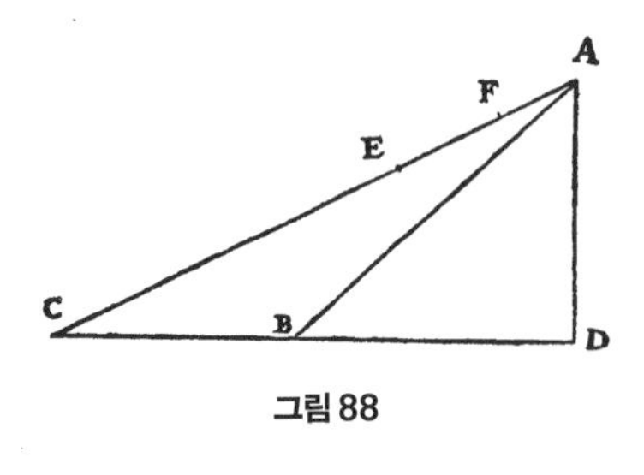

그림 88

AC는 긴 경사면, AB는 짧은 경사면, AD는 이들의 공통 수직 높이라고 하자. AC의 아랫부분에 AB와 길이가 같도록 CE를 잡아라. 어떤 점 F를 잡되, CA 대 AE의 비율, 즉 CA 대 CA 빼기 AB의 비율이 CE 대 EF의 비율과 같게 되도록 잡아라. 그러면 FC가 바로 우리가 찾던 길이임을 보이겠다. 그러니까 물체가 A에서 움직이기 시작해 내려갈 때, FC를 지나는 데 걸리는 시간이, AB를 지나는 데 걸리는 시간과 같다.

CA 대 AE의 비율이 CE 대 EF의 비율과 같으니까, 빼셈을 하면, EA 대 AF의 비율은 CA 대 AE의 비율과 같다. 따라서 AE는 AC와 AF의 기하평균이다. 그러므로 AB를 지나는 데 걸리는 시간을 AB의 길이로 나타내면, AC를 지나는 데 걸리는 시간은 AC의 길이가 되고, AF를 지나는 데 걸리는 시간은 AE의 길이가 된다. 뺄셈을 하면, FC를 지나는 데 걸리는 시간은 EC의 길이이다. 그런데 EC와 AB는 같으니까, 이 법칙이 성립한다.

문제 11, 법칙 28

수평선 AG에 어떤 원이 접한다고 하자. 접하는 점에서 수직으로 그은 지름을 AB로 나타내자. 원둘레에서 어떤 점 E를 잡은 다음, 선분 AE와 EB를 그어라. 어떤 물체가 AB를 따라 떨어질 때 걸리는 시간과, AE, EB를 따라 떨어질 때 걸리는 시간과의 비율을 구하시오.

선분 BE를 위로 늘여서, 수평선과 만나는 점을 G라고 하자. 선분 AF가 각 BAE를 같은 크기로 자르도록 잡아라. 그러면 AB를 지나는 데 걸리는 시간과, AE, EB를 지나는 데 걸리는 시간과의 비율은, AE의 길이와, AE, EF를 더한 길이와의 비율과 같음을 보이겠다.

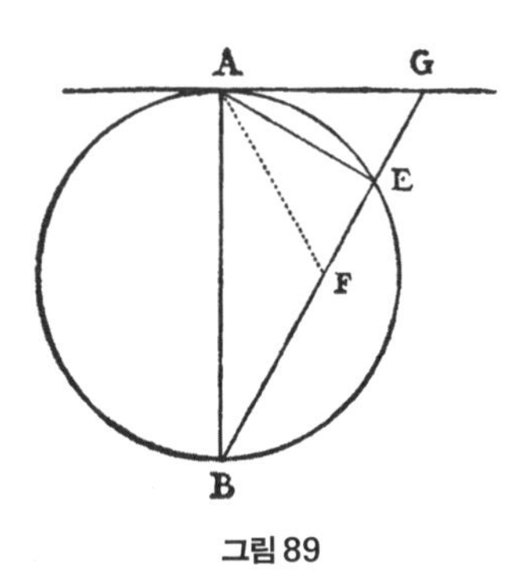

그림 89

각 FAB와 각 FAE는 크기가 같고, 각 EAG는 각 ABF와 크기가 같다. 따라서 각 GAF는 각 FAB와 각 ABF를 더한 것과 같다. 그런데 각 GFA도 이 둘을 더한 것과 같다. 따라서 삼각형 GAF는 이등변삼각형이고, GF와 GA는 길이가 같다. 직사각형 BG · GE의 넓이는 GA의 제곱과 같고, 이것은 또한 GF의 제곱과 같다. 따라서 BG와 GF의 비율은 GF와 GE의 비율과 같다.

AE를 지나는 데 걸리는 시간을 AE의 길이로 나타내면, GE의 길이는 바로 GE를 지나는 데 걸리는 시간을 나타낸다. 그리고 GF의 길이는 GB를 지나는 데 걸리는 시간을 나타낸다. 그러니까 EF의 길이는, G나 A에서 움직이기 시작한 경우 EB를 지나는 데 걸리는 시간을 나타낸다. 그런데 AE에서 걸리는 시간과 AB에서 걸리는 시간은 같으니까, 이 시간과 AE, EB를 지나는 데 걸리는 시간과의 비율은, AE 대 AE 더하기 EF의 비율과 같다. 증명이 끝났다.

더 빨리 증명하는 방법은, GF의 길이가 GA와 같도록 잡아서, GF가 BG와 GE의 기하평균이 되도록 만드는 것이다. 나머지 증명 과정은 같다.

정리 18, 법칙 29

어떤 유한한 길이의 수평 선분이 있을 때, 한쪽 끝에 이 길이의 절반 높이로 수직 선분을 세워라. 그러면 어떤 물체가 이 수직 거리를 떨어진 다음, 수평 방향으로 반사되어 움직인다고 하고, 이때 수직, 수평 거리를 지나는 데 걸리는 시간을 더한 것은, 수직 높이가 다른 어떠한 값일 때 수직, 수평 거리를 지나는 데 걸리는 시간을 더한 것보다 작다.

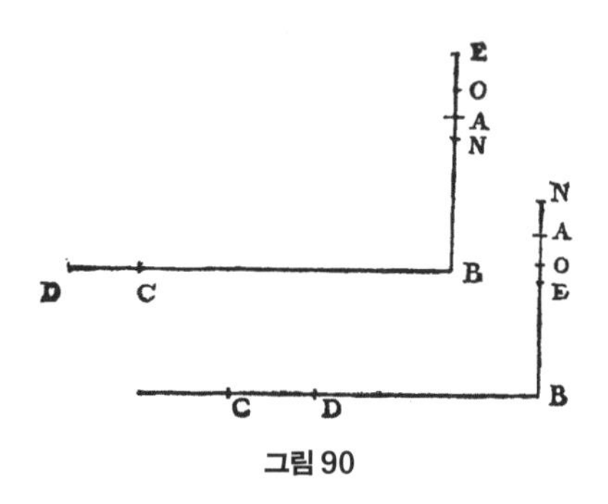

그림 90

BC를 주어진 유한한 길이의 수평 선분이라고 하자. 한쪽 끝 B에 수직 선분 AB를 세우되, 그 길이가 BC의 꼭 절반이 되도록 해라. 그러면 물체가 A에서 움직이기 시작해 AB, BC를 지나는 데 걸리는 시간은, 가능한 최솟값이 됨을 보이겠다. 바꿔 말하면, 수직 선분의 높이가 이보다 더 높거나 낮으면, 수직 선분의 높이, 수평 선분 BC를 지나는 데 시간이 더 많이 걸린다.

첫 번째 그림에서는 AB보다 더 높은 수직 선분 EB를 세워 보자. 두 번째 그림에서는 EB를 AB보다 낮게 그려 보자. 두 경우 모두 EB, BC를 지나는 데 걸리는 시간이 AB, BC를 지나는 데 걸리는 시간보다 더 길다는 것을 보여야 한다.

AB를 지나는 데 걸리는 시간을 AB의 길이로 나타내자. 그러면 BC는 2AB이니까, 수평 길이 BC를 지나는 데 걸리는 시간도 역시

AB가 된다. 그러니까 AB, BC를 지나는 데 걸리는 시간은 AB의 두 배이다.

EB 대 BO의 비율이 BO 대 BA의 비율과 같게 되도록 O를 잡아라. 그러면 BO는 EB를 지나는 데 걸리는 시간을 나타낸다. 수평 선분 BD를 그 길이가 BE의 두 배가 되도록 잡자. 그러면 BO는 EB를 따라 떨어진 다음 BD를 지나는 데 걸리는 시간을 나타낸다.

DB 대 BC의 비율, EB 대 BA의 비율, OB 대 BN의 비율이 같게 되도록 N을 잡아라. 수평 방향으로 움직일 때는 속력이 일정하고, E에서 떨어진 경우 BD를 지나는 데 걸리는 시간이 OB이니까, E에서 떨어진 경우 BC를 지나는 데 걸리는 시간이 바로 NB이다. 그러니까 EB, BC를 지나는 데 걸리는 시간은 OB 더하기 BN이다. 그런데 AB, BC를 지나는 데 걸리는 시간은 2BA이니까, OB 더하기 BN이 2BA보다 더 큼을 보여야 한다.

EB 대 BO의 비율이 BO 대 BA의 비율과 같으니까, EB 대 BA의 비율은 OB의 제곱 대 BA의 제곱의 비율과 같다. 그리고 EB 대 BA의 비율이 OB 대 BN의 비율과 같으니까, OB 대 BN의 비율은 OB의 제곱 대 BA의 제곱의 비율과 같다. 그런데 OB 대 BN의 비율은 OB 대 BA의 비율과 BA 대 BN의 비율을 곱한 것이고, 따라서 AB 대 BN의 비율은 OB 대 BA의 비율이다. 바꿔 말하면, BA는 OB와 BN의 기하평균이다. 따라서 OB 더하기 BN은 2BA보다 더 크다. 증명이 끝났다.

정리 19, 법칙 30

수평선의 어느 한 점에서 수직선을 아래로 그어라. 수평선에서 다른 어떤 점을 잡았을 때, 그 점에서 수직선까지 어떤 경사면을 그려서, 물체가 그 경사면을 따라서 움직일 때, 수직선에 가장 빨리 닿을 수 있도록 만들어라. 그러면 그 경사면은, 수직선의 윗부분을, 그 점과 수직선 맨 위쪽 점과의 거리만큼 잘라낸다.

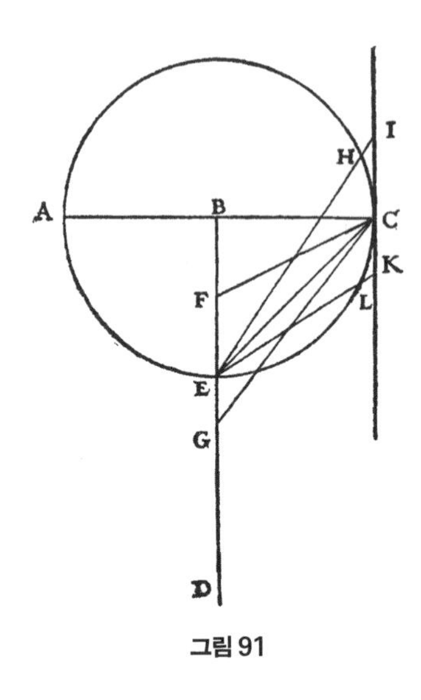

그림 91

AC를 어떤 수평선이라 하고, 한 점 B에서 수직선 BD를 아래로 긋자. 수평선에서 다른 어떤 임의의 점 C를 잡고, BE의 거리가 BC의 거리와 같도록 잡고, 점 C와 E를 선분으로 이어라. 그러면 점 C를 지나고 수직선과 만나는 모든 경사면들 중에서 CE가 바로 수직선까지 가장 빨리 갈 수 있는 길임을 보이겠다.

경사면 CF가 E보다 위쪽에서 수직선과 만난다고 하자. 그리고 경사면 CG는 E보다 아래쪽에서 수직선과 만난다고 하자. 점 C를 지나고 BD와 평행한 수직선 IK를 그려라. 그리고 BC를 반지름으로 원을 그려라. 경사면 EK를 FC와 평행하도록 그려라. 이것이 원과 만나는 점을 L이라고 하자. 그러면 LE를 따라 떨어지는 데 걸리는 시간은, CE를 따라 떨어지는 데 걸리는 시간과 같다. 그런데 KE를 따라 떨어지는 데 걸리는, 시간은 LE를 따라 떨어지는 데 걸리는 시간보다 길다. 따라서 KE는 CE보다 시간이 많이 걸린다. 그런데 KE와 CF는 길이도 같고 기울기도 같으니까, 시간이 똑같이 걸린다.

선분 EI를 GC와 나란하도록 잡으면, 이들은 길이가 같고 기울기가 같으니까, 역시 같은 시간이 걸린다. 그리고 HE는 IE보다 짧으니까, HE에서 걸리는 시간이 IE에서 걸리는 시간보다 짧다. 그런데 CE에서 걸리는 시간은, HE를 따라 떨어질 때 걸리는 시간과 같으니까, IE에서 걸리는 시간보다 짧다. 증명이 끝났다.

정리 20, 법칙 31

수평선이 있고, 그 위로 어떤 직선이 비스듬하게 있다고 하자. 수평선에서 어느 한 점을 잡았을 때, 직선에서 그 점으로 가장 빨리 내려올 수 있는 경사면은, 그 점에서 수직으로 세운 선분과 그 점에서 다른 직선에 직각이 되도록 그은 선분이 만드는 각을, 같은 크기로 자른다.

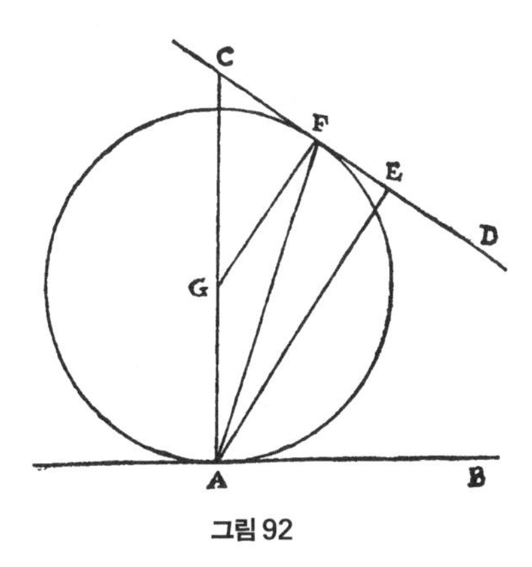

그림 92

수평선 AB가 있고, 그 위로 어떤 직선 CD가 비스듬하게 있다고 하자. 수평선에서 어느 한 점 A를 주었을 때, AB와 직각이 되도록 선분 AC를 그어라. 그리고 CD와 직각이 되도록 선분 AE를 그어라. 각 CAE를 같은 크기로 자르도록 선분 AF를 그어라. 그러면 직선 CD의 점에서 A로 그을 수 있는 모든 경사면들 중에서 FA가 가장 빨리 내려가는 길임을 보이겠다.

FG를 EA와 나란하도록 그어라. 그러면 각 GFA와 각 FAE는 엇각이라 크기가 같다. 그러므로 삼각형 GAF는 이등변삼각형이고, GF와 GA의 길이가 같다. 따라서 G를 중심으로, GA를 반지름으로 원을 그리면, 이 원은 비스듬한 직선과 F에서 접하고, 수평선과 A에서 접한다. 왜냐하면 GF와 AE가 평행선이어서, 각 GFC가 직각이기 때문이다.

이제 A에서 비스듬한 직선으로 경사면을 그리면, AF를 제외한 다른 모든 것들은 원을 뚫고 지나가야 하니, 그것들을 따라 내려오는데 걸리는 시간이 FA의 경우보다 더 길다. 증명이 끝났다.

보조 법칙

두 원이 서로 접하며, 작은 원이 큰 원 안에 놓여 있다고 하자. 어떤 직선이 큰 원을 뚫고 들어가, 작은 원에 접한다고 하자. 그러면 이 직선이 원들과 만나는 점의 개수는, 큰 원과 두 점, 작은 원과 한 접점에서 만나니, 모두 3개이다. 원들이 접하는 점에서 이 세 점으로 선분들을 그으면, 이 세 선분은 같은 크기의 각을 만든다.

두 원이 접하는 점을 A라 하고, 작은 원의 중심을 B, 큰 원의 중심을 C라고 하자. 직선 FG가 작은 원과 H에서 접한다고 하고, 큰 원과 F, G 점에서 만난다고 하자. 세 선분 AF, AH, AG를 그어라. 그러면 각 FAH와 각 HAG는 크기가 같음을 보이겠다.

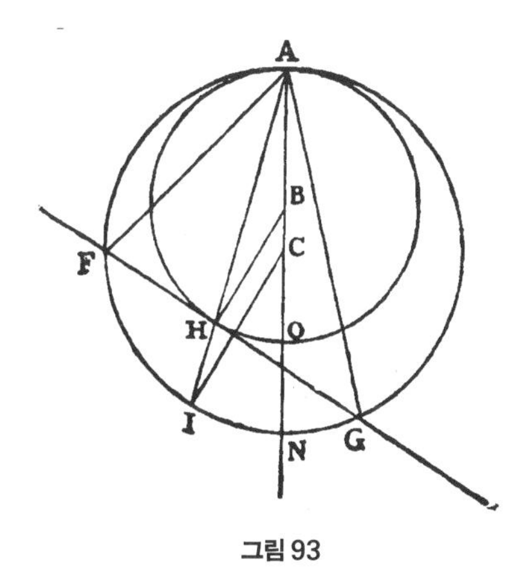

그림 93

AH를 길게 늘여서, 큰 원과 만나는 점을 I라고 하자. 선분 BH와 CI를 그어라. 중점 B와 C를 잇는 직선을 길게 그어서 접점 A와 만나도록 하고, 반대 방향으로는 원들과 만나도록 해서 그 점들을 O와 N으로 나타내자.

그런데 BH와 CI는 평행하다. 왜냐하면 각 ICN과 각 HBO가 각 IAN의 두 배로서 서로 같기 때문이다. 선분 BH는 원의 중심에서 접점으로 그은 것이니, FG와 수직이다. 따라서 CI도 FG와 수직이고, 호 FI와 호 IG는 길이가 같다. 그러므로 각 FAI와 각 IAG는 크기가 같다. 증명이 끝났다.

정리 21, 법칙 32

수평선에서 두 점을 잡고, 한 점에서 다른 한 점 쪽으로 비스듬하게 직선을 긋자. 다른 한 점에서 이 직선으로 경사면을 그렸을 때, 그 경사면들 중에서, 이 직선의 윗부분을 두 점 사이 거리와 같도록 자르는 경사면이, 지나는 데 시간이 가장 적게 걸리는 경사면이다. 이 경사면에서 같은 크기의 각으로 양쪽으로 놓이는 두 경사면은, 지나는 데 걸리는 시간이 같다.

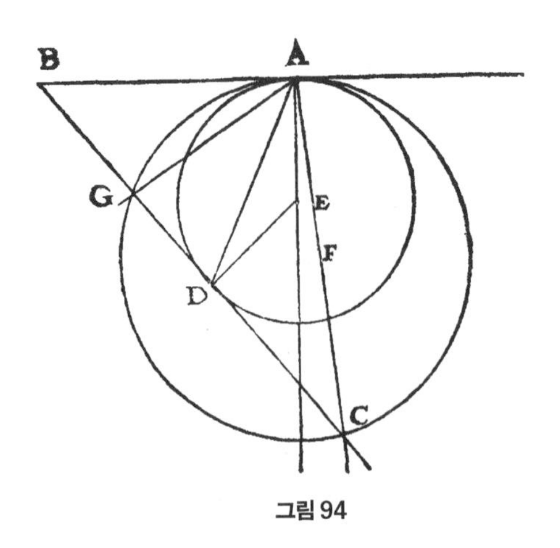

그림 94

수평선에서 두 점 A, B를 잡자. B에서 직선 BC를 A 쪽으로 비스듬하게 긋고, 선분 BD가 BA와 길이가 같도록 잡자. A와 D를 경사면으로 이어라. 그러면 AD를 따라 내려가는 데 걸리는 시간이, A에서 BC로 그은 다른 어떤 경사면을 따라 내려가는 데 걸리는 시간보다도 짧음을 보이겠다.

수평선 AB와 직각이 되도록 수직선 AE를 아래로 그려라. 점 D에서 BD와 직각이 되도록 선분을 그어서, 이것이 수직선과 만나는 점을 E라고 하자. 삼각형 BAD는 이등변삼각형이니까, 각 BAD와 각 BDA는 크기가 같고, 따라서 각 DAE와 각 EDA는 크기가 같다. 그러므로 E를 중심으로, EA를 반지름으로 원을 그리면, 이 원은 직선 AB와 A에서 접하고, 직선 BD와 D에서 접한다. A는 이 원의 맨 꼭대기에 있는 점이니까, A에서 직선 BC를 향해 경사면을 그으면, 다른 경사면들은 원둘레 밖으로 나가야 하니까, AD의 경우보다 지나는 데 시간이 더 많이 걸린다. 그러니 이 법칙의 앞부분은 증명을 했다.

수직선 AE를 아래로 길게 늘인 다음, 어떠한 점이라도 좋으니 F를 잡도록 하자. F를 중심으로, FA를 반지름으로 원을 그려라. 이 원이 직선 BD와 만나는 점을 G, C라고 하자. 경사면 AG와 AC를 그려라. 앞에 나온 보조 법칙에 따라서, 선분 AG와 AC는 AD에서 같은 각만큼 떨어져 있다. 이 경사면 AG와 AC를 지나는 데 걸리는 시간은 같다. 왜냐하면 둘 다 원의 맨 꼭대기 점 A에서 경사면이 시작되고, 같은 원둘레에서 경사면이 끝나기 때문이다.

문제 12, 법칙 33

어떤 수직 선분이 있고, 그것을 높이로 하는 경사면이 이 수직 선분과 맨 위 점에서 만난다고 하자. 이 수직 선분을 위로 늘인 다음, 거기에서 적당한 점을 잡아서, 물체가 그 점에서 떨어지기 시작해 방향이 바뀌어 경사면을 따라 내려올 때, 그 경사면을 지나는 데 걸리는 시간이, 그 경사면의 수직 높이를 정지 상태에서 움직이기 시작해 떨어지는 데 걸리는 시간과 같도록 만드시오.

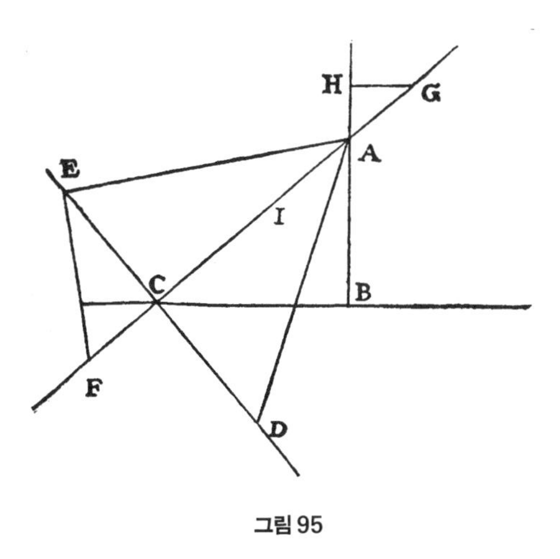

그림 95

AB를 수직 선분이라 하고, 이것을 높이로 하는 경사면 AC가 있다고 하자. 수직 선분을 A 위로 늘인 다음, 거기에서 적당한 점을 잡아서,

물체가 그 점에서부터 떨어질 때 AC를 지나는 데 걸리는 시간이, 물체가 A에서부터 떨어질 때 AB를 지나는 데 걸리는 시간과 같도록 만들어야 한다.

직선 DCE가 AC와 직각이 되도록 그려라. CD의 길이가 AB의 길이와 같도록 잡아라. A와 D를 선분으로 이어라. 각 ADC는 각 CAD보다 더 크다. 왜냐하면 CA가 CD 또는 AB보다 더 길기 때문이다. 각 DAE의 크기가 각 ADE의 크기와 같도록, 선분 AE를 그어라. 선분 EF를 AE에 직각이 되도록 그어라. 경사면 AC를 길게 늘였을 때, 이것과 만나는 점을 F라고 하자. AI와 AG의 길이가 CF의 길이와 같도록 잡아라. G에서 수평 선분 GH를 그어라. 그러면 H가 바로 우리가 찾던 점임을 보이겠다.

AB를 지나는 데 걸리는 시간을 AB의 길이로 나타내자. 그러면 AC의 길이가 바로, 물체가 A에서부터 움직일 때, AC를 지나는 데 걸리는 시간을 나타낸다. 삼각형 AEF는 직각삼각형이고, 선분 EC는 빗변 AF와 수직이니까, AE는 AF와 AC의 기하평균이다. 그리고 CE는 AC와 CF의 기하평균이다. 그러므로 CE는 AC와 AI의 기하평균이다. AC를 지나는 데 걸리는 시간이 AC이니까, AF를 지나는 데 걸리는 시간은 AE이다. 그리고 AI를 지나는 데 걸리는 시간이 EC이다.

그런데 EAD는 이등변삼각형이니, EA와 ED는 같고, 따라서 ED는 AF를 지나는 데 걸리는 시간을 나타낸다. 그리고 EC가 AI를 지나는 데 걸리는 시간을 나타내니, 뺄셈을 하면, CD 또는 AB가 IF를 지나는 데 걸리는 시간을 나타낸다. 이것은 물체가 A에서부터 움직이는 경우이고, 물체가 H 또는 G에서부터 움직이는 경우는, AC를 지나는 데 걸리는 시간이 이것과 똑같다. 증명이 끝났다.

문제 13, 법칙 34

어떤 수직 선분이 있고, 그것을 높이로 하는 경사면이 이 수직 선분과 맨 위 점에서 만난다고 하자. 이 수직 선분을 위로 늘인 다음, 거기에서 적당한 점을 잡아서, 물체가 그 점에서 떨어지기 시작해 경사면을 따라 내려갈 때, 그 시간을 더한 것이, 물체가 그 경사면의 맨 위 점에서부터 움직이기 시작해 그 경사면을 지나는 데 걸리는 시간과 같도록 만드시오.

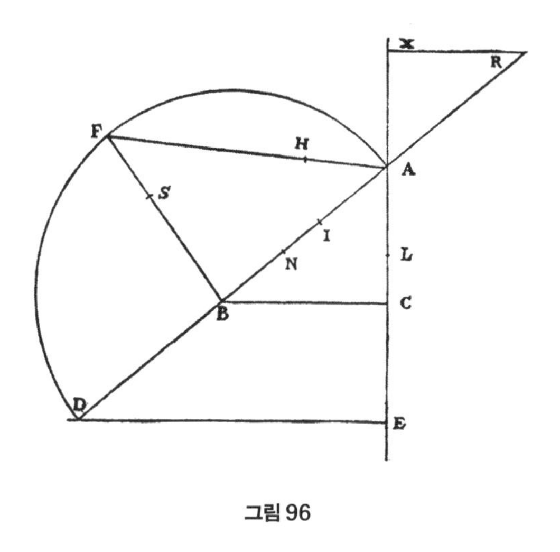

그림 96

AB를 경사면이라 하고, AC를 그 높이라고 하자. 이들은 맨 위 점 A에서 만난다. 수직선을 A 위로 길게 늘인 다음, 적당한 점을 잡아서, 물체가 그 점에서부터 움직이기 시작해 A까지 수직으로 내려오고, A에서 반사되어 AB를 따라 내려가도록 하고, 그때 걸린 시간을 더한 것이, 물체가 A에서부터 움직이기 시작해 AB를 따라 내려갈 때 걸리는 시간과 같도록 만들어야 한다.

수평 선분 BC를 긋고, AN의 길이가 AC와 같도록 잡아라. AB 대 BN의 비율이 AL 대 LC의 비율과 같게 되도록 L을 잡아라. 선분 AI의 길이가 AL과 같도록 잡아라. 수직선을 아래로 늘인 다음, AC, BI,

CE가 등비수열이 되도록 E를 잡아라. 그러면 CE가 바로 우리가 찾던 거리임을 보이겠다. 그러니까 A 위로 선분 AX의 길이가 CE와 같도록 잡으면, 물체가 X에서부터 떨어질 때 XA, AB를 지나는 데 걸리는 시간을 더한 것이, 물체가 A에서부터 떨어질 때 AB를 지나는 데 걸리는 시간과 같다.

경사면 AB를 길게 늘이고, X에서 수평선을 그어서, 이것과 만나는 점을 R라고 하자. E에서 수평선을 그어서, 이 경사면을 늘인 것과 만나는 점을 D라고 하자. AD를 지름으로 반원을 그려라. 점 B에서 AD와 직각이 되도록 선분을 그리고, 이것이 원둘레와 만나는 점을 F라고 하자. 그러면 BF는 AB와 BD의 기하평균이다. 그리고 FA는 AD와 AB의 기하평균이다. BS를 BI와 같도록 잡고, FH를 FB와 같도록 잡아라.

AB 대 BD의 비율이 AC 대 CE의 비율과 같고, BF는 AB와 BD의 기하평균이고, BI는 AC와 CE의 기하평균이니까, BA 대 AC의 비율은 FB 대 BS의 비율과 같다. 그리고 BA 대 AC의 비율, BA 대 AN의 비율, FB 대 BS의 비율이 같으니까, 뺄셈을 해 주면, BF 대 FS의 비율, AB 대 BN의 비율, AL 대 LC의 비율이 같음이 나온다.

그러므로 FB와 CL을 변으로 만든 직사각형의 넓이는 AL과 SF를 변으로 만든 직사각형의 넓이와 같다. 그리고 직사각형 AL·SF의 넓이는 직사각형 AL·FB 또는 AI·BF에서 AI·BS 또는 AI·IB를 뺀 것이다. 그런데 FB·LC의 넓이는 AC·BF의 넓이에서 AL·BF를 뺀 것이다. 그리고 BA 대 AC의 비율은 FB 대 BI의 비율과 같으니, AC·BF의 넓이는 AB·BI의 넓이와 같다. 그러니까 AB·BI에서 AI·BF 또는 AI·FH를 뺀 것은, AI·FH에서 AI·IB를 뺀 것과 같다. 따라서 AI·FH를 두 배 한 것은 AB·BI와 AI·IB를 더한 것과 같다.

그러므로 2AI · FH는 2AI · IB 더하기 BI의 제곱과 같다. 양변에 AI의 제곱을 더하면, 2AI · IB 더하기 BI의 제곱 더하기 AI의 제곱은, AB의 제곱과 같고, 이것은 2AI · FH 더하기 AI의 제곱과 같다.

다시 양변에 BF의 제곱을 더하면, AB의 제곱 더하기 BF의 제곱은, AF의 제곱과 같고, 이것은 2AI · FH 더하기 AI의 제곱 더하기 BF의 제곱과 같고, 이것은 2AI · FH 더하기 AI의 제곱 더하기 FH의 제곱과 같다. 그런데 AF의 제곱은 2AH · FH 더하기 AH의 제곱 더하기 HF의 제곱이니까, 2AI · FH 더하기 AI의 제곱 더하기 FH의 제곱은, 2AH · FH 더하기 AH의 제곱 더하기 HF의 제곱과 같다. 양변에서 HF의 제곱을 빼면, 2AI · FH 더하기 AI의 제곱은, 2AH · FH 더하기 AH의 제곱과 같다.

이것을 보면, FH가 공통으로 들어 있으니, AH와 AI가 같음을 알 수 있다. 왜냐하면 만약에 AH가 AI보다 더 크거나 작다면, 2AH · HF에 HA의 제곱을 더한 것이 2AI · FH에 AI의 제곱을 더한 것보다 크거나 작을 테니까, 지금까지 증명한 것에 어긋난다.

AB를 지나는 데 걸리는 시간을 AB의 길이로 나타내면, AC를 지나는 데 걸리는 시간은 AC의 길이로 나타낼 수 있다. IB는 AC와 CE의 기하평균이니, 이것은 CE 만큼의 거리, 즉 XA의 거리를 X에서 출발해 움직이는 데 걸리는 시간을 나타낸다. AF는 DA와 AB의 기하평균이고, 또한 RB와 AB의 기하평균이다. 그리고 BF(즉 FH)는 AB와 BD의 기하평균이니, 이것은 또한 AB와 AR의 기하평균이고, 법칙 19와 거기에 딸린 법칙에 따라서, 그 차이 AH는 물체가 X 또는 R에서부터 움직인 경우 AB를 지나는 데 걸리는 시간을 나타낸다. 한편 A에서부터 움직이는 경우 AB를 지나는 데 걸리는 시간은 AB이다.

방금 증명한 것에 따르면, XA를 지나는 데 걸리는 시간은 IB이고, X 또는 R에서부터 움직인 경우 AB를 지나는 데 걸리는 시간은 IA이다. 따라서 XA와 AB를 지나는 데 걸리는 시간을 더한 것은 AB이다. 이것은 물론 A에서부터 움직이는 경우 AB를 지나는 데 걸리는 시간과 일치한다. 증명이 끝났다.

문제 14, 법칙 35

유한한 길이의 수직 선분을 하나 주고, 거기에 어떤 경사면을 붙여라. 그 경사면에서 어떤 적당한 길이를 잡아서, 물체가 수직 선분을 따라 떨어진 다음 그 길이를 지나는 데 걸리는 시간을 더한 것과, 경사면에서 정지 상태에서 움직이기 시작해 그 길이를 지나는 데 걸리는 시간이 같도록 만드시오.

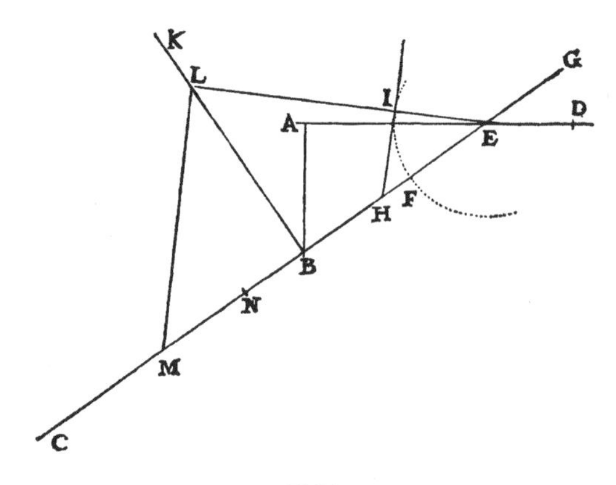

그림 97

AB를 수직 선분이라 하고, 거기에 경사면 BC가 붙어 있다고 하자. 이 경사면에서 어떤 적당한 길이를 잡아서, 물체가 A에서부터 움직이기 시작해 AB를 지난 다음 경사면을 따라 그 길이를 지나는 데 걸리는 시간을 더한 것과, 물체가 B에서부터 움직이기 시작해 그 길이를 지나는 데 걸리는 시간이 같도록 만들어야 한다.

수평선 AD를 긋고, 경사면 BC를 길게 늘여서, 이들이 만나는 점을 E라고 하자. BF의 길이가 BA의 길이와 같도록 잡아라. E를 중심으로, EF를 반지름으로 원 FIG를 그려라. FE를 길게 늘여서, 그게 맞은편에서 원과 만나는 점을 G라고 하자. GB 대 BF의 비율이 BH 대 HF의 비율과 같게 되도록 H를 잡아라. H에서 원에 접하도록 직선을 긋고, 그 접하는 점을 I로 나타내자. B에서 FC에 수직하도록 직선 BK를 긋고, 이것이 직선 EI와 만나는 점을 L이라고 하자. LE와 직각이 되도록 선분을 그어서, 이 선분이 BC와 만나는 점을 M이라고 하자. 그러면 BM이 바로 우리가 원하는 길이임을 보이겠다. 그러니까 물체가 B에서부터 움직일 때 BM을 지나는 데 걸리는 시간이, 물체가 A에서부터 움직일 때 AB, BM을 지나는 데 걸리는 시간과 같다.

EN의 길이가 EL과 같도록 잡아라. 그러면 GB 대 BF의 비율이 BH 대 HF의 비율과 같으니까, GB 대 BH의 비율은 BF 대 HF의 비율과 같고, 뺄셈을 하면, GH 대 BH의 비율은 BH 대 HF의 비율과 같다. 따라서 직사각형 GH·HF의 넓이는 BH의 제곱과 같다. 그런데 GH·HF의 넓이는 또한 HI의 제곱과 같다. 그러므로 BH와 HI는 길이가 같다.

사각형 ILBH에서 두 변 HB와 HI가 같고, 각 B와 각 I가 직각으로 같으니까, 두 변 LB와 LI의 길이가 같다. 그런데 EI와 EF는 같으니까, 이것들을 더한 길이 LE(또는 NE)는 LB와 EF를 더한 것과 같다. 공통부분 EF를 빼면, 남는 부분 FN은 LB와 같다. 그런데 FB는 BA와 같으니까 LB는 AB 더하기 BN과 같다.

AB를 지나는 데 걸리는 시간을 AB의 길이로 나타내면, EB를 지나는 데 걸리는 시간은 EB의 길이이다. 그리고 EN은 ME와 EB의 기하평균이니, ME를 지나는 데 걸리는 시간을 나타낸다. 뺄셈을 하면, A나 E에서 움직이기 시작했을 때 BM을 지나는 데 걸리는 시간은

BN이다. 그런데 AB를 지나는 데 걸리는 시간은 AB라고 했으니까, AB와 BM을 지나는 데 걸리는 시간은 AB 더하기 BN이다.

E에서부터 움직일 때 EB를 지나는 데 걸리는 시간은 EB이고, B에서부터 움직여 BM을 지나는 데 걸리는 시간은 BE와 BM의 기하평균, 즉 BL이다. 그러니까 A에서부터 움직여 AB, BM을 지나는 데 걸리는 시간은 AB 더하기 BN이고, B에서부터 움직여 BM을 지나는 데 걸리는 시간은 BL이다. 앞에서 이미 BL은 AB 더하기 BN임을 증명했으니, 이 법칙이 성립한다.

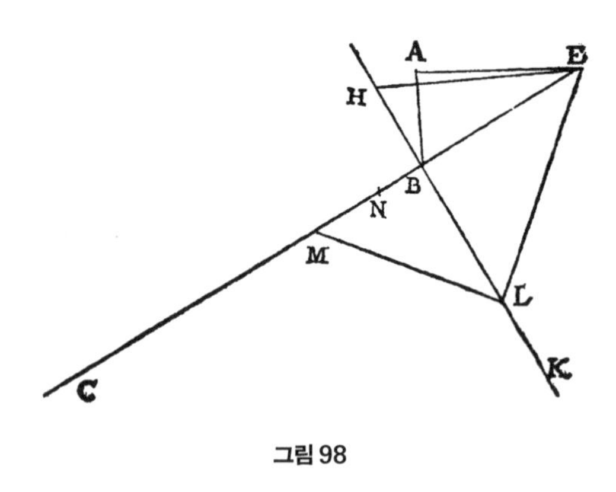

그림 98

이것은 다음과 같이 간단하게 증명할 수가 있다. AB를 수직 선분이라 하고, BC를 경사면이라고 하자. B에서 EC와 직각이 되도록 직선을 그리고, BH의 길이가 BE 빼기 AB가 되도록 잡아라. 각 HEL과 BHE가 크기가 같도록 그려라. EL이 BK와 만나는 점을 L이라고 하고, L에서 EL에 직각이 되도록 선분을 그어서, 그것이 BC와 만나는 점을 M이라고 하자. 그러면 BM이 바로 경사면에서 우리가 찾던 길이임을 보이겠다.

각 MLE는 직각이니까, BL은 MB와 BE의 기하평균이다. 한편 LE는 ME와 BE의 기하평균이다. EN의 길이가 LE와 같도록 잡아

라. 그러면 NE, EL, LH는 서로 같고, HB는 NE 빼기 BL이다. 그런데 HB는 NE에서 NB 더하기 BA를 뺀 것이니까, BN 더하기 BA는 BL이다.

EB를 지나는 데 걸리는 시간을 EB로 나타내면, B에서부터 움직일 때 BM을 지나는 데 걸리는 시간이 BL이다. 그런데 A나 E에서부터 움직이는 경우 BM을 지나는 데 걸리는 시간이 BN이다. 이때는 AB를 지나는 데 걸리는 시간이 AB이다. 따라서 AB, BM을 지나는 데 걸리는 시간은 AB 더하기 BN이고, 이것은 B에서부터 움직여 BM을 지나는 데 걸리는 시간과 같다. 증명이 끝났다.

보조 법칙 1

원의 지름 AB에서 어떤 점 C를 잡고, C에서 AB에 직각이 되도록 직선을 긋고, 이것이 원둘레와 만나는 점을 F라고 하자. 끝점 B에서 어떤 직선을 그은 다음, 이것이 C에서 그은 직선과 만나는 점을 D, 이것이 원둘레와 만나는 점을 E라고 나타내자. 선분 FB를 그어라. 그러면 FB는 DB와 BE의 기하평균이다.

E와 F를 선분으로 이어라. B를 지나고 CD와 평행한 직선 BG를 그어라. 각 DBG는 각 FDB와 같고, 각 GBD의 엇각이 각 EFB와 같으니까, 삼각형 FDB와 삼각형 EFB는 닮은꼴이다. 따라서 BD 대 BF의 비율은 BF 대 BE의 비율과 같다.

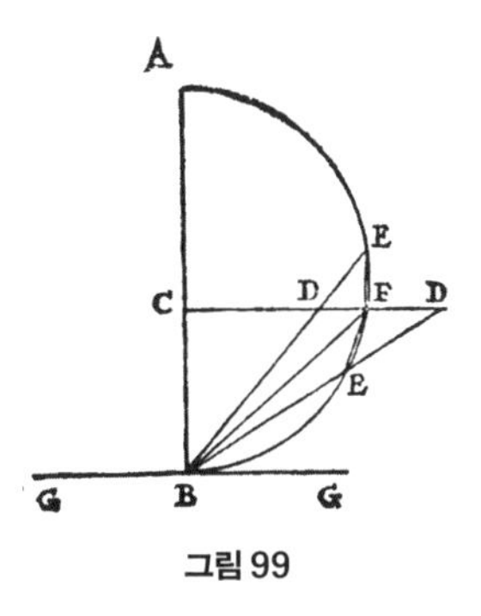

그림 99

보조 법칙 2

선분 AC가 선분 DF보다 더 길다고 하자. AB와 BC의 비율이 DE와 EF의 비율보다 더 크다고 하자. 그러면 AB는 DE보다 더 길다.

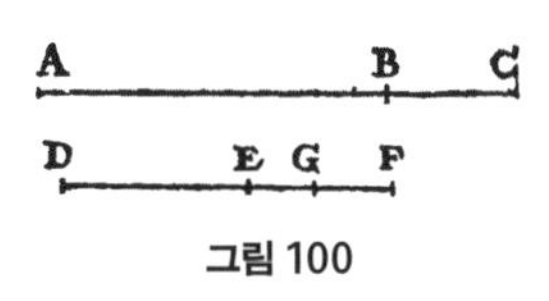

그림 100

AB와 BC의 비율이 DE와 EF의 비율보다 더 크니까, 이 비율과 같도록 만들려면, EF보다 짧은 어떤 거리 EG를 잡아야 한다. 그러니까 AB 대 BC의 비율이 DE 대 EG의 비율과 같다고 하면, EG는 EF보다 짧다. 비례식의 덧셈에 따라서, CA 대 AB의 비율은 GD 대 DE의 비율과 같다. 그런데 CA는 GD보다 더 기니까, AB도 DE보다 더 길다.

보조 법칙 3

어떤 사분원을 ACIB로 나타내자. B에서 직선 BE를 AC에 평행하도록 그어라. 이 직선의 어떤 점을 중심으로 원 BOES를 그려서, 직선 AB와 B에서 접하도록 하고, 사분원과 만나는 점을 I라고 하자. 선분 CB를 그려라. C와 I를 직선으로 연결하고, 이것을 길게 늘여서, 원과 만나는 점을 S라고 하자. 선분 CI는 항상 선분 CO보다 짧다.

원 BOE와 접하도록 직선 AI를 그어라. 선분 DI를 그으면, 이것은 DB와 길이가 같다. 그런데 DB가 사분원과 접하니까, DI도 역시 사분원에 접하게 되고, 따라서 AI와 직각으로 만난다. 그러므로 AI는 원 BOE와 I에서 접하게 된다. 각 AIC는 각 ABC와 비교할 때, 더 긴 원둘레에 대응하니까, 크기가 더 크다. 따라서 각 SIN도 각 ABC보다 더 크다. 그러므로 호 IES는 호 BO보다 더 길다. 그러므로 선분

CS는 선분 CB보다 중점 D에 더 가까우니까, 길이가 더 길다. 그런데 SC 대 CB의 비율은 CO 대 CI의 비율과 같으니까, CO는 CI보다 더 길다.

두 번째 그림처럼 BIC가 원둘레의 4분의 1보다 더 작은 경우, 이 결과는 더욱 두드러진다. 이때 직선 BD는 원 CIB를 뚫고 들어가고, DI의 길이가 BD와 같으니까, 직선 DI도 역시 이 원을 뚫고 들어간다. 각 DIA는 둔각이 되니까, 직선 AI는 원 BIE를 뚫고 들어간다. 각 ABC가 각 AIC보다 작은데, 각 AIC는 각 SIN과 같고, 이것들은 I에서 접하는 직선이 SI와 만드는 각보다 더 작다. 따라서 원둘레 SEI는 원둘레 BO보다 훨씬 더 길다. 이제 같은 방법으로 증명할 수 있다. 증명이 끝났다.

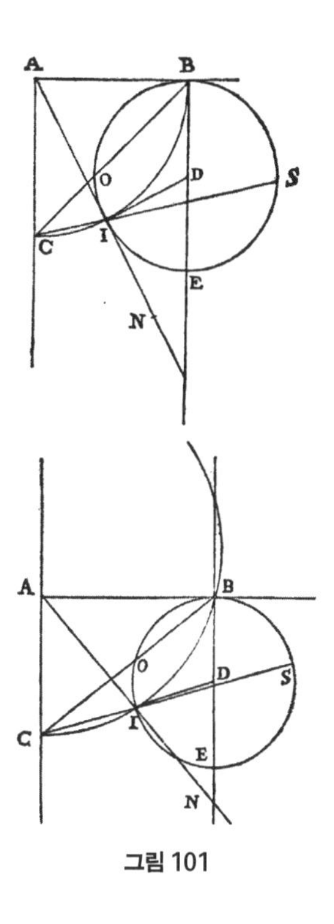

그림 101

정리 22, 법칙 36

원의 맨 아래 점을 잡고, 그 점에서 현을 그리되, 그 현에 대응하는 호가 원의 4분의 1 이하가 되도록 해라. 그 호에서 어떤 임의의 점을 잡아서, 현의 양 끝점으로 선분을 그어서 두 현을 만들면, 이 두 현을 따라서 내려오는 데 걸리는 시간이, 처음 그린 현을 따라서 내려오는 데 걸리는 시간보다 짧다. 새로 그린 두 현 중에서 아래 현에서부터 움직여 내려오는 데 걸리는 시간보다, 두 현 중 위쪽 현에서부터 움직여 두 현을 지나는 데 걸리는 시간이 더 짧다. 그 시간 차이는 앞에서와 마찬가지다.

어떤 호를 CBD로 나타내고, 그것이 원의 4분의 1 이하라고 하자. C는 원의 맨 아래 점이라고 하자. 이 호에 대응하는 현은 선분 CD이다. 호에서 어떤 점이라도 좋으니까 임의의 점 B를 잡은 다음, 두 현 DB와 BC를 그어라. 그러면 DB와 BC를 따라 내려오는 데 걸리는 시간이, DC를 따라 내려오는 데 걸리는 시간보다 더 짧음을 보이겠다. B에서부터 움직여 BC를 지나는 데 걸리는 시간은, DC를 지나는 데 걸리는 시간과 같다.

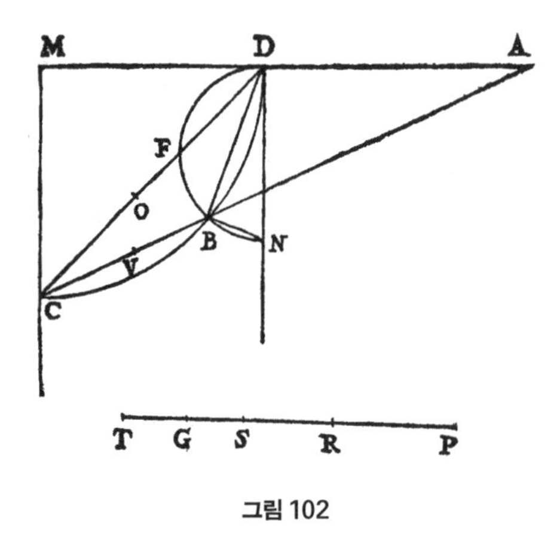

그림 102

D에서 수평선 MDA를 그어서, 원 CB를 뚫고 지나가도록 해라. 직선 DN과 MC를 MD와 직각이 되도록 그어라. 그리고 BN이 DB와 직각이 되도록 잡아라. 직각삼각형 DBN에 반원 DFBN이 외접하도록 그려라. 이 반원이 DC와 만나는 점을 F라고 하자. DO가 DC와 DF의 기하평균이 되도록 O를 잡아라. 비슷한 방법으로, AV가 AC와 AB의 기하평균이 되도록 V를 잡아라.

DC나 BC를 지나는 데 같은 시간이 걸리는데, 이 시간을 PS로 나타내자. CD 대 DO의 비율이 PS 대 PR의 비율과 같도록, PR를 잡아라. 그러면 물체가 D에서부터 움직일 때, DF를 지나는 데 걸리는 시간이 PR이고, 남은 부분 FC를 지나는 데 걸리는 시간이 RS이다. 그런데 PS는 또한, 물체가 B에서부터 움직일 때, BC를 지나는 데 걸리는 시간을 나타낸다. 그러니 BC 대 CD의 비율이 PS 대 PT의 비율과 같도록 T를 잡으면, PT는 AC를 지나는 데 걸리는 시간을 나타낸다. 왜냐하면 보조 법칙 1에서 증명했듯이, DC는 AC와 BC의 기하평균이기 때문이다.

CA 대 AV의 비율이 PT 대 PG의 비율과 같도록 G를 잡아라. 그러면 PG는 AB를 지나는 데 걸리는 시간을 나타내고, 남은 부분 GT는 물체가 A에서부터 움직일 때 BC를 지나는 데 걸리는 시간을 나타낸다.

원 DFN의 지름 DN은 수직이니까, 현 DF나 DB를 지나는 데 같은 시간이 걸린다. 그러니까 물체가 D에서부터 움직여 내려갈 때, BC를 지나는 데 걸리는 시간이 FC를 지나는 데 걸리는 시간보다 짧다는 것을 보이면, 이 법칙이 증명이 된다.

그런데 물체가 D에서부터 움직여 DB를 거쳐 B에 왔을 때나, A에서부터 움직여 AB를 거쳐 B에 왔을 때나, BC를 지나는 데는 같은 시간이 걸린다. 왜냐하면 물체가 얻은 운동량은 DB를 따라 내려갈 때나, AB를 따라 내려갈 때나, 같기 때문이다. 그러므로 물체가 AB를 따라 내려온 다음 BC를 지나는 데 걸리는 시간이, DF를 따라 내려온 다음 FC를 지나는 데 걸리는 시간보다 짧음을 보이면 된다. 바꿔 말하면, RS가 GT보다 더 길다는 것을 보여야 한다. 이것은 다음과 같이 보일 수 있다.

SP 대 PR의 비율이 CD 대 DO의 비율과 같으니까, RS 대 SP의 비율은 OC 대 CD의 비율과 같다. 그리고 SP 대 PT의 비율은 DC 대 CA의 비율과 같다. 그리고 TP 대 PG의 비율은 CA 대 AV의 비율과 같으니까, PT 대 TG의 비율은 AC 대 CV의 비율과 같고, RS 대 OC의 비율은 SP 대 CD의 비율과 같고, 이것은 PT 대 CA의 비율과 같고, TG 대 CV의 비율과 같다. 따라서 RS 대 TG의 비율은 OC 대 CV의 비율과 같다. 잠시 후에 보이겠지만, OC는 CV보다 더 길다. 따라서 RS가 GT보다 더 길다. 이것이 우리가 증명하려던 것이다.

보조 법칙 3에 따라서, CF는 CB보다 더 길고, FD는 BA보다 짧으니까, CD 대 DF의 비율은 CA 대 AB의 비율보다 더 크다. 그런데 CD 대 DO의 비율은 DO 대 DF의 비율과 같으니까, CD 대 DF의 비율은 CO의 제곱 대 OF의 제곱의 비율과 같고, 마찬가지 이유로, CA 대 AB의 비율은 CV의 제곱 대 BV의 제곱의 비율과 같다. 따라서 CO 대 OF의 비율은 CV 대 VB의 비율보다 더 크다. 그러므로 앞에서 나온 보조 법칙 2에 따라서, CO는 CV보다 더 길다.

그리고 지금까지 증명한 것을 보면, DC를 지나는 데 걸리는 시간과 DB, BC를 지나는 데 걸리는 시간과의 비율은, DC의 길이와 DO, CV의 길이를 더한 것과의 비율이다.

주석

앞에서 증명한 것을 써서 유추하면, 한 점에서 다른 한 점으로 내려가는 가장 빠른 길은 놀랍게도 가장 짧은 길이 아니다. 그러니까 직선이 아니고, 원둘레 곡선을 따라가는 것임을 알 수 있다. (실제로 가장 빠른 길은 원둘레 곡선이 아니고, 사이클로이드 곡선이다. —옮긴이)

사분원 BAEC에서 반지름 BC가 수직으로 있다고 하자. 호 AC를 몇 개라도 좋으니까, 같은 길이의 작은 호 AD, DE, EF, FG, GC로 자르자. 그다음, C에서 점 A, D, E, F, G에 선을 긋자. 그리고 현 AD, DE, EF, FG, GC를 그리자. 그러면 ADC를 따라 움직이는 것이, AC를 따라 움직이는 것이나, D에서부터 움직이기 시작해 DC를 따라가는 것에 비해 더 빠르다.

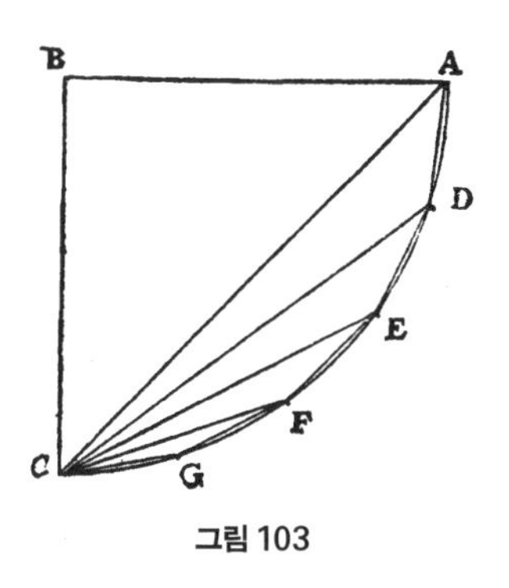

그림 103

물체가 A에서부터 움직일 때, DC를 지나는 데 걸리는 시간은, AD-DC를 지나는 데 걸리는 시간보다 짧다. 그리고 물체가 A에서부터 움직일 때, DE-EC를 따라가면, DC를 따라가는 것에 비해 시간이 적게 걸린다. 그러니까 3개의 현을 따라 AD-DE-EC로 움직이는 것이, 2개의 현을 따라 AD-DC로 움직이는 것에 비해 시간이 적게 걸린다.

마찬가지로 AD-DE까지 내려온 다음, EF-FC로 가는 것이, EC로 가는 것보다 시간이 적게 걸린다. AD-DE-EF까지 간 다음에, 맨 마지막에 두 현을 따라 FG-GC로 움직이는 것이, FC만을 따라가는 것에 비해 시간이 적게 걸린다. 그러므로 5개의 현을 따라 AD-DE-EF-FG-GC로 움직이는 것이, 4개의 현을 따라 AD-DE-EF-FC로 움직이는 것에 비해 시간이 적게 걸린다. 그러니 원에 내접하는 다각형이 원둘레와 가까우면 가까울수록 A에서 C까지 가는 데 시간이 적게 걸린다.

여기서는 사분원인 경우에 증명을 했지만, 더 작은 호인 경우에도 마찬가지 이유로 이것이 성립한다.

문제 15, 법칙 37

어떤 수직 선분과, 그 수직 선분을 높이로 갖는 경사면을 주었을 때, 그 경사면에서 수직 선분과 길이가 같고, 지나는 데 걸리는 시간이 수직 선분을 따라 떨어지는 데 걸리는 시간과 같은 구간을 찾으시오.

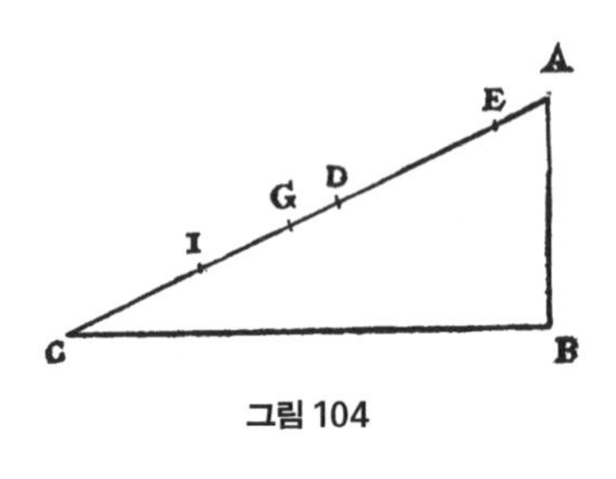

그림 104

AB를 수직 선분이라 하고, AC를 경사면이라고 하자. 이 경사면에서 어떤 구간을 잡아서, 그 길이가 AB와 같고, 물체가 A에서부터 움직일 때, 그 구간을 지나는 데 걸리는 시간이 AB를 따라 떨어지는 데 걸리는 시간과 같도록 해야 한다.

AD의 길이가 AB와 같도록 잡자. 남은 부분 DC를, 중점 I를 잡아서, 같은 길이로 둘로 자르자. AC 대 CI의 비율이 CI 대 AE의 비율과 같도록 E를 잡아라. DG의 거리가 AE와 같도록 G를 잡아라. 그러면 EG의 길이는 AD와 같고, 또한 AB와 같다. EG가 바로, 어떤 물체가 A에서부터 움직일 때, AB를 지나는 데 걸리는 것과 같은 시간에 지날 수 있는 구간임을 보이겠다.

AC 대 CI의 비율이 CI 대 AE의 비율과 같고, 이것은 ID 대 DG의 비율과 같으니까, CA 대 AI의 비율은 DI 대 IG의 비율과 같다. CA 전체와 AI 전체의 비율이 CI 부분과 IG 부분의 비율과 같으니, 나머지 IA와 나머지 AG의 비율도 CA 전체와 AI 전체의 비율과 같다. 그러므로 AI는 CA와 AG의 기하평균이고, CI는 CA와 AE의 기하평균이다.

AB를 지나는 데 걸리는 시간을 AB의 길이로 나타내면, AC를 지나는 데 걸리는 시간은 바로 AC의 길이이다. 그리고 CI(또는 ID)는 AE를 지나는 데 걸리는 시간을 나타낸다. AI가 CA와 AG의 기하평균이고, CA가 전체 거리 AC를 지나는 데 걸리는 시간을 나타내니, AI는 AG를 지나는 데 걸리는 시간을 나타내고, 나머지 IC는 GC를 지나는 데 걸리는 시간을 나타낸다.

그런데 DI가 AE를 지나는 데 걸리는 시간을 나타냈다. 그러므로 DI와 IC는 AE를 지나는 데 걸리는 시간과 GC를 지나는 데 걸리는 시간을 나타낸다. 그러므로 나머지 DA는 EG를 지나는 데 걸리는 시간을 나타낸다. 이 길이는 AB의 길이와 같다. 증명이 끝났다.

딸린 법칙

이것을 보면, 우리가 찾은 구간의 윗부분과 아랫부분을 지나는 데 같은 시간이 걸림을 알 수 있다.

문제 16, 법칙 38

두 수평면이 있고, 한 수직선과 이들이 만난다고 하자. 이 수직선의 윗부분에서 어떤 적당한 점을 잡아서, 물체가 그 점에서부터 움직여 수평면에 닿았을 때, 그 방향이 반사되어 수평면을 따라 움직이도록 했을 때, 그 물체가 떨어지는 데 걸린 것과 같은 시간 동안에, 두 수평면에서 움직이는 거리들의 비율이 어떠한 값이든 주어진 값과 같도록 만드시오.

두 수평면을 CD와 BE라 하고, 수직선 ACB를 그어라. 주어진 비율이 N과 FG의 길이 비율과 같다고 하자. 여기서 N이 짧은 것이라고 하자. 수직선의 위쪽 부분, 그러니까 CA에서 어떤 점을 잡아서, 물체가 그 점에서부터 떨어져 CD 평면에서 방향이 반사되어 평면을 따라 움직일 때, 이 물체가 떨어지는 데 걸린 것과 같은 시간 동안에 움직이는 거리가, 다른 한 물체가 그 점에서부터 BE 평면으로 떨어져 움직이는 방향이 반사되어 평면을 따라 움직일 때, 이 물체가 이 평면까지 떨어지는 데 걸린 것과 같은 시간 동안에 움직이는 거리와의 비율이, N과 FG의 길이 비율과 같도록 만들어야 한다.

GH의 길이가 N과 같도록 잡아라. FH 대 HG의 비율이 BC 대 CL의 비율과 같도록 L을 잡아라. 그러면 L이 바로 우리가 찾던 점임을 보이겠다.

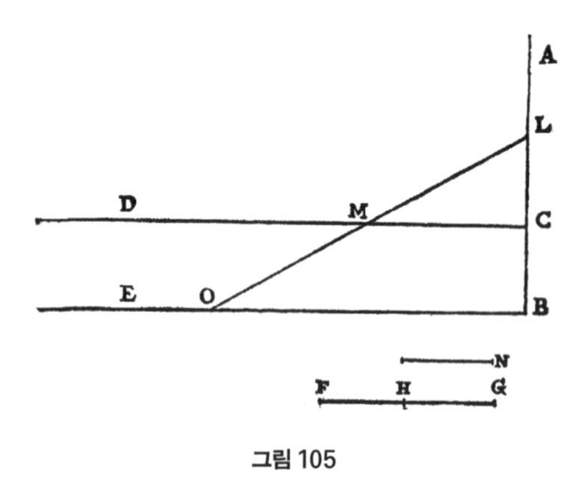

그림 105

CM의 길이가 CL의 두 배가 되도록 잡고, 경사면 LM을 그어서, 이것이 BE 평면과 만나는 점을 O라고 하자. 그러면 BO는 BL의 두 배이다. FH 대 HG의 비율이 BC 대 CL의 비율과 같으니까, HG 대 GF의 비율은 N 대 GF의 비율과 같고, 이것은 CL 대 LB의 비율과 같다. 즉 CM 대 BO의 비율과 같다.

CM이 LC의 두 배이니까, 물체가 L에서부터 움직여 LC를 지나는 것과 같은 시간 동안에, 이 평면을 따라 움직일 수 있는 거리가 바로 CM이다. BO가 LB의 두 배이니까, 같은 이유로 물체가 L에서부터 움직여 LB를 지나는 것과 같은 시간 동안에, 이 평면을 따라 움직일 수 있는 거리가 바로 BO이다. 증명이 끝났다.

사그레도 우리의 학자가 이 책의 시작 부분에서 오래된 분야에서 새로운 과학을 만들었다고 자부한 말에 대해서, 우리는 동의를 해야 할 것 같네. 한 가지 원리를 가정하고, 그것을 바탕으로 온갖 종류의 법칙들을 그렇게 쉽고 분명하게 이끌어 내다니, 이 문제가 어떻게 아르키메데스, 아폴로니오스, 에우클레이데스 등등 수많은 수학자와 뛰어난 철학자들의 주목을 받지 못했는지 정말 이상한 일이군. 운동에 관해서 쓴 책들도 엄청나게 많은데 말일세.

살비아티 에우클레이데스도 운동에 관해서 조금 쓴 게 있지. 하지만 그가 속력이 빨라지는 것이나, 경사면에 따라서 가속이 달라지는 것에 대해서 연구한 흔적은 조금도 없네. 이제 온갖 멋진 결과들로 가득 차 있는 이 새로운 학문의 세계로 통하는 문이 역사상 처음으로 활짝 열렸으니, 앞으로 많은 사람들이 이것을 주목하고, 여기에 매달릴 걸세.

사그레도 에우클레이데스가 『기하학 원론』 3권에서 원에 대한 몇 가지 성질을 증명한 것이 다른 많은 심오한 결과들을 이끌어 낸 것처럼, 이 조그마한 책에서 선보인 원리들이 깊게 생각하는 사람들의 머리를 거쳐서 다른 많은 놀라운 결과들을 낳을 걸세. 물리학의 다른 어떠한 분야보다도, 이 분야가 더 중요하고 우선인 것을 보면, 틀림없이 그렇게 될 것 같네.

오늘은 정말이지 길고 힘든 하루였네. 이 법칙들은 증명보다는 그 내용이 흥미로워. 증명을 완벽하게 이해하려면, 하나당 1시간은 족히 걸리겠군. 이 책을 나에게 빌려 주게. 혼자서 조용히 책을 보며 그 증명을 공부하고 싶네. 하지만 우선 뒤에 나오는, 공중에 던진 물체의 운동을 배워야 하겠지. 자네 사정이 허락하면, 이것은 내일 공부하도록 하세.

살비아티 그럼 내일 다시 모이도록 하지.

—셋째 날 토론 끝—

넷째 날 토론

※

살비아티 심플리치오가 이제 왔군. 지체하지 말고, 운동에 대해서 더 공부하도록 하지. 우리의 학자가 쓴 책을 보도록 하세.

공중에 던진 물체의 운동

앞에서 일정한 속력으로 움직이는 운동과, 온갖 종류의 경사면을 따라 속력이 빨라지면서 움직이는 운동을 다루었다. 이제 어떤 물체가 두 종류의 운동을 결합한 형태로 움직이는 운동을 연구하겠다. 두 종류의 운동이란, 하나는 일정한 속력으로 움직이는 것이고, 다른 하나는 자연히 가속이 되는 것이다. 이러한 운동의 핵심인 중요 성질들을 제시할 텐데, 나는 엄밀하게 증명을 해서 그 성질들을 밝힐 것이다. 어떤 물체를 공중에 던졌을 때, 이러한 방식으로 움직인다. 이 운동의 근원은 다음과 같이 생각할 수 있다.

마찰이 전혀 없이 매끄러운 수평면에 어떤 물체를 던졌다고 하자. 그러면 앞에서 길게 설명한 것들에 따르면, 이 물체는 이 평면을 따라 일정한 속력으로 영원히 계속 움직인다는 것을 알 수 있다. 이 평면이 끝이 없다면 말이다.

하지만 이 평면이 유한하고, 허공에 높이 떠 있다면, 이 물체는 평면의 테두리를 벗어나 허공으로 갈 것이고, 이 물체가 무겁다고 했을 때, 이 물체는 기존의 영원히 일정한 속력으로 움직이려는 경향에다, 자신의 무게 때문에 아래로 내려가려는 경향이 생긴다. 이 둘의 결합으로 생기는 움직임이 물체를 허공에 던졌을 때 생기는 움직임인데, 이것은 수평으로 일정하게 움직이는 것에다 수직으로 자연히 가속이 되어 움직이는 것을 더한 것이다. 이제 이러한 움직임의 성질들을 설명하고 증명하겠다. 우선 다음 성질을 갖는다.

정리 1, 법칙 1

공중에 던진 물체가 수평으로 일정하게 움직이려는 속력과 수직으로 자연히 빨라지는 속력을 결합한 것으로 움직이면, 이것은 반 포물선을 그린다.

사그레도 여보게 살비아티, 나와 심플리치오를 위해서 잠시만 멈추게. 나는 기하학을 그다지 깊게 공부하지 않아서, 아폴로니오스가 포물선과 기타 원뿔곡선들을 연구했다는 것은 알지만, 그 내용은 잘 모르네. 그걸 모르니까, 그것들을 사용하는 법칙들의 증명도 제대로 이해할 수가 없지. 당장 첫 번째 법칙만 보더라도, 움직이는 궤적이 포물선임을 증명하겠다고 나오잖아? 우리가 포물선만 다룰 것이라면, 아폴로니오스가 연구한 다른 곡선들의 성질들을 알 필요는 없지만, 최소한 이 책을 보기 위해서 필요한 부분은 완벽하게 알아야 할 필요가 있네.

살비아티 자네는 너무 겸손하군. 자네가 이것들을 잘 알고 있다는 사실은 며칠 전에 드러났는데, 지금 새삼스레 모르는 것처럼 말하다니. 우리가 물체의 강도에 대해서 이야기할 때 아폴로니오스의 법칙을 하나 썼는데, 그때 자네는 아무런 어려움 없이 이해를 하지 않았던가?

사그레도 내가 마침 그거 하나만 알고 있었거나, 또는 그때 토론하는 데 필요했기 때문에 아는 체한 것이겠지. 하지만 이제부터 포물선을 사용하는 온갖 종류의 증명들이 나올 텐데, 이것을 완벽하게 알아야 시간과 힘을 허비하지 않지.

심플리치오 내 생각에 사그레도는 여기에 필요한 내용을 다 알고 있을 것 같네. 하지만 나는 기본적인 것조차 아는 게 없네. 공중에 던진 물체의 운동에 대해서 철학자들이 설명한 것은 많지만, 실제로 그것이 어떤 곡선을 따라 움직인다고 설명한 것은 본 적이 없어. 기껏 설명해 놓은 것이라고는, 물체를 똑바로 위로 던진 경우 이외에는 반드시 곡선을 그린다는 것 정도이지. 우리가 어제 토론하면서 조금 배운 에우클레이데스의 이론만 가지고는 앞으로 나올 증명들을 이해할 수가 없다면, 그것들은 이해하지 못한 채 그냥 믿고 받아들이는 수밖에 없겠군.

살비아티 아니 그러지 말고, 우리의 학자가 내게 설명해 준 것을 자네에게 설명해 줄 테니 듣고 이해하도록 하게. 내가 이 학자의 책을 처음 보았을 때, 나도 아폴로니오스가 쓴 책의 내용을 제대로 이해하지 못하고 있었는데, 이 학자가 친절하게도 포물선의 두 가지 중요한 성질을 증명해 주었네. 이 두 가지 성질이 지금 우리가 토론하기 위해서 필요한 전부일세. 이 학자는 하도 간단하게 증명을 해서, 미리 알고 있어야 할 것이 아무것도 없네.

아폴로니오스도 이 성질들을 증명했지만, 그의 증명은 앞에서 나온 많은 법칙들을 사용했기 때문에, 그것을 알자면 많은 시간을 들여야 해. 일을 간단하게 하기 위해서, 첫 번째 성질은 포물선을 만드는 방법으로부터 순수하고 간단하게 이끌어 내고, 두 번째 성질은 첫 번째 성질로부터 이끌어 내겠네.

첫 번째 성질을 보이기 위해서, 어떤 직원뿔이 있어서, 원 *ibkc*가 밑바닥이고, *l*이 꼭짓점이라고 하자. 옆줄 *lk*와 평행한 평면으로 잘랐을 때 생기는 곡선이 바로 포물선이다. 이 포물선의 밑변 *bc*는 원 *ibkc*의 지름 *ik*와 직각으로 교차한다. 그리고 포물선의 축 *ad*는 옆줄 *lk*와 평행하다. 이제 포물선에서 어떤 점 *f*를 잡아서, 선분 *fe*를 *bd*와 평행하도록 그어라. 그러면 다음 성질이 성립함을 보이겠다.

성질 1

bd의 제곱과 fe의 제곱의 비율은, ad와 ae의 비율과 같다.

점 *e*를 지나고 *ibkc*와 평행한 평면을 그려라. 그러면 이 평면이 원뿔을 잘라 원을 만든다. *geh*가 그 원의 지름이라 하자. 원 *ibk*에서 선분 *bd*와 *ik*가 직각으로 만나니까, *bd*의 제곱은 *id*와 *dk*를 변으로 만든 직사각형의 넓이와 같다. 마찬가지로 윗부분에 있는 원에 대해서, 생각해 보면 *fe*의 제곱은 *ge*와 *eh*를 변으로 만든 직사각형의 넓이와 같다. 그러니까

*bd*의 제곱 대 *fe*의 제곱의 비율은, *id*·*dk* 대 *ge*·*eh*의 비율과 같다.

그런데 선분 *ed*는 *hk*와 평행하니까, 선분 *eh*와 *dk*는 길이가 같다. 그러니까 *id*·*dk* 대 *ge*·*eh*의 비율은, *id*와 *ge*의 비율과 같다. 이 비율은 *ad* 대 *ae*의 비율과 같다. 그러므로 *bd*의 제곱 대 *fe*의 제곱의 비율은, *ad* 대 *ae*의 길이 비율과 같다. 증명이 끝났다.

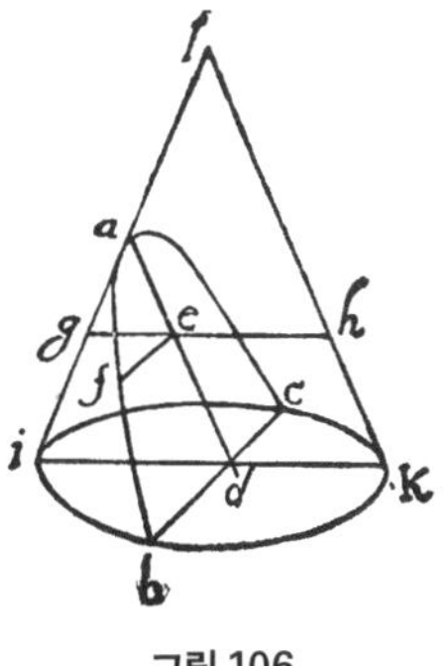

그림 106

토론을 하기 위해서 꼭 알아야 할 두 번째 성질은 다음과 같다.

성질 2

어떤 포물선을 그리고, 그 축 ac를 위로 길게 늘여라. 포물선의 어떤 점 b에서 선분 bc를 포물선의 밑변과 평행하도록 그어라. 축을 위로 늘인 곳에서 점 d를 잡되, da와 ca의 길이가 같도록 잡아라. 그러면 직선 bd는 이 포물선과 점 b에서 접하게 된다.

만약에 이게 접하지 않는다면, 이 직선이 포물선의 윗부분이나 아랫부분을 뚫고 지나갈 것이다. 그렇다면 포물선 내부의 점 *g*를 그림처럼 잡아서, 선분 *fge*를 그어라. 그러면 *fe*의 제곱은 *ge*의 제곱보다 더 크니까, *fe*의 제곱 대 *bc*의 제곱의 비율은, *ge*의 제곱 대 *bc*의 제곱의 비율보다 더 크다. 그런데 앞에서 증명한 것에 따르면, *fe*의 제곱 대 *bc*의 제곱의 비율은, *ae* 대 *ac*의 비율과 같다.

그러므로 *ae* 대 *ac*의 비율은, *ge*의 제곱 대 *bc*의 제곱의 비율보다 더 크다. 그런데 삼각형 *deg*와 삼각형 *dcb*가 닮은꼴이니까, 이 비율은 *ed* 제곱 대 *cd* 제곱의 비율보다 더 크다. 그런데 선분 *ae* 대 *ca*(즉 *da*)의 비율은,

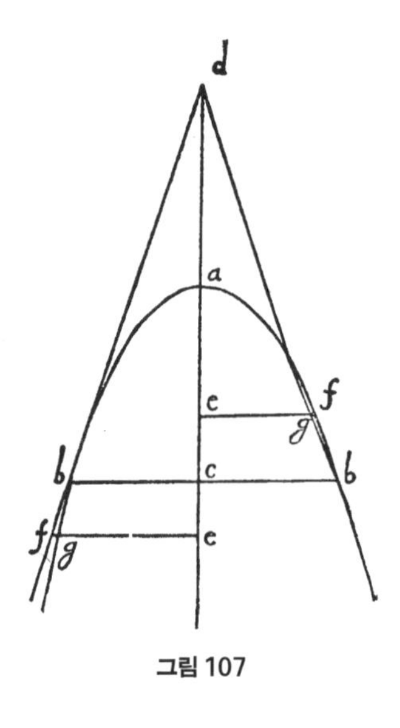

그림 107

$ea \cdot ad$의 네 배와 ad의 제곱의 네 배의 비율과 같다. ad의 제곱의 네 배는 cd의 제곱과 같다.

그러므로 $4ea \cdot ad$ 대 cd의 제곱의 비율은, ed의 제곱 대 cd의 제곱의 비율보다 더 크다. 따라서 $4ea \cdot ad$가 ed의 제곱보다 더 크다. 그러나 이것은 모순이며, 사실은 그 반대이다. 왜냐하면 ea와 ad는 길이가 다르기 때문이다. 그러므로 직선 db는 포물선을 뚫고 지나가는 것이 아니라, 포물선에 접한다.

심플리치오 자네는 증명을 너무 빨리 해 버리는군. 그리고 에우클레이데스의 온갖 법칙들을 그의 첫 번째 공리처럼 우리가 잘 아는 것으로 여기는 모양인데, 사실은 그렇지 않네. 우리 앞에 불쑥 던져 놓은 사실, 그러니까 ea와 ad의 길이가 다르기 때문에 $4ea \cdot ad$가 ed의 제곱보다 더 작다니, 이것은 나로서는 도무지 알 수가 없어 곤혹스럽네.

살비아티 사실, 진정한 수학자들은 책을 쓸 때, 독자들이 에우클레이데스의 『기하학 원론』 정도는 완벽하게 알 거라고 생각하고 쓰지. 이것도 거기에 나오네. 『기하학 원론』 2권에 보면, 어떤 선분을 같은 길이로 2등분한 경우와 다른 길이로 둘로 자른 경우, 그것들로 직사각형을 만들면, 길이가 다른 경우가 같은 경우(원래 선분의 절반 길이로 정사각형을 만든 경우)보다 넓이가 더 작고, 그 차이는 같은 길이와 다른 길이의 차이를 제곱한 것과 같다는 것을 증명해 놓았거든. 원래 선분의 제곱은 절반을 제곱한 것의 네 배이니까, 이것에 따르면, 다른 길이로 만든 직사각형 넓이의 네 배보다 더 큰 것이 확실하지.

이 책의 뒷부분들을 이해하려면, 우리가 방금 증명한 두 가지 기본이 되는 성질들을 잘 기억하고 있어야 하네. 이 학자는 이 두 가지 성질들만 사용했네. 이제 이 책을 다시 보도록 하세.

첫 번째 법칙을 보면서, 물체가 일정한 수평 속력과 자연히 빨라지는 수직 속력을 결합한 것으로 움직이며 떨어질 때, 그것이 포물선을 그린다는 것을, 그가 어떻게 증명을 했나 이해하도록 하세.

정리 1, 법칙 1

공중에 던진 물체가 수평으로 일정하게 움직이는 속력과 수직으로 자연히 빨라지는 속력을 결합한 것으로 움직이면, 이것은 반 포물선을 그린다.

수평선 *ab*가 높은 곳에 있고, 어떤 물체가 이것을 따라서 일정한 속력으로 *a*에서 *b*로 움직인다고 하자. 이 평면이 *b*에서 갑자기 끝난다고 하자. 그러면 물체는 여기서부터 자신의 무게 때문에 자연히 아래로 속력이 생겨서, 수직선 *bn* 방향으로 움직일 것이다.

직선 *be*를 *ba* 평면을 따라 그어서, 이 직선이 시간을 나타내도록 하자. 이것을 몇 개의 구간 *bc*, *cd*, *de*로 잘라서, 이 구간들이 같은 길이의 시간 간격을 나타내도록 해라. 점 *b*, *c*, *d*, *e*에서 아래로 직선을 그어서, 수직선 *bn*과 평행이 되도록 만들어라. 첫 번째 구간에서 어떤 길이라도 좋으니까 *ci*를 잡도록 하고, 두 번째 구간에서는 이것의 네 배 길이가 되도록 *df*를 잡고, 세 번째 구간에서는 아홉 배 길이가 되도록 *eh*를 잡고, 이런 식으로 계속 *cb*, *db*, *eb*의 제곱들의 비율과 같도록 잡아 나가라. 그러니까 이 선분들의 길이 비율을 제곱한 것과 같도

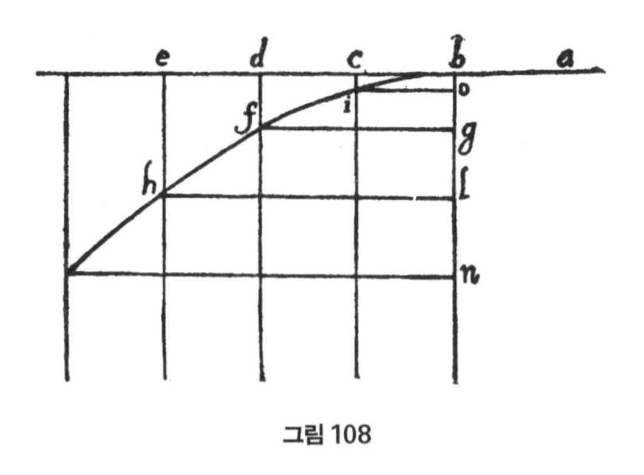

그림 108

록 잡아라.

어떤 물체가 *b*에서 *c*로 일정한 수평 속력으로 움직이면서, 동시에 *ci* 거리만큼 수직으로 떨어진다고 하자. 그러면 시간 *bc*가 흐른 뒤에 이 물체는 점 *i*에 있다. 이런 식으로 생각하면, 시간 *bd*는 *bc*의 두 배이니까, 이 시간이 흐르는 동안 수직으로 떨어지는 거리는 *ci*의 네 배가 된다. 왜냐하면 물체가 자유롭게 낙하할 때, 그 떨어진 거리는 시간의 제곱에 비례함을 이미 앞에서 증명했다. 같은 식으로 생각하면, 시간 *be*는 *bc*의 세 배이니까, 이 시간이 흐르는 동안 수직으로 떨어지는 거리는 *eh*가 된다. 그러니까 거리 *eh*, *df*, *ci*의 비율은 *be*, *bd*, *bc*의 제곱들의 비율과 같다.

점 *i*, *f*, *h*에서 *eb*와 나란하도록 수평선 *io*, *fg*, *hl*을 그어라. 선분 *hl*, *fg*, *io*들의 길이는 *eb*, *db*, *cb*들의 길이와 각각 같다. 그리고 선분 *bo*, *bg*, *bl*들의 길이는 *ci*, *df*, *eh*들의 길이와 각각 같다. *hl*의 제곱 대 *fg*의 제곱의 비율은, *bl* 대 *bg*의 비율과 같다. *fg*의 제곱 대 *io*의 제곱의 비율은, *bg* 대 *bo*의 비율과 같다. 그러므로 점 *i*, *f*, *h*들은 같은 포물선에 놓여 있다.

비슷한 방법으로, 어떠한 크기의 시간 간격을 잡더라도 같은 간격으로 잡으면, 물체가 이렇게 수평, 수직 움직임이 합쳐져 움직일 때, 각각의 시간 간격이 지난 뒤, 그 물체의 위치가 같은 포물선에 놓여 있음을 보일 수 있다. 증명이 끝났다.

살비아티 이것은 앞의 성질 1의 역으로부터 나오게 되네. 두 점 b와 h를 지나는 포물선을 그렸을 때, 다른 점들 f 또는 i가 이 포물선에 놓여 있지 않다면, 이 포물선의 안에 있거나, 바깥에 있거나 하겠지. 그러면 선분 fg의 길이는, g에서 포물선까지의 수평 선분 길이보다 짧거나, 길거나 하겠지. 그러면 hl의 제곱 대 fg의 제곱의 비율이, bl 대 bg의 비율과 같지가 않고, 더 작거나, 크거나 하겠지. 그런데 이 비율이 같다고 했거든. 그러니까 점 f는 포물선에 놓여 있어야 하네. 다른 점들도 마찬가지이고.

사그레도 이 증명이 새롭고, 교묘하고, 확정적이라는 것은 부인할 수 없지만, 이것은 많은 것들을 가정하고 있군. 수평 움직임은 계속 일정한 속력이어야 하고, 수직 움직임은 계속 아래로 가속이 되어서 시간의 제곱에 비례해서 움직여야 하며, 수평, 수직 두 방향의 속력과 움직임이 서로 방해하거나 교란하거나 늦추거나 하는 것이 없어야 하고, 그래서 움직임이 포물선에서 벗어나 다른 곡선을 따르는 일이 없어야 하네.

하지만 내 생각에 이건 불가능하네. 왜냐하면 물체가 포물선의 축에 나란하도록 아래로 가속이 되는데, 축을 따라 계속 내려가면, 지구의 중심이 나오거든. 그런데 포물선은 가면 갈수록 축에서 점점 멀어지니까, 이것을 따라가면 지구의 중심으로 갈 수가 없네. 그러니까 물체가 지구의 중심으로 가기 위해서는, 그게 움직이는 궤적이 포물선과 전혀 다른 어떤 곡선으로 바뀌어야 할 걸세.

심플리치오 그것뿐만 아니라 다른 문제도 많이 있네. 수평면은 조금도 올라가거나 내려가지 않아야 하는데, 지금 여기서는 직선이 수평면을 나타내고 있네. 그런데 직선의 점들은 중심으로부터 같은 거리에 놓여 있는 것이 아니거든. 가운데에서 끝으로 가면 갈수록 지구의 중심에서 점점 멀어지니까, 조금씩 위로 올라가게 되네. 그러니까 어떤 거리이든 물체가 움직일 때, 그 속력이 일정한 것이 아니라 조금씩 줄어드네.

그리고 매질의 저항이 수평 속력을 일정하게 유지하지 못하도록 만들 것이고, 떨어지는 물체가 가속되는 것도 원래 법칙과 다르게 되도록 만들 걸세. 어떻게 이 저항을 무시할 수가 있는가? 이렇게 온갖 어려움이 있으니까, 이런 불확실한 것들을 가정하고 이끌어 낸 결론은, 실제로 적용해 보면 맞을 리가 없네.

살비아티 자네들이 제시한 어려움과 반론들은 다 근거가 있고, 제거할 수가 없네. 그리고 나도 그런 문제점들을 인정하네. 아마 이 학자도 그걸 인정할 걸세. 이렇게 추상적으로 증명한 이론은 실제로 적용했을 때 다르게 나올 것이고, 그런 면에서는 틀렸다고 할 수도 있네. 수평으로 움직이는 속력이 일정하지도 않을 것이고, 수직으로 빨라지는 속력이 실제로 그런 비율이 되지도 않을 것이고, 물체가 움직이는 궤적이 포물선도 아닐 걸세.

하지만 다른 저명한 학자들도 완전히 사실이 아니더라도 가정하곤 했으니까, 우리의 학자에게만 너무 까다롭게 굴지 말게. 아르키메데스의 권위를 부정할 사람은 없겠지. 그가 쓴 『역학』에 보면, 양팔저울이나 대저울의 막대가 완벽한 직선이고, 모든 점들은 무거운 물질들의 공통 무게 중심에서 같은 거리만큼 떨어져 있고, 무거운 물체를 매달았을 때 그 줄들은 서로 평행하다고, 당연하다는 듯이 가정하고 썼거든.

이런 가정은 허용할 수 있네. 왜냐하면 우리가 쓰는 기구나 그에 관련된 거리들과 비교해서 지구 중심까지의 거리는 너무 엄청나게 크니까, 거대한 원의 둘레에서 아주 작은 일부분은 곧은 선분이라고, 그리고 이 선분의 양 끝점에서 중심을 향해 수직으로 그은 직선은 서로 평행하다고 가정해도 돼. 우리가 이런 조그마한 양까지 다 고려해야 한다면, 건축가들이 연직선을 써서 높은 탑을 세우고는 양변이 평행하다고 말하는데, 그것도 틀린 말이 되겠군.

아르키메데스를 비롯해 사람들이 이론을 세울 때, 지구 중심에서 한없이 멀리 떨어진 것처럼 상상하곤 하거든. 만약에 실제로 그렇다면, 그들의 가정들이 틀리지 않을 것이고, 그들의 이론도 완벽하게 맞겠지.

우리가 어떤 결론들을 증명을 하고 그것을 실제로 적용할 때, 만약에 다뤄야 할 거리가 유한하더라도 엄청난 거리일 경우에는, 지금까지 증명한 진리들을 바탕으로 어떻게 고쳐야 할지 고려할 필요가 있네. 이 경우에는 지구 중심까지의 거리가 무한이 아니고, 우리가 다루는 거리보다 훨씬 더 클 뿐이니까.

실제로 우리가 다뤄야 할 거리 중에서 가장 큰 거리는, 물체가 가장 멀리까지 갈 수 있는 거리이지. 대포를 쏘았을 때, 아무리 멀리 가더라도 기껏 4마일 정도일세. 하지만 지구 중심까지의 거리는 수천 마일이지. 포탄은 지표면에 떨어지니까, 움직이는 궤적이 포물선에서 약간 벗어날 뿐이지. 만약에 포탄이 지구의 중심에 떨어진다면, 그 움직임이 포물선과 많이 다르겠지만 말일세.

매질의 저항 때문에 생기는 변화는 중요하니까 고려를 해야 하는데, 이것은 하도 다양해서, 어떤 일정한 법칙으로 정확하게 설명할 수 있는 것이 아닐세. 우리가 여기서 다루는 물체의 운동에 대해 공기가 끼치는 영향만 생각하더라도, 물체의 생김새, 무게, 속력에 따라서 온갖 형태로 작용을 하지.

속력에 대해서 보면, 빠르면 빠를수록 공기가 가하는 저항이 더 커지네. 공기 저항은 또 물체가 가벼우면 더 커지지. 물체가 떨어질 때 그 거리는 시간의 제곱에 비례해야 하지만, 사실은 물체가 아무리 무겁더라도, 매우 높은 곳에서 떨어뜨리면 공기의 저항이 작용해서, 결국에는 속력이 더 빨라지지 않고 일정한 속력으로 떨어져. 물체가 가벼우면, 그만큼 더 짧은 거리만 떨어져도, 곧 일정한 속력에 이르게 되지.

수평으로 움직이는 경우에도 저항이 없다면 일정한 속력으로 계속 움직이겠지만, 사실은 공기의 저항 때문에 속력이 바뀌고, 결국에는 멈추고 말지. 이 경우에도 물체가 가벼우면, 그만큼 빨리 멈추게 돼.

물체들의 무게, 속력, 생김새 등등은 한없이 다양하게 바뀔 수 있으니, 이것들을 정확하게 나타낼 수가 없네. 그러니 이것을 과학으로 다루기 위해서는 이런 어려움에서 벗어나야 하네. 저항이 전혀 없을 때 물체의 움직임이 어떻게 되는지 법칙들을 발견하고 증명을 한 다음, 그것들을 실제로 적용할 때는 실험을 통해서 어느 정도까지 맞는지 파악하도록 해야 하네.

그러니 가능한 한 저항이 적은 물질과 생김새를 골라야 하네. 무거운 물질로 가능한 한 둥글게 물체를 만들면, 매질의 저항을 최소로 줄일 수 있겠지. 실제로 우리가 다룰 거리나 속력은 그렇게 큰 값이 아닐 테니까, 정확하게 측정할 수 있을 걸세. 우리가 현실적으로 접하는 투사체들은 무거운 물질로 둥글게 만든 것이거나, 또는 화살처럼 가볍고 원기둥 모양으로 생긴 물체들인데, 이것들을 투석기나 또는 활을 써서 쏘아 보내는 경우, 그 움직이는 궤적은 포물선에서 거의 벗어나지 않네.

나는 과감하게 주장하고 싶네. 우리가 다루는 기구들이 비록 작지만, 이런 외부의 저항이나 부수적인 저항들은 거의 관측할 수 없을 만큼 작다고. 저항들 중에서 그래도 제일 우선 고려해야 할 것은 매질의 저항인데, 나는 두 가지 실험을 통해서 보일 걸세.

먼저 물체가 공기 속을 움직이는 경우를 생각해 보세. 이것이 우리가 가장 관심을 갖고 연구하려는 운동이지. 공기의 저항은 두 가지 형태로 나타나지. 물체가 가벼우면 가벼울수록 더 큰 저항을 받는다. 그리고 속력이 빠르면 빠를수록 더 큰 저항을 받는다.

우선 첫 번째 경우를 생각해 보자. 두 공을 크기는 똑같되, 무게는 열 배 내지 열두 배 정도 차이가 나도록 만들어라. 하나는 납으로 만들고, 다른 하나는 나무로 만들어서, 150큐빗 또는 200큐빗 높이에서 떨어뜨려 보자.

실험을 해 보면, 이들이 땅에 닿을 때 속력이 약간 차이가 난다. 그러니까 두 경우 모두 공기 저항 때문에 느려지는 정도는 작다. 두 공을 같은 높이에서 동시에 떨어뜨렸을 때, 만약에 납 공은 저항을 조금만 받고, 나무 공은 저항을 크게 받는다면, 납 공이 나무 공보다 상당히 빨리 떨어져야 할 것이다. 납은 나무보다 열 배나 무겁기 때문이다. 하지만 사실은 그렇게 되지 않는다. 실제로 납 공은 나무 공에 비해 전체 수직 거리의 100분의 1 정도 앞설까 말까 하다. 돌로 공을 만들어서, 납 공의 3분의 1 또는 2분의 1 정도 무게가 되도록 하면, 돌 공과 납 공이 땅에 떨어질 때 시간 차이는 거의 없다.

납 공이 200큐빗 높이에서 떨어지면서 얻은 속력은 상당히 빠르다. 그 최종 속력으로 움직인다면, 같은 시간 동안에 400큐빗을 움직이게 된다. 이 속력은 활이나 투석기로 쏘아 올릴 때의 속력과 비슷하니까, 우리가 다루는 공중에 던진 물체들이, 매질의 저항이 없다고 생각하고 계산한 법칙들과 그렇게 큰 오차가 생기지 않는다. 단 대포로 쏜 경우는 예외이다.

이제 두 번째 경우를 생각해 보자. 공기의 저항이 물체가 빨리 움직일 때, 느리게 움직일 때와 비교해서 그리 큰 차이가 없다는 것은, 다음 실험을 통해서 확인할 수 있다.

똑같은 길이의 실을 2개 준비해라. 4야드 또는 5야드 정도가 적당할 것이다. 2개의 똑같은 납 공을 묶고, 이것들을 천정에 매달아라. 그러고 나서 하나는 80도 정도, 다른 하나는 5도 정도 옆으로 끌어당겨라. 그다음에 이것들을 놓으면, 이들은 그네처럼 왔다 갔다 하는데, 하나는 160도의 커다란 호를 그리지만, 점차 150도, 140도로 작아지고, 다른 하나는 10도의 작은 호를 그리는데, 점차 8도, 6도로 작아진다.

먼저 주목해야 할 사실은, 진자가 160도, 150도의 호를 그릴 때, 다른 진자가 10도의 호를 그리는 것과 같은 시간이 걸린다는 것이다. 그러니까 첫 번째 진자는 두 번째 진자보다 열여섯 배 정도 빨리 움직인다. 만약에 속력이 빠를 때 공기의 저항이 더 크다면, 크게 160도, 150도의 호를 그릴 때, 조그맣게 10도, 8도, 4도 또는 2도, 1도의 호를 그리는 것에 비해 진동하는 데 시간이 많이 걸릴 것이다. 하지만 실험을 해 보면 그렇지 않다. 두 사람이 진폭이 큰 것, 진폭이 작은 것의 진동수를 각각 세면, 10이 아니라 100까지 세어도 진동이 하나 차이도 나지 않는다. 몇분의 1 차이가 날까 말까 하다.

이 관찰을 통해서 다음 두 가지 사실을 알 수 있다. 진폭이 매우 크든 매우 작든, 진동하는 데 같은 시간이 걸린다. 공기의 저항은 속력이 빠르다고 해서, 느린 것에 비해 더 크게 작용하는 것이 아니다. 이것은 보통 사람들이 알고 있는 것과는 다르다.

사그레도 그렇지만 두 경우 모두 공기가 저항으로 작용해서, 둘 다 점점 느려져서 마침내 멈추게 되는 것은 틀림없는 사실이잖아? 그러니까 두 경우 느려지는 정도가 같은 비율임을 알 수 있네. 왜 그럴까? 빠른 경우가 다른 느린 경우보다 저항을 많이 받는다면, 그것은 빠른 물체가 느린 물체보다 운동량과 속력을 더 많이 받기 때문이 아닐까? 그렇다면 어떤 물체가 움직일 때, 그 속력은 그 물체가 받는 저항의 원인이자 저항의 크기일세. 그러니까 모든 움직임은 빠르든 느리든, 그에 비례해서 느려지네. 이 결론은 아주 중요해 보이는데.

살비아티 그렇다면 이제 두 번째 경우는, 우리가 다루는 기구를 써서 낼 수 있는 속력이 상당히 빠르다 하더라도, 외부의 어떤 오차로서 결론을 부정하려는 것은 잘못이며, 우리가 다루는 거리가 지구의 반지름이나 둘레와 비교해서 아주 작으니까, 일반적으로 생기는 오차는 무시할 수 있을 만큼 작다고 결론을 내릴 수 있네.

심플리치오 대포의 포탄처럼 화약을 써서 쏘는 경우는 그 움직임이 활이나 투석기 같은 기구들을 써서 쏘는 것과 다르다고 분류를 했는데, 이 경우는 왜 공기의 저항을 받는 정도가 다른 경우와 판이하게 나타나지?

살비아티 내가 이 경우를 다르게 보는 이유는, 이것을 쏠 때 엄청나게 강한 초자연적인 힘이 작용하기 때문이네. 총이나 대포를 쏘았을 때, 탄환의 속력은 초자연적이라고 말해도 과장이 아닐세. 탄환을 아무리 높은 곳에서 떨어뜨려도, 공기의 저항 때문에 그 속력이 한없이 빨라질 수는 없네.

가벼운 물체들은 약간의 높이에서 떨어져도 일정한 속력이 되지만, 납이나 쇠로 만든 무거운 탄환도 수천 큐빗 높이에서 떨어뜨리면, 가속이 점점 줄어들어서, 끝에 가서는 일정한 속력이 돼. 이 최종 속력이 무거운 물체가 공중에서 떨어지면서 자연스럽게 얻을 수 있는 최고 속력이지. 그런데 이 속력은 화약이 터지면서 가하는 속력보다 훨씬 작아.

실험을 해 보면, 이 사실을 알 수 있네. 총에다 납으로 된 총알을 채운 다음, 100큐빗 이상의 높이에서 돌로 포장된 길을 향해 아래로 쏴 보게. 같은 총으로 1큐빗 또는 2큐빗 정도 거리에서 비슷한 돌을 향해 쏴 보게. 어떤 경우에 총알이 더 납작해지는지 확인해 보게.

높은 곳에서 쏜 경우, 총알이 덜 납작하게 되었다면, 그것은 공기 저항이 총알에 작용해서, 원래 화약이 가했던 속력이 줄어들었기 때문일세. 그러니까 총알이 아무리 높은 곳에서 떨어지더라도, 그렇게 빠른 속력을 얻을 수가 없네. 왜냐하면 화약이 터질 때 얻는 속력이 자연히 떨어지면서 얻는 속력보다 더 느리다면, 높은 곳에서 아래로 쏘았을 때 그 충격이 더 크겠지.

내가 실제로 이 실험을 하지는 않았지만, 총알이나 대포알을 아무리 높은 곳에서 아래를 향해 쏘더라도, 몇 걸음 떨어진 벽을 향해 쏜 것에 비해 그 충격이 작다는 것이 내 생각일세. 아주 가까운 거리에서는 공기를 가르고 흩어지게 하는 것이, 화약이 탄환에 가한 초자연적인 힘을 빼앗을 정도가 못 돼.

화약이 가하는 엄청난 힘이, 탄환이 지나가는 길을 달라지도록 할 수가 있네. 그러니까 포물선의 시작 부분이 끝부분에 비해 납작해서, 직선에 가깝게 될 걸세. 하지만 우리의 학자는 이것 때문에 선입관을 가지거나 하는 실수는 범하지 않았네.

이 학자가 보이려는 가장 중요한 결과는, 쏘아 보낼 때 그 각도에 따라서 날아갈 수 있는 거리가 달라지는데, 그 거리를 각도의 함수로 구해 표로 만드는 것일세. 여기서 다룰 발사체들은 박격포에 화약을 약간만 넣어서 쏘는 것이니까, 그렇게 초자연적인 엄청난 힘을 가하는 것이 아닐세. 그러니까 이들은 정확하게 포물선 궤도를 따라서 움직이지.

어쨌든, 이 책을 계속 보도록 하세. 이 학자는 어떤 물체가 두 방향의 움직임이 합쳐져서 움직일 때 어떻게 되는지 연구해 놓았네. 우선 처음 다루는 것은 수평 방향과 수직 방향 모두 일정한 속력으로 움직이는 경우일세.

정리 2, 법칙 2

어떤 물체가 수평 방향, 수직 방향으로 일정한 속력으로 움직이는 것을 합친 형태로 움직인다면, 그 물체의 운동량을 제곱한 것은, 두 방향의 운동량을 제곱해서 더한 것과 같다.

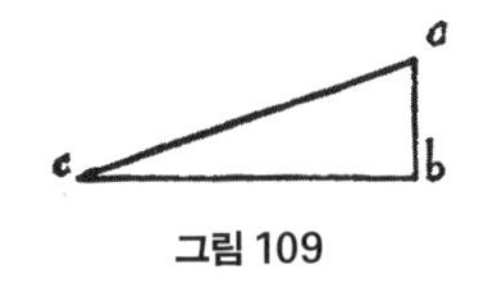

그림 109

어떤 물체가 일정한 시간 동안에 수직 방향으로 *ab*만큼, 수평 방향으로 *bc*만큼 움직이는 것을 합친 형태로 움직인다고 하자. 같은 시간 동안에 일정한 속력들로 *ab*와 *bc*를 지난다면, 이때의 운동량의 비율은 *ab*와 *bc*의 길이 비율과 같다. 그런데 이 두 움직임을 합한 것은, 대각선 *ac*를 따라 움직인 것과 같다. 그러니까 이것의 운동량은 *ac*의 길이에 비례한다. 그런데 *ac*의 제곱은 *ab*의 제곱과 *bc*의 제곱을 더한 것과 같다. 따라서 이 운동량의 제곱은, 두 운동량 *ab*와 *bc*를 각각 제곱한 것의 합과 같다. 증명이 끝났다.

심플리치오 나로서는 한 가지 이해할 수 없는 것이 있네. 이 결론이 앞에서 나온 법칙과 어긋나는 것 같은데. 앞에서 보면, 한 물체가 *a*에서 *b*로 갔을 때나, *a*에서 *c*로 갔을 때나, 끝점에서 속력이 같다고 했는데, 지금 여기서는 *c*에서의 속력이 *b*에서의 속력보다 훨씬 빠르군.

살비아티 심플리치오, 두 법칙 다 맞네. 이 둘은 완전히 다른 이야기일세. 여기서 말하는 것은 한 물체가 수평과 수직, 두 방향의 움직임을 합친 형태로 움직이는 것이고, 훨씬 앞에서 다룬 것은 두 물체가 *a*에 정지해 있다가 자연히 가속이 되면서 하나는 *ab*를 따라, 다른 하나는 *ac*를 따라 내려가는 것이었지. 이것은 걸리는 시간도 달라. *ac*를 지나는 데 걸리는 시간이 *ab*를 지나는 데 걸리는 시간보다 더 길었지. 하지만 지금 여기서 우리가 다루는 것은 *ab*, *bc*, *ac*, 모두 같은 시간 동안에 움직이는 운동일세.

심플리치오 아, 이제 알겠네. 계속하게.

살비아티 그다음에 보면, 어떤 물체가 수평으로 일정한 속력, 수직으로 자연히 빨라지는 속력을 합친 형태로 움직일 때, 어떻게 되는지 다루고 있네. 이 경우 움직이는 궤적이 포물선이 돼. 문제는 각 점에서 물체의 속력이 어떻게 되는가 하는 것이지. 이것을 위해서, 이 학자는 우선 무거운 물체가 정지해 있다가 떨어질 때 속력이 점점 빨라지는데, 각 점에서 속력이 어떻게 되는지 계산을 해 보았네. 다음이 그 결과일세.

정리 3, 법칙 3

수직선 ab가 있는데, 어떤 물체가 a에서부터 움직여 떨어진다고 하자. 수직선에서 어떤 점 c를 잡아라. 이 물체가 ac를 지나는 데 걸리는 시간을 ac의 길이로 나타내자. 물체가 ac를 지나는 동안에 얻은 속력, 그러니까 c에서의 속력을 ac의 길이로 나타내자. 수직선에서 다른 어떤 점 b를 잡아

라. 문제는 물체가 ab를 지나면서 얻은 속력, 그러니까 b에서의 속력이 c에서의 속력과 비교할 때 얼마가 되느냐 하는 것이다. c에서의 속력은 ac의 길이로 나타냈다. 선분 as를 ac와 ab의 기하평균이 되도록 잡아라. 그러면 b에서의 속력은 c에서의 속력과 비교할 때, as와 ac의 길이 비율과 같다.

수평 선분 *cd*를 그 길이가 *ac*의 두 배가 되도록 잡아라. 수평 선분 *be*를 그 길이가 *ab*의 두 배가 되도록 잡아라. 그러면 앞에서 증명한 법칙들에 따르면, 어떤 물체가 *ac*를 지난 다음 그 방향을 바꾸어서, *c*에 닿았을 때의 속력으로 수평 방향으로 움직이게 하면, *cd* 거리를 지나는 데 걸리는 시간은, *ac* 거리를 속력이 점점 빨라지면서 지나는 데 걸린 시간과 같다. 마찬가지로, *ab*를 지나는 데 걸린 시간 동안, *be* 거리를 지날 수 있다. 그런데 *ab*를 지나는 데 걸린 시간은 *as*이다. 그러니까 수평 거리 *be*를 지나는 데 *as*의 시간이 걸린다.

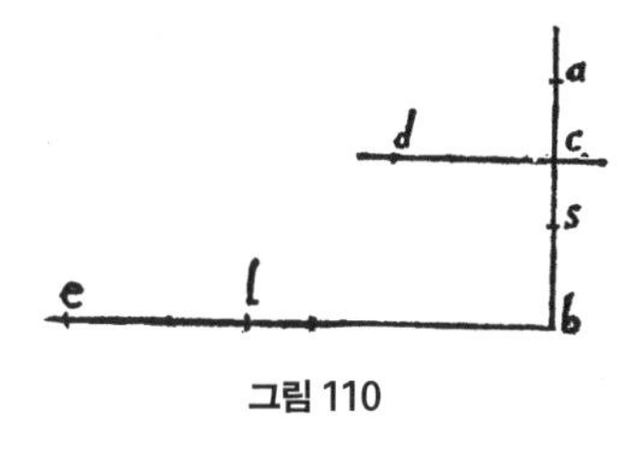

그림 110

*as*와 *ac*의 비율이 *be*와 *bl*의 비율과 같도록 점 *l*을 잡아라. *be*를 지나는 동안 속력이 일정하니까, 그 속력으로 움직일 때, *bl*을 지나는 데 걸리는 시간은 *ac*이다. 그런데 *c*에서의 속력으로 움직인다면, 시간 *ac* 동안에 *cd*의 거리를 움직일 수 있다. 두 속력간의 비율은 같은 시간 동안에 움직이는 거리의 비율이다. 그러므로 *c*에서의 속력과 *b*에서의 속력의 비율은, *cd*와 *bl*의 비율과 같다.

그런데 *cd*와 *be*의 비율은 그 절반들의 비율, 그러니까 *ac*와 *ab*의 비율과 같다. 그리고 *be*와 *bl*의 비율은 *ab*와 *as*의 비율과 같으니까, *cd*

와 *bl*의 비율은 *ac*와 *as*의 비율과 같다. 바꿔 말하면, *c*에서의 속력과 *b*에서의 속력의 비율은, *ac*와 *as*의 비율과 같다. 그러니까 *ac*, *ab*를 지나는 데 걸린 시간의 비율과 같다. 증명이 끝났다.

그러므로 물체가 떨어질 때, 수직선의 어느 지점에서 그 속력이 얼마인가 하는 것은 이제 명백하다. 이때 속력은 시간에 비례해서 빨라지고 있다.

이제 수평으로 일정한 속력으로 움직이는 것과, 수직으로 점점 빨리 움직이는 것을 결합해서 생각해야 한다. 그러니까 포물선으로 움직일 때의 속력을 생각해야 하는데, 이것을 설명하기에 앞서, 두 방향에 공통이 되도록 속력이나 운동량의 기준을 정하는 것이 필요하다. 수없이 많은 일정한 속력들 중에서 아무 속력이나 택해서야 되겠는가? 수평의 일정한 속력을 자연 상태로 떨어지면서 얻는 수직의 속력과 결합해서 생각해야 하니, 2개를 서로 밀접하고 연관된 방법으로 선택해야 한다.

이것을 더 분명하게 하기 위해서, 수직 선분 *ac*를 그어서, 수평 선분 *bc*와 만나도록 해라. 포물선의 절반 *ab*가 있는데, 이것의 높이가 *ac*이고, 폭이 *bc*이다. 포물선 *ab*는 어떤 물체가 *a*에서부터 떨어져 속력이 점점 빨라지면서 *ac*를 따라 움직이는 운동과, 수평 방향 *ad*로 일정한 속력으로 움직이는 운동을 합친 결과 움직이는 궤적이다.

*c*에 이를 때까지 수직으로 떨어지면서 얻은 속력은, *ac*의 높이에 따라서 결정이 된다. 물체들이 같은 높이에서 떨어지면 속력이 같기 때문이다. 그러나 수평 방향의 일정한 속력은, 크고 작은 한없이 많은 값을 줄 수 있다. 이렇게 많은 값들 중에서 하나를 택해서, 다른 것들과 분명하게 구별하기 위해서, 선분 *ac*를 위로 필요한 길이만큼 늘이고, 거리 *ea*를 '잠재된 것'이라고 하자. 어떤 물체가 *e*에서부터 떨어

져서 a에 닿았을 때의 최종 속력이, 그 속력으로 옆으로 움직이면, 같은 시간 동안에 ad의 거리를 갈 정도가 되도록 만들어라. 이 속력으로 ea를 지나는 시간 동안, 옆으로 움직이면, ea 거리의 두 배를 움직일 수 있다. 이 사전 지식을 염두하자.

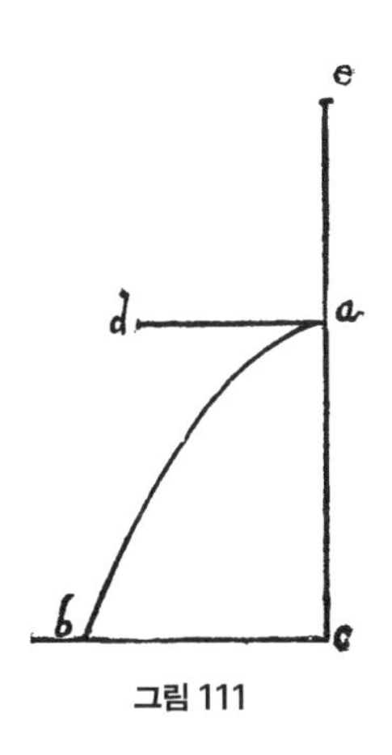

그림 111

여기서 내가 선분 bc는 포물선 ab의 '폭', 선분 ac는 이 포물선의 '높이'라고 불렀지만, 선분 ea는 수평 방향의 속력을 결정할 '잠재된 것'이라고 불렀음을 기억하기 바란다. 이제 필요한 용어들을 설명했으니, 다음 법칙을 증명하겠다.

사그레도 잠깐만, 내가 잠시 우리의 학자가 이렇게 생각하는 것과, 플라톤이 하늘에서 돌고 있는 온갖 천체들이 제각각의 특정한 속력이 생긴 근원에 대해서 설명한 것이 멋지게 들어맞는다고 말하고 싶네. 플라톤은 어떤 물체가 정지 상태로 있다가 어떤 속력으로 움직이게 되어서, 그 속력을 계속 유지하려면, 그 속력과 정지 상태와의 사이에 있는 수많은 속력들을 다 거쳐야 한다고 생각을 했지.

플라톤의 생각으로는, 하느님이 온갖 천체들을 만든 다음, 그들에게 맞는 적당한 속력을 부여를 해서, 그 속력으로 영원히 돌도록 만들었네. 하느님이 그들을 정지 상태에서 유한한 직선거리를 움직이면서, 직선을 따라 가속이 되어서, 천체들이 법칙에 따라 움직이도록 만들었다는 것이지. 이것들이 알맞은 속력을 얻었을 때, 직선운동을 원운동으로 바꾸어서, 영원히 그 속력으로 움직이게 했다는 걸세. 일정한 속력을 유지하면서, 목표물에서 멀어지거나 가까워지지 않고 계속 돌 수 있는 것은 원 운동뿐이니까.

이 개념을 보면, 플라톤의 사상이 정말 위대함을 알 수 있네. 더군다나 여기에 내재된 근본 원리들은, 플라톤이 설명해 놓지 않았기 때문에, 이 학자가 발견할 때까지 숨겨진 채로 있었거든. 이 학자가 근본 원리들이 쓰고 있던 가면과 시적 치장을 벗겨서, 진정한 참모습을 제시해 놓았군.

천문학은 우리에게 행성 궤도의 크기나 중심에서 떨어진 거리, 속력 등을 정확하게 제공해 주니까, 이 학자는 플라톤의 생각에 대해서도 잘 알고 있으니까, 어쩌면 각 행성마다 '잠재된 거리'를 계산해 내지 않았나 모르겠군. 그러니까 행성이 정지 상태에서 움직이기 시작해서, 이 높이만큼 수직으로 떨어지면서 속력이 빨라져서, 그 속력을 계속 유지하면서 궤도를 따라 도는 것이 아닐까? 그 거리는 궤도의 크기나 주기 등과 관계가 있는 어떤 값이 아닐까?

살비아티 우리의 학자가 실제로 이 계산을 해서, 관측한 결과와 일치하는 값들을 얻었다고 내게 말을 한 적이 있네. 하지만 그는 이것을 발표하지 않으려고 마음먹고 있네. 그렇잖아도 그가 발견한 많은 새로운 사실들 때문에, 그는 엄청나게 증오를 받고 있거든. 그러니 이것을 발표하는 것은 활활 타는 불길에다 기름을 끼얹는 격이지. 하지만 누구라도 그 결과를 알고 싶으면, 이 책에서 나온 이론들을 써서 스스로 계산할 수 있을 걸세.

이제 다음 법칙을 증명하도록 하세.

문제 1, 법칙 4

공중에 던진 물체가 포물선을 그리며 움직일 때, 각 점에서 그 운동량을 구하시오.

포물선의 한쪽을 *bec*로 나타내자. 이것의 폭을 *cd*, 높이를 *bd*로 나타내자. 선분 *bd*를 위로 늘여서, 점 *c*에서 이 포물선에 접하도록 그은 접선과 만나는 점을 *a*라고 하자. 꼭짓점 *b*에서 *cd*에 평행하도록, 수평 선분 *bi*를 그어라. 폭 *cd*가 전체 높이 *ad*와 같다고 가정하자. 그러면 *bi*는 *ab*와 같고, 또한 *bd*와 같다.

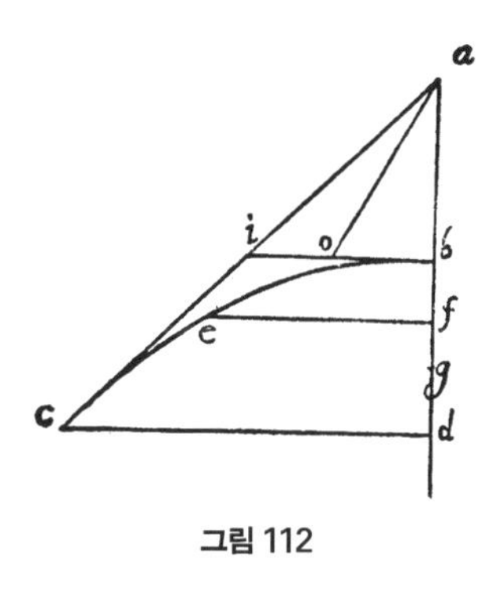

그림 112

어떤 물체가 *a*에서부터 떨어질 때, *ab*를 지나는 데 걸리는 시간을 *ab*의 길이로 나타내자. 또 이때 물체가 *b*에 닿을 때까지 얻은 운동량을 *ab*의 길이로 나타내자. *ab* 구간을 떨어지면서 얻은 운동량을, 방향을 바꿔서 수평으로 움직이도록 하면, 같은 시간 동안에 움직이는 거리는 *bi*의 두 배인 *dc*가 된다. 어떤 물체가 *b*에서부터 *bd*를 따라 떨어진다면, 같은 시간 동안에 포물선의 높이인 *bd* 거리를 떨어진다.

어떤 물체가 *a*에서부터 떨어지면, *b* 지점에서 속력이 *ab*가 되는데, 이것을 수평 방향으로 움직이도록 하면, 같은 시간 동안에 *dc*의 거리를 움직인다. 이 수평 움직임에다 *bd*를 따라 떨어지는 것을 더하면, 수직 거리 *bd*를 떨어지는 동안, 포물선 *bc*를 그리면서 떨어진다. 점 *c*에 닿았을 때, 이 물체의 운동량은 수평 방향 운동량과 수직 방향 운동량을 결합한 것이다. 수평 방향 운동량은 *ab*와 같고, 수직 방향의 운동량은 *b*에서 *d* 또는 *c*까지 떨어지면서 얻은 것이니까, 이 둘은 크기가 같다.

*ab*를 수평 운동량의 크기라고 하면, *bi*는 *bd*와 같고, 이것이 *b*에서 *c* 또는 *d*로 내려가면서 얻은 수직 운동량을 나타낸다. 이때 *ai*는 두 운동량을 합친 것이다. 그러니까 물체가 포물선을 따라 움직여서, *c*에 가하는 운동량이 바로 이것이다.

이것을 염두에 두고, 포물선에서 어떤 점 *e*를 잡고, 물체가 그 점을 지날 때의 운동량을 구해 보자. 수평 선분 *ef*를 긋고, *bg*가 *bd*와 *bf*의 기하평균이 되도록 잡아라. 여기서 *ab*(또는 *bd*)의 길이가, 물체가 *b*에서부터 움직여 *bd* 구간을 떨어질 때 걸리는 시간과 그때 얻는 운동량을 나타내니까, *bg*의 길이는, 물체가 *bf* 구간을 떨어질 때 걸리는 시간과 그때 얻는 운동량을 나타낸다. 선분 *bo*의 길이가 *bg*와 같도록 잡으면, 대각선 *ao*가 바로 점 *e*에서의 운동량을 나타낸다.

왜냐하면 *ab*의 길이는 점 *b*에서의 운동량을 나타내는데, 이 점에서 움직임이 수평으로 바뀌어서 일정하게 유지된다. 그리고 *bo*는 물체가 *b*에서부터 움직여 *f* 또는 *e*에 이르는 동안, 즉 수직 거리 *bf*를 떨어지는 동안 얻은 운동량을 나타낸다. 그런데 *ao*의 제곱은 *ab*의 제곱과 *bo*의 제곱을 더한 것과 같다. 그러니 문제가 해결되었다.

사그레도 이 두 가지 운동량을 결합해서, 그때 생기는 결과를 구하는 방법이 너무 신기해서, 나는 혼동이 되는구먼. 일정한 속력인 경우는 그나마 이해할 수 있겠어. 두 속력이 서로 다르더라도 하나는 수평이고 다른 하나는 수직이라면, 이것들을 결합한 움직임을 제곱한 것은 각 성분을 제곱해서 더한 것과 같음을, 나도 확실하게 알아. 내가 혼동이 되는 것은, 일정한 수평 속력에다 가속이 되는 수직 속력을 더한 경우일세. 그러니 이것에 대해서 좀 더 자세히 토론을 해 보세.

심플리치오 나는 더 큰 어려움을 겪고 있네. 근본이 되는 성질들에 대해서 잘 모르겠으니, 그것에서 생기는 것들에 대해서야 생각할 여유가 어디 있겠는가? 수평 방향으로 일정한 속력과 수직 방향으로 일정한 속력을 더했을 때, 왜 그렇게 제곱을 더한 것이 되는지 정확하게 알고 싶네. 우리가 이해를 못 하는 부분이 뭔지 잘 알 테니까, 살비아티, 설명을 해주게.

살비아티 자네들의 요구는 온당한 것이고, 나는 이 문제들에 대해서 많은 생각을 해 왔으니 자세히 설명해 주겠네. 혹시 내 설명이 이 학자가 이미 지적한 내용과 겹치더라도 양해해 주게.

어떤 것이 움직일 때, 그것의 속력이나 운동량이 일정하든 또는 가속이 되든, 그 크기에 대해서 분명하게 말을 하려면, 우선 속력이나 시간을 재는 단위가 있어야 하네. 시간은 시, 분, 초를 단위로 나타내는 방법을 널리 쓰고 있지. 시간과 마찬가지로 속력에 대해서도 어떤 공통인 단위가 있어서, 모든 사람들이 받아들이고, 같은 뜻으로 쓰도록 해야 하네.

앞에서 이미 말했지만, 이 학자는 이 목적으로 자유롭게 떨어지는 물체의 속력을 사용하고 있네. 이때의 속력은 세상 어디서나 같은 법칙에 따라서 빨라지기 때문이지. 예를 들어 무게가 1파운드인 납 공이 창의 길이만큼 수직으로 떨어질 때 얻는 속력은 세상 어디서나 똑같을 테니까, 물체가 떨어지면서 얻은 운동량을 나타내기 위해서는, 이것이 좋은 척도이지.

이제 남은 일은, 속력이 일정할 때 그 운동량을 재는 방법을 찾아서, 사람들이 그것에 대해서 토론할 때에, 그 크기와 속력에 대해서 다들 같은 개념을 가지도록 만들어야 하네. 그래야만 어떤 토론을 할 때, 한 사람은 실제보다 크게 여기고, 다른 사람은 실제보다 작게 여기는 일이 안 생기지. 어떤 일정한 속력을 점점 빨라지는 속력과 합쳐서 생각을 할 때, 서로 다른 사람들이 계산하더라도, 결과로 나오는 값은 같아야 하네.

그러기 위해서는 기준이 되는 속력과 운동량을 결정을 할 때, 물체가 자유롭게 떨어지면서 얻는 속력과 운동량을 사용하는 것이 가장 좋은 방법이라고, 이 학자는 생각을 했네. 이렇게 운동량을 얻은 경우, 그 속력이 얼마든지 간에 그것을 일정하게 유지하도록 하면, 떨어지는 데 걸린 시간 동안 물체는 그 거리의 두 배를 움직이게 돼. 이것이 지금 우리가 토론하는 것의 근본이 되는 중요한 성질이니까, 이것을 분명하게 하기 위해서 예를 들어 보겠네.

어떤 물체가 창 하나의 길이만큼 떨어질 때 얻는 속력과 운동량이 있을 텐데, 이것을 기준으로 삼아서, 필요하다면 다른 속력이나 운동량도 이것으로 재도록 하자. 예를 들어 그 거리를 떨어지는 데 1초가 걸린다고 하자.

이제 더 높거나 더 낮은 다른 높이에서 떨어질 때 얻는 속력을 재기 위해 우선 알아야 할 사실은, 속력은 수직 높이에 비례하는 것이 아니다. 기준이 되는 높이보다 네 배 높은 곳에서 떨어진다고 해도, 기준 높이에서 떨어진 것과 비교해서 네 배의 속력을 얻는 것이 아니다. 왜냐하면 물체가 자유롭게 떨어질 때, 그 속력은 시간에 비례해서 빨라지기 때문이다. 이미 앞에서 증명했지만, 거리들의 비율은 시간의 제곱의 비율과 같다.

그러니까 이야기를 간단하게 하기 위해 한 수직 선분을 그리고, 그것이 그 거리를 지나는 데 걸리는 시간과 그때 얻는 속력을 나타낸다고 해 보자. 같은 물체가 이 구간에서 어떤 거리를 지났을 때, 그때까지 걸린 시간과 그 순간의 속력은 이 거리로 표현되지 않는다. 이 거리와 원래 구간의 기하평균이 바로 그때의 시간과 속력을 나타낸다.

예를 들어서 설명하겠네. 수직 선분 *ac*를 긋고, 여기에서 어떤 구간 *ab*를 잡아서, 물체가 가속이 되면서 이 구간을 떨어졌다고 하자. 이때 걸린 시간은, 어떠한 길이의 유한한 선분으로 나타내도 되지만, 이야기를 간단하게 하기 위해서, *ab*의 길이로 나타내도록 하자. 이것은 또한, 이 구간을 떨어지면서 얻은 속력과 운동량을 나타낸다고 할 수 있다. 한마디로 말해서, 여기서 *ab*는 우리가 다룰 온갖 종류의 물리량을 나타내는 자라고 하자.

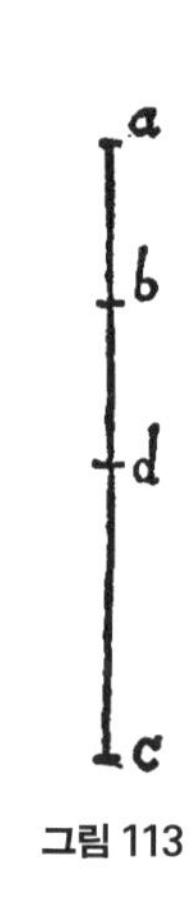

그림 113

이렇게 세 가지 다른 물리량들, 거리, 시간, 운동량을 모두 *ab*로 나타내기로 했는데, 이제 주어진 구간 *ac*를 지나는 데 걸리는 시간과, 점 *c*에 이르렀을 때 이 물체의 운동량을 구하는 것이 문제이다. 이 둘 모두, *ab*를 기준으로 표현해야 한다.

*ab*와 *ac*의 기하평균을 *ad*라고 하면, 이 둘 다 *ad*가 된다. 바꿔 말하면, *a*에서 *b*까지 가는 데 걸리는 시간을 *ab*로 나타내면, 그런 척도로 나타냈을 때, *a*에서 *c*까지 가는 데 걸리는 시간은 *ad*이다. 속력은 시간에 비례하니까, 이 물체가 *c*에 닿았을 때 얻은 운동량을 *b*에 닿았을 때의 운동량과 비교하면, *ad*와 *ab*의 비율과 같음을, 비슷한 방법으로 알 수 있다. 이 결론은 법칙 3에서 마치 가설처럼 쓰였는데, 여기서 이 학자가 부연 설명해 놓았네.

이 관점을 분명하게 확립했으니, 두 운동을 결합했을 때의 운동량을 고려해 보자. 일정한 수평 속력과 일정한 수직 속력을 결합하는 것이 있고, 일정한 수평 속력과 가속이 되는 수직 속력을 결합하는 것이 있다. 두 속력이 모두 일정하고, 그 둘이 90도 각을 이루는 경우, 그 결과를 제곱한 것은 각각의 성분을 제곱해 더한 것과 같음을 이미 앞에서 보았다. 이것은 다음 그림을 보면 더욱 분명히 알 수 있다.

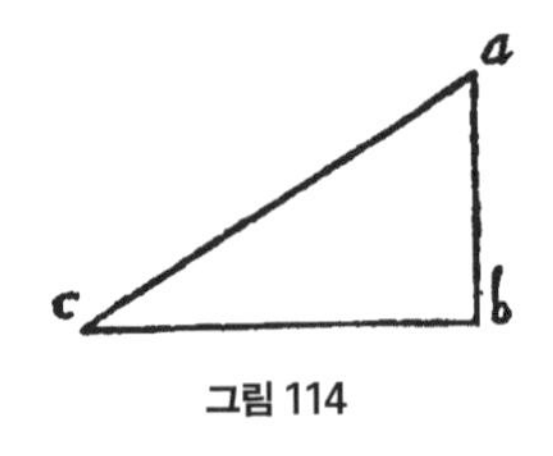

그림 114

어떤 물체가 수직 구간 *ab*를 일정한 속력 3으로 움직인다고 하자. *b*에 닿은 다음, 이 물체는 속력 4로 *c*를 향해 움직인다고 하자. 그러니까 같은 시간 동안에 수직으로 움직일 때는 3, 수평으로 움직일 때는 4만큼 움직인다. 하지만 어떤 물체가 이 두 속력을 합쳐서 움직일 때, 그 물체는 같은 시간 동안에 7만큼 움직이는 것이 아니다. *ab*와 *bc*를 더한 것은 5가 된다. 즉 이것들은 제곱해서 더한 셈이다. 바꿔 말하면, 3의 제곱과 4의 제곱을 더하면 25이고, 이것은 *ac*의 제곱이고, 이것은 *ab*의 제곱과 *bc*의 제곱을 더한 것이다. 여기서 *ac*는 변의 길이로 나타나게 되고, 25의 제곱근을 취해서, 5가 됨을 알 수 있다.

수평 방향, 수직 방향으로 일정한 운동량으로 움직이는 것을 결합한 형태의 운동량은, 다음 법칙을 써서 얻을 수 있다. 각각을 제곱을 해서 더한 다음, 제곱근을 취해라. 이것이 두 운동을 결합한 데서 생기는 운동량이다. 앞에서 든 보기의 경우, 물체는 수직 운동의 결과로 평면을 3의 힘으로 때릴 것이다. 그리고 수평 운동만 있다면, 점 *c*를 4의 힘으로 때릴 것이다. 하지만 이 물체가 두 운동을 합친 결과로 때릴 때, 이 물체가 가하는 힘은 5가 된다. 그리고 이 힘은 대각선 *ac*의 어떤 점에서나 같다. 왜냐하면 각 구성 성분이 일정하고, 커지거나 작아지지 않기 때문이다.

이제 수평으로 일정한 속력으로 움직이는 것과, 수직으로 자유롭게 떨어지기 시작해서 속력이 점점 빨라지는 것을 결합한 경우를 고려해 보자. 우선 주목해야 할 사실은, 이 두 움직임을 결합해 보니 이 물체가 움직이는 대각선은, 직선이 아니고 포물선의 절반이라는 것이다. 그리고 수직 방향의 운동량이 계속 커지니까, 운동량도 점점 커진다.

그러니 이 물체가 움직이는 포물선 궤적의 어떤 점을 주었을 때, 그 점에서의 운동량을 계산하기 위해서는, 우선 수평 방향의 운동량은 일정하게 고정시키고, 그다음에 이 물체가 자유롭게 떨어지는 것으로 생각하고, 그 점에서의 수직 운동량을 찾아야 한다. 이것은 그 순간까지 떨어지는 데 걸린 시간만 알면 찾을 수 있다.

수평, 수직 방향의 속력과 운동량이 일정하게 고정되어 있던 경우에는 시간을 생각할 필요가 없었다. 하지만 이 경우에는 수직 방향의 운동이 제일 처음에는 0이었다가 시간에 비례해서 속력과 운동량이 커지니까, 어떤 점을 주었을 때, 그 점에 이를 때까지 걸린 시간을 알아야 한다. 그다음은 속력이 일정하던 경우와 마찬가지로, 두 성분을 제곱해서 더한 다음, 결과를 제곱한 것이 이것과 같다고 놓으면 된다. 여기서도 예를 들어서 설명하겠네.

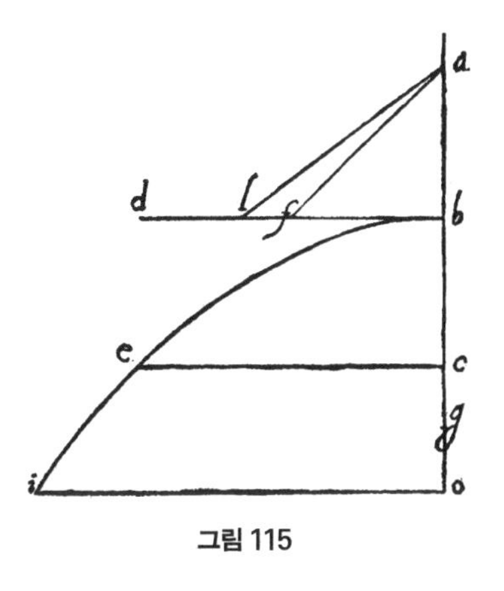

그림 115

수직 선분 *ac*에서 어떤 구간 *ab*를 잡아서, 물체가 자유롭게 수직으로 떨어질 때 그 거리, 그때 걸리는 시간, 속력, 운동량 등을 재는 단위로 *ab*를 쓰도록 하자. 물체가 *a*에서부터 떨어져 *b*에 닿았을 때, 그 운동량을 수평 방향 *bd*로 돌려서 일정한 속력으로 움직이게 하면, 같은 시간 *ab*가 흐르는 동안, 이 물체가 움직이는 거리 *bd*는 *ab*의 꼭 두 배가 된다. 이제 *bc*의 길이가 *ab*와 같도록 점 *c*를 잡고, *c*에서 수평 선분 *ce*를 *bd*와 길이가 같고 나란하도록 그어라. 점 *b*와 *e*를 지나도록 포물선 *bei*를 그려라.

*ab*의 운동량을 갖고 움직이면, 시간 간격 *ab* 동안에 *ab* 거리의 두 배인 *bd* 또는 *ce* 구간을 지날 수 있다. 그리고 같은 시간 동안에 수직 거리

*bc*를 지나게 되니까, 물체가 *c*에 닿았을 때, 역시 같은 크기의 수직 운동량 *ab*를 얻게 된다. 그러므로 시간 *ab* 동안에 물체는 *b*에서 *e*로 포물선 *be*를 따라 움직이고, *e*에 닿았을 때의 운동량은 크기가 *ab*인 두 운동량을 합친 것이다. 하나는 수평 방향이고, 다른 하나는 수직 방향이니까, 그 결과로 생긴 운동량을 제곱을 하면, 각각의 성분을 제곱을 해서 더한 것과 같다. 또는 하나를 제곱한 다음 2를 곱해도 된다.

그러므로 구간 *bf*의 길이가 *ba*와 같도록 잡고, 대각선 *af*를 그으면, 물체가 *e*에 닿았을 때의 운동량과 *a*에서부터 떨어져 *b*에 닿았을 때의 운동량과의 비율, 또는 *e*에서의 운동량과 수평 방향 *bd*로 움직이는 운동량과의 비율은, *af*와 *ab*의 길이 비율과 같다.

이제 수직 거리 *bo*를 *ab*보다 더 길도록 잡자. 선분 *bg*가 *ba*와 *bo*의 기하평균이 되도록 잡아라. 이때에도 *ab*는 물체가 *a*에서부터 떨어져 *b*로 가는 동안 걸린 시간, 거리, 얻는 속력과 운동량을 나타내도록 하자. 그러면 *bg*는 물체가 *b*에서부터 *o*까지 떨어지는 데 걸리는 시간과 그때 얻는 운동량을 나타낸다.

운동량 *ab*가 시간 *ab* 동안에 물체를 수평 방향으로 *ab*의 두 배 거리만큼 움직이게 하니까, 시간 *bg* 동안에 이 물체가 수평 방향으로 움직이는 거리는, 그것과 비교해 *bg*와 *ab*의 비율만큼 더 길다. *bl*의 길이가 *bg*와 같도록 잡고, 대각선 *al*을 그려라. 이것이 바로 포물선을 만드는 수평 방향의 속력과 수직 방향의 속력을 합친 것이다.

수평 방향의 일정한 속력은 물체가 *a*에서부터 *b*까지 떨어지면서 얻은 것이고, 수직 방향의 속력은 물체가 수직 거리 *bo*를 떨어지면서 *o* 지점, 또는 *i* 지점에 이를 때까지 얻은 것이다. 이때 걸리는 시간은 *bg*이고, *bg*는 또한 이 물체의 수직 방향 운동량을 나타낸다.

마찬가지 방법으로, 수직 거리가 잠재된 거리 *ab*보다 짧은 경우에도,

두 거리의 기하평균을 잡아서, 포물선의 최저점에서의 물체의 운동량을 구할 수 있다. *bf* 대신에 기하평균의 길이를 그리도록 하고, 대각선 *af* 대신에 그 길이에 맞춰 대각선을 그리면 된다. 그러면 그때 대각선이 포물선의 최저점에서의 물체의 운동량을 나타낸다.

지금까지 물체의 운동량과 충격에 대해서 이야기를 했지만, 덧붙여 고려해야 할 한 가지 중요한 사항이 있네. 부딪칠 때의 힘과 에너지를 계산하려면, 물체의 속력만 고려하는 것으로는 불충분해. 목표물의 성질과 상태도 고려해야 하네. 이것도 부딪치는 것이 얼마나 효과적인가 하는 것에 큰 영향을 끼치거든.

우선 목표물이 물체의 속력을 완전히 멈추게 하는가, 또는 약간만 멈추게 하는가에 비례해서 충격을 받는다는 것은 잘 알려진 사실일세. 만약 목표물에 충격을 가했을 때, 그 목표물이 충격에 대해서 조금도 저항하지 않고 물러선다면, 그 충격은 아무런 효과도 없네. 창으로 적군을 찌르려고 덤비는데, 적군이 창과 같은 속력으로 도망친다면, 창은 그를 살짝 건드릴 수 있을 뿐, 아무런 상처도 입힐 수 없지.

어떤 목표물에 충격을 가했을 때, 그 목표물이 약간 물러난다면, 그 충격은 힘을 다 쓰지 못하고, 물체의 속력이 목표물의 도망가는 속력보다 빠른 정도에 비례해서 손상을 입히게 되네. 예를 들어 탄환이 10의 속력으로 목표물에 닿는데, 목표물이 4의 속력으로 도망간다면, 그게 가하는 충격은 속력이 6인 것과 같지. 탄환의 입장에서 보았을 때, 그 충격이 가장 크기 위해서는, 표적이 도망가지 않고 버텨서, 그 탄환의 움직임을 완전히 멈추도록 해야 하네.

내가 여기에서 "탄환의 입장에서 보았을 때"라고 말한 이유는, 만약에 표적이 탄환을 향해 움직이면, 그때의 충격은, 두 속력을 더한 것이 탄환의 속력보다 더 큰 만큼에 비례해서, 더욱 커지기 때문일세.

목표물이 탄환에 대해 버티지 않고 물러서는 정도는, 그 목표물을 무엇으로 만들었느냐, 그러니까 쇠, 납, 양털 등등 무엇으로 만들어서 얼마나 단단하냐 하는 것뿐만 아니라 그 위치에도 좌우가 돼. 탄환이 표적을 90도 각도로 때리면, 가하는 충격이 가장 크지. 하지만 그게 비스듬하게 옆으로 때리면, 그 충격이 훨씬 약해지네. 비스듬하면 비스듬할수록 더욱 충격이 약해지지. 목표물이 아무리 단단하다 하더라도 그렇게 놓여 있으면, 탄환의 운동량 전체를 쓰고 멈추는 것이 아니기 때문이지. 탄환은 미끄러지면서 목표물의 표면을 따라 계속 움직일 테니까.

앞에서 포물선의 끝점에 이르렀을 때 물체의 운동량에 대해서 말했지만, 그것은 포물선과 직각을 이루는 선이 받는 충격, 또는 포물선과 접선 방향으로 가하는 힘이라고 생각해야 하네. 비록 그 움직임은 수평과 수직 두 성분으로 되어 있지만, 수평 방향의 운동량 또는 수평과 수직을 이루는 평면이 받는 운동량이 최대가 되는 것이 아닐세. 두 방향 다 약간 비스듬하게 힘을 받으니까.

사그레도 자네가 충격이나 힘에 대해서 이야기하는 것을 듣고 있으니, 내가 전부터 갖고 있던 의문점이 떠오르는군. 역학에 관해서 쓴 어떠한 책을 보아도, 내 궁금증이나 놀라움을 풀어 주거나 덜어 주는 것이 없네.

내가 궁금해하고 신기하게 여기는 것은, 충격을 가할 때 나타나는 엄청난 힘과 에너지는 무슨 원리에 따라서 생기느냐 하는 것일세. 예를 들어 무게가 8파운드 내지 10파운드 정도 되는 망치로 한 방 내려치면, 상당히 강한 것을 부술 수 있거든. 만약에 내려치지 않고 누르기만 한다면, 수백 파운드 무게에도 끄떡없이 버티는 물건인데.

이렇게 충격을 가할 때의 힘을 재는 방법을 알고 싶네. 그게 무한히 클 리야 없지. 아마 한계가 있을 것이고, 뭔가 다른 힘을 써서, 그 크기를 재고 균형을 맞출 수 있을 것 같아. 이를테면 무게라든가 또는 지렛대, 나사 등등 힘을 몇 배로 키우는 기구를 써서, 내가 완전히 이해할 수 있도록 만들 수 있을 것 같아.

살비아티 이 현상에 대해서 놀라고, 이 성질의 원인이 뭔가 몰라서 어리둥절해 하는 것은, 자네 혼자만이 아닐세. 나도 이것에 관해서 많은 시간을 들여서 연구했지만, 아무런 성과가 없었고, 오히려 더 깊은 혼란 속으로 빠져들었네. 그런데 우리의 동료 학자를 만나고는, 그에게서 큰 위로를 얻었지. 그도 오랜 기간 이 문제를 이해를 못 해 어둠 속에서 더듬거렸다고 하더군. 하지만 그 후 수천 시간 동안 생각을 하고 고민을 한 끝에, 마침내 어떤 개념을 떠올렸다고 하더군. 이것은 우리가 처음 생각한 것과는 거리가 멀고, 아주 신기해서 주목할 만하네.

자네들이 이 신기한 개념에 대해서 듣고 싶어 할 것이 확실하니까, 자네들이 요구하지 않더라도, 공중에 던진 물체에 대한 설명이 끝나는 대로, 내가 그 멋진 상상에 대해서 설명해 주지. 우리의 학자의 추론을 바탕으로 내 머릿속에서 떠올린, 어쩌면 생뚱맞은 개념이라고 할까. 그러나 당분간은 우리의 학자가 제시한 법칙들을 계속 공부하도록 하세.

문제 2, 법칙 5

포물선을 하나 주었을 때, 그 축을 위로 연장한 다음, 거기에서 적당한 점을 잡아서, 물체가 그 점에서부터 떨어질 때, 주어진 포물선을 그릴 수 있도록 만드시오.

ab를 주어진 포물선이라 하고, hb를 폭, ah를 축이라고 하자. 축을 위로 길게 늘여라. 거기에서 어떤 적당한 점 e를 잡아서, 물체가 e에서

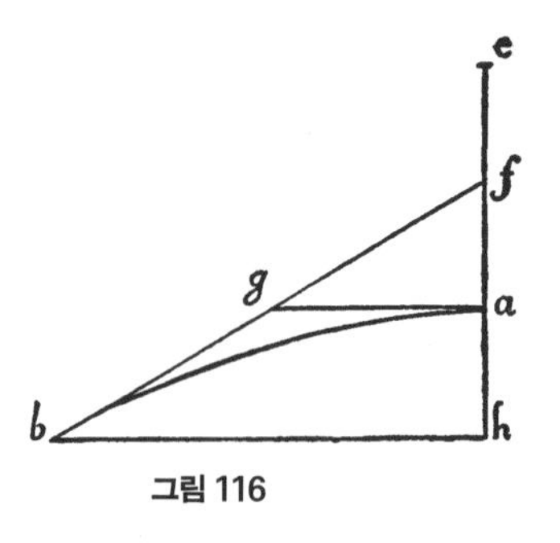

그림 116

부터 떨어져서 *a*까지 내려오는 동안 얻은 운동량을 수평으로 바꾸면, 그 물체가 포물선 *ab*를 그리도록 만들어야 한다.

수평 선분 *ag*를 *hb*와 평행하도록 그어라. 선분 *af*의 길이가 *ah*와 같도록, 선분 *af*를 그어라. 선분 *fb*를 그어라. 그러면 이 선분은 *b*에서 포물선에 접하게 된다. 이것이 *a*에서 그은 수평 선분과 만나는 점을 *g*라고 하자. *ag*가 *af*와 *ae*의 기하평균이 되도록, 점 *e*를 잡아라. 그러면 *e*가 바로 우리가 찾던 점임을 보이겠다. 즉 어떤 물체가 *e*에서부터 떨어져 *a*에 닿을 때까지 얻은 운동량을 수평 방향으로 돌리고, 물체가 *a*에서부터 수직으로 떨어지는 운동을 결합하면, 이 물체는 포물선 *ab*를 그리게 된다.

*e*에서 *a*까지 떨어지는 데 걸리는 시간과, 그때 얻는 운동량을 *ae*로 나타내면, *ag*는 *af*와 *ae*의 기하평균이니까, 물체가 *f*에서부터 움직여 *a*까지 가는 데 걸리는 시간과, 그때 얻는 운동량을 나타낸다. 이것은 *a*에서부터 *h*로 움직이는 것과 같다.

물체가 *e*에서부터 떨어지는 경우, *ea*의 시간 동안 얻은 운동량 때문에, 수평 방향으로 같은 시간 동안 *ea* 거리의 두 배를 움직일 수 있으니까, 이 물체가 그 운동량으로 수평으로 움직인다면, *ag*의 시간 동안 움직일 수 있는 거리는 *ag*의 두 배, 곧 *hb*만큼 움직이게 된다. 수평 방향으로 움직이는 것은 속력이 일정하니까, 거리가 시간에 비례하기 때문이다.

수직 방향의 움직임을 생각해 보면, 정지 상태에서 움직이기 시작할 때, 시간 *ag* 동안에 *ah*의 거리를 움직이게 된다. 따라서 폭 *hb*와 높이 *ah*를 같은 시간 동안에 움직이게 된다. 따라서 물체가 잠재된 거리 *e*에서부터 떨어질 때, 포물선 *ab*를 그리게 된다. 증명이 끝났다.

딸린 법칙

반 포물선의 밑변 길이의 절반(그러니까 원래 포물선 폭의 4분의 1)이 그 포물선의 높이와 잠재 거리의 기하평균이다. 잠재 거리란, 그 높이에서 물체가 떨어질 때, 이 포물선을 그리게 되는 거리를 말한다.

문제 3, 법칙 6

잠재 거리와 포물선의 높이를 주었을 때, 그 포물선의 폭을 찾으시오.

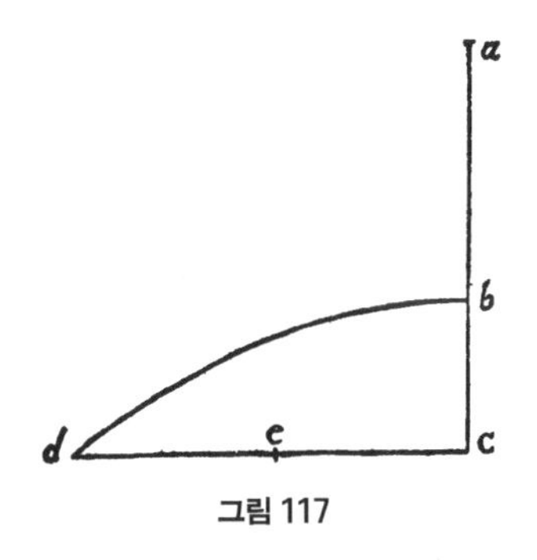

그림 117

수직 선분 *ac*의 윗부분 *ab*가 잠재 거리라 하고, 아랫부분 *bc*가 포물선의 높이라고 하자. 여기에 직각이 되도록, 수평 선분 *cd*를 그어라. 문제는 이 수평 선분을 따라 반 포물선의 폭을 잡아서, 그것이 잠재 거리 *ab*와 높이 *bc*인 포물선이 되도록 만드는 것이다.

*cd*의 길이가 *ab*와 *bc*의 기하평균의 두 배가 되도록 잡아라. 그러면 앞에서 나온 법칙들을 보면 알 수 있듯이, *cd*가 바로 우리가 찾던 폭이다.

정리 4, 법칙 7

물체들이 같은 폭의 반 포물선들을 그릴 때, 폭이 높이의 두 배인 경우가, 다른 어떠한 경우보다도 운동량이 작다.

반 포물선 *bd*의 폭 *cd*가 높이 *bc*의 두 배라고 하자. 그 축을 위로 길게 늘인 다음, *ab*의 길이가 높이 *bc*와 같도록 잡아라. 선분 *ad*를 그으면, 이것은 점 *d*에서 포물선에 접한다. 이 선분과 *b*에서 그은 수평 선분이 만나는 점을 *e*라고 하자. 그러면 *be*의 길이는 *bc*, *ab*의 길이와 같다.

어떤 물체가 이 포물선을 그리기 위해서는, *a*에서부터 *b*까지 떨어지면서 얻은 운동량을 갖고 수평으로 움직이고, *b*에서 정지해 있다가 움직이기 시작해 점점 빨라지면서 *c*로 떨어질 때 생기는 운동량을 갖고 수직으로 움직여야 한다. 그러므로 맨 끝에 가서 *d*에 닿았을 때 이 물체의 운동량은 2개를 합친 것이고, 그것은 대각선 *ae*와 같다. 이것을 제곱하면, 각각의 성분을 제곱해 더한 것과 같다.

이제 다른 포물선 *gd*를 잡아서, 그 폭은 *cd*로 같고, 높이 *gc*는 *bc*보다 더 높거나 낮다고 하자. 접선 *hd*를 긋고, 이것이 *g*에서 그은 수평 선분과 만나는 점을 *k*라고 하자. *hg* 대 *gk*의 비율이 *gk* 대 *gl*의 비율과 같도록 *l*을 잡아라. 그러면 법칙 5에 따라서, *lg*가 바로 물체가 포물선 *gd*를 그리기 위해서 떨어져야 하는 거리이다.

*ab*와 *gl*의 기하평균을 *gm*이라고 놓아라. 그러면 *gm*이 바로 물체

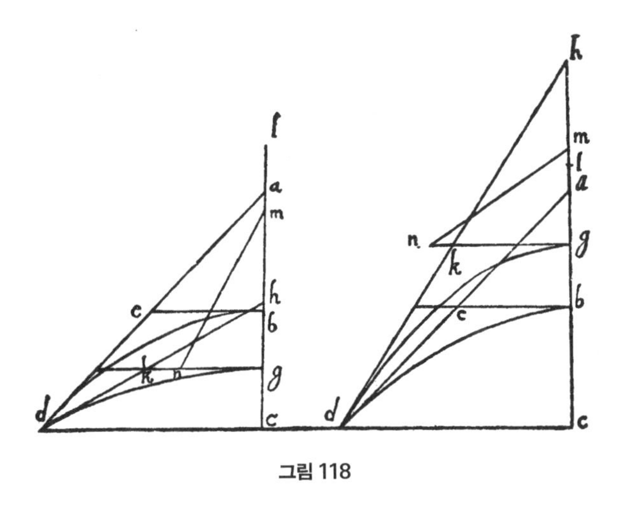

그림 118

가 l에서부터 g까지 떨어지는 데 걸리는 시간과, 그때 얻는 운동량을 나타낸다. 왜냐하면 ab가 물체가 a에서부터 b까지 떨어지는 데 걸리는 시간과, 그때 얻는 운동량을 나타내기 때문이다.

bc와 gc의 기하평균을 gn으로 나타내자. 그러면 gn은 물체가 g에서부터 c까지 떨어질 때 걸리는 시간과, 그때 얻은 운동량을 나타낸다. 이제 m과 n을 이으면, 선분 mn이 바로 물체가 포물선 gd를 따라 움직였을 때, d에서의 운동량을 나타낸다. 이것은 포물선 bd를 따라 움직였을 때의 운동량 ae보다 더 큼을 보이겠다.

gn은 bc와 gc의 기하평균이고, bc는 be, gk와 같으니까(이들은 dc의 절반이다.), cg 대 gn의 비율은 gn 대 gk의 비율과 같다. 그리고 cg(즉 hg) 대 gk의 비율은 ng의 제곱 대 gk의 제곱의 비율과 같다.

그런데 hg 대 gk의 비율은 gk 대 gl의 비율과 같다. 따라서 ng의 제곱 대 gk의 제곱의 비율은 gk 대 gl의 비율과 같다. 그런데 gm은 gk와 gl의 기하평균이니까, gk 대 gl의 비율은 gk의 제곱 대 gm의 제곱의 비율과 같다.

따라서 세 길이 ng, gk, mg의 제곱들은 차례차례 비율이 같다. 즉 ng의 제곱 대 gk의 제곱의 비율은 gk의 제곱 대 mg의 제곱의 비율과 같다.

이 비례식에서 양 끝에 있는 것을 더하면 mn의 제곱과 같고, 이것은 가운데 두 항을 더한 것보다 더 크다. 가운데 항들을 더한 것은 gk의 제곱의 두 배이고, 이것은 ae의 제곱과 같다. 따라서 mn의 제곱은 ae의 제곱보다 더 크고, mn은 ae보다 더 크다. 증명이 끝났다.

딸린 법칙

이것을 역으로 생각하면, 끝점 d에서 어떤 물체를 쏘아 올릴 때, 포물선 bd를 따라 보내는 것이, 이보다 높이가 더 높거나 낮은 경우보다 힘이 적게 든다. 포물선 bd는 수평선과 45도 각을 이룬다. 그러니까 끝점 d에서 대포를 쏘는데, 속력은 같게 하되, 각도는 제각각으로 쏜다면, 가장 멀리 날아가는 경우, 그러니까 전체 포물선의 폭이 최대가 되는 경우는 45도 각으로 쏘았을 경우이다. 각도가 이보다 더 높거나 낮으면, 날아가는 거리가 더 짧다.

사그레도 수학 세계에서 볼 수 있는 이런 엄밀한 증명은 정말 신기하고 재미있군. 나는 포병들한테서 이야기를 들어서, 대포나 박격포를 가능한 한 멀리 쏘기 위해서는 그 각을 45도로 해야 한다는 것을 알고 있네. 포병들이 쓰는 용어로는 6점이라는 것이지. 하지만 왜 그렇게 되는지 이해를 하는 것은, 다른 사람들의 말을 듣는 것이나, 실험을 되풀이해 결론을 얻는 것보다 훨씬 값어치가 있네.

살비아티 자네 말이 맞아. 한 가지 사실이라도 그 근본 원인을 알게 되면,

또 다른 사실들을 실험을 되풀이할 필요가 없이 알아낼 수 있게 되거든. 지금이 바로 그런 경우일세. 이 학자는 논리 전개만으로 가장 멀리 보낼 수 있는 것은 45도 각으로 쏠 때라는 것을 확실하게 증명했지. 뿐만 아니라 실험을 통해서 관찰하지 못했던 새로운 사실을 발견했네.

45도 각에서 같은 정도만큼 위나 아래로 쏘면, 탄환은 같은 거리만큼 날아간다. 그러니까 대포를 7점(52.5도)으로 쏜 것과 5점(37.5도)으로 쏜 것은 같은 거리만큼 날아간다. 그리고 8점(60도)으로 쏜 것과 4점(30도)으로 쏜 것은 같은 거리만큼 날아가고, 9점(67.5도)으로 쏜 것과 3점(22.5도)으로 쏜 것도 같은 거리만큼 날아간다. 이제 그 증명을 보도록 하세.

정리 5, 법칙 8

두 물체를 같은 속력으로 쏘았을 때, 그 각도가 45도에서 같은 크기만큼 높고 낮다면, 두 물체가 그리는 포물선은 폭이 같다.

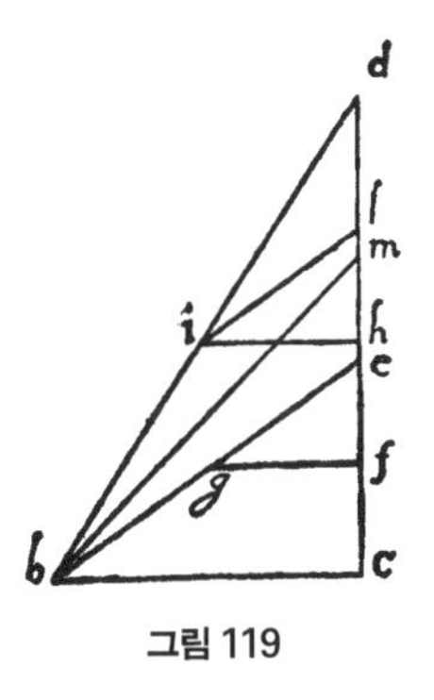

그림 119

삼각형 *mcb*에서 각 *c*가 직각이고, 수직 선분 *mc*와 수평 선분 *bc*의 길이가 같다고 하자. 그러면 각 *mbc*는 45도이다. 선분 *mc*를 위로 길게 늘이고, *b*에서 두 각 *mbd*와 *mbe*가 크기가 같고, 하나는 *mb*의 위에, 다른 하나는 *mb*의 아래에 있다고 하자. *b*에서 두 물체를 같은 속력으로, 하나는 각 *cbe*로, 다른 하나는 각 *cbd*로 쏘았을 때, 이들이 그리는 포물선들은 폭이 같음을 보이겠다.

삼각형 *dbm*의 외각 *bmc*는 각 *mdb*와 각 *mbd*를 더한 것과 같다. 이것은 또한 각 *mbc*와 같다. 그런데 각 *mbd*는 각 *mbe*와 같으니까, 각

*mbc*는 각 *mbe*와 각 *bdc*를 더한 것과 같다. 양변에서 각 *mbe*를 빼면, 각 *bdc*는 각 *ebc*와 같다. 따라서 두 삼각형 *dcb*와 *bce*는 닮은꼴이다.

선분 *dc*의 중점을 *h*, 선분 *ec*의 중점을 *f*라고 하자. 선분 *hi*와 *fg*를 수평 선분 *cb*에 평행하도록 그어라. *dh* 대 *hi*의 비율이 *ih* 대 *hl*의 비율과 같도록 *l*을 잡아라. 그러면 두 삼각형 *ihl*과 *dhi*는 닮은꼴이다. 이것은 또한 삼각형 *gfe*와 닮은꼴이다. 두 선분 *ih*와 *gf*는 길이가 *bc*의 절반으로 같으니까, *hl*은 *fe*와 길이가 같고, 또한 *fc*와도 길이가 같다. 여기에다 *fh*를 더하면, *ch*는 *fl*과 같음을 알 수 있다.

이제 *h*와 *b*를 잇는 포물선을 생각해 보자. 이 포물선은 높이가 *hc*이고, 잠재된 거리가 *hl*이다. 이 포물선의 폭 *bc*는 *ih*의 두 배이다. 왜냐하면 *ih*가 *dh*(즉 *ch*)와 *hl*의 기하평균이기 때문이다. 선분 *db*는 *b*에서 이 포물선에 접한다. 왜냐하면 *ch*와 *dh*가 같기 때문이다.

이제 *f*와 *b*를 잇는 포물선을 생각해 보면, 이것은 잠재 거리가 *fl*이고, 높이가 *fc*, 이들의 기하평균은 *fg*이고, *fg*는 폭 *bc*의 절반이다. 그러니 앞에서와 마찬가지 이유로, *bc*가 이것의 폭이고, 선분 *eb*는 *b*에서 이 포물선에 접한다. 왜냐하면 *cf*와 *ef*의 길이가 같기 때문이다. 그런데 두 각 *cbd*와 *cbe*는 45도에서 같은 크기만큼 차이가 난다. 그러므로 이 법칙이 성립한다.

정리 6, 법칙 9

두 포물선이 높이와 잠재 거리가 역으로 비례하면, 그 폭이 같다.

포물선 *fh*와 포물선 *bd*의 높이 *gf*와 *cb*의 비율이 잠재 거리 *ab*와 *ef*의 비율과 같다고 하자. 그러면 폭 *hg*와 폭 *dc*는 같음을 보이겠다.

*gf*와 *cb*의 비율이 *ab*와 *ef*의 비율과 같으니까, 직사각형 *gf*·*ef*의

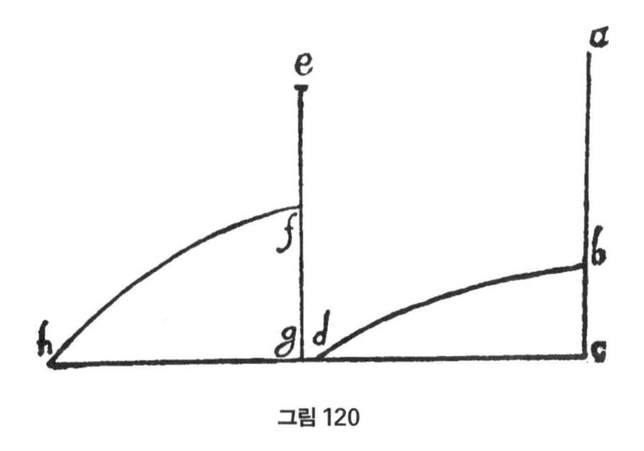

그림 120

넓이는 직사각형 $cb \cdot ab$의 넓이와 같다. 그러므로 어떤 것들을 제곱한 것이 이들과 같아지면, 그것들은 서로 같다.

그런데 앞에서 나온 법칙에 따르면, *hg*의 절반을 제곱한 것은 $gf \cdot ef$와 같다. 그리고 *dc*의 절반을 제곱한 것은 $cb \cdot ab$와 같다. 따라서 *hg*의 절반은 *dc*의 절반과 같고, *hg*는 *dc*와 같다. 그런데 이것들이 바로 포물선의 폭이다. 그러므로 이 법칙이 성립한다.

다음 법칙을 위한 보조 법칙

어떤 선분이 있고, 거기에서 아무 점이나 잡았을 때, 전체 선분의 길이와 양쪽 부분의 길이 사이의 기하평균들을 구해라. 이 기하평균들을 제곱해서 더하면, 전체 선분의 길이를 제곱한 것과 같다.

선분 *ab*에서 아무 점이라도 좋으니까, 점 *c*를 잡아라. 그러면 *ab*와 *ac*의 기하평균을 제곱한 것에다 *ab*와 *cb*의 기하평균을 제곱한 것을 더하면, *ab*의 제곱과 같음을 보이겠다.

그림 121

이것은 ab를 지름으로 반원을 그리면, 알기가 쉽다. 점 c에서 수직 선분 cd를 긋고, 선분 da와 db를 그어라. 그러면 da는 ab와 ac의 기하평균이다. 그리고 db는 ab와 cb의 기하평균이다. 여기서 각 adb는 반원에 내접하니까 직각이다. 따라서 da의 제곱과 db의 제곱을 더한 것은 ab의 제곱과 같다. 그러므로 이 법칙이 성립한다.

정리 7, 법칙 10

어떤 물체가 반 포물선을 그리며 내려와 맨 밑에 이르렀을 때, 그 물체가 얻는 운동량은, 물체가 잠재 거리와 반 포물선의 높이를 합친 것만큼 수직으로 떨어질 때 얻는 운동량과 같다.

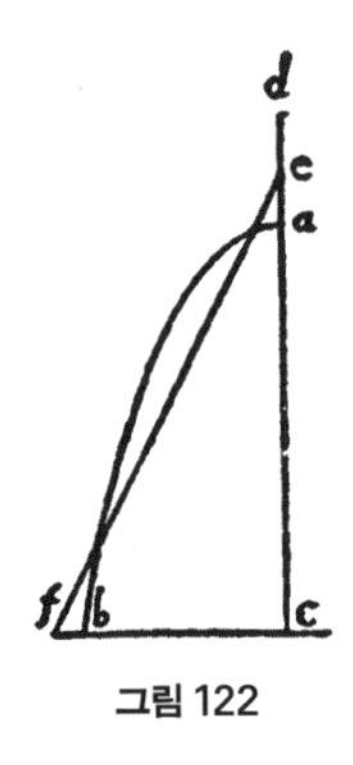

그림 122

반 포물선 ab가 잠재 거리 da와 높이 ac를 가진다고 하자. 그러면 물체가 b에 닿았을 때의 운동량은, 물체가 d에서 c까지 자유롭게 떨어질 때 얻는 운동량과 같음을 보이겠다.

선분 dc의 길이가 시간과 운동량을 나타낸다고 하자. cf의 길이가 cd와 da의 기하평균과 같도록 잡아라. 그리고 ce의 길이가 cd와 ca의 기하평균과 같도록 잡아라. 그러면 cf는 물체가 d에서부터 a까지 떨어질 때 얻는 운동량과, 그때 걸리는 시간을 나타낸다. 그리고 ce는 물체가 a에서부터 c까지 떨어질 때 얻는 운동량과, 그때 걸리는 시간을 나타낸다. 그리고 대각선 ef는 두 운동을 결합했을 때의 운동량을 나타낸다. 그러니까 포물선의 맨 밑 b에 닿았을 때의 운동량을 나타낸다.

선분 dc에서 어떤 점 a를 잡아서, 전체 cd의 길이와 양쪽 부분 da

와 *ac* 사이의 기하평균들을 구한 것이 *cf* 와 *ce*이다. 그러므로 앞에서 나온 보조 법칙에 따라서, 이 두 기하평균들을 제곱해 더한 것은 전체 길이를 제곱한 것과 같다. 그런데 *ef* 를 제곱한 것이 이 둘을 제곱해 더한 것과 같다. 그러므로 *ef* 는 *dc*와 같다.

따라서 물체가 *d*에서부터 *c*로 떨어질 때 얻는 운동량은, 물체가 *a*에서 포물선 *ab*를 따라 내려가 *b*에 닿았을 때 얻는 운동량과 같다. 증명이 끝났다.

딸린 법칙

그러므로 포물선들의 잠재 거리와 높이를 더한 것이 일정한 경우, 맨 밑 점에 닿았을 때의 운동량은 일정하다.

문제 4, 법칙 11

반 포물선의 폭과 맨 밑에 닿았을 때의 속력을 주었을 때, 그 높이를 구하시오.

주어진 속력을 수직 선분 *ab*의 길이로 나타내자. 그리고 폭을 수평 선분 *bc*로 나타내자. 폭이 *bc*이고 맨 밑에서의 속력이 *ab*가 되는 반 포물선의 잠재 거리를 찾는 것이 문제이다.

앞에서 나온 법칙에 따르면, 폭 *bc*의 절반이 높이와 잠재 거리의 기하평균이 되어야 하고, 맨 밑에서의

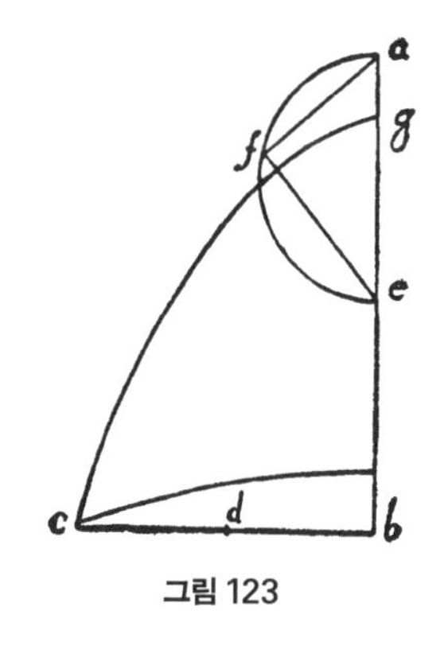

그림 123

속력은 물체가 *a*에서부터 떨어지기 시작해 *ab*를 지날 때 얻는 속력

과 같아야 한다. 그러므로 선분 *ab*에서 적당한 점을 잡아 잘랐을 때, 양쪽 길이를 변으로 해서 직사각형을 만들면, 그 넓이가 *bc*의 절반(이것을 *bd*라 하자.)을 제곱한 것과 같아야 한다.

그러므로 *bd*는 *ab*의 절반보다 커서는 안 된다. 왜냐하면 선분을 둘로 쪼개서 직사각형을 만들 때, 넓이가 가장 큰 경우는 같은 길이로 둘로 나누는 경우이기 때문이다.

선분 *ab*의 중점을 *e*라고 하자. 만약에 *bd*가 *be*와 같다면, 문제는 풀렸다. 왜냐하면 *be*가 이 포물선의 높이이고, *ae*가 잠재 거리이기 때문이다. 이것으로부터, 우리가 이미 앞에서 증명한 결과를 이끌어 낼 수 있다. 즉 끝점에서 속력이 같은 포물선들 중에서 각이 45도인 것이 폭이 가장 넓다.

*bd*의 길이가 *ba*의 절반보다 짧은 경우, *ba*를 적당하게 둘로 잘라서, 각 부분을 변의 길이로 해서 만든 직사각형의 넓이가 *bd*의 제곱과 같게 만들어야 한다. *ea*를 지름으로 반원 *efa*를 그리고, 현 *af*의 길이가 *bd*와 같도록 잡아라. *fe*를 잇고, *eg*의 거리가 *fe*와 같도록 잡아라. 그러면 직사각형 *bg*·*ga*에다 *eg*의 제곱을 더한 것은, *ea*의 제곱과 같다. 따라서 이것은 *af*의 제곱과 *ge*의 제곱을 더한 것과 같다.

여기서 *ge*의 제곱을 빼면, 직사각형 *bg*·*ga*는 *af*의 제곱과 같음을, 그러니까 *bd*의 제곱과 같음을 알 수 있다. 그러므로 *bd*는 *bg*와 *ga*의 기하평균이다. 그러므로 폭이 *bc*이고 맨 끝점에서의 속력이 *ab*인 반 포물선은, 높이가 *bg*이고, 잠재 거리가 *ga*이다.

또는 이것을 거꾸로, *bi*가 *ga*와 같게 잡아서, *bi*가 반 포물선 *ic*의 높이이고, *ia*가 잠재 거리라고 해도 정답이 된다. 이 예를 이용해서 다음 문제를 풀 수 있다.

문제 5, 법칙 12

같은 속력으로 쏘아 올린 탄환에 대해서, 그 각도에 따라 그리는 반 포물선의 폭을 구해서 표로 만드시오.

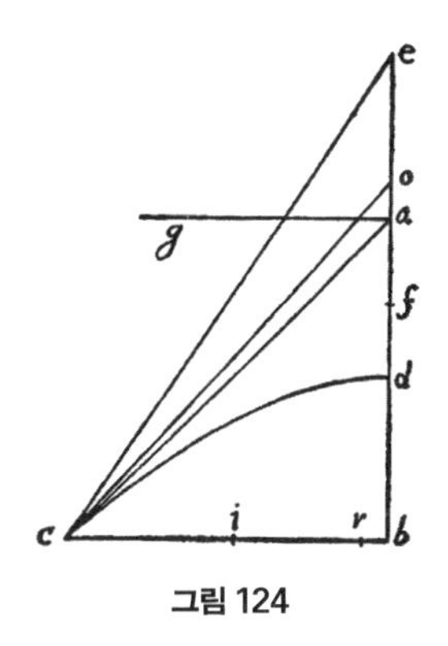

그림 124

지금까지 증명한 것에 따르면, 높이와 잠재 거리를 더한 값이 일정한 포물선들을 모아 놓으면, 이들은 같은 속력으로 쏘아 올린 탄환들이 움직이는 궤적을 나타낸다. 그러므로 이때 수직으로 올라갈 수 있는 거리는, 평행한 두 수평 직선 사이에 놓인다.

*cb*를 수평 선분이라 하고, *ab*를 같은 길이의 수직 선분이라고 하자. 대각선 *ac*를 그어라. 그러면 각 *acb*는 45도이다. 수직 선분 *ab*의 중점을 *d*라고 하자. 그러면 반 포물선 *dc*는 잠재 거리가 *ad*이고, 높이가 *db*이다. 이것을 따라 물체가 움직일 때, 끝점 *c*에서의 속력은, 물체가 *a*에서부터 *b*로 떨어질 때 얻는 속력과 같다.

수평 직선 *ag*를 *bc*와 평행하도록 그어라. 그러면 끝에서의 속력이 같은 물체들이 그리는 포물선은, 그 높이와 잠재 거리를 더하면, *ag*와 *bc* 사이의 거리와 같다. 그리고 두 포물선의 각이 45도에서 같은 크기만큼 차이가 나면, 그 폭이 같다는 것을 이미 증명했으니, 큰 각에 대해서 계산한 결과를 작은 각에 적용할 수 있다.

45도 각으로 쏘아서 폭이 가장 클 때, 그 폭을 10,000이라고 하자. 그러니까 반 포물선의 폭 *bc*와 선분 *ab*의 길이가 10,000이라고 하자. 앞으로 계산하는 과정에서, 각도에 따라 높이를 구해야 할 텐데, 여기서는 편의상 45도일 때 그 높이를 10,000이라고 잡은 것이다.

이제 실제로 구하기 위해 선분 *ce*를 그어서, 각 *ecb*가 각 *acb*보다 크도록 만들어라. 문제는 선분 *ec*와 접하고, 잠재 거리와 높이를 더한 것이 *ab*가 되는 포물선을 구하는 것이다. *bce*를 각으로 탄젠트 표를 찾아서, 높이 *be*를 구해라. *be*의 중점을 *f*라고 하자. *bc*의 중점을 *i*라고 하자. 그다음에 *bf*, *bi*, *fo*가 등비수열이 되도록, *fo*를 잡아라. 그러면 *fo*는 *fa*보다 더 크다.

어떤 반 포물선이 삼각형 *ecb*에 내접해서, 선분 *ce*와 접하고, 폭이 *cb*가 되려면, 그 높이가 *bf*가 되어야 하고, 그 잠재 거리가 *fo*가 되어야 한다. 그런데 이 둘을 더한 거리 *bo*는, 두 수평 선분 *ag*, *cb* 사이 거리보다 더 크다. 우리가 풀고 있는 문제는, 이 사이에 놓여 있어야 한다.

왜냐하면 우리가 찾는 포물선들은 *c*에서 포물선 *cd*를 그리는 경우와 같은 속력으로 물체를 쏘았을 때 생기는 포물선들이기 때문이다. 각 *bce*로 쏘았을 때 생기는 포물선들은 큰 것, 작은 것 등 무수히 많은데, 그들은 모두 닮은꼴이고, 우리가 할 일은 그것들 중에서 높이와 잠재 거리를 더한 것이 *ab*(즉 *bc*)가 되는 포물선을 찾는 것이다.

ob 대 *ba*의 비율이 *bc* 대 *cr*의 비율과 같도록, *r*를 잡아라. 그러면 *cr*가 바로 우리가 찾던 반 포물선의 폭이다. 그러니까 *bce*가 쏠 때의 각이고, 높이와 잠재 거리를 합친 것이 *ga*와 *cb* 사이의 거리와 같은 포물선이다.

이 과정을 요약하면 다음과 같다. 각 *bce*에 대응하는 높이를 구한다. 이 높이의 절반을 구한다. 여기에다 *fo*를 더한다. *fo*는 이 높이의 절반, *bc*의 절반, *fo*의 길이가 등비수열이 되도록 잡은 것이다. 우리가 찾던 폭 *cr*는, *ob* 대 *ba*의 비율이 *bc* 대 *cr*의 비율과 같다고 놓아서, 구할 수 있다.

예를 들어 각 *bce*가 50도라고 하자. 그러면 이때 높이는 11,918이다. *bf*는 이것의 절반이니까 5,959이고, *bc*의 절반은 5,000이고, 따라서 *fo*는 4,195이다. 이것을 *bf*에 더하면 10,154가 되고, 이것이 바로 *bo*이다. *bo* 대 *ab*의 비율은 10,154 대 10,000이니까, *bc*, 즉 10,000 대 *cr*의 비율이 이것과 같고, 따라서 *cr*는 9,848이 된다.

45도인 경우 폭은 최대 *bc*, 즉 10,000이 된다. 전체 포물선의 폭은 두 배이니까, 19,696과 20,000이 된다. 이것은 또한 40도로 쏘았을 때의 폭이기도 하다. 40도는 45도에서 벗어나는 정도가 50도인 경우와 같기 때문이다.

사그레도 이 증명을 완전하게 이해하려면, *bf*, *bi*의 등비수열로 구한 *fo*가 왜 *fa*보다 더 큰가 알아야 하겠군.

살비아티 그것은 다음과 같이 증명할 수 있네. 두 선분의 기하평균을 제곱한 것은, 두 선분으로 만든 직사각형의 넓이와 같다. 그러므로 *bi*(또는 그것과 같은 *bd*)를 제곱한 것은, *fb*와 *fo*로 만든 직사각형의 넓이와 같다. 이제 *fo*가 *fa*보다 큰 것이 확실하다. 왜냐하면 *fb*와 *fa*로 만든 직사각형은 *bd*의 제곱보다 *df*의 제곱만큼 더 작다는 것이 에우클레이데스의 『기하학 원론』 2권에 나온다.

여기서 점 *f*는 *be*의 중점이고, 이 점은 *a*의 위에 놓이거나, 또는 *a*가 될 수도 있네. 이런 경우들은 *o*가 *a*보다 위에 놓이는 것이 너무나 명백하니 굳이 말을 할 필요도 없지. 그래서 이 학자는 이런 경우는 이야기하지 않고, *f*가 *a*보다 아래에 있는 경우만 설명을 한 걸세. 이 경우는 *of*가 *af*보다 더 커서, *o*가 *ag*보다 위에 놓인다는 사실을 언뜻 보아서는 알기가 어렵거든.

표 1 같은 속력으로 쏜 물체들이 그리는 포물선의 폭

쏘는 각도	쏘는 각도	포물선의 폭
45°	45°	10,000
46°	44°	9,994
47°	43°	9,976
48°	42°	9,945
49°	41°	9,902
50°	40°	9,848
51°	39°	9,782
52°	38°	9,704
53°	37°	9,612
54°	36°	9,511
55°	35°	9,396
56°	34°	9,272
57°	33°	9,136
58°	32°	8,989
59°	31°	8,829
60°	30°	8,659
61°	29°	8,481
62°	28°	8,290
63°	27°	8,090
64°	26°	7,880
65°	25°	7,660
66°	24°	7,431
67°	23°	7,191
68°	22°	6,944

다음 쪽에 계속

69°	21°	6,692
70°	20°	6,428
71°	19°	6,157
72°	18°	5,878
73°	17°	5,592
74°	16°	5,300
75°	15°	5,000
76°	14°	4,694
77°	13°	4,383
78°	12°	4,067
79°	11°	3,746
80°	10°	3,420
81°	9°	3,090
82°	8°	2,756
83°	7°	2,419
84°	6°	2,079
85°	5°	1,736
86°	4°	1,391
87°	3°	1,044
88°	2°	698
89°	1°	349

이제 계속하도록 하지. 이 표를 사용하면 폭을 알 수 있을 뿐만 아니라 그것을 써서 같은 속력으로 쏘아 올린 물체들의 최고 높이를 계산할 수 있네. 그 방법은 다음과 같아.

문제 6, 법칙 13

표에 나오는 반 포물선들의 폭을 이용해서, 같은 속력으로 쏘아 올린 물체들이 그리는 포물선들의 높이를 구하시오.

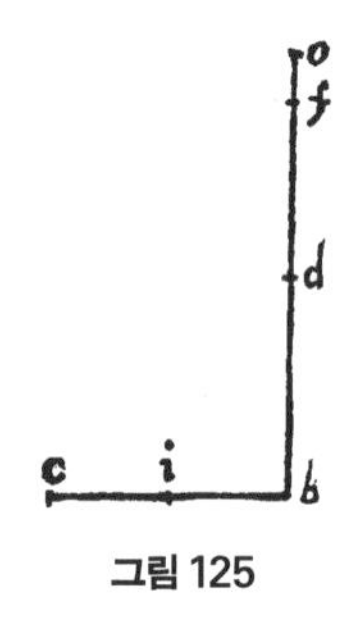

그림 125

*bc*를 반 포물선의 폭이라고 하자. 그리고 높이와 잠재된 거리를 더한 *ob*가 이 물체를 쏘아 올린 속력이라고 하자. 이것은 일정하게 고정된 값이다. 높이를 찾기 위해서는, *ob*를 적당하게 둘로 잘라서 만든 직사각형의 넓이가, 폭 *bc*의 절반을 제곱한 것과 같도록 만들어야 한다.

*ob*를 이렇게 자르는 점을 *f*라고 하자. *ob*의 중점을 *d*라 하고, *bc*의 중점을 *i*라고 하자. *ib*의 제곱은 직사각형 *bf* · *fo*의 넓이와 같다. 그리고 *do*의 제곱은 *bf* · *fo*의 넓이에다 *fd*의 제곱을 더한 것과 같다. 그러므로 *do*의 제곱에서 *bi*의 제곱을 빼면, 남는 것이 *fd*의 제곱이다. 우리가 찾으려고 하는 높이 *bf*는, *fd*에다 *bd*를 더하면 된다.

이것을 요약하면 다음과 같다. *bo*와 *bc*의 길이는 이미 알고 있다. *bo*의 절반을 제곱한 것에서 *bc*의 절반을 제곱한 것을 빼라. 남는 것에 제곱근을 취한 다음, 여기에다 *bd*를 더해라. 그러면 원하는 높이 *bf*가 나온다.

예를 들어 55도 각으로 쏘았을 때, 그 높이를 구해 보자. 앞에 있는 표를 보면, 이때 폭은 9,396이다. 이것의 절반은 4,698이고, 이것을 제곱하면 22,071,204이다. 25,000,000에서 이것을 빼면 남는 것은 2,928,796이고, 이것의 제곱근은 약 1,710이다. 이것에다 *bo*의 절반인 5,000을 더하면, 높이 *bf*가 6,710이 된다.

표 2 같은 속력으로 쏜 물체들이 그리는 포물선의 높이

쏘는 각도	포물선의 높이	쏘는 각도	포물선의 높이
1°	3	46°	5,173
2°	13	47°	5,346
3°	28	48°	5,523
4°	50	49°	5,698
5°	76	50°	5,868
6°	108	51°	6,038
7°	150	52°	6,207
8°	194	53°	6,379
9°	245	54°	6,546
10°	302	55°	6,710
11°	365	56°	6,873
12°	432	57°	7,033
13°	506	58°	7,190
14°	585	59°	7,348
15°	670	60°	7,502
16°	760	61°	7,649
17°	855	62°	7,796
18°	955	63°	7,939
19°	1,060	64°	8,078
20°	1,170	65°	8,214
21°	1,285	66°	8,346
22°	1,402	67°	8,474
23°	1,527	68°	8,597
24°	1,685	69°	8,715

다음 쪽에 계속

25°	1,786	70°	8,830
26°	1,922	71°	8,940
27°	2,061	72°	9,045
28°	2,204	73°	9,144
29°	2,351	74°	9,240
30°	2,499	75°	9,330
31°	2,653	76°	9,415
32°	2,810	77°	9,493
33°	2,967	78°	9,567
34°	3,128	79°	9,636
35°	3,289	80°	9,698
36°	3,456	81°	9,755
37°	3,621	82°	9,806
38°	3,793	83°	9,851
39°	3,962	84°	9,890
40°	4,132	85°	9,924
41°	4,302	86°	9,951
42°	4,477	87°	9,972
43°	4,654	88°	9,987
44°	4,827	89°	9,998
45°	5,000	90°	10,000

표를 또 하나 구해야 한다. 포물선들의 폭이 일정할 때, 각도에 따라서 높이와 잠재 거리가 얼마이어야 하는지, 표를 만들면 편리하다.

사그레도 그 표를 꼭 보고 싶구먼. 그 표를 보면, 박격포의 포탄을 일정한 거리만큼 쏘아 보내기 위해서는, 각도에 따라서 초기 속력이 어떻게 달라져야 하는지 알 수 있겠지. 아마 각도에 따라서 차이가 크게 날 것 같아. 45도 각으로 쏘는 것은, 일정한 거리를 보내기 위해서 속력이 최소가 되는 경우이지만, 각이 3도, 4도 또는 87도, 88도가 되면, 같은 거리를 보내기 위해서 속력이 엄청나게 커져야 하겠지.

살비아티 자네 생각이 옳아. 각이 올라감에 따라 속력이 점점 커져서, 나중에는 무한대가 되어야 할 지경일세. 어떻게 표를 구하는가 생각해 보세.

문제 7, 법칙 14

포물선들이 같은 폭을 가질 때, 각도에 따라서 높이와 잠재 거리가 어떻게 되어야 하는지 계산하시오.

이것은 쉽게 풀 수가 있다. 폭이 10,000으로 고정되어 있다고 하고, 어떠한 각이든 탄젠트의 절반이 높이가 된다. 예를 들어 포물선이 각 30도를 만들고, 그 폭이 10,000이라고 하면 그 높이는 2,887이고, 이것은 탄젠트의 약 절반이다. 이제 높이를 찾았고, 잠재 거리는 다음과 같이 찾을 수 있다.

반 포물선 진폭의 절반이 높이와 잠재 거리의 기하평균임을 알고 있다. 그리고 높이는 이미 찾았고, 진폭의 절반은 5,000으로 고정된 수이다. 그러므로 진폭의 절반을 제곱한 다음 높이로 나누면, 우리가 찾는 잠재 거리가 나온다. 이 예에서 높이가 2,887이니까 5,000의 제곱인 25,000,000을 2,887로 나누면, 잠재 거리는 약 8,659가 됨을 알 수 있다.

표 3 포물선의 폭이 일정할 때 각도에 따른 높이와 잠재 거리

쏘는 각도	포물선의 높이	포물선의 잠재 거리
1°	87	286,533
2°	175	142,450
3°	262	95,802
4°	349	71,531
5°	437	57,142
6°	525	47,573
7°	614	40,716
8°	702	35,587
9°	792	31,565
10°	881	28,367
11°	972	25,720
12°	1,063	23,518
13°	1,154	21,701
14°	1,246	20,056
15°	1,339	18,663
16°	1,434	17,405
17°	1,529	16,355
18°	1,624	15,389
19°	1,722	14,522
20°	1,820	13,736
21°	1,919	13,024
22°	2,020	12,376
23°	2,123	11,778
24°	2,226	11,230

다음 쪽에 계속

25°	2,332	10,722
26°	2,439	10,253
27°	2,547	9,814
28°	2,658	9,404
29°	2,772	9,020
30°	2,887	8,659
31°	3,008	8,336
32°	3,124	8,001
33°	3,247	7,699
34°	3,373	7,413
35°	3,501	7,141
36°	3,633	6,882
37°	3,768	6,635
38°	3,906	6,395
39°	4,049	6,174
40°	4,196	5,959
41°	4,346	5,752
42°	4,502	5,553
43°	4,662	5,362
44°	4,828	5,177
45°	5,000	5,000
46°	5,177	4,828
47°	5,363	4,662
48°	5,553	4,502
49°	5,752	4,345
50°	5,959	4,196

다음 쪽에 계속

51°	6,174	4,048
52°	6,399	3,906
53°	6,635	3,765
54°	6,882	3,632
55°	7,141	3,500
56°	7,413	3,372
57°	7,699	3,247
58°	8,002	3,123
59°	8,332	3,004
60°	8,600	2,887
61°	9,020	2,771
62°	9,403	2,658
63°	9,813	2,547
64°	10,251	2,438
65°	10,722	2,331
66°	11,230	2,226
67°	11,779	2,122
68°	12,375	2,020
69°	13,025	1,919
70°	13,237	1,819
71°	14,521	1,721
72°	15,388	1,624
73°	16,354	1,528
74°	17,437	1,433
75°	18,660	1,339
76°	20,054	1,246

다음 쪽에 계속

77°	21,657	1,154
78°	23,523	1,062
79°	25,723	972
80°	28,356	881
81°	31,569	792
82°	35,577	702
83°	40,222	613
84°	47,572	525
85°	57,150	437
86°	71,503	349
87°	95,405	262
88°	143,181	174
89°	286,499	87
90°	무한대	0

살비아티 이것을 보면 우선, 앞에서 한 말이 사실임을 알 수 있네. 그러니까 쏠 때 각이 다르면, 그게 중간에서 위나 아래로 멀어지면 멀어질수록, 탄환을 같은 거리만큼 보내려면, 쏘는 속력이 커져야 하네. 속력은 두 운동의 결합으로 생긴 것이지. 하나는 수평 방향으로 일정한 속력, 다른 하나는 수직 방향으로 가속이 되는 속력.

높이와 잠재 거리를 더한 것이 이 속력을 나타내니까, 앞에 있는 표를 보면, 45도 각으로 쏠 때 높이와 잠재 거리가 같고, 이것들을 더한 값이 10,000으로 최소가 돼. 각을 더 크게 해서 50도로 쏜다고 하면, 높이가 5,959이고 잠재 거리가 4,196이어서, 이것들을 더하면 10,155가 돼. 이것은 또한 40도 각으로 쏘았을 때의 값과 정확하게 일치하지. 왜냐하면 둘 다 중간에서부터 같은 각만큼 벗어났기 때문이지.

그다음에 주목해야 할 사실은, 두 각이 중간에서 같은 크기만큼 위, 아래로 바뀌었을 때 필요한 속력은 같지만, 이때 뒤바뀌는 것이 있어서 흥미롭네. 즉 큰 각에 해당하는 높이와 잠재 거리는, 작은 각에 해당하는 잠재 거리와 높이와 같다. 앞에 나온 예에서, 각이 50도일 때 높이는 5,959이고 잠재 거리는 4,196이었지. 그런데 각이 40도일 때에는 거꾸로, 높이가 4,196이고 잠재 거리가 5,959거든. 이것은 일반적으로 성립하는 사실일세.

한 가지 잊지 말아야 할 것은, 여기서는 자질구레한 계산을 피하기 위해서 소수점 아래는 생략을 했네. 이렇게 큰 수를 다룰 때에는, 그런 조그마한 부분은 중요하지가 않으니까.

사그레도 쏠 때의 각이 높으면 높을수록, 처음 속력에서 수직 성분이 커지고, 수평 성분이 작아지는군. 반대로 낮은 각도로 쏘면, 탄환이 올라가는 높이가 조금밖에 안 되니까, 처음 속력에서 수평 성분이 클 것이 확실하군.

탄환을 90도로 똑바로 위로 쏜 경우에는, 세상 아무리 큰 힘으로 쏘더라도 그것이 한 뼘도 옆으로 벗어나지 않고 원래 위치로 다시 떨어지는 것을, 나는 알고 있네. 하지만 0도 각으로 쏘았을 때, 그러니까 수평으로 쏘았을 때는, 무한대가 아닌 어떤 크기의 힘을 가해서 탄환이 어느 정도 날아가도록 할 수 있을지도 몰라. 그러니까 대포를 수평 방향, 즉 0점으로 쏘더라도 어느 정도 높이가 있을 것 같아. 이것은 불확실해서 뭐라고 잘라 말하지는 못하겠네.

이게 그렇지 않다고 부인하지 못하는 까닭은, 내가 다른 어떤 신기한 현상을 알기 때문일세. 그것에 대해서는 확실한 증거가 있네. 내가 말하려 하는 현상은, 줄을 수평으로 똑 곧게 당길 수가 없다는 사실일세. 줄은 아무리 강한 힘으로 당겨도, 완전히 곧게 되지가 않고 가운데가 처져서 굽게 되거든.

살비아티 그렇다면 줄의 경우는 확실한 증거가 있으니까 이상하게 여기지 않는단 말인가? 그런데 자세히 연구해 보면, 총을 쏘았을 때와 줄을 당기는 것 사이에 비슷한 점이 있음을 알 수 있네. 총을 수평으로 쏘았을 때, 탄환이 움직이는 궤적은 두 힘에 따라서 결정이 되지. 하나는 총의 힘으로서, 탄환을 수평으로 움직이게 하고, 다른 하나는 탄환의 무게로서, 탄환을 아래로 처지게 만들지.

줄을 팽팽하게 당길 때에도, 수평으로 당기는 힘이 있고, 그 줄을 아래로 처지게 만드는 자신의 무게가 있지. 그러니까 이 두 경우는 매우 흡사하네. 그런데 자네는 밧줄을 아무리 강하게 당기더라도, 밧줄의 무게에서 나오는 힘이 그것을 이길 수 있다고 말했는데, 그렇다면 탄환도 마찬가지가 아니겠나?

이것과는 별개의 이야기이지만, 한 가지 놀랍고 흥미로운 사실이 있네. 줄을 강하게 당기든 느슨하게 당기든, 그게 그리는 곡선은 포물선과 매우 흡사하네. 수직면에다 포물선을 그리고, 이것을 거꾸로 세워서 꼭짓점이 아래로 내려가도록 하고, 밑변이 수평이 되도록 하면, 이 사실을 눈으로 확인할 수 있어. 줄의 양 끝을 포물선의 끝점들에 붙이고, 줄을 적당하게 늘어뜨리면, 그게 굽어서 포물선과 들어맞는 것을 볼 수가 있네. 이것은 포물선의 굽은 정도가 적을 때, 그러니까 더 팽팽하게 당겼을 때, 더욱 정확하게 일치하지. 각이 45도 미만인 포물선을 쓰면, 줄을 늘어뜨린 것과 거의 완벽하게 일치하거든.

사그레도 그렇다면 가는 줄을 사용해서 평면에다 온갖 포물선들을 쉽고 빠르게 그릴 수 있겠군.

살비아티 그래, 맞아. 이걸로 얻을 수 있는 이득이 매우 많아.

심플리치오 진도를 더 나가기 전에, 확실한 증거가 있다고 말했는데, 그게 어떤 법칙에서 나온 것인지 알고 싶네. 아무리 강한 힘으로 줄을 당기더라도, 수평으로 완전히 곧게 되도록 만드는 것이 불가능하다고 말했지.

사그레도 내가 그 증명을 기억해 낼지 모르겠군. 그런데 심플리치오, 이것을 이해하려면 먼저 알아야 할 것이 있네. 이론으로 보나 실험을 통해서 보나 알 수 있는 사실인데, 어떤 물체가 움직일 때 그 힘이 약하다 하더라도, 그 물체의 속력과 그에 대항해 버티는 물체의 속력과의 비율이, 버티는 물체의 힘과 그 물체의 힘과의 비율보다 더 크다면, 그 물체는, 느리게 움직이고 있는, 버티는 물체의 힘을 능가할 수 있네.

심플리치오 그것은 나도 잘 알고 있네. 아리스토텔레스가 쓴 『역학』에 그 증명이 되어 있지. 지렛대나 대저울의 경우를 보면, 4파운드의 무게로 400파운드 무게를 버틸 수 있지. 이것은 대저울의 축에서부터 균형추까지의 거리가, 그 무거운 무게를 매단 지점까지의 거리보다 백 배가 되면 되네. 이게 성립하는 이유는, 균형추가 내려갈 때 그 움직이는 거리가, 무거운 무게가 그때 움직이는 거리의 백 배가 되기 때문이지. 바꿔 말하면, 가벼운 추의 속력이 무거운 물체의 속력과 비교해 백 배가 되기 때문이지.

사그레도 그래, 잘 알고 있구먼. 아무리 작은 물체라도, 큰 물체와 비교해서 그 속력의 비율이, 큰 물체의 힘과 무게 비율보다 더 크다면, 그 큰 물

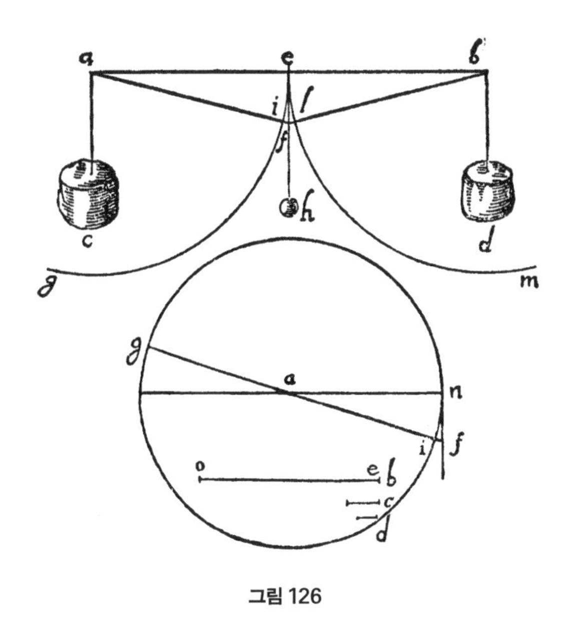

그림 126

체가 버티는 힘을 극복할 수 있지.

이제 줄의 경우를 보세. 그림 126에서 *ab*는 두 점 *a*와 *b* 사이에 매단 줄을 나타낸다. 양 끝에 무거운 물체 *c*와 *d*를 매달아서, 이들이 줄을 강하게 당기도록 해라. 만약에 줄의 무게가 없다면, 이 줄은 완벽하게 곧은 직선이 된다. 이 줄의 중점을 *e*라고 나타내고, 여기에다 자그마한 무게 *h*를 매달아라. 그러면 줄 *ab*는 *f*를 향해 약간 처질 것이고, 그에 따라서 두 무거운 물체 *c*와 *d*가 약간 올라가게 된다.

이것은 다음과 같이 증명할 수 있다. *a*와 *b*를 중심으로 사분원 *eik*와 *elm*을 그려라. 반지름 *ai*와 *bl*은 *ae*, *eb*와 같으니까, 나머지 *fi*와 *fl*이 줄 *af*와 *bf*가 *ae*, *eb*보다 더 긴 정도를 나타낸다. 따라서 *fi*, *fl*의 길이만큼 물체 *c*, *d*가 위로 올라가게 된다. 이것은 무게 *h*가 *f* 위치로 움직인 경우이다.

그런데 *h*가 *f*로 움직이는 동안 내려간 거리는 *fe*이다. 그러니까 *fe*와 *fi*의 비율, 즉 *h*가 움직인 거리와 *c*가 움직인 거리의 비율이 두 무거운 물체

c, *d*와 *b*의 무게 비율보다 더 커야 한다. *c*와 *d*가 아무리 무겁더라도, 또는 *b*가 아무리 가볍더라도, 이런 일이 일어난다. *c*, *d*의 무게가 *b*보다 아무리 크더라도, *ef*와 *fi*의 비율은 더 커질 수가 있다.

이것은 다음과 같이 증명할 수 있다. *gai*를 지름으로 원을 그려라. 선분 *bo*, *c*, *d*를 그리되, *bo*와 *c*의 길이 비율이 물체 *c*와 *b*의 무게 비율과 같도록, *bo*와 *d*의 길이 비율이 물체 *d*와 *b*의 무게 비율과 같도록 그려라. 그리고 *c*의 길이가 *d*의 길이보다 더 길다고 가정을 하자. 그러면 *bo*와 *d*의 비율은 *bo*와 *c*의 비율보다 더 크다. *bo*, *d*, *be*가 등비수열이 되도록 *be*를 잡아라. 선분 *gi*를 조금 더 길게 늘여서 *f*를 잡아서, *gi* 대 *if*의 비율이 *oe* 대 *eb*의 비율과 같도록 만들어라. *f*에서 접선 *fn*을 그어라.

oe 대 *eb*의 비율이 *gi* 대 *if*의 비율과 같으니까, *ob* 대 *eb*의 비율은 *gf* 대 *if*의 비율과 같다. 그런데 *d*는 *ob*와 *eb*의 기하평균이고, *nf*는 *gf*와 *fi*의 기하평균이다. 그러므로 *nf* 대 *fi*의 비율은 *ob* 대 *d*의 비율과 같다. 이것은 *c*, *d*의 무게와 *b*의 무게 비율보다 더 크다. 그러므로 *b*가 내려간 거리 또는 속력과 *c*, *d*가 올라간 거리 또는 속력과의 비율이, *c*, *d*의 무게와 *b*의 무게의 비율보다 더 크다. 따라서 무게 *b*가 아래로 내려가고, 줄 *ab*는 수평을 유지하지 못하고 아래로 처진다.

이것은 무게가 없는 줄 *ab*의 중간에다 무게 *b*를 단 경우이고, 무게를 매달지 않더라도, 실제로는 줄에도 무게가 있으니까, 이런 일이 생기지. 줄을 만든 물질의 무게가 추 역할을 하니까.

심플리치오 이제 완전하게 알았네. 이제 줄로 포물선을 그리는 것에서 얻을 수 있는 이점들을 설명해 주기 바라네. 그다음에 동료 학자가 연구한, 물체가 때릴 때의 힘에 대한 원리를 설명해 주게.

살비아티 오늘은 그만 마치세. 날이 너무 늦었네. 자네가 말한 주제들에 대해 이야기하기에는 시간이 너무 부족해. 다음에 다시 만나서 계속 이야기하도록 하세.

사그레도 그러는 것이 좋겠군. 우리의 절친한 친구이자 동료인 학자와 그에 관해서 많은 이야기를 나누었지만, 내가 보기에 때릴 때의 충격에 관한 의문점들은 불확실한 것이 많고, 어느 누구도 이 문제를 완벽하게 밝힌 것 같지가 않아. 사람들의 상상을 뛰어넘는 것 같더군. 온갖 의견들이 다 있는데, 내 생각에 제일 희한한 의견은, 그 힘이 무한대는 아니지만, 확정된 값을 가지지 않는다는 것이었어.

살비아티가 시간이 날 때까지 기다리세. 그런데 이건 뭔가? 공중에 던진 물체의 운동을 다룬 뒤에 나오는 내용은 무엇을 다루는가?

살비아티 이것은 우리의 학자가 젊었던 시절에 연구한 것으로서, 입체도형의 무게중심에 대한 몇 가지 법칙들일세. 그가 젊었을 때, 페데리코 코만디노가 이 주제에 대해서 쓴 책이 뭔가 미진하다고 생각했거든. 그래서 코만디노의 책의 부족한 부분을 채우기 위해 몇 가지 법칙들을 연구해 적은 것이 이것일세. 그가 연구하던 당시에, 저명한 귀도발도 델 몬테도 이것을 연구했지. 귀도발도가 뛰어난 수학자임은, 그가 쓴 여러 권의 책을 보면 알 수 있네.

우리의 학자는 자신이 연구한 법칙들을 귀도발도에게 보냈으며, 코만디노가 다루지 않은 입체도형들에 대한 연구를 계속할 계획이었지. 그런데 그 후, 우리의 학자는 발레리오가 쓴 책을 접하게 되었어. 발레리오는 기하학의 왕자라 칭송받을 만하며, 이 분야에서 전혀 빠뜨린 것이 없이 모든 것을 해결해 놓았거든. 그래서 우리의 학자는 이 분야의 연구를 접어 버렸네. 그렇지만, 우리의 학자는 발레리오와는 다른 방향으로 연구해 결과를 얻은 것이었네.

사그레도 그렇다면 오늘 우리의 만남을 매듭짓고, 차후 우리가 다시 만날 때까지 이 법칙들이 적혀 있는 책을 나에게 빌려 주게. 내가 이것을 보고, 여기에 적혀 있는 법칙들을 하나하나 공부할 수 있도록.

살비아티 기꺼이 그렇게 하겠네. 이 법칙들이 자네에게 재미있으면 좋겠군.

—넷째 날 토론 끝—

부록

※

이것은 이 책의 저자인 갈릴레오가 오래전에 쓴 것으로서, 입체들의 무게중심에 관한 법칙들과 그 증명들이 들어 있다.

공리

우리는 다음과 같은 가정을 받아들인다. 서로 같은 무게들을 어떤 방식으로 배열해 지렛대에 올려놓았을 때, 그것의 무게중심이 그 지렛대를 어느 특정한 비율로 나눌 텐데, 만약 또 어떤 서로 같은 무게들을 그와 똑같은 방식으로 배열해 지렛대에 올려놓으면, 그것의 무게중심은 그 지렛대를 똑같은 비율로 나누게 된다.

정리

선분 AB의 중점을 C라 하자. 그리고 절반인 선분 AC에서 점 E를 잡되, BE 대 EA의 비율이 AE 대 EC의 비율과 같게 되도록 잡아라. 그러면 BE는 EA의 두 배이다.

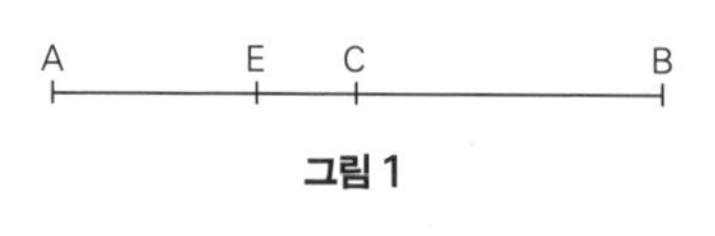

그림 1

EA 대 EC의 비율이 BE 대 EA의 비율과 같으니, 비율들을 더해 주면, AE 대 EC의 비율은 BA 대 AC의 비율과 같음이 나온다. 그런데 AE 대 EC의 비율은 (즉 BA 대 AC의 비율은) BE 대 EA의 비율과 같다. 그러므로 BE는 EA의 두 배이다.

이러한 것들을 받아들이고, 이제 다음 법칙을 증명하겠다.

법칙 1

임의의 유한한 개수의 무게들이 등차수열을 이루고, 이들 중에 가장 작은 것이 바로 이들의 차이와 같다고 하자. 이들을 지렛대에 일정한 간격으로 매달아 놓으면, 이들의 무게중심은 지렛대를 2 대 1의 비율로 나눈다. 즉 무게들 중 작은 쪽이 큰 쪽에 비해서 길이가 두 배가 되도록 나눈다.

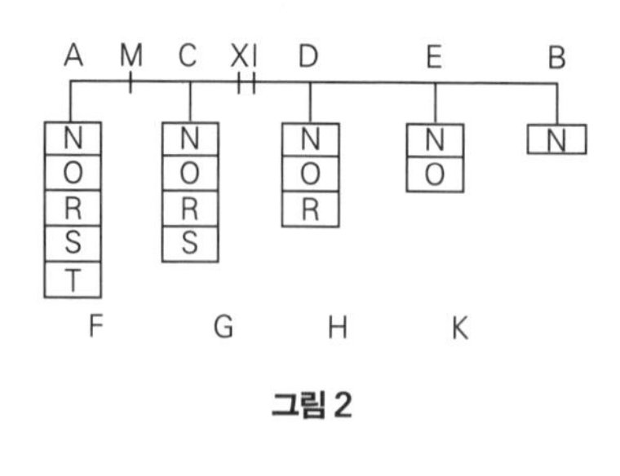

그림 2

앞에서 설명해 놓은 것처럼, 지렛대 AB에다 임의의 개수의 무게 F, G, H, K, N을 일정한 간격으로 매달아 놓아라. 이것들 중 가장 작은 것을 N이라 하고, 이들을 매단 지점을 A, C, D, E, B라 하고, 이렇게 배열한 모든 무게들의 무게중심을 X라 하자. 그러면 지렛대에서 작은 무게들을 매달아 놓은 쪽인 BX가 다른 쪽 AX에 비해서 두 배임을 보여야 한다.

지렛대의 중점을 D라 하자. 중점은 무게를 매단 지점이 되거나, 또는 무게를 매단 두 지점 사이의 중점이 된다. 무게를 매단 지점들 A와 C의 중점을 M이라 하고, C와 D의 중점을 I라 하자. 그리고 무게들은 N과 같은 크기들로 쪼개어 놓아라.

그러면 F에서는 쪼개 놓은 부분들의 개수가 지렛대에 매달아 놓은 무게들의 개수와 같다. 그리고 G에서는 개수가 그보다 하나 적고, 이런 식으로 계속된다. 그러므로 F에서는 부분들이 N, O, R, S, T이고, G에서는 부분들이 N, O, R, S이고, H에서는 N, O, R이고, K에서는 N, O이다.

N이라 표시해 놓은 부분들을 모두 모으면 F에서의 무게와 같고, O라 표시해 놓은 부분들을 모두 모으면 G에서의 무게와 같고, R라 표시해 놓은 부분들을 모두 모으면 H에서의 무게와 같고, S라 표시해 놓은 부분들을 모두 모으면 K에서의 무게와 같고, 마지막으로 T는 N과 같다.

그런데 N이라 표시해 놓은 부분들은 서로 무게가 같으니, 이들의 무게중심은 지렛대 AB의 중점인 D에 놓이게 된다. 마찬가지 이유로, O라 표시해 놓은 부분들의 무게중심은 I에 놓이게 되고, R 부분들의 무게중심은 C에 놓이게 되며, S 부분들의 무게중심은 M에 놓이게 되고, 마지막으로 T는 A에 매달려 있게 된다.

이제 지렛대 AD를 고려해 보자. (DB 부분은 잠시 잊어버리자.) 여기 일정한 간격 D, I, C, M, A에 무게들이 매달려 있으며, 이 무게들은 등차수열을 이루고, 이들의 차이는 가장 작은 무게와 같다. 그런데 이들 중에 가장 큰 무게는 N 부분들을 모두 모은 것으로, D에 매달려 있다. 그리고 가장 작은 것은 T로, A에 매달려 있다. 그리고 다른 것들은 크기 순서에 맞게 배열되어 있다.

그런데 이것을 지렛대 AB와 비교해 보면, 대응하는 크기들이 역시 같은 방식으로 (순서는 반대지만) 배열되어 있으며, 그 개수나 무게도 서로 같다. 그러므로 모든 무게들을 결합한 것의 무게중심이 지렛대 AB와 AD를 같은 비율로 나누게 된다. 그런데 우리는 이렇게 배열한 것들의 무게중심을 X라고 했다. 그러므로 점 X는 지렛대 BA와 AD를 같은 비율로 나눈다. 즉 BX 대 XA의 비율은 AX 대 XD의 비율과 같다. 그러므로 위의 정리에 따라서, BX는 AX의 두 배이다. 증명이 끝났다.

법칙 2

포물선 회전체에다 높이가 같은 원기둥들을 내접시키고 또 외접시켜라. 회전체의 축에서 어떤 점을 잡되, 그 점에서 꼭짓점까지의 거리와 그 점에서 밑면까지의 거리의 비율이 2 대 1이 되도록 분할하는 점을 잡아라. 그러면 내접시킨 입체의 무게중심은 그 분할점보다 좀 더 아래쪽에 놓이고, 외접시킨 입체는 그 분할점보다 좀 더 위쪽에 놓인다. 그리고 그 분할점과 이 두 무게중심 사이의 거리는, 이들을 구성하는 원기둥들 중 하나의 높이의 6분의 1과 같다.

포물선 회전체가 있고, 이것에 대해 앞에서 말한 것처럼 각각 내접, 외접하는 입체가 있다고 하자. 회전체의 축을 AE라 하고, 어떤 점 N을 잡되, AN의 길이가 NE의 길이의 두 배라고 하자. 그러면 내접하는 입체의 무게중심은 선분 NE에 놓이고, 외접하는 입체의 무게중심은 선분 AN에 놓임을 보여야 한다.

이러한 입체들을 그 회전축을 지나는 평면으로 잘라라. 이때 잘려서 생기는 포물선을 BAC라 하고, 회전체의 밑면이 평면에 의해 잘려서 생기는 선분을 BC라 하자. 원기둥들의 단면은 직사각형이 되어 이 그림에 나타난다.

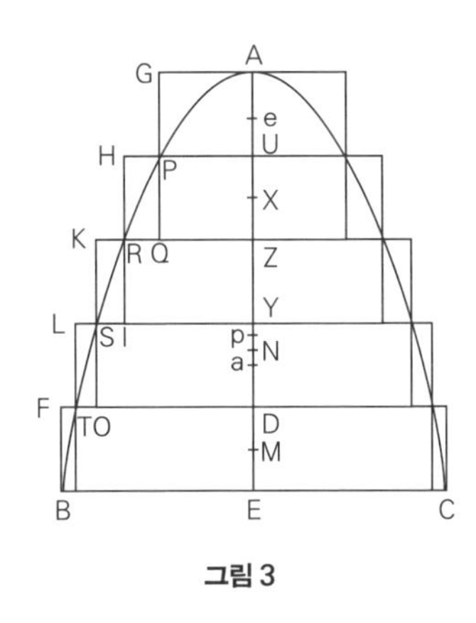

그림 3

내접한 첫 번째 원기둥의 축은 선분 DE이고, 두 번째 원기둥의 축은 선분 DY이다. 첫째와 둘째의 부피 비율은 TD의 제곱 대 SY의 제곱의 비율과 같고, 이 비율은 DA 대 AY의 비율과 같다. 그리고 축이 DY인 원기둥과 축이 YZ인 원기둥의 부피 비율은 SY의 제곱 대 RZ의 제곱의 비율과 같고, 이 비율은 YA 대 AZ의 비율과 같다. 그리고 마찬가지 이유로 축이 ZY인 원기둥과 축이 ZU인 원기둥의 부피 비율은 ZA 대 AU의 비율과 같다.

그러므로 이 원기둥들 사이의 부피 비율은 선분 DA, AY, ZA, AU의 비율과 같다. 그런데 이 선분들은 등차수열을 이루며, 이들의 차이는 이들 중 가장 작은 것과 같다. 그러므로 AZ는 AU의 두 배이고, AY는 세 배이며, DA는 네 배이다.

그러므로 이 원기둥들은 그 부피가 등차수열을 이루며, 이들의 차이는 이들 중 가장 작은 것과 같다. 그리고 이들은 선분 XM을 따라서 일정한 간격으로 매달려 있다. (각각의 원기둥의 무게중심은 그 자신의 축의 중점과 일치한다.) 그러므로 앞에서 증명한 것들에 따라서, 이들 전체의 합으로 구성된 입체의 무게중심은 선분 XM을 2 대 1의 비율로 분할하며, X 쪽이 다른 쪽에 비해서 두 배이다. 이것을 이렇게 분할해서, Xa가 aM의 두 배라고 하자. 그러면 점 a가 바로 내접하는 입체의 무게중심이다.

선분 AU의 중점을 e라 하자. 그러면 eX는 ME의 두 배이다. 그런데 Xa는 aM의 두 배이다. 그러므로 eE는 Ea의 세 배이다. 그리고 AE는 EN의 세 배이다. 그러므로 EN은 Ea보다 더 큼이 명백하며, 그 때문에 내접하는 입체의 무게중심인 점 a는 점 N보다 회전체의 밑면을 향해서 더 가까이 놓여 있다.

그리고 AE 대 EN의 비율은 eE 대 Ea의 비율과 같고, 빼셈을 해 주면, Ae 대 Na의 비율은 AE 대 EN의 비율과 같음이 나온다. 그러므로 aN은 Ae의 3분의 1이며, AU의 6분의 1이다.

똑같은 방법으로, 외접하는 원기둥들도 그 부피가 등차수열을 이루고, 그들의 차이가 그들 중 가장 작은 것과 같고, 그 무게중심들이 선분 eM을 따라서 일정한 간격으로 놓여 있음을 보일 수 있다. 그러므로 만약 선분 eM에서 점 p를 잡되, ep가 pM의 두 배가 되도록 잡으면, 점 p는 외접하는 입체의 무게중심이 된다.

그런데 ep는 pM의 두 배이고, Ae는 EM의 두 배보다 작기 때문에(이들은 서로 같다.), AE는 Ep의 세 배보다 작다. 그러므로 Ep는 EN보다 더 크다. 그런데 eM은 Mp의 세 배이고, ME 더하기 eA의 두 배는 마찬가지로 ME의 세 배이니, AE 더하기 Ae는 Ep의 세 배이다. 그런데 AE는 EN의 세 배이다. 그러므로 빼셈을 하면, Ae는 pN의 세 배임이 나온다. 그러므로 Np는 AU의 6분의 1이다. 그러므로 보이고자 하는 것들을 모두 증명했다. 이것으로부터 다음이 명백하게 성립한다.

딸린 법칙

포물선 회전체에다 한 입체를 내접시키고 다른 한 입체를 외접시켜서, 이들의 무게중심들이 점 N으로부터의 거리가 그 어떠한 주어진 거리보다도 더 작도록 만들 수 있다.

그 어떠한 거리가 주어지든 그것의 여섯 배 길이인 선분을 잡아라. 그리고 축의 길이가 이 선분보다 더 작도록 원기둥들을 잡으면, 이 두 입체들은 그 무게중심과 점 N 사이의 거리가 (둘 다) 주어진 어떤 거리보다 더 작아진다.

이 법칙 2는 다음과 같이 다른 방법으로 증명할 수 있다.

회전체의 축을 CD라 하자. CO의 길이가 OD의 길이의 두 배가 되도록 점 D를 잡아라. 내접하는 입체의 무게중심은 선분 OD에 놓이고, 외접하는 입체의 무게중심은 선분 CO에 놓임을 보여야 한다.

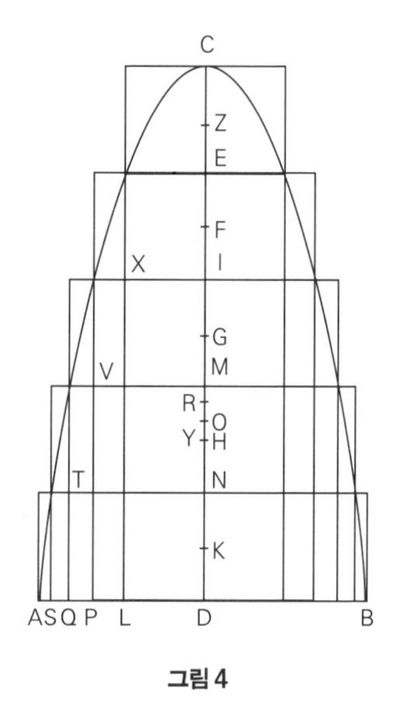

그림 4

앞에서와 마찬가지로, 점 C와 회전축을 지나는 평면으로 입체들을 잘라라. 그러면 원기둥들 SN, TM, VI, XE는 그 부피 비율이 선분 SD, TN, VM, XI의 제곱들의 비율과 같고, 이 비율은 선분 NC, CM, CI, CE의 길이 비율과 같고, 이것들은 등차수열을 이루며, 그 차이는 이들 중 가장 작은 CE와 같다.

원기둥 TM은 원기둥 QN과 같고, 원기둥 VI는 원기둥 PN과 같고, 원기둥 XE는 원기둥 LN과 같다. 그러므로 원기둥들 SN, QN, PN, LN은 그 부피가 등차수열을 이루며, 그 차이는 이들 중 가장 작은 원기둥 LN과 같다.

그런데 원기둥 SN에서 원기둥 QN을 뺀 것은 반지 모양 입체이며, 그 높이는 QT(또는 ND)이고, 그 폭은 SQ이다. 원기둥 QN에서 원기둥 PN을 뺀 것은 반지 모양 입체이며, 그 폭은 QP이다. 마지막으로 원기둥 PN에서 원기둥 LN을 뺀 것은 반지 모양 입체이며, 그 폭은 PL이다. 그러므로 이들 반지 모양 SQ, QP, PL들은 서로 부피가 같으며, 원기둥 LN과 부피가 같다.

그러므로 반지 모양 ST는 원기둥 XE와 부피가 같다. 반지 모양 QV는 반지 모양 ST의 두 배이니, 원기둥 VI와 부피가 같으며, 그러니 이것은 원기둥 XE의 두 배이다. 그리고 마찬가지 이유로 반지 모양 PX는 원기둥 TM과 부피가 같고, 원기둥 LE는 원기둥 SN과 부피가 같다.

이제 지렛대 KF를 생각하자. 선분 EI의 중점이 F이고, 선분 DN의 중점이 K이다. 점 H, 점 G는 이것을 일정한 간격으로 분할한다. 여기에 원기둥 SN, TM, VI, XE가 있어서, 그 무게중심이 각각 K, H, G, F이다.

이제 또 다른 지렛대 MK를 생각하자. 이것은 길이가 FK의 절반이다. 그리고 이것도 같은 개수의 점들로 인해 일정한 간격으로 분할된다. 즉 선분 MH, HN, NK로 분할된다. 그리고 이 지렛대에 지렛대 FK의 경우와 똑같은 개수, 똑같은 크기의 양들이 그 무게중심을 점 M, H, N, K로 해서 놓이게 되며, 배열된 순서도 똑같다.

즉 원기둥 LE는 그 무게중심이 점 M이며, 이것은 원기둥 SN과 같고, 후자의 무게중심은 점 K이다. 반지 모양 PX는 그 무게중심이 점 H이며, 이것은 원기둥 TM과 같고, 후자의 무게중심은 점 H이다. 반지 모양 QV는 그 무게중심이 점 N이며, 이것은 원기둥 VI와 같고, 후자의 무게중심은 점 G이다. 마지막으로, 반지 모양 ST는 그 무게중심이 점 K이고, 이것은 원기둥 XE와 같고, 후자의 무게중심은 점 F이다.

그러므로 이러한 양들의 무게중심은 각각 그 지렛대를 똑같은 비율로 분할하게 된다. 그런데 이들의 무게중심은 단 하나로서 일치하니, 그 두 지렛대에서 어떤 같은 점이 그 무게중심이 된다. 이 점을 Y라고 하자.

그러면 FY 대 YK의 비율은 KY 대 YM의 비율과 같다. 그러므로 FY는 YK의 두 배이다. 선분 CE는 점 Z에 의해서 양분되니, ZF는 KD의 두 배이고, 따라서 ZD는 DY의 세 배이다. 그런데 CD는 DO의 세 배이다. 그러므로 선분 DO는 선분 DY보다 더 길다. 그러므로 내접된 입체의 무게중심인 점 Y는 점 O보다 더 아래쪽에, 밑면 가까이에 놓여 있다.

그리고 CD 대 DO의 비율은 ZD 대 DY의 비율과 같으니, 뺄셈을 해주면, 나머지 CZ 대 나머지 YO의 비율은 CD 대 DO의 비율과 같다. 즉 YO는 CZ의 3분의 1이며, CE의 6분의 1이다.

외접하는 경우에도 마찬가지 방법으로 증명을 할 수 있다. 외접하는 원기둥들이 그 부피가 등차수열이 되고, 그 차이가 가장 작은 원기둥과 같고, 그들의 무게중심이 지렛대 KZ에 일정한 간격으로 놓여 있다고 하자. 그러면 앞에서와 마찬가지로 원기둥들과 부피가 같은 반지 모양들이 지렛대 KG에 무게중심이 똑같은 방식으로 놓이게 된다. 이것은 지렛대 KZ의 절반 길이이다. 그러므로 외접하는 입체의 무게중심을 R라 하면, 이 점은 지렛대를 같은 비율로 분할하니, ZR 대 RK의 비율은 KR 대 RG의 비율과 같다.

그러므로 ZR는 RK의 두 배이다. 그런데 CZ는 KD와 같으니, 그 두 배가 아니다. 그러므로 CD는 DR의 세 배보다 더 작다. 그러므로 선분 DR는 선분 DO보다 더 길다. 그러므로 외접하는 입체의 무게중심은 점 O보다 좀 더 위쪽에, 밑면으로부터 더 멀리 놓여 있다.

그리고 ZK는 KR의 세 배이고, KD 더하기 ZC의 두 배는 KD의 세 배이니, CD 더하기 CZ는 DR의 세 배이다. 그런데 CD는 DO의 세 배이다. 그러므로 뺄셈을 하면, CZ는 RO의 세 배임이 나온다. 즉 RO는 EC의 6분의 1이다. 이것이 바로 법칙 2이다.

먼저 이러한 것들을 증명했으니, 이제 다음 법칙을 증명하겠다.

법칙 3

포물선 회전체의 무게중심은 그 축을 꼭짓점 방향의 길이와 밑면 방향의 길이가 2 대 1의 비율이 되도록 분할한다.

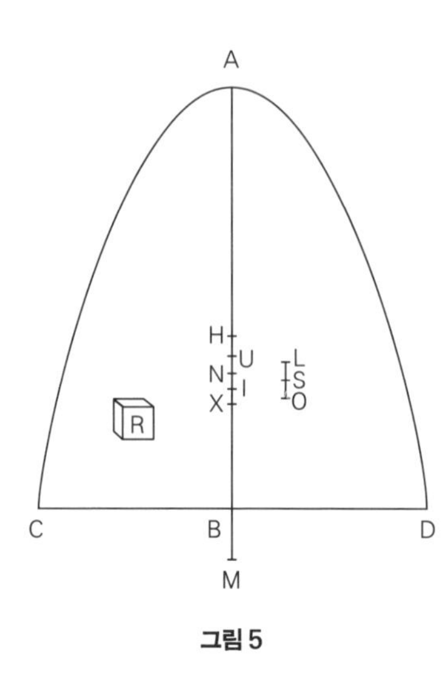

그림 5

포물선 회전체의 축을 AB라 하고, AN의 길이가 NB의 두 배가 되도록 점 N을 잡아라. 그러면 포물선 회전체의 무게중심이 점 N임을 보이겠다. 만약에 그 무게중심이 점 N이 아니라면, 무게중심은 점 N보다 아래에 놓이거나 또는 위에 놓일 것이다.

먼저 이것이 아래에 놓여있다고 하고, 그 점을 X라 하자. 선분 NX와 길이가 같도록 선분 LO를 그어라. 그리고 선분 LO에서 임의의 점 S를 잡아라. 그리고 BX 더하기 OS 대 OS의 비율이 얼마든지 간에, 회전체의 부피 대 입체 R의 부피가 그와 같은 비율이 되도록 입체 R를 잡아라.

이제 같은 높이의 원기둥들로 구성된 입체를 회전체에 내접시키되, 다음 조건들을 만족하도록 만들어라. 그 무게중심과 점 N 사이의 거리는 LS보다 더 작고, 회전체와 내접입체의 부피 차이는 입체 R보다 더 작도록 해라. 이 조건들을 만족하도록 만들 수 있음은 명백하다.

이 내접입체의 무게중심을 I라 하자. 그러면 IX는 SO보다 더 크다. 그런데 XB 더하기 SO 대 SO의 비율은 회전체 대 입체 R의 비율과 같다. 그리고 입체 R의 부피는, 회전체와 내접입체의 차이보다 더 크다. 그러므로 회전체 대 그 차이의 비율은, BX 더하기 SO 대 SO의 비율보다 더 크다. 그러므로 빼셈을 하면, 내접입체 대 그 차이의 비율은, BX 대 SO

의 비율보다 더 크다.

그런데 BX 대 XI의 비율은 BX 대 SO의 비율보다 더 작다. 그러므로 내접입체 대 그 차이의 비율은, BX 대 XI의 비율보다 더 크다. 그러므로 내접입체 대 그 차이의 비율은, 다른 어떤 선분 대 XI의 비율과 같을 것이다. 이 선분은 BX보다 더 커야 한다. 이 선분을 MX라 하자.

이제 회전체의 무게중심은 X이고, 내접입체의 무게중심은 I이다. 그러므로 이들의 차이, 즉 회전체에서 내접입체를 빼면 남는 부분의 무게중심은 직선 XM에 놓여 있으며, 그 무게중심을 끝점으로 하는 선분이 있을 것이다. 그러면 내접입체 대 그 차이의 비율은 이 선분 대 XI의 비율과 같다. 그런데 이 비율은 MX 대 XI의 비율과 같음을 이미 증명했다. 그러므로 점 M이 바로, 회전체에서 내접입체를 빼면 남는 부분의 무게중심이다.

그러나 이것은 불가능함이 명백하다. 왜냐하면 점 M을 지나고 회전체의 밑면과 평행한 평면을 그리면, 남는 부분은 모두 이 평면을 기준으로 어느 한쪽에 놓여 있으며, 이 평면이 그것을 분할하지 않기 때문이다. 그러므로 포물선 회전체의 무게중심은 점 N보다 더 아래에 놓일 수 없다.

그리고 무게중심은 점 N보다 더 위에 놓일 수도 없다. 만약에 이것이 가능하다면, 무게중심을 H라 하자. 앞에서와 마찬가지로, 선분 LO의 길이가 선분 HN의 길이와 같도록 잡고, 이 선분에서 임의의 점 S를 잡아라. 그리고 BN 더하기 SO 대 SL의 비율이, 회전체 대 입체 R의 비율과 같도록, 입체 R를 잡아라. 이 회전체에 원기둥들로 구성된 입체를 외접시키되, 회전체와의 부피 차이가 입체 R보다 더 작도록 하고, 외접입체의 무게중심 U와 점 N과의 거리가 SO보다 작도록 해라.

그러면 UH는 LS보다 더 크다. 그런데 BN 더하기 OS 대 SL의 비율은 회전체 대 입체 R의 비율과 같고, 입체 R는 외접입체와 회전체의 차이보다 더 크니, BN 더하기 OS 대 SL의 비율은 회전체 대 그 차이의 비율보다 더 작다. 그런데 BU는 BN 더하기 SO보다 더 작고, HU는 SL보다 더 크니, 회전체 대 그 차이의 비율은 BU 대 UH의 비율보다 훨씬 더 크다. 그러므로 회전체 대 그 차이의 비율과 같으려면, BU보다 더 큰 어떤 선분 대 UH의 비율이 되어야 한다. 이러한 선분을 MU라 하자.

이제 외접입체의 무게중심은 U이고, 회전체의 무게중심은 H이며, 회전체 대 그 차이의 비율은 MU 대 UH의 비율과 같으니, 그 차이, 즉 외접입체에서 회전체를 빼면 남는 부분의 무게중심은 바로 점 M이다. 그러나 이것은 불가능하다.

그러므로 회전체의 무게중심은 점 N보다 위에 놓일 수 없다. 그런데 그 아래에 놓일 수 없음은 이미 증명했다. 그러므로 무게중심은 반드시 점 N에 놓여야 한다. 앞에서와 마찬가지로, 회전체의 축에 직각인 평면들로 자르는 것 이외의 방법으로 증명할 수도 있다.

이 법칙은 달리 증명할 수도 있다. 다음 법칙으로부터 이것이 명백하게 성립한다.

법칙 4

포물선 회전체의 무게중심은 원기둥들로 만든 외접입체의 무게중심과 내접입체의 무게중심의 사이에 놓인다.

포물선 회전체의 축을 AB라 하고, 외접입체의 무게중심을 C라 하고, 내접입체의 무게중심을 O라 하자. 그러면 회전체의 무게중심은 점 C와 점 D의 사이에 놓임을 보이겠다.

만약에 무게중심이 그 사이에 놓여 있지 않다면, 그보다 위 또는 아래, 또는 이들 중 어느 한 점에 놓일 것이다. 예를 들어 아래에 놓여 있다고 하고, 이것을 점 R라 하자.

그러면 점 R는 회전체의 무게중심이고, 점 O는 내접입체의 무게중심이니, 그 나머지 부분, 즉 회전체에서 내접입체를 빼면 남는 부분들의 무게중심은 선분 OR를 연장한 직선에, R를 지나서 놓일 것이다. 그 점이 어디에 놓이든지 간에, 남는 부분 대 내접입체의 비율은, 선분 OR 대 점 R와 그 점 사이 선분의 비율과 같다. 이 비율이 OR 대 RX의 비율과 같다고 하자. 그러면 점 X는 회전체의 바깥에 놓이거나, 또는 안에 놓이거나, 또는 회전체의 밑면에 놓일 것이다.

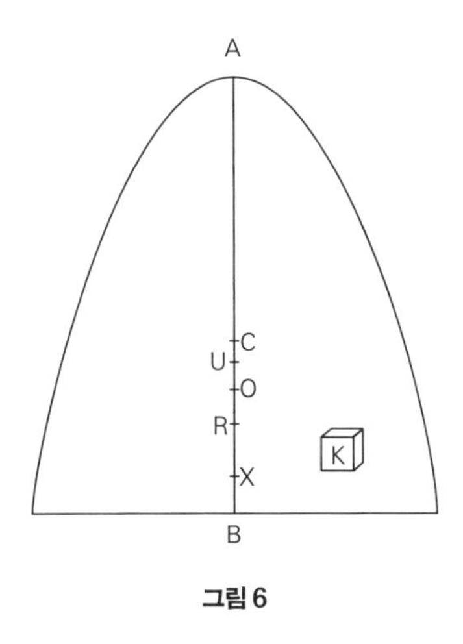

그림 6

점 X가 바깥에 놓이거나 또는 밑면에 놓이는 것은 불가능함이 명백하다. 그러니 안에 놓인다고 하고, XR 대 RO의 비율은 내접입체 대 남는 부분의 비율과 같으니, BR 대 RO의 비율이 어떠하든지 간에, 내접입체와 입체 K의 비율이 이 비율과 같다고 하면, 입체 K는 남는 부분보다 더 작게 된다.

이제 또 다른 입체를 내접시키되, 회전체와의 차이가 K보다 작도록 해라. 그러면 이 내접입체의 무게중심은 점 O와 점 C의 사이에 놓인다. 이 무게중심을 U라 하자. 첫 번째 내접입체 대 K의 비율은 BR 대 RO의 비율과 같고, 반면에 두 번째 내접입체는 무게중심이 U이고 첫 번째 내접입체보다 더 크며, 회전체와의 차이가 K보다 더 작으니, 두 번째 내접입체와 그것과 회전체와의 차이(즉 회전체에서 내접입체를 빼면 남는 부분)와의 비율은, BR보다 더 큰 어떤 선분 대 RU의 비율이 된다.

그런데 회전체의 무게중심은 R이고, 내접입체의 무게중심은 U이다. 그러므로 그 차이(즉 빼면 남는 부분)의 무게중심은 점 B보다 더 아래쪽에, 회전체의 바깥에 놓이게 된다. 그러나 이것은 불가능하다.

마찬가지 방법으로, 이 회전체의 무게중심은 선분 CA에 놓이지 않음을 보일 수 있다. 그러면 이 무게중심이 점 C 또는 점 O에 놓이지도 않음이 명백하다. 만약에 여기에 놓인다고 하면, 무게중심이 점 O인 내접입체보다 더 큰 내접입체를 잡고, 무게중심이 점 C인 외접입체보다 더 작은 외접입체를 잡아라. 그러면 회전체의 무게중심은 이 새로운 두 입체들의 무게중심들 바깥에 놓이게 된다. 그러나 이것은 불가능함을 우리는 방금 증명했다.

그러니 회전체의 무게중심은 외접입체의 무게중심과 내접입체의 무게중심 사이에 놓인다. 그렇다면 그 무게중심은 반드시, 꼭짓점까지의 거리가 밑면까지 거리의 두 배가 되도록 분할하는 점에 놓여야 한다. 왜냐하면 바로 그 점과 내접입체의 무게중심과의 거리, 외접입체의 무게중심과의 거리가, 주어진 그 어떠한 선분보다도 더 작도록 내접입체, 외접입체를 잡는 것이 가능하기 때문이다. 그러니 이 결론에 어긋나는 주장을 하면, 회전체의 무게중심이 내접입체의 무게중심과 외접입체의 무게중심 사이에 놓이지 않게 되는 모순에 처하게 된다.

정리

세 선분들이 차례차례 비율이 같다고 (등비수열을 이룬다고) 하자. 가장 작은 것 대 가장 큰 것에서 가장 작은 것을 뺀 것과의 비율은, 주어진 어떤 선분 대 가장 큰 것에서 중간 것을 뺀 것의 3분의 2와의 비율과 같다고 하자. 가장 큰 것 더하기 중간 것의 두 배 대 가장 큰 것의 세 배 더하기 중간 것의 세 배와의 비율은, 주어진 다른 어떤 선분 대 가장 큰 것에서 중간 것을 뺀 것과의 비율과 같다고 하자. 그러면 이 주어진 두선분들의 합은, 세 선분들 중 가장 큰 것의 3분의 1과 같다.

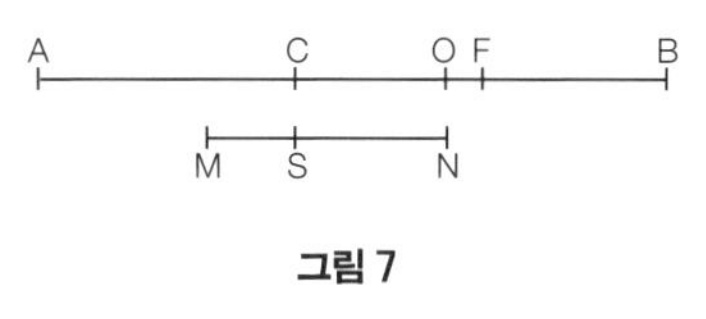

그림 7

차례차례 비율이 같은 세 선분 AB, BC, BF가 있다고 하자. 그리고 BF 대 AF의 비율은, 어떤 선분 MS 대 CA의 3분의 2와의 비율과 같다고 하자. 그리고 AB 더하기 2BC 대 3AB 더하기 3BC의 비율은, 다른 어떤 선분 SN 대 AC의 비율과 같다고 하자. 그러면 MN은 AB의 3분의 1임을 증명하겠다.

선분 AB, BC, BF가 차례차례 비율이 같으니, 선분 AC와 CF도 역시 같은 비율이 된다. 그러므로 AB 대 BC의 비율은 AC 대 CF의 비율과 같고, 3AB 대 3BC의 비율도 AC 대 CF의 비율과 같다. 3AB 더하기 3BC 대 3CB의 비율이 얼마든 그와 같으려면, AC 대 CF보다 작은 선분이어야 한다. 이러한 선분을 CO라 하자.

그러면 비율들을 더하고 역비율을 잡으면, OA 대 AC의 비율은, 3AB 더하기 6BC 대 3AB 더하기 3BC의 비율과 같다. 그리고 AC 대 SN의 비율은, 3AB 더하기 3BC 대 AB 더하기 2BC의 비율과 같다. 그러므로 OA 대 NS의 비율은, 3AB 더하기 6BC 대 AB 더하기 2BC의 비율과 같다. 그런데 3AB 더하기 6BC 대 AB 더하기 2BC의 비율은, 3 대 1이다. 그러므로 AO는 SN의 세 배이다.

그다음, OC 대 CA의 비율은, 3CB 대 3AB 더하기 3CB의 비율과 같다. 그리고 CA 대 CF의 비율은, 3AB 대 3BC의 비율과 같다. 그러므로 비례식의 성질에 따라서, OC 대 CF의 비율은, 3AB 대 3AB 더하기 3BC의 비율과 같다. 그리고 역비율에 따라서, OF 대 FC의 비율은, 3BC 대 3AB 더하기 3BC의 비율과 같다. 그리고 CF 대 FB의 비율은, AC 대 CB의 비율과 같고, 3AC 대 3BC의 비율과 같다.

그러므로 비례식의 성질에 따라서, OF 대 FB의 비율은, 3AC 대 AB와 BC를 더한 것의 세 배의 비율과 같다. 그러므로 OB 대 Bf의 비율은, 6AB 대 AB와 BC를 더한 것의 세 배의 비율과 같다. 그런데 FC 대 CA의 비율은 CB 대 BA의 비율과 같으니, FC 대 CA의 비율은 BC 대 BA의 비율과 같다. 비례식을 결합하면, FA 대 AC의 비율은, BA 더하기 AC 대 BA의 비율과 같으며, 이들의 세 배들의 비율과도 같다.

그러므로 FA 대 AC의 비율은, 3BA 더하기 3BC 대 3AB의 비율과 같다. 그러므로 FA 대 AC의 3분의 2와의 비율은, 3BA 더하기 3BC 대 3BA의 3분의 2, 즉 2BA와의 비율과 같다. 그런데 FA 대 AC의 3분의 2와의 비율은, FB 대 MS의 비율과 같다. 그러므로 FB 대 MS의 비율은, 3BA 더하기 3BC 대 2BA의 비율과 같다.

그런데 OB 대 FB의 비율은 6AB 대 AB와 BC를 더한 것의 세 배의 비율과 같다. 그러므로 OB 대 MS의 비율은 6AB 대 2BA의 비율과 같다. 그러므로 MS는 OB의 3분의 1이다. 그리고 SN은 AO의 3분의 1임을 이미 보였다. 그러므로 MN은 AB의 3분의 1임이 명백하다. 증명이 끝났다.

법칙 5

포물선 회전체를 잘라내어 회전체대를 만들면, 그 무게중심은 이 회전체대의 축인 선분에 놓여 있다. 이 선분을 똑같은 길이로 3등분하면, 회전체대의 무게중심은 그중 가운데 부분에 놓이며, 무게중심이 가운데 부분을 분할하는 비율은, 작은 밑면(즉 이 그림에서 윗면) 쪽의 부분 대 큰 밑면 쪽의 부분의 비율이, 큰 밑면의 넓이 대 작은 밑면의 넓이의 비율과 같다.

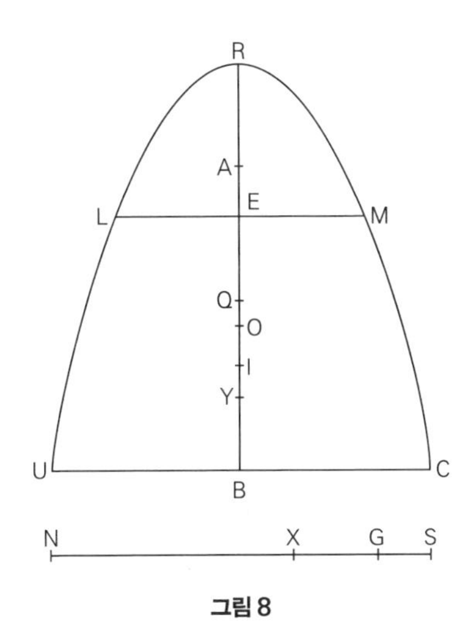

그림 8

회전축이 RB인 포물선 회전체를 잘라내어 축이 BE인 회전체대를 만들어라. 이때 자르는 평면은 밑면과 평행해야 한다. 이것을 밑면과 수직인 평면으로 잘라라. 그러면 그 단면은 포물선 URC이고, 자르는 평면과 밑면들이 만나서 선분 LM, 선분 UC가 된다. 그리고 세로축은 RB이고, LM과 UC는 가로가 된다.

선분 EB를 똑같은 길이로 3등분해라. 그중 가운데 부분이 QY이다. 이 가운데 부분에서 점 I를 잡되, 지름 UC인 밑면의 넓이 대 지름 LM인 밑면의 넓이 비율이(즉 UC의 제곱 대 LM의 제곱의 비율이), QI 대 IY의 비율과 같도록 잡아라. 그러면 회전체대 ULMC의 무게중심은 I임을 보이겠다.

선분 BR와 길이가 같도록 선분 NS를 그어라. 그리고 ER와 길이가 같도록 SX를 잡아라. 그리고 NS, SX와 차례차례 비율이 같도록(등비수열이 되도록) 세 번째 양 SG를 잡아라. 그리고 NG 대 GS의 비율이 BQ 대 IO의 비율과 같도록, 점 O를 잡아라. 점 O가 평면 LM의 위에 놓이든 또는 아래에 놓이든, 상관이 없다.

단면 URC에서 선분 LM, 선분 UC가 가로이니, UC의 제곱 대 LM의 제곱의 비율은, 선분 BR 대 선분 RE의 비율과 같다. 그리고 UC의 제곱 대 LM의 제곱의 비율은, QI 대 IY의 비율과 같다. 그리고 BR 대 RE

의 비율은, NS 대 SX의 비율과 같다. 그러므로 QI 대 IY의 비율은, NS 대 SX의 비율과 같다.

그러므로 QY 대 YI의 비율은, NS 더하기 SX 대 SX의 비율과 같다. 그리고 EB 대 YI의 비율은, 3NS 더하기 3SX 대 SX의 비율과 같다. 그리고 EB 대 BY의 비율은, NS와 SX를 더한 것의 세 배 대 NS와 SX를 더한 것의 비율과 같다. 그러므로 EB 대 BI의 비율은, 3NS 더하기 3SX 대 NS 더하기 2SX의 비율과 같다.

그러므로 세 선분 NS, SX, GS가 차례차례 비율이 같고, SG 대 GN의 비율이 얼마든지 간에, 주어진 어떤 선분 OI 대 EB(즉 NX)의 3분의 2와의 비율과 같다. 그리고 NS 더하기 2SX 대 3NS 더하기 3SX와의 비율이 얼마든지 간에, 주어진 어떤 선분 IB 대 BE(즉 NX)와의 비율과 같다. 그러므로 앞에서 증명한 정리에 따라서, 이 선분들을 더한 것은 NS(즉 RB)의 3분의 1과 같다. 그러므로 RB는 BO의 세 배이다. 즉 점 O는 회전체 URC의 무게중심이다.

이제 회전체 LRM의 무게중심을 A라 하자. 그러면 회전체대 ULMC의 무게중심은 선분 OB에 놓이며, 그 점이 어디이든 회전체대 ULMC 대 회전체 LRM의 비율이 얼마든, 선분 AO 대 점 O에서 그 점까지의 선분의 비율과 같다.

그런데 RO는 RB의 3분의 2이고, RA는 RE의 3분의 2이니, 나머지 AO는 나머지 EB의 3분의 2이다. 그리고 회전체대 ULMC 대 회전체 LRM의 비율은, NG 대 GS의 비율과 같고, NG 대 GS의 비율은, EB의 3분의 2 대 OI의 비율과 같다. 그리고 EB의 3분의 2는 선분 AO와 같다. 그러므로 회전체대 ULMC 대 회전체 LRM의 비율은, AO 대 OI의 비율과 같다.

그러므로 회전체대 ULMC의 무게중심은 점 I임이 명백하다. 이 점이 그 축을 분할하는 비율은, 작은 밑면 쪽의 부분 대 큰 밑면 쪽의 비율이, 큰 밑면의 두 배 더하기 작은 밑면 대 작은 밑면의 두 배 더하기 큰 밑면의 비율과 같다. 이것은 이 법칙을 좀 더 산뜻하게 표현한 것이다.

정리

어떤 양들이 다음과 같이 배열되어 있다고 하자. 첫째 위치에 어떤 양이 있다. 둘째 위치에는 첫째 더하기 첫째 양의 두 배가 있다. 셋째 위치에는 둘째 더하기 첫째 양의 세 배가 있다. 넷째 위치에는 셋째 더하기 첫째 양의 네 배가 있다. 이런 식으로 차례차례 양들이 배열되어 있다고 하자. 이러한 양들을 지렛대에 일정한 간격으로 매달아 놓으면, 전체 합친 것의 평형점은 그 지렛대를 3 대 1의 비율로 (양들이 작은 쪽 부분의 길이가 양들이 큰 쪽 부분 길이의 세 배가 되도록) 분할한다.

지렛대를 LT라 하고, 여기에 양들 A, F, G, H, K가 이 정리의 조건을 만족하며 매달려 있다고 하자. A가 첫째 양이며, 위치 T에 매달려 있다. 그러면 평형점은 이 지렛대 TL을, T쪽 부분의 길이가 다른 쪽 길이의 세

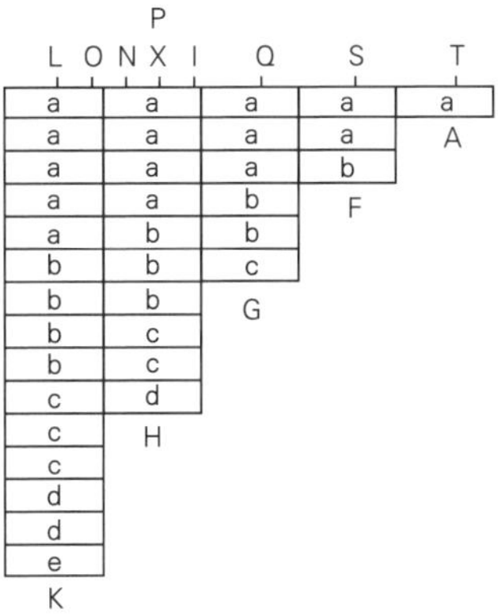

a	a	a	a	a
a	a	a	a	A
a	a	a	b	
a	a	b	F	
a	b	b		
b	b	c		
b	b	G		
b	c			
b	c			
c	d			
c	H			
c				
d				
d				
e				
K				

그림 9

배가 되도록 분할함을 보이겠다.

TL은 LI의 세 배가 되도록, SL은 LP의 세 배가 되도록, QL은 LN의 세 배가 되도록, 그리고 LP는 LO의 세 배가 되도록 잡아라. 그러면 IP, PN, NO, OL은 서로 크기가 같다.

F 위치에서 양 2A를 잡고, G 위치에서 양 3A를 잡고, H 위치에서 양 4A를 잡고, 이런 식으로 계속 잡아라. 그림에서 이러한 양들을 소문자 a로 나타냈다. 위치 F, G, H, K에서도 a로 나타냈다. 그리고 위치 F에서 남은 양은 b로 나타냈는데, 이것은 a와 크기가 같다. 그리고 G에서 2b를 잡고, H에서 3b를 잡고, 이런 식으로 계속 잡아라. 이것들은 b들을 포함하는 양들이다. 이와 같은 방법으로 c들, d들, e들을 포함하는 것들을 잡아라.

그러면 a라 표시한 양들을 모두 더하면, 그것은 K에 있는 양 전체와 같다. b라 표시한 양들을 모두 더하면, 그것은 H와 같다. c들 전부는 G와 같다. d들 전부는 F와 같다. 그리고 e는 A와 같다. 그런데 TI는 LI의 두 배이니, 점 I는 a들로 구성된 모든 양들의 평형점이다. 마찬가지로 SP는 PL의 두 배이니, 점 P는 b들로 구성된 모든 양들의 평형점이다. 마찬가지로 점 N은 c들로 구성된 모든 양들의 평형점이다. 점 O는 d들의 평형점이다. 그리고 점 L은 e 자신의 평형점이다.

지렛대 TL에 일정한 간격으로 양들 K, H, G, F, A가 매달려 있다. 그리고 다른 어떤 지렛대 LI를 생각하면, 여기에도 일정한 간격으로 같은 개수의 양들이 매달려 있으며, 그 크기와 순서도 역시 똑같다. 왜냐하면 모든 a들의 결합이 I에 매달려 있으며, 이것은 양 K가 위치 L에 매달려 있는 것과 같다. 그리고 모든 b들의 결합이 P에 매달려 있으며, 이것은 양 H가 P에 매달려 있는 것과 같다. 마찬가지로 모든 c들의 결합이 위치 N에 매달려 있으며, 이것은 양 G와 같다. 그리고 모든 d들의 결합이 위치 O에 매달려 있으며, 이것은 양 F와 같다. 그리고 e가 L에 매달려 있으며, 이것은 A와 같다.

그러므로 모든 양들의 평형점은 이 두 지렛대들을 같은 비율로 분할한다. 그런데 모든 양들의 평형점은 단 하나이니, 이 평형점은 선분 TL과 선분 LI에 공통인 점이 된다. 이 점을 X라 하자. 그러면 TX 대 XL의 비율은 LX 대 XI의 비율과 같다. 그러니 TL 대 LI의 비율도 이 비율과 같다. 그런데 TL은 LI의 세 배이다. 그러므로 TX는 XL의 세 배이다.

정리

어떤 양들이 다음과 같이 배열되어 있다고 하자. 첫째 위치에 어떤 양이 있다. 둘째 위치에는 첫째 더하기 첫째 양의 세 배가 있다. 셋째 위치에는 둘째 더하기 첫째 양의 다섯 배가 있다. 넷째 위치에는 셋째 더하기 첫째 양의 일곱 배가 있다. 이런 식으로 차례차례 양들이 배열되어 있다고 하자. (이것은 제곱수들을 차례차례 배열한 것과 같다.) 이러한 양들을 지렛대에 일정한 간격으로 매달아 놓으면, 전체 합친 것의 평형점은 그 지렛대를 3 대 1의 비율보다 더 크게(양들이 작은 쪽 부분의 길이가 양들이 큰 쪽 부분 길이의 세 배가 넘도록) 분할한다. 그러나 그 긴 길이에서 일정한 간격 하나를 빼면, 길이가 세 배보다 작게 된다.

지렛대 BE가 있고, 이 지렛대에 양들이 이 정리의 조건을 만족하며 매달려 있다고 하자. 이들 중에서 바로 앞의 정리의 배열 조건을 만족하는 양들을 따로 잡아서 모두 a로 표기하자. 그리고 나머지 양들은 모두 c로 표기하자. 그런데 나머지 양들도 바로 앞의 정리의 배열 조건을 만족한다. 다만 한 칸씩 옆으로 밀려서, 가장 큰 양이 없을 뿐이다.

ED가 DB의 세 배가 되도록 잡아라. 그리고 Gf가 FB의 세 배가 되도

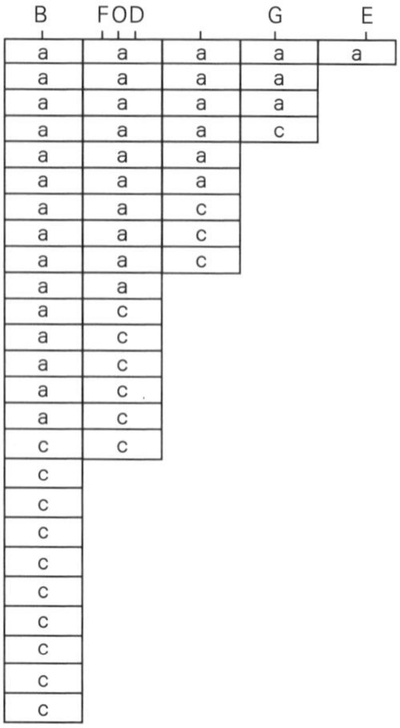

B	FOD		G	E
a	a	a	a	a
a	a	a	a	
a	a	a	a	
a	a	a	c	
a	a	a		
a	a	a		
a	a	c		
a	a	c		
a	a	c		
a	a			
a	c			
a	c			
a	c			
a	c			
a	c			
c	c			
c				
c				
c				
c				
c				
c				
c				
c				
c				

그림 10

록 잡아라. 그러면 점 D는 a들로 구성된 모든 양들의 평형점이 된다. 그리고 점 F는 c들로 구성된 모든 양들의 평형점이 된다. 그러므로 a들과 c들을 모두 합친 전체 양들의 평형점은 D와 F 사이에 놓인다. 그러므로 EO는 OB의 세 배보다 더 크고, GO는 OB의 세 배보다 더 작음이 명백하다. 이것이 바로 증명하려던 것이다.

법칙 6

임의의 원뿔에 일정한 높이의 원기둥들이 내접하고 있고, 또 외접하고 있다고 하자. 원뿔의 축을 분할하되, 그 분할점에서 꼭짓점까지의 거리가 나머지 부분의 세 배가 되도록 해라. 그러면 그 내접하는 입체의 무게중심은 그 분할점보다 좀 더 아래쪽에(즉 원뿔의 밑면에 더 가깝게) 놓이고, 외접하는 입체의 무게중심은 그 분할점보다 좀 더 위쪽에(즉 원뿔의 꼭짓점에 더 가까이) 놓인다.

원뿔의 축을 NM이라 하고, 분할점 S를 잡되, NS가 SM의 세 배가 되도록 잡아라. 그러면 이 원뿔에 내접하는 입체는 그 무게중심이 축 NM에 놓이고, 분할점 S보다 더 아래쪽에, 원뿔의 밑면에 더 가까이 놓이고, 외접하는 입체의 무게중심은 역시 축 NM에 놓이지만, 분할점 S보다 더 위쪽에, 그러니까 꼭짓점에 더 가까이 놓임을 보이겠다.

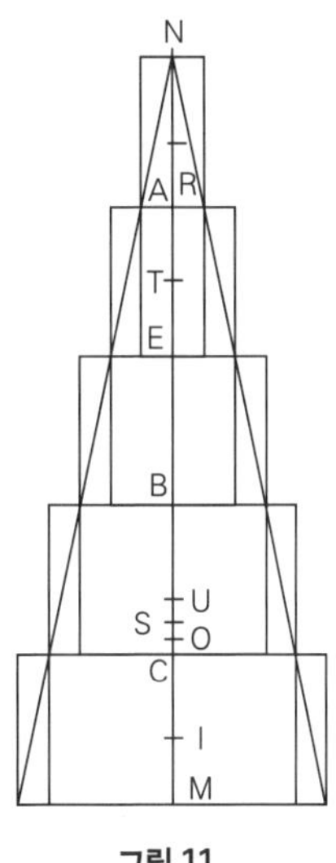

그림 11

내접하는 원기둥들의 축들 MC, CB, BE, EA가 서로 길이가 같다고 하자. 그러면 축이 MC인 첫 번째 원기둥과 축이 CB인 원기둥과의 부피 비율은, 그 밑면과 밑면의 넓이 비율과 같다. (왜냐하면 높이가 서로 같기 때문이다.) 그리고 이 비율은 CN의 제곱 대 NB의 제곱의 비율과 같다. 마찬가지로, 축이 CB인 원기둥과 축이 BE인 원기둥의 비율은, BN의 제곱 대 NE의 제곱의 비율과 같다. 그리고 축이 BE인 원기둥 대 축이 EA인 원기둥의 비율은, EN의 제곱 대 NA의 제곱의 비율과 같다.

그리고 선분 NC, NB, EN, NA는 등차수열을 이루며, 이들의 차이는 이들 중 가장 작은 NA와 같다. 그러므로 내접하는 원기둥들은 그 차이가 차례차례 제곱수들의 차이와 같다. (즉 내접하는 원기둥들은 제곱수들을 차례차례 배열한 것과 같다.) 이것들을 지렛대 TI에 배열해 놓았으며, 그 무게중심들은 일정한 간격으로 놓여 있다. 그러므로 앞의 정리에서 증명한 것에 따라서, 이 모든 것들을 합한 것의 무게중심은, 지렛대 TI를 분할할 때 T쪽 부분이 다른쪽 부분에 비해서 세 배보다 더 크도록 분할한다.

이 무게중심을 O라 하자. 그러면 TO는 OI의 세 배가 넘는다. 그런데 TN은 IM의 세 배이다. 그러므로 MO는 MN의 4분의 1보다 더 작다. 그런데 MS는 이것의 4분의 1이다. 그러므로 점 O는 점 S보다 더 아래쪽에, 즉 원뿔의 밑면에 더 가까이 놓인다.

이제 외접하는 원기둥들이 있고, 이들의 축들 MC, CB, BE, EA, AN이 서로 길이가 같다고 하자. 내접하는 경우와 마찬가지로, 이들의 부피 비율은 MN, NC, BN, NE, AN의 각각의 제곱들의 비율과 같음을 보일 수 있다. 그리고 그 제곱들은 그 차이가 차례차례 제곱수들의 차이와 같다.(즉 외접하는 원기둥들은 제곱수들을 차례차례 배열한 것과 같다.)

그러므로 앞에서 증명한 것과 마찬가지로, 이 모든 원기둥들의 무게중심은(이것을 U라 하자.), 지렛대 RI를 분할할 때 R쪽 부분(즉 RU)의 길이가 다른쪽 UI에 비해서 세 배가 넘도록 분할한다. 그리고 TU는 그것의 세 배보다 더 작다. 그런데 NT는 IM의 세 배이다. 그러므로 UM은 MN의 4분의 1보다 더 큰데, MS는 그것의 4분의 1이다. 그러므로 점 U는 점 S에 비해서 더 위쪽에, 다시 말해 꼭짓점에 더 가까이 놓여 있다. 증명이 끝났다.

법칙 7

주어진 원뿔에 대해서, 같은 높이의 원기둥들로 구성된 입체들을 내접시키고 또 외접시켜서, 내접입체의 무게중심과 외접입체의 무게중심과의 거리가, 임의의 주어진 선분보다도 더 작아지도록 할 수 있다.

축이 AB인 어떤 원뿔과 임의의 선분 K가 주어졌다고 하자. 원뿔에 내접시킬 수 있는 원기둥 L을 그리되, 그 높이가 축 AB의 절반이 되도록 해라. 축 AB에서 점 C를 잡되, AC가 CB의 세 배가 되도록 해라. 그리고 AC 대 K의 비율이 얼마든 간에, 원기둥 L 대 어떤 입체 X의 부피 비율이 그 비율과 같도록 잡아라.

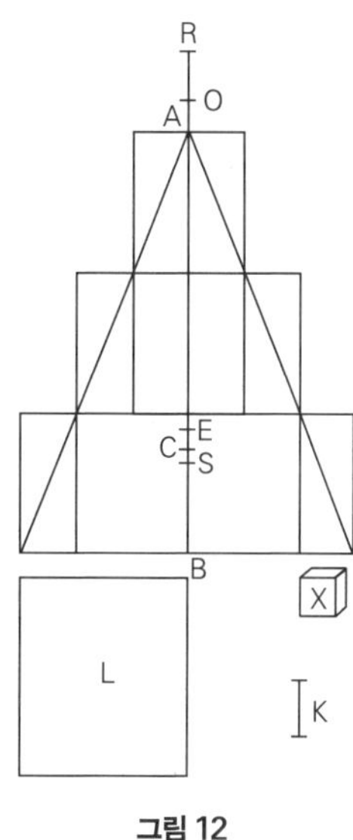

그림 12

같은 높이의 원기둥들로 구성된 입체들을 원뿔에 외접시키고 내접시키되, 외접입체와 내접입체의 부피 차이가 입체 X보다 더 작도록 잡아라. 외접입체의 무게중심을 E라 하자. 이것은 점 C보다 위쪽에 놓여 있다. 내접입체의 무게중심을 S라 하자. 이것은 점 C보다 아래쪽에 놓여 있다. 그러면 선분 ES는 선분 K보다 더 작음을 보이겠다.

만약에 이게 그렇지 않다면, CA와 길이가 같도록 선분 EO를 잡아라. 그러면 OE 대 K의 비율은 L 대 X의 비율과 같다. 그리고 내접하는 입체의 부피는 원기둥 L보다 작지 않고, 외접입체와 내접입체의 차이는 입체 X보다 더 작다. 그러므로 내접입체와 차이의 비율은, OE 대 K의 비율보다 더 크다.

그런데 OE 대 K의 비율은, OE 대 ES의 비율보다 작지 않다. 왜냐하면 ES는 K보다 작지 않다고 했기 때문이다. 그러므로 내접입체 대 외접입체와 내접입체의 차이의 비율은, OE 대 ES의 비율보다 더 크다. 그러므로 내접입체 대 차이의 비율이 얼마든지 간에, EO보다 더 긴 어떤 선분 대 선분 ES의 비율과 같게 될 것이다. 더 긴 이 선분을 ER라 하자.

그런데 내접입체의 무게중심은 S이고, 외접입체의 무게중심은 E이다. 그러니 외접입체에서 내접입체를 뺀 그 차이의 무게중심은 선분 RE에 놓여 있음이 명백하다. 그리고 그 점이 어디이든지 간에, 내접입체 대 차이의 비율은, E에서 그 점까지의 선분 대 선분 ES의 비율과 같음이 명백하다. 그런데 RE 대 ES의 비율이 이 비율과 같다. 그러므로 외접입체에서 내접입체를 뺀 그 차이의 무게중심은 점 R이다.

그러나 이것은 불가능하다. 왜냐하면 점 R를 지나고 원뿔의 밑면과 평행한 평면은 그 차이를 자르고 지나가지 않기 때문이다. 그러므로 선분 ES가 선분 K보다 작지 않다고 말한 것이 거짓이다. 즉 더 작다. 그러므로 증명이 끝났다.

이와 비슷한 방법으로, 피라미드(즉 각뿔)의 경우에도 이러한 성질이 성립함을 증명할 수 있다.

이것으로부터 다음이 명백하게 성립한다.

딸린 법칙

주어진 원뿔에 대해서, 같은 높이의 원기둥들로 구성된 입체들을 내접시키고 또 외접시켜서, 원뿔의 축을 3 대 1의 비율로 (분할점에서 꼭짓점까지의 거리가 분할점에서 밑면까지 거리의 세 배가 되도록) 분할하는 점과 내접입체의 무게중심과의 거리, 외접입체의 무게중심과의 거리가, 임의의 주어진 선분보다도 더 작아지도록 할 수 있다.

앞에서 증명한 것들에 따라서, 축을 이러한 비율로 분할하는 점은 항상 내접입체의 무게중심과 외접입체의 무게중심의 사이에 놓이며, 이 두 무게중심이 만드는 선분은 주어진 어떠한 선분보다도 더 작아지도록 만들 수 있다. 그러니 분할점에서 내접입체의 무게중심과의 거리, 분할점에서 외접입체의 무게중심과의 거리는 이 주어진 선분보다도 더욱더 작아진다.

법칙 8

원뿔의 무게중심 또는 각뿔의 무게중심은 그 축을 3 대 1의 비율로, 즉 분할점에서 꼭짓점까지의 거리가 분할점에서 밑면까지 거리의 세 배가 되도록 분할한다.

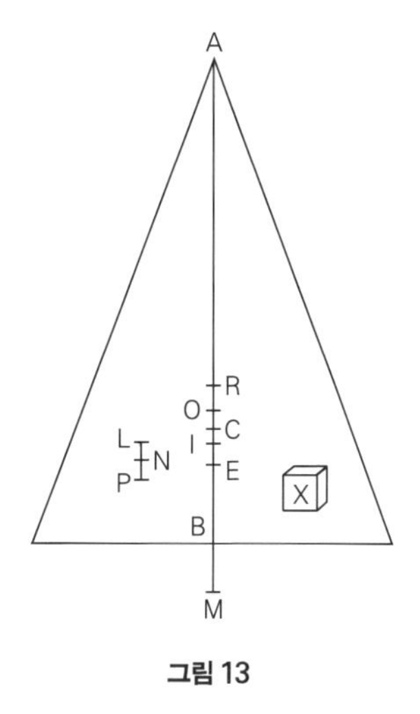

그림 13

축이 AB인 원뿔이 주어졌다고 하고, 그 축을 3 대 1로 분할해서, AC가 CB의 세 배라고 하자. 그러면 점 C가 원뿔의 무게중심임을 보여야 한다.

만약에 이 점이 무게중심이 아니라면, 점 C의 위쪽 또는 아래쪽의 어떤 점이 원뿔의 무게중심일 것이다. 먼저 이것이 아래쪽에 놓여 있다고 하고, 무게중심을 E라 하자. 선분 LP를 선분 CE와 길이가 같도록 잡아라. 이 선분에서 임의의 점 N을 잡아라. BE 더하기 PN 대 PN의 비율이 얼마든지 간에, 이 원뿔과 어떤 입체 X와의 비율이 이 비율이 되도록 잡아라.

높이가 같은 원기둥들로 구성된 입체를 이 원뿔에 내접시키되, 이 내접입체의 무게중심과 점 C와의 거리가 선분 LN보다 더 작고, 원뿔에서 내접입체를 뺀 차이가 입체 X보다 더 작도록 만들어라. 앞에서 증명한 것들에 따르면, 이렇게 만들 수 있음이 명백하다. 이렇게 잡은 내접입체의 무게중심이 I라고 하자.

그러면 선분 IE는 선분 NP보다 더 크다. 왜냐하면 LP는 CE와 같고, IC는 LN보다 작기 때문이다. 그리고 BE 더하기 NP 대 NP의 비율은 원뿔 대 X의 비율과 같고, 원뿔과 내접입체의 차이는 입체 X보다 더 작으니, 원뿔과 그 차이와의 비율은 BE 더하기 NP 대 NP의 비율보다 더 크다. 그러므로 이 비율에서 1 대 1 비율을 빼 주면, 내접입체와 그 차이와의 비율은 BE 대 NP의 비율보다 더 크다.

그리고 BE 대 EI의 비율은 BE 대 NP의 비율보다 더 작다. 왜냐하면 IE가 NP보다 더 크기 때문이다. 그러므로 내접입체 대 그 차이의 비율은 BE 대 EI의 비율보다 훨씬 더 크다.

그러므로 내접입체 대 그 차이의 비율이 얼마든지 간에, BE보다 더 긴 어떤 선분 대 선분 EI의 비율이 될 것이다. 더 긴 선분을 ME라 하자. 그러면 ME 대 EI의 비율은 내접입체 대 차이의 비율과 같고, 점 E는 원뿔의 무게중심이고, 점 I는 내접입체의 무게중심이니, 점 M은 원뿔에서 내접입체를 뺀 차이의 무게중심이 되어야 한다. 그러나 이것은 불가능하다. 그러므로 원뿔의 무게중심은 점 C의 아래에 놓일 수 없다.

그리고 무게중심은 점 C의 위에 놓일 수도 없다. 만약에 이게 가능하다면, 그 무게중심을 R라 하자. 앞에서처럼 선분 LP를 잡고, 이 선분에서 임의의 점 N을 잡아라. BE 더하기 NP 대 NL의 비율이 얼마든지 간에, 이 원뿔과 어떤 입체 X와의 비율이 이 비율이 되도록 잡아라. 앞에서처럼 높이가 같은 원기둥들로 구성된 입체를 이 원뿔에 외접시키되, 이 외접입체의 무게중심과 점 C와의 거리가 선분 NP보다 더 작고, 외접입체에서 원뿔을 뺀 차이가 입체 X보다 더 작도록 만들어라. 이 외접입체의 무게중심을 O라고 하자.

그러면 선분 OR는 선분 NL보다 더 크다. 그리고 BC 더하기 PN 대 NL의 비율은 원뿔 대 X의 비율과 같고, 외접입체와 원뿔의 차이는 입체 X보다 더 작으며, BO는 BC 더하기 PN보다 더 작고, OR는 LN보다 더 크니, 원뿔과 그 차이(외접입체에서 원뿔을 뺀 것)와의 비율은 BO 대 OR의 비율보다 더 크다.

MO 대 OR의 비율이 바로 이 비율이 된다고 하자. 그러면 MO는 BC 보다 더 크다. 그리고 점 M이 바로, 외접입체에서 원뿔을 뺀 차이의 무게중심이 되어야 한다. 그러나 이것은 불가능하다. 그러므로 이 원뿔의 무게중심은 점 C의 위쪽에 놓일 수 없다. 그런데 아래쪽에도 놓일 수 없음을 이미 증명했으니, 무게중심은 바로 점 C 자신이어야 한다. 임의의 각뿔에 대해서도 마찬가지 방법으로 증명할 수 있다.

정리

네 선분들이 차례차례 비율이 같다고 하자. 그리고 이들 중 가장 작은 것 대 가장 큰 것에서 가장 작은 것을 뺀 것과의 비율이 얼마든지 간에, 주어진 어떤 선분 대 가장 큰 것에서 두 번째 것을 뺀 것의 4분의 3과의 비율과 같다고 하자. 그리고 가장 큰 것 더하기 두 번째 것의 두 배 더하기 세 번째 것의 세 배 대 가장 큰 것, 두 번째 것, 세 번째 것을 더한 것의 네 배와의 비율이, 주어진 다른 어떤 선분 대 가장 큰 것에서 두 번째 것을 뺀 것과의 비율과 같다고 하자. 그러면 이 주어진 두 선분을 더한 것은, 원래 주어진 가장 큰 것의 4분의 1이다.

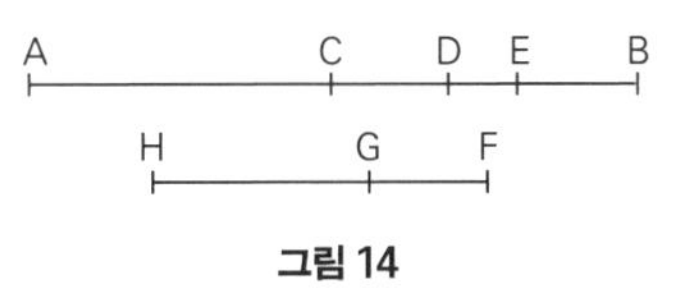

그림 14

네 선분 AB, BC, BD, BE가 차례차례 비율이 같다고(즉 등비수열을 이룬다고) 하자. 그리고 BE 대 EA의 비율이 얼마든지 간에, FG 대 AC의 4분의 3의 비율이 그와 같다고 하자. 그리고 AB 더하기 2BC 더하기 3BD 대 AB, BC, BD를 더한 것의 네 배와의 비율이, HG 대 AC의 비율과 같다고 하자. 그러면 HF는 AB의 4분의 1임을 보여야 한다.

AB, BC, BD, BE가 차례차례 비율이 같으니(즉 등비수열을 이루니), AC,

CD, DE도 차례차례 그와 똑같은 비율이 된다. 그러므로 AB, BC, BD를 더한 것의 네 배 대 AB 더하기 2BC 더하기 3BD의 비율은, AC, CD, DE를 더한 것의 네 배(즉 4AE) 대 AC 더하기 2CD 더하기 3DE의 비율과 같다. 그러므로 이 비율은 AC 대 HG의 비율과 같다.

그러므로 3AE 대 AC 더하기 2CD 더하기 3DE의 비율은, AC의 4분의 3 대 HG의 비율과 같다. 그리고 3AE 대 3EB의 비율은, AC의 4분의 3 대 Gf의 비율과 같다. 그러므로 『기하학 원론』 5권 법칙 24의 역에 따라서, 3AE 대 AC 더하기 2CD 더하기 3DB의 비율은, AC의 4분의 3 대 HF의 비율과 같다. 그리고 4AE 대 AC 더하기 2CD 더하기 3DB와의 (즉 AB 더하기 CB 더하기 BD와의) 비율은, AC 대 HF의 비율과 같다.

그러므로 4AE 대 AC의 비율은, AB 더하기 CB 더하기 BD 대 HF의 비율과 같다. 그리고 AC 대 AE의 비율은, AB 대 AB 더하기 CB 더하기 BD의 비율과 같다. 그러므로 비례식의 성질에 따라서, 4AE 대 AE의 비율은 AB 대 HF의 비율과 같다. 따라서 HF는 AB의 4분의 1임이 명백하다.

법칙 9

각뿔 또는 원뿔을 그 밑면에 평행한 평면으로 잘라서, 각뿔대 또는 원뿔대를 만들었다고 하자. 이 뿔대의 무게중심은 그 축에 놓이며, 축을 다음과 같은 비율로 분할한다. 무게중심에서 작은 밑면까지의 부분 대 큰 밑면까지의 부분의 비율은, 큰 밑면의 세 배 더하기 큰 밑면과 작은 밑면의 비례중항의 두 배 더하기 작은 밑면 대 작은 밑면의 세 배 더하기 큰 밑면과 작은 밑면의 비례중항의 두 배 더하기 큰 밑면의 비율과 같다.

축이 AD인 원뿔 또는 각뿔을 그 밑면에 평행한 평면으로 잘라서, 축이 UD인 뿔대를 만들었다고 하자. 그리고 큰 밑면의 세 배 더하기 두 밑면들의 비례중항의 두 배 더하기 작은 밑면 대 작은 밑면의 세 배 더하기 비례중항의 두 배 더하기 큰 밑면의 비율이 얼마든 간에, UO 대 OD의 비율이 이와 같다고 하자. 그러면 점 O가 바로 이 뿔대의 무게중심임을 보여야 한다.

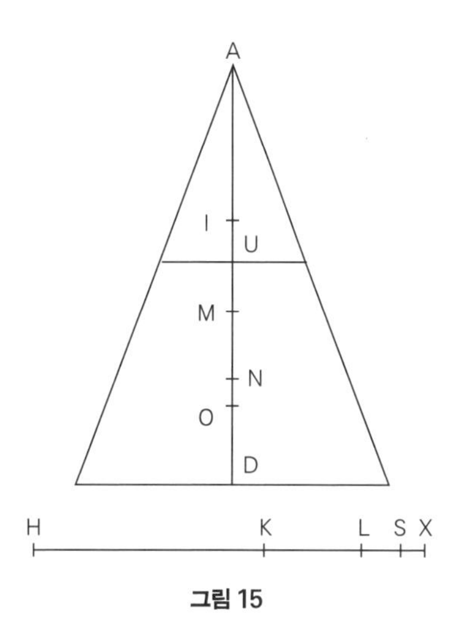

그림 15

선분 UM을 UD의 4분의 1이 되도록 잡아라. 선분 HK를 AD와 같도록 잡고, 선분 KX는 AU와 같도록 잡아라. 그리고 HX, KX와 차례차례 비율이 같도록(등비수열이 되도록) 세 번째 XL, 네 번째 XS를 잡아라. HS 대 SX의 비율이 얼마든지 간에, MD 대 O로부터 A 방향으로 뻗은 어떤 선분과의 비율과 같을 것이다. 이러한 선분을 ON이라 하자.

그런데 큰 밑면 대 큰 밑면과 작은 밑면의 비례중항과의 비율은 DA 대 AU의 비율(즉 HX 대 XK의 비율)과 같다. 그리고 비례중항 대 작은 밑면의 비율은 KX 대 XL의 비율과 같다. 즉 큰 밑면, 비례중항, 작은 밑면의 비율은 HX, XK, XL의 비율과 같다.

그러므로 큰 밑면의 세 배 더하기 비례중항의 두 배 더하기 작은 밑면 대 작은 밑면의 세 배 더하기 비례중항의 두 배 더하기 큰 밑면의 비율은(즉 UO 대 OD의 비율은), 3HX 더하기 2XK 더하기 XL 대 3XL 더하기 2XK 더하기 XH의 비율과 같다. 비례식의 역을 취하고 1 대 1 비율을 더하면, OD 대 DU의 비율은, HX 더하기 2XK 더하기 3XL 대 HX, XK, XL을 더한 것의 네 배와의 비율과 같다.

그러므로 네 선분 HX, XK, XL, XS가 있는데, 이들이 차례차례 비율이 같고, XS 대 SH의 비율이 얼마든지 간에, 어떤 선분 NO 대 DU의 4분의 3(즉 HK의 4분의 3)과의 비율이 이 비율과 같다. 그리고 HX 더하기 2XK 더하기 3XL 대 HX, XK, XL을 더한 것의 네 배와의 비율이 얼마이든지 간에, 어떤 선분 OD 대 DU(즉 HK)와의 비율이 이 비율과 같다. 그러므로 앞에서 증명한 것에 따라서, 선분 DN은 HX(즉 AD)의 4분의 1과 같다. 그러므로 점 N은 AD를 축으로 가지는 원뿔 또는 각뿔의 무게중심이다.

AU를 축으로 가지는 원뿔 또는 각뿔의 무게중심을 I라 하자. 그러면 뿔대의 무게중심은 선분 IN을 점 N을 지나 더 길게 연장한 선에 놓이며, 그 무게중심과 점 N이 만드는 선분 대 선분 IN의 비율은, AU를 축으로 가지는 원뿔 또는 각뿔 대 뿔대와의 비율과 같음이 명백하다. 그러니 이제 증명해야 할 것은, IN 대 NO의 비율이, 뿔대 대 AU를 축으로 가지는 원뿔과의 비율과 같음이다.

그런데 DA를 축으로 가지는 원뿔 대 AU를 축으로 가지는 원뿔의 비율은, DA의 세제곱 대 AU의 세제곱의 비율과 같다. 즉 HX의 세제곱 대 XK의 세제곱의 비율과 같다. 그런데 이것은 HX 대 XS의 비율과 같다. 그러므로 1 대 1 비율을 빼 주면, HS 대 SX의 비율은, DU를 축으로 가지는 뿔대 대 UA를 축으로 가지는 원뿔의 비율과 같다.

그리고 HS 대 SX의 비율은, MD 대 ON의 비율과 같다. 그러므로 뿔대 대 AU를 축으로 가지는 원뿔의 비율은, MD 대 NO의 비율과 같다. 그런데 AN은 AD의 4분의 3이고, AI는 AU의 4분의 3이니, IN은 UD의 4분의 3과 같다. 그러므로 IN은 MD와 같다. 그런데 MD 대 NO의 비율은 뿔대 대 AU를 축으로 가지는 원뿔의 비율과 같음을 증명했다. 그러므로 IN 대 NO의 비율이 이 비율과 같음이 명백하다. 그러므로 이 법칙이 명백하게 밝혀졌다.

찾아보기

※

가

나

사

아

자

차

옮긴이 이무현

서울 대학교 자연대 수학과를 졸업하고, 미국 퍼듀 대학교 대학원에서 수학과 박사 학위를 받았다. 저서로는 『위대한 과학자들의 위대한 실수』가 있으며, 번역서로는 에우클레이데스의 『기하학 원론』, 카르다노의 『아르스 마그나』, 갈릴레오 갈릴레이의 『새로운 두 과학』, 아이작 뉴턴의 『프린키피아』를 비롯해 『지동설과 코페르니쿠스』, 『물리학의 탄생과 갈릴레오』 등이 있다.

사이언스 클래식 27

새로운 두 과학

1판 1쇄 찍음 2016년 3월 31일

1판 2쇄 펴냄 2023년 4월 15일

지은이 갈릴레오 갈릴레이

옮긴이 이무현

펴낸이 박상준

펴낸곳 (주)사이언스북스

출판등록 1997. 3. 24.(제16-1444호)

(우)06027 서울특별시 강남구 도산대로1길 62

대표전화 515-2000, 팩시밀리 515-2007

편집부 517-4263, 팩시밀리 514-2329

www.sciencebooks.co.kr

한국어판 ⓒ (주)사이언스북스, 2016. Printed in Seoul, Korea.

ISBN 978-89-8371-767-2 93400